普通高等教育"十二五"规划教材

材 料 概 论

主　编　许并社
副主编　徐春花　曹晓卿
参　编　赵宇宏　郁　军
主　审　聂祚仁

机械工业出版社

本书是为普通高等学校材料科学与工程类本科专业基础课编写的教材。为了使学生在初步把握材料共性的同时了解材料的个性，本书着重于材料科学与工程的基本问题和共性问题，较全面地介绍了金属材料、无机非金属材料、高分子材料和复合材料方面的基础知识。全书共8章，第1章为绪论，第2章为材料科学与工程纲要，第3章为金属材料，第4章为无机非金属材料，第5章为高分子材料，第6章为复合材料，第7章为新材料，第8章为材料的选择。本书可作为高等院校、科研单位和工厂相关专业的学生、教师、研究人员和技术人员的参考书。

图书在版编目（CIP）数据

材料概论/许并社主编．—北京：机械工业出版社，2011.12（2025.6重印）
普通高等教育"十二五"规划教材
ISBN 978-7-111-36374-3

Ⅰ.①材… Ⅱ.①许… Ⅲ.①材料科学–高等学校–教材 Ⅳ.①TB3

中国版本图书馆 CIP 数据核字（2011）第 227750 号

机械工业出版社（北京市百万庄大街 22 号 邮政编码 100037）
策划编辑：冯春生 责任编辑：冯春生 罗子超
版式设计：张世琴 责任校对：张 媛
封面设计：张 静 责任印制：刘 媛
三河市骏杰印刷有限公司印刷
2025 年 6 月第 1 版第 11 次印刷
184mm×260mm·15.5 印张·384 千字
标准书号：ISBN 978-7-111-36374-3
定价：45.00 元

电话服务 网络服务

客服电话：010-88361066 机 工 官 网：www.cmpbook.com
010-88379833 机 工 官 博：weibo.com/cmp1952
010-68326294 金 书 网：www.golden-book.com
封底无防伪标均为盗版 机工教育服务网：www.cmpedu.com

普通高等教育"十二五"规划教材
编审委员会

金属材料工程专业教材编委会

前　言

　　本书是为普通高等学校材料科学与工程类本科专业基础课编写的教材，旨在让学生在初步把握材料共性的同时了解材料的个性。本书着重于材料科学与工程的基本问题、共性问题，在较全面地介绍金属材料、无机非金属材料、高分子材料和复合材料方面的基础知识的基础上，对各类材料进行了比较，并进而确定材料选择的原则。全书各章既相互独立又相互联系，语言简明精炼、通俗易懂。

　　全书共8章，包括材料科学与工程纲要、金属材料、无机非金属材料、高分子材料、复合材料、新材料及材料的选择等。第1章由太原理工大学许并社编写，第2章由太原理工大学曹晓卿编写，第3章由中北大学赵宇宏编写，第4章和第7章由太原理工大学郁军编写，第5章、第6章和第8章由河南科技大学徐春花编写。太原理工大学许并社教授任主编，北京工业大学聂祚仁教授任主审。

　　在编写过程中，作者参阅了国内外出版的有关教材和资料，并得到了机械工业出版社的大力支持和帮助，在此一并致以诚挚的感谢。

　　由于编者水平有限，书中缺点和错误在所难免，恳请广大读者批评指正。

编　者

目 录

第 1 章 绪 论

材料是指人类社会可接受的、能经济地制造有用器件的物质。这样的物质有天然生成的，如土、木、石、煤炭、橡胶等；也有人工合成的，如金属、陶瓷、半导体、超导体、磁石、光导纤维、塑料、复合材料等。

1.1 材料的历史与发展

人类社会的历史就是一部制造材料和利用材料的历史，正是形形色色的材料构成了世间万物。人类的发明创造丰富了材料世界，而材料的不断更新与发展又推动了人类社会的进步。目前，世界上的传统材料已有几十万种，而新材料的品种正以每年大约5%的速度增长。

材料是人类社会进步的里程碑。追踪人类文明的历史，人们确信，人类社会的发展是由材料的发展及伴随着的生产力的提高控制的，材料的性质直接反映人类社会文明的水平。人类利用材料的历史，就是一部人类进化和进步的历史。每一种重要的新材料的发现和使用，都将人类支配自然的能力提高到一个新的水平。材料科学技术的每一次重大突破，都会引起生产技术的重大变革，甚至引起一次世界性的技术变革，从而将人类的物质文明和精神文明推向前进。因此，历史学家常用决定当时生活条件的材料来命名人类生活的各个时代，如石器时代、青铜器时代、铁器时代等（图 1-1）。而今，人类正跨进人工合成材料的新时代。迄今为止，人类使用材料的历史已经历了七个时代（表 1-1）。

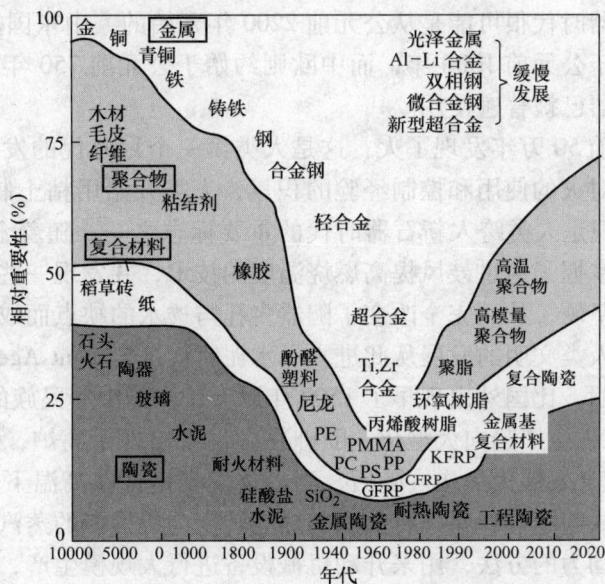

图 1-1　人类文明发展的不同时代

表 1-1　人类使用材料的七个时代的开始时间

公元前 10 万年	石器时代
公元前 3000 年	青铜器时代
公元前 1000 年	铁器时代
公元前 0 年	水泥时代
公元 1800 年	钢时代
公元 1950 年	硅时代
公元 1900 年	新材料时代

　　史前人类只会用天然的原材料，如皮革、木材、石块、燧石等，将它们加工成有用的器件使其能获得食物，提高人类安全性及生活条件。公元前 10 万年，人类开始利用石料制造各种打猎和耕作的工具，这一时期即所谓的石器时代（Stone Age）。石器时代又可细分为旧石器时代和新石器时代。四五十万年前的北京猿人群居洞穴，以狩猎为生，以制造粗糙的石器和骨器为工具，这一时期称为旧石器时代。到了新石器时代，人们逐渐掌握了从地层开采石料的技术，并对石料的选择、切割、磨制、钻孔、雕刻等工艺有了一定要求，获得了较为锐利的磨制石器。

　　人类根据长期的实践，到公元前 6000 年开始用天然矿石冶炼金属，创造了冶金术，在西亚出现了铜制品；公元前 3000 年，出现了添加锡、铅的铜合金（青铜）。青铜的熔点低，铸造性能良好，作为制造武器、生活用具及生产工具等物品的材料，在人类文明史上产生过重要影响。史学上所称的"青铜时代"（Bronze Age）是指大量使用青铜工具及青铜礼器的时期，保守地估计，这一时期主要从夏商周直至秦汉，时间跨度约为两千年左右，这也是青铜器发展、成熟乃至鼎盛的辉煌期。

　　大约在公元前 1500 年，人类发明了在高温下用木炭还原优质铁矿石生产铁的方法，并在半熔融状态下进行锻造，以制作各种器具，从而开创了铁器时代（Iron Age）。铁器具有与青铜不同的金属光泽，强度高，可加工性良好，除了可用于制作武器外，还用做结构材料制造器件。我国的铁器时代很可能是从公元前 2200 年开始的，中东国家约始于公元前 1200 年，地中海国家约始于公元前 1000 年，而中欧则约始于公元前 750 年。到了公元前 4 世纪至公元前 2 世纪，铁器已被普遍使用。

　　人类大约在公元前 50 万年发现了火，这是人类第一个划时代的发现。随着对土壤可塑性的感性认识，以及对火的使用和控制经验的积累，人类开始用粘土制作简单的原始陶器。陶器（Pottery）的出现是人类跨入新石器时代的重要标志之一。随着金属冶炼技术的发展，人类在公元元年左右掌握了通过鼓风提高燃烧温度的技术，并发现一些高温烧制的陶器由于局部熔化而变得更加坚硬，从而完全改变了陶器多孔与透水的缺点而成为瓷器，这是陶器发展过程的重大飞跃，人类文明的发展从此进入了水泥时代（Cement Age）。瓷器（Porcelain）是我国先民的伟大发明，比国外出现早了 1500 年以上，它是中华民族的宝贵历史遗产之一。

　　到了 17 世纪，炼铁生产趋向大型化。欧洲在中世纪出现了高炉，燃料还原剂由木炭发展为煤炭，到 18 世纪又发展为焦炭。随后，当人类发现钢铁在高温下也具有高强度这一事实后，便出现了以钢铁为结构材料，将蒸汽的热能转变为机械能的蒸汽机。从此，人类开始掌握了人工产生机械动力的方法，用来开动机械设备进行大规模生产，这使人类的思想和社会结构发生了巨大变革。钢铁的使用标志着社会生产力的发展，人类开始由农业经济社会进入了所谓的工业经济的文明社会，人们称这一时期为钢时代（Steel Age）。

钢铁材料的广泛应用，导致了大规模的机械化生产，极大地丰富了人类社会的物质文明，引起了第一次产业革命即工业革命。工业革命开始的标志是"珍妮纺纱机"的发明和使用，工业革命完成的标志则是蒸汽机的发明和使用。第二次产业革命是起源于19世纪70年代的工业技术革命，其主要标志是电气化。

伴随着钢时代的发展，电子技术也得到了极大的发展。1883年爱迪生发现的爱迪生效应（热电子的发射）是电子工业的基础。利用这一原理，1904年英国工程师 John A. Fleming 发明了二极管；1906年美国发明家 Lee de Forest 制成了世界上第一只三极管，开创了电子管时代，出现了无线电报、电话、导航、测距、雷达、电视等产品，甚至出现了"ENIAC"第一代电子计算机。但是，电子管的体积较大，无法适应电子器件小型化的要求。20世纪中叶，随着硅、锗半导体材料的出现，人类进入了硅时代（Silicon Age）。第三次工业革命的标志是微电子技术的发展和普遍应用。

进入20世纪90年代，人类不断地发展和研制新材料，这些新材料具有一般传统材料所不可比拟的优异性能或独特性能，是发展信息、航天、能源、生物、海洋开发等高技术的重要基础，也是整个科学技术进步的突破口，人类从此进入了新材料时代（Era of New Materials）。新材料的广泛应用给社会带来了有目共睹的进步。

毋庸置疑，材料在人类社会发展中具有不可替代的作用和地位。人们往往用材料的发展和应用水平来衡量一个国家国力的强弱、科学技术的进步程度和人们生活水准的高低。材料在过去、现在和将来都必然是一切科学技术，尤其是高新技术发展的先导和支柱。

1.2 材料的分类

材料种类繁多，为了便于认识和应用，可以从不同角度对其进行分类。

（1）按化学成分、生产过程、结构与性能特点分类　材料可分为三大类，即金属材料、无机非金属材料和有机高分子材料。三大类材料相互交叉、互相融合，如图1-2所示。由三大类材料中任意两种或两种以上复合而成的材料称为复合材料。实际上，某一类材料中的不同材料也可构成复合材料，如铝板与铜板可通过爆炸复合成铝铜层叠复合材料。

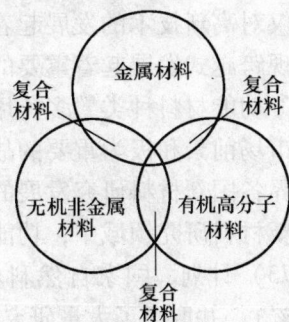

图1-2　三大类材料及其相互交叉与融合

1）金属材料是目前用量最大、使用最广泛的工程材料，包括钢铁材料（黑色金属）和非铁（有色）金属材料两大类。钢铁材料包括纯铁、钢和铸铁。非铁金属材料是指钢铁材料以外的所有金属和合金，主要有铝、铜、钛、镁、镍及其合金等。其中，铝、铜合金应用最为广泛，钛合金主要用于航空航天等部门。

2）无机非金属材料是以某些元素的氧化物、碳化物、氮化物、卤化物、硼化物以及硅酸盐、铝酸盐、磷酸盐、硼酸盐等物质组成的材料，主要包括陶瓷、水泥、玻璃及非金属矿物材料。其中，陶瓷是应用历史最悠久、应用范围最广泛的无机非金属材料。陶瓷狭义上为"用火烧成的制品"，后来发展到泛指整个硅酸盐类，包括陶器、瓷器、水泥、玻璃、耐火材料、粘土制品等。近年来,随着无机非金属材料的发展,近代陶瓷的含义已扩展为"经高温处理工艺所合成的无机非金属材料",其应用已渗透到各种工程技术领域。

3)有机高分子材料又称为高聚物,是以高分子化合物为主要组分的材料,主要包括天然高分子材料和人工合成高分子材料。其中,天然高分子物质有蚕丝、羊毛、纤维素、天然橡胶以及存在于生物组织中的淀粉、氨基酸、蛋白质等,工程上的高分子材料主要是人工合成的各种聚合物,如塑料、合成橡胶及合成纤维等。有机高分子材料、金属材料和无机非金属材料一起构成现代工程材料的三大支柱。

4)复合材料。F. L. Matthews 和 R. D. Rawlings 认为,复合材料是两个或两个以上组元或相组成的混合物,并应满足以下三个条件:①组元含量大于5%;②复合材料的性能显著不同于各组元的性能;③通过各种方法混合而成。

复合材料与一般材料的简单混合有着本质区别,它既保留原组成材料的重要特色,又通过复合效应获得原组分所不具备的性能。可以通过材料设计使原组分的性能相互补充并彼此关联,从而获得更优越的性能。

复合材料主要由基体相和增强相两部分组成。按基体材料的不同可分为树脂基、金属基、陶瓷基等复合材料,目前使用较多的是树脂基复合材料;按增强材料的种类和形态可分为纤维增强、颗粒增强和层叠增强复合材料等,其中纤维增强复合材料的应用较为广泛。

(2)按使用性能分类 材料可分为结构材料和功能材料两大类。结构材料是以力学性能为基础,以制造受力构件所用的材料,当然,结构材料对物理或化学性能也有一定要求,如光泽、热导率、抗辐照、耐腐蚀、抗氧化等;功能材料是指具有优良的电学、磁学、光学、热学、声学、化学、生物医学功能,以及特殊的物理、化学、生物学效应,能完成功能相互转化,主要用来制造各种功能元器件,被广泛应用于各类高科技领域的高新技术材料。

功能材料是新材料领域的核心,它涉及信息技术、生物工程技术、能源技术、纳米技术、环保技术、空间技术、计算机技术、海洋工程技术等现代高新技术及其产业。功能材料不仅对高新技术的发展起着重要的推动和支撑作用,还对我国相关传统产业的改造和升级,实现跨越式发展起着重要的促进作用。

功能材料种类繁多,用途广泛,正在形成一个规模宏大的高技术产业群,有着十分广阔的市场前景和极为重要的战略意义。世界各国均十分重视功能材料的研发与应用,它已成为世界各国新材料研究发展的热点和重点,也是世界各国高技术发展中战略竞争的热点。在全球新材料研究领域中,功能材料约占85%。我国高技术(863)计划、国家重大基础研究(973)计划、国家自然科学基金项目中有许多功能材料技术项目(约占新材料领域的70%),并取得了大量研究成果。

(3)按用途分类 材料可分为航空航天材料、信息材料、电子材料、能源材料、生物材料、建筑材料、包装材料、机械材料等。

(4)按应用和发展分类 可将材料分为传统材料和新型材料两大类,两者互相依存、互相促进、互相转化、互相替代。传统材料指的是生产技术成熟,可大量工业化生产的材料,如钢铁、水泥、塑料等,其特征是需求量大、生产规模大;而新型材料是建立在新思路、新概念、新工艺、新技术基础之上,以性能优异、品质高、稳定性高为优势,其显著特征是投资强度较高、更新换代快、风险大、知识和技术密集程度高、不以规模取胜。

1.3 材料科学与工程及其发展

材料科学的目的是研究不同尺度下材料的结构（包括电子结构、晶体结构、微观结构和宏观结构）对其性能的影响；而材料工程则着重于确定材料的结构、加工技术与功能特性间的关系，以及材料选择与形成用于复杂制造系统所需的结构和功能的工艺过程间的关系，如图 1-3 所示。因此，材料工程的发展是当代人类生活质量的重要的决定性因素。

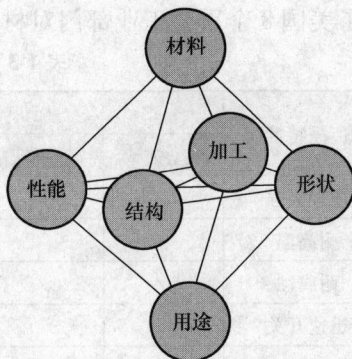

图 1-3 产品的材料、加工与功能间的相互关系

20 世纪 50 年代末，材料科学作为一门独立的学科分支出现，主要是继续工业革命开始时创建的物理冶金方面的传统研究，从而顺利地转化为材料技术，并进一步转化为材料科学，并同时在材料技术、材料工程及应用科学间建立起相应的联系。20 世纪末，各种学科分支间重要的整合造就了材料工程的成就，使得 21 世纪的材料科学在许多纯科学学科交叉基础上发展成为一个跨学科的领域，这些纯学科主要有固体物理学、化学、数学和加工工程，还有力学、机械工程、生态学、经济学、管理学和计算机应用科学，甚至还有生物学和医学。在激烈的市场竞争及对质量、可靠性、寿命与价格高要求的条件下，利用这些学科的成就给出具有最佳性能的材料，以最佳方式来适应人们对使用的产品或物品提出的越来越高的要求。

由于材料制备、质量的改进和将材料加工成人们可用的器具或构件，都离不开生产工艺和制造技术等工程知识，人们往往把"材料科学"与"材料工程"相提并论，统称为"材料科学与工程"。

伴随着现代科学技术的飞速发展及新材料的不断涌现，人们将各类材料和有关合成加工技术及现代分析测试技术作为一个整体考虑，形成了材料的"大学科"，以满足材料科学与工程发展的要求。考虑到很多跨学科的因素，当代材料科学与工程的研究热点可浓缩为表 1-2 中所列的项目。

表 1-2 材料科学与工程的研究热点

主题范围	追求的目标与采用的方法
材料的合成与加工	在材料中较大规模地将原子、组分排成具有所需构形的体系
材料的化学组成与微观结构	评价化学成分与微观结构对材料行为的影响
材料的现象与性能	研究在材料工艺和操作过程中发挥作用的机制，用于解释这些现象以及对材料性能的影响
使用条件下材料的行为	评价材料在各种应用场合中的适用性
材料设计与其耐用性和/或寿命预测	采用理论方法和计算机的辅助以及人工智能方法预测材料的化学组成、性能以及服役条件下的耐用度或寿命

1.4 先进材料

随着科学技术的发展，对材料的需求也在不断发生变化，新的材料不断出现。表 1-3 列出了美国 8 个重要工业部门对材料的要求。

表 1-3　美国 8 个重要工业部门对材料的要求

所需特性	工业部门							
	航空航天	汽车	生物材料	化工	电子	能源	金属	通信
质轻高强	✓	✓	✓					
耐高温	✓			✓		✓	✓	
耐腐蚀	✓	✓	✓	✓		✓	✓	
迅速开关					✓	✓		✓
高效加工	✓	✓	✓	✓	✓	✓	✓	
近净成形	✓	✓	✓	✓			✓	
材料回收		✓		✓			✓	
预测使用寿命	✓	✓	✓	✓		✓	✓	✓
预测物理性能	✓	✓	✓	✓			✓	✓
材料数据库	✓	✓		✓			✓	✓

先进材料也就是新材料，必须具备以下条件之一：

1）新出现或正在发展中的具有传统材料所不具备的优异性能的材料。

2）高技术发展需要，具有特殊性能的材料。

3）由于采用新技术（工艺、装备），使材料性能比原有性能有明显提高或出现新功能的材料。

新材料可以按成分划分为金属材料、无机非金属材料（如陶瓷、砷化镓半导体等）、有机高分子材料及先进复合材料四大类；按材料性能分为结构材料和功能材料两大类。结构材料主要是利用材料的力学和理化性能，以满足高强度、高刚度、高硬度、耐高温、耐磨、耐腐蚀、抗辐照等性能要求；功能材料主要是利用材料具有的电、磁、声、光、热等效应，以实现某种功能，如半导体材料、磁性材料、光敏材料、热敏材料、隐身材料和制造原子弹、氢弹的核材料等。新材料在高新技术的发展和国防建设上作用重大，例如，超纯硅、砷化镓的研制成功，导致大规模和超大规模集成电路的诞生，使计算机运算速度从每秒几十万次提高到现在的每秒百亿次以上；航空发动机材料的工作温度每提高 100℃，推力可增大 24%；隐身材料能吸收电磁波或降低武器装备的红外辐射，使敌方探测系统难以发现，等等。

21 世纪科技发展的主要方向之一是新材料的研制和应用。新材料的研究，是人类对物质性质认识和应用向更深层次的进军。以半导体材料和光电子材料为代表的信息功能材料仍是最活跃的领域；可再生能源的迅速开发、核能的新发展、最重要的节能材料——超导材料的室温化、作为能源使用的磁性材料的继续发展、对贮能材料的高度重视、提高燃效减少污染的燃料电池的开发等，将使能源功能材料取得突破性进展；以医用生物材料、仿生材料和工业生产中的生物模拟为代表的生物材料在生命科学的带动下将有很大发展；智能材料与智能结构系统将受到更大重视；随着资源的枯竭、环境的恶化，环境材料日益受到重视；高性能结构材料的研究与开发将是永恒的主题；材料制备工艺和测试方法则是制约材料广泛应用的重要因素；21 世纪将逐渐实现按需设计材料；纳米材料科学技术成为 21 世纪初最活跃的领域。

材料概论是材料科学与工程专业的第一门专业课，目的是使学生初步认识材料世界的概貌。本书按金属材料、无机非金属材料、有机高分子材料、复合材料和新材料的顺序扼要介绍各类材料的化学成分、生产过程、组织结构、性能及应用，并提出对不同构件或零件选材的原则与方法，为后续课程的学习提供必要的基本知识。

思考与练习

1. 为什么说材料是人类社会进步的里程碑？
2. 人类使用材料的历史经历了哪些时代？
3. 请根据材料的化学组成对材料进行分类。
4. 什么叫结构材料？什么叫功能材料？
5. 什么叫传统材料？什么叫先进材料？传统材料与先进材料有何关系？
6. 简要分析材料科学与材料工程间的相互关系。

参 考 文 献

[1] William D. 材料科学与工程基础（英文影印版）[M] . 5 版 . 北京：化学工业出版社，2004.

[2] 许并社 . 材料科学概论 [M] . 北京：北京工业大学出版社，2002.

[3] 何庆复 . 机械工程材料及选用 [M] . 北京：中国铁道出版社，2001.

[4] 闫康平 . 工程材料 [M] . 北京：化学工业出版社，2001.

[5] 周达飞 . 材料概论 [M] . 北京：化学工业出版社，2001.

[6] 冯端，师昌绪，刘治国 . 材料科学概论 [M] . 北京：化学工业出版社，2002.

[7] 郑明新 . 工程材料 [M] . 北京：清华大学出版社，1997.

[8] Leszek A. Dobrza'nski. Significance of materials science for the future development of societies [J] . Journal of Materials Processing Technology, 2006, 175：133-148.

[9] 涂铭旌 . 材料发明学 [M] . 北京：化学工业出版社，2000.

[10] 赵新宇 . 纳米世纪 [M] . 广州：广州出版社，2001.

第 2 章　材料科学与工程纲要

材料的成分、组织结构、合成加工、性质与使用性能是材料科学与工程的四个基本要素，这四个方面构成了材料科学与工程的基础。使用性能是研究材料的出发点和目标。结构材料的使用性能主要由它们的强度、硬度、弹性模量、伸长率等力学性能指标衡量；功能材料的使用性能主要由相关的物理学参量衡量。材料的化学成分、组织结构是影响其各种性质的直接因素，合成加工则是通过改变材料的组织结构而影响其性质。而改变化学成分又会改变材料的组织结构，从而影响其性质。图 2-1 所示为这四个方面间的相互关系，其中，组织结构是核心，性能是研究工作的落脚点。不论是何种材料，不论材料的形状尺寸如何，其宏观性能都是由材料的化学成分和组织结构决定的。只有从不同的微观层次上准确了解材料的成分和组织结构与性能间的关系，才能有目的地、有选择地制备和使用材料。

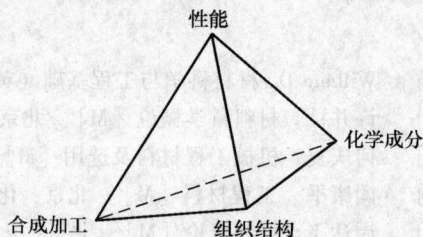

图 2-1　材料科学与工程的四要素

本章简要介绍材料成分与组织结构的含义，材料的合成与加工方法，影响材料使用性能的主要力学性能指标、物理学参量和化学行为，以及如何根据材料的使用性能要求进行材料设计并预测材料的失效。

2.1　材料的成分

材料的成分是指组成材料的元素种类及其含量，通常用质量分数（w）表示，有时也用摩尔分数（x）表示。

材料的成分不等同于材料的组元，也与材料的相不同。材料的组元是指组成材料最基本、独立的物质，可以是纯元素，也可以是稳定的化合物。而相是指材料中具有同一化学成分并且结构相同的均匀部分，一个相必须在物理性质和化学性质上都是完全均匀的，但不一定只含有一种物质。相与相之间有明显的界面，可以用机械方法将它们分离开，在界面上，从宏观的角度来看，性质的改变是突变的。

2.2　材料的组织结构

材料的组织是指材料内部的微观形貌，是由各个晶粒或各种相所形成的图案，它能反映各组成相的形态、尺寸及分布。只含一种相的组织为单相组织，由多种相构成的组织为复相组织或多相组织。材料的组织分为微观组织与宏观组织。

材料的结构是指材料的组成单元（原子、离子或分子等）之间相互吸引和排斥作用达到平衡时的空间排列方式，它从宏观到微观可分成不同层次：宏观组织结构、显微组织结构及微观结构。宏观组织结构是用肉眼或放大倍数为 20～100 倍以下的放大镜能观察到的晶粒及相的集合状态。显微组织结构是指借助光学显微镜、电子显微镜可观察到的晶粒、相的集合状态或材料内部的尺度约为 $10^{-7}～10^{-4}$ m 的微区结构。微观结构是指原子、分子的种类以及原子和分子的排列结构。

2.2.1　固体中的结合键与存在形式

材料中原子、分子间的结合力称为结合键，它是原子、分子间吸引力和排斥力的合力。结合键可大致分为化学键和物理键两类。由电子运动使原子产生聚集的结合力为化学键，包括离子键（Ionic Bond）、共价键（Covalent Bond）和金属键（Metal Bond）；在原子、分子聚集过程中不发生电子运动的结合力为物理键，包括分子键（范德华力 Van der Waals）和氢键（Hydrogen Bond）。固体物质按原子排列方式的不同以三种形式存在：晶体、非晶体和准晶体。原子呈周期性排列的固体物质叫做晶体，原子呈无序排列的叫做非晶体，介于这两者之间的叫做准晶体。与各类键相应，晶体可分为离子晶体、共价晶体、金属晶体、分子晶体和氢键晶体。

1. 离子键和离子晶体

当电负性较小的活泼金属元素的原子与电负性较大的活泼非金属元素的原子相互接近时，金属原子失去最外层电子形成带正电荷的阳离子，而非金属原子得到电子形成带负电荷的阴离子。阴、阳离子之间除了静电相互吸引外，还存在电子与电子、原子核与原子核之间的相互排斥作用。当阴、阳离子接近到一定距离时，吸引作用和排斥作用达到了平衡，系统的能量降到最低，阴、阳离子之间就形成了稳定的化学键。这种阴、阳离子间通过静电作用所形成的化学键称为离子键。

由于离子的电荷分布是球形对称的，它在空间各个方向与带相反电荷的离子的静电作用都是相同的，阴、阳离子可以从各个方向相互接近而形成离子键，所以离子键是没有方向性的。在形成离子键时，只要空间条件允许，每一个离子可以吸引尽可能多的带相反电荷的离子，并不受离子本身所带电荷的限制，因此离子键是没有饱和性的。

由阳离子与阴离子通过离子键结合而形成的晶体称为离子晶体。由于离子键的结合力很大，离子晶体一般具有较高的熔点、沸点和较高的硬度。离子晶体的硬度虽然较高，但比较脆。这是因为当离子晶体受到外力作用时，各层晶格结点上的离子发生位移，使原来异号离子相间排列的稳定状态转变为同号离子相邻的排斥状态，晶体结构遭到破坏。在离子晶体中，阴、阳离子被限制在晶格格点上振动，不能移动，因此离子晶体不导电。但是当离子晶体熔融或溶于水时，产生自由移动的阴、阳离子，从而可以导电。在离子键结合中，由于离子的外层电子比较牢固地被束缚，可见光的能量一般不足以使其受激发，因而不吸收可见光，所以典型的离子晶体是无色透明的。

2. 共价键和共价晶体

处于元素周期表中间位置的三、四、五价元素，其原子既可能获得电子变为负离子，也可能丢失电子变为正离子。当这些元素原子之间或与邻近元素的原子形成分子或晶体时，以共用价电子形成稳定的电子满壳层的方式实现结合。被共用的价电子同时属于两相邻的原子，使它们的最外层均为满壳层，价电子主要在这两个相邻原子核之间运动，形成一个负电荷较集中的地区，因而对带正电荷的原子核产生吸引力，将它们结合起来。这种由共用价电子对产生的结合键叫做共价键。

一般两个相邻原子只能共用一对电子，故一个原子的共价键数小于等于 $8-n$（n 为这个原子最外层的电子数）。另外，在共价晶体中，原子以一定的角度相邻接，各键之间有确定的方位（键角），所以共价键具有明显的饱和性和强烈的方向性。

按共用电子对提供的方式不同，共价键又可分为正常共价键和配位共价键。由一个原子单独提供共用电子对而形成的共价键称为配位共价键。配位键用箭号"→"表示，箭头方向由提供电子对的原子指向接受电子对的原子。形成配位键的条件是：电子对给予体的最外层有孤对电子，同时电子对接受体的最外层有可接受孤对电子的空轨道。

按共用电子对是否发生偏移，共价键可分为非极性共价键和极性共价键。当两个相同原子以共价键结合时，共用电子对不偏向于任何一个原子，这种共价键称为非极性共价键；当两个不同元素的原子以共价键结合时，共用电子对偏向于电负性较大的原子，电负性较大的原子带部分负电荷，而电负性较小的原子带部分正电荷，正、负电荷中心不重合，这种共价键称为极性共价键。共价键的极性与成键两原子的电负性差有关，电负性差越大，共价键的极性就越大。

共价晶体中的粒子为中性原子，因此也叫原子晶体，原子微粒之间以共价键结合。在原子晶体中，不存在独立的小分子。由于共价键的结合力很大，所以原子晶体的强度高、硬度高、熔点高、挥发性低，结构也较稳定。由于相邻原子所共有的电子不能自由运动，所以一般不导电。由于共价键具有方向性和饱和性，使原子晶体不能采取密堆积方式，只能以低配位数方式排列。

3. 金属键和金属晶体

元素周期表中Ⅰ、Ⅱ、Ⅲ族元素的原子在满壳层外有一个或几个价电子。满壳层在带正电荷的原子核和价电子之间起屏蔽作用，原子核对外面轨道上的价电子的吸引力不大，所以原子很容易丢失其价电子而成为正离子。当大量这样的原子相互接近并聚集为固体时，其中大部分或全部原子会丢失价电子。这些丢失的价电子为全体原子所公有（叫做自由电子），它们在正离子之间自由运动，形成所谓的电子气。正离子沉浸在电子气中，它们之间产生强烈的静电吸引力，使全部离子结合起来形成金属晶体，这种结合力叫做金属键。

在金属晶体中，价电子弥漫在整个体积内，所有的金属离子皆处于相同的环境中，全部离子（或原子）均可被看成是具有一定体积的圆球，所以金属键不具有饱和性和方向性。金属的高电导率和高热导率都是金属中自由电子运动的结果。金属对光的透明性是由于自由电子能吸收所有波长的能量，而金属表面对光的高反射性是缘于吸收能量后的辐射。

4. 分子键和分子晶体

原子状态形成稳定电子壳层的惰性气体元素，在低温下可结合为固体；ⅦB族元素的双原子分子也能结合成晶体。但在它们结合的过程中，没有电子的得失、共有或公有化，价电子的分布几乎不变，原子或分子之间的结合力是很弱的范德华力即分子键，实际上就是分子偶极之间的作用力。分子键没有方向性和饱和性，晶体结构主要取决于几何因素，并趋向于紧密排列。

由于范德华力很弱，所以分子晶体的结合力很小，分子晶体的硬度很低，熔点和沸点也都很低。这种引力也存在于由其他化学键形成的晶体中，但常可被忽略。

5. 氢键和氢键晶体

当氢原子与电负性较大、半径较小的 X 原子形成共价键后，共用电子对偏向于 X 原子，氢原子几乎变成了"裸核"。"裸核"的体积很小，又没有内层电子，不被其他原子的电子所排斥，还能与另一个电负性较大、半径较小的 Y 原子中的孤对电子产生静电吸引作用。这种产生在氢原子与电负性较大的元素原子的孤对电子之间的静电吸引称为氢键。氢键具有方向性和饱和性。

氢键的方向性是指形成氢键 X—H……Y 时，X、H、Y 原子尽可能在一条直线上，这样可使 X 原子与 Y 原子之间的距离最远，两原子间的斥力最小。氢键的饱和性是指一个 X—H 分子只能与一个 Y 原子形成氢键，当 X—H 分子与一个 Y 原子形成氢键 X—H……Y 后，如果再有一个 Y 原子接近时，则这个原子受到 X—H……Y 上的 X 和 Y 原子的排斥力远大于 H 原子对它的吸引力，使 H 原子不可能再与第二个 Y 原子形成第二个氢键。氢键可分为分子间氢键和分子内氢键两种类型。一个分子的键与另一个分子中的原子形成的氢键称为分子间氢键；一个分子的键与同一分子内的 Y 原子形成的氢键称为分子内氢键。

2.2.2 原子间结合键与材料类型

在材料的组成单元中，各个原子通过化学键结合在一起组成固体材料。各类材料当其键合方式不同时，如为离子键、共价键、金属键或氢键时，便具有不同的结构和特性。表 2-1 列出了键型与材料物性的关系。

表 2-1 中所给出的物质实例只是一些典型的情况，有的材料并不是由单纯的一种结合键构成的，而是可同时兼有几种结合键。下面简要介绍各类材料中的化学键类型。

表 2-1 键型与材料物性的关系

键型	结构特点	力学性质	电性能	热学性能	光学性能	其他	物质实例
金属键	无饱和性，无方向性，配位数高，高密度	各不相同，强度有高有低，有塑性	导电体	熔点有高有低，导热性好，液态温度范围宽	不透明，有金属光泽	延展性好	钢、铁、铝
离子键	无方向性，键能大，结构稳定，高配位	强度高，劈裂性良好，坚固，硬度高	固态下一般为绝缘体，熔体为导体	熔点高，膨胀系数小，熔体中有离子存在	对红外吸收强，多是无色或浅色透明		盐（NaCl）MgO 陶瓷
共价键	有方向性和饱和性，低配位，低密度	强度高，坚固，硬度高	绝缘体，熔体也非导体	熔点高，膨胀系数小，熔体中可含有分子	高折射率，同气体的吸收光谱不同	除链状高分子类材料外，多数延展性较差	金刚石有机质固体
分子键	类似金属键	疏松、质软	绝缘体	熔点高，膨胀系数小		透明	固态惰性气体
氢键	有饱和性						水、冰

1. 金属材料

元素周期表中的金属元素分为简单金属和过渡族金属两类。凡是内电子层完全填满或完全空的元素，均属于简单金属；内电子层未完全填满的元素属于过渡族金属。简单金属的结合键完全为金属键；过渡族金属的结合键为金属键和共价键的混合键，但以金属键为主。

2. 陶瓷材料

陶瓷是一种或多种金属元素与一种非金属元素（通常为氧）的化合物，其中尺寸较大的氧原子为陶瓷的基质，尺寸较小的金属（或半金属，如硅等）原子处于氧原子的空隙中。氧原子与金属原子化合时形成很强的离子键，同时也存在一定成分的共价键，但离子键是主要的。也有一些特殊的陶瓷以共价键为主。

3. 高分子材料

高分子材料为有机合成材料。有机物质主要是以碳元素（通常还有氢）为其结构组成，在大多数情况下它构成大分子的主链。因此，大分子内的原子之间由很强的共价键结合，而大分子与大分子之间的结合力为较弱的范德华力。由于大分子链很长，大分子之间的结合力可以很大。在分子中存在有氢时，氢键还会加强分子间的相互作用力。

4. 复合材料

复合材料可以由各种不同种类的材料复合而成，所以它的结合键非常复杂。

2.2.3 固体材料的结构

1. 固体的三种类型

固体可分为晶体（Crystal）、非晶体（Amorphous Body）和准晶体（Quasi-crystal）三大类。

所谓晶体，是指原子或原子团、离子或分子以周期性重复方式在三维空间有规则排列形成的固体。晶体的原子排列长程有序，且有整齐规则的几何外形；晶体还有固定的熔点，在熔化过程中，其温度始终保持不变；单晶体还有各向异性的特点。

非晶体是指内部质点在三维空间不呈周期性重复排列的固体，具有近程有序排列，但不具有长程有序排列。非晶体外形为无规则形状的固体，在熔解过程中，没有明确的熔点，随着温度的升高，物质首先变软，然后逐渐由稠变稀，例如玻璃。

准晶体的发现，是20世纪80年代晶体学研究中的一次突破。1984年底，D. Shechtman等人宣布，他们在急冷凝固的铝锰合金中发现了具有五重旋转对称但并无平移周期性的合金相，在晶体学及相关的学术界引起了很大的震动。不久，这种无平移周期性但有位置序的晶体就被称为准晶体。尽管有关准晶体的组成与结构规律尚未完全阐明，但它的发现在理论上已对经典晶体学产生了很大冲击，以致国际晶体学联合会建议将晶体定义为衍射图谱呈现明确图案的固体，来代替原先的微观空间呈现周期性结构的定义。

晶体和非晶体在一定条件下可以相互转化，许多物质既可以以晶体形式存在，又可以以非晶体形式存在。如将水晶的结晶熔化，再使它冷却，可得到非晶体的石英玻璃；而非晶体的玻璃，经过相当长的时间后，在它里面生成了微小的晶体，形成透明性减弱的模糊斑点。这说明晶体转化为非晶体需要一定的条件，而非晶体经过一定时间会自动变成晶体。这是因为非晶体是不稳定的，所谓非晶体物质并不是永不结晶的物质，而是在非晶体凝固过程中，其分子还没有来得及达到能量最低处，已过早地被一定大小的内摩擦粘住，凝成固体，这时它的能量不是处于最低状态，分子将继续向能量最低的方向运动，有逐渐变成晶体的趋势。

2. 晶体结构基础

（1）空间点阵和晶胞　将晶体中的单个原子或若干个原子抽象成一个几何点，它们在三维空间的周期性重复排列就形成了空间点阵（Lattice）。描述空间点阵中阵点排列方式的最小体积单元称为晶胞（Unit Cell），通常取一个最小的平行六面体作为晶胞，如图 2-2 所示，可由其三个棱边的边长 a、b、c（点阵常数）及晶轴间的夹角 α、β、γ 这六个参数完全表达出来（用三个点阵矢量 a、b、c 来描述更方便）。根据这六个参数组合的可能方式，或根据晶胞自身的对称性，可将晶体结构分为立方、四方、六方、菱方、斜方、单斜和三斜七个晶系。这七个晶系的晶格参数及点阵晶胞总结见表 2-2。布拉菲（A. Bavis）证明，在七个晶系中，存在七种简单晶胞（晶胞原子数为 1）和七种复合晶胞（晶胞原子数为 2 以上）。

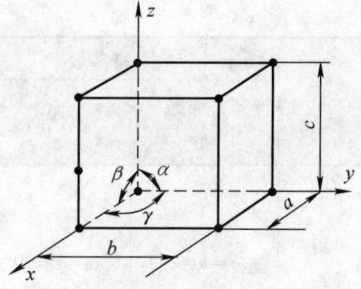

图 2-2 晶胞示意图

表 2-2 七种基本晶系的晶格参数及点阵晶胞

晶系	晶格参数		晶胞			
	点阵常数 (a、b、c)	晶轴间夹角				
立方晶系	$a = b = c$	$\alpha = \beta = \gamma = 90°$	简单立方	体心立方	面心立方	
四（正）方晶系	$a = b \neq c$	$\alpha = \beta = \gamma = 90°$	简单正方	体心正方	面心正方	
六方晶系	$a = b \neq c$	$\alpha = \beta = 90°$ $\gamma = 120°$	简单六方		密排六方	
斜方晶系	$a \neq b \neq c$	$\alpha = \beta = \gamma = 90°$	简单斜方	体心斜方	底心斜方	面心斜方
菱方晶系	$a = b = c$	$\alpha = \beta = \gamma \neq 90°$	简单菱方			

（续）

晶系	晶格参数		晶　　胞
	点阵常数 $(a 、b 、c)$	晶轴间夹角	
单斜 晶系	$a \neq b \neq c$	$\alpha = \gamma = 90° \neq \beta$	简单单斜　　　　　　　　底心单斜
三斜 晶系	$a \neq b \neq c$	$\alpha \neq \beta \neq \gamma \neq 90°$	简单三斜

（2）其他概念　除了晶格类型和晶格常数外，关于晶体结构还有以下几个重要概念：

1）晶胞原子数，是指一个晶胞内所包含的原子数目。

2）原子半径，通常是指晶胞中原子密度最大方向上相邻两原子之间平衡距离的一半，或晶胞中相距最近的两个原子之间距离的一半，它与晶格常数有一定的关系。

3）配位数，是指晶格中与任一原子处于相等距离并相距最近的原子数目。配位数越大，则原子排列的致密度越高。

4）致密度，是指晶胞中原子本身所占有的体积分数，也称为晶格的密排系数。

晶体的结构确定以后，如已知原子半径 r 即可求出表示晶格大小的常数。晶体中的原子具有规则而有序的排列，因此也可以借助 X 射线衍射法确定晶体结构，求出晶格常数，然后求出原子半径。同时，还可根据原子半径和晶格常数计算出晶体的密度。表 2-3 列出了三种典型晶体结构的特征参量。

表 2-3　三种典型晶体结构的特征参量

晶格类型	晶胞原子数	配位数	致密度	原子半径与晶格常数的关系	原子排列图
面心立方（fcc）	4	12	74%	$r = \dfrac{\sqrt{2}a}{4}$	
体心立方（bcc）	2	8	68%	$r = \dfrac{\sqrt{3}a}{4}$	
密排六方（hcp）	6	12	74%	$r = \dfrac{a}{2}$	

3. 晶体缺陷

在实际晶体中，原子的排列不可能是完全规则和完整的，而是或多或少地存在着偏离理想结构的区域，即出现了不完整性，这种偏离完整性的区域称为晶体缺陷或晶体结构的不完整性。晶体缺陷根据其几何形态特征分为点缺陷、线缺陷及面缺陷三大类。晶体缺陷的存在对晶体的性能有很大影响。

（1）点缺陷（Point Defects）　理想晶体中的一些原子被外界原子所代替，或在晶格间隙中掺入原子，或留有原子空位，破坏了有规则的周期性排列，引起质点间势场的畸变，造成晶体结构在原子位置上的不完整，这种缺陷称为点缺陷。点缺陷是在三维尺度上都很小、不超过几个原子直径的缺陷，它一般有两种类型，即空位（Vacancy）和间隙原子（Interstitialcy）。

1）空位。是指晶体中没有被占据的原子位置。空位的一个重要特点是它们能够与相邻原子交换位置而运动，使得原子在高温时可以在固态中进行迁移。温度越高，平均热能越大，原子振动的振幅增大。由于热运动，晶体中总有一些原子要离开它的平衡位置而形成缺陷。一种是一些具有足够大能量的原子离开平衡位置后，挤到晶格的间隙中，形成间隙原子（自间隙原子），而在原来位置上形成空位，这样形成的空位称为 Frenkel 缺陷，如图 2-3a 所示。另一种是固体表面层的原子获得较大能量，但还不足以使它蒸发出去，只是移到表面外新的位置上去，而留下原来位置形成空位。这样，晶格深处的原子就依次填入，结果表面上的空位逐渐转移到内部去，这种形式的缺陷称为 Schottky 缺陷，如图 2-3b 所示。一般当阴阳离子半径相差不大时，Schottky 缺陷是主要的；反之，Frenkel 缺陷是主要的。

2）间隙原子。是指位于晶格间隙中的原子。间隙原子根据其在晶格中的位置不同，可分为自间隙原子和杂质间隙原子。自间隙原子是从晶格结点转移到晶格间隙中的原子，与此同时产生一个空位，如图 2-3a 所示。一般所认为的纯材料实际上都溶有某些杂质。固溶体（Solid Solution）是指溶质原子占据溶剂原子在晶体中所占位置的一部分（置换型）或它们之间的某些空隙（间隙型）而仍保持基本组元的晶体结构的晶体。根据溶质原子在溶剂原子晶体中的位置不同，可分为置换固溶体和间隙固溶体两类。当杂质原子半径较小时，主要表现为间隙固溶体，如图 2-4a 所示；当杂质原子半径与溶剂原子半径相当时（可大可小），主要表现为置换固溶体，如图 2-4b 所示。

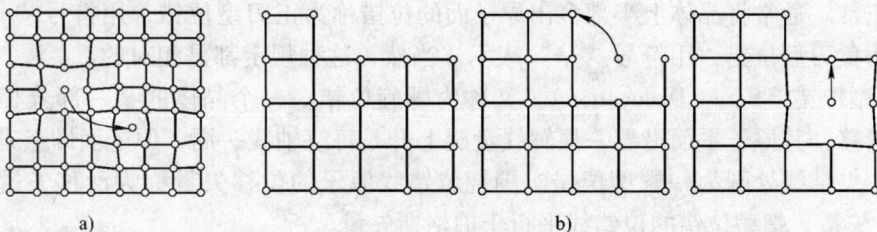

图 2-3　空位的形成

a）Frenkel 机制　b）Schottky 机制

（2）线缺陷（Line Defects）　实际晶体在结晶时受到杂质、温度变化或振动产生的应力作用，或由于晶体受到打击、切削、研磨等机械应力的作用，使晶体内部质点排列变形，原子行列间相互滑移，而不再符合理想晶格的有序排列，形成两维尺度很小而第三维尺度很大的缺陷，称为线缺陷，习惯上也称为位错。质点滑移面和未滑移面的交界线称为位错线。

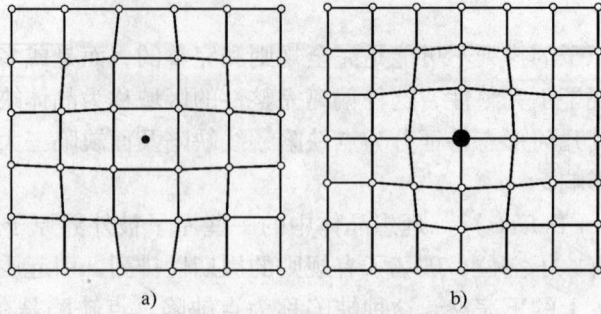

图 2-4 固溶体的两种类型

a）间隙固溶体 b）置换固溶体

滑移方向与位错线垂直的位错称为"刃型位错"，滑移方向与位错线平行的位错称为"螺型位错"，如图 2-5 所示。位错的存在已经为电子显微镜等观察所证实。实际晶体在生长、变形等过程中都会产生位错，它对晶体的塑性变形、相变、扩散、强度等都有很大影响。

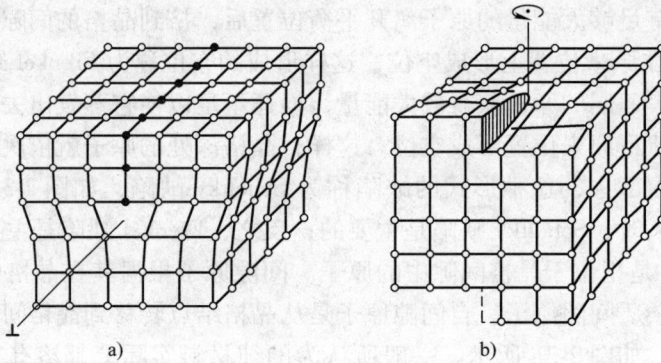

图 2-5 位错示意图

a）刃型位错 b）螺型位错

1）刃型位错（Edge Dislocation）。设有一简单立方结构的晶体，在切应力的作用下发生局部滑移，滑移后在晶体内的垂直方向出现了一个刀刃状的多余半原子面，这种位错称为刃型位错。位错线的上部邻近范围受到压应力，而下部邻近范围受到拉应力，离位错线较远处原子排列正常。通常将晶体上半部多出原子面的位错称为正刃型位错，用符号"⊥"表示；反之则称为负刃型位错，用符号"⊤"表示。当然，这种规定都是相对的。

2）螺型位错（Screw Dislocation）。又称为螺旋位错。一个晶体的某一部分相对于其余部分发生滑移，其原子平面沿着一根轴线盘旋上升，每绕轴线一周，原子面即上升一个晶面间距，在中央轴线处则为一螺型位错。围绕位错线原子的位移矢量称为滑移矢量或伯格斯（Burgers）矢量，螺型位错的位错线平行于伯格斯矢量。

（3）面缺陷（Surface Defects） 一块晶体常常被一些界面分隔成许多较小的畴区，畴区内具有较高的原子排列完整性，畴区之间的界面附近存在着较严重的原子错排。这种发生于整个界面上的广延缺陷称为面缺陷。在工程材料学中，面缺陷是指二维尺度很大而第三维尺度很小的缺陷。面缺陷的种类繁多，如图 2-6 所示。可以按与晶体结构有无关系将面缺陷分为两大类，即：与晶体结构无关的一类，包括晶界和相界两种；与晶体结构有关的一类，包括共轭相界、孪晶界和堆垛层错。

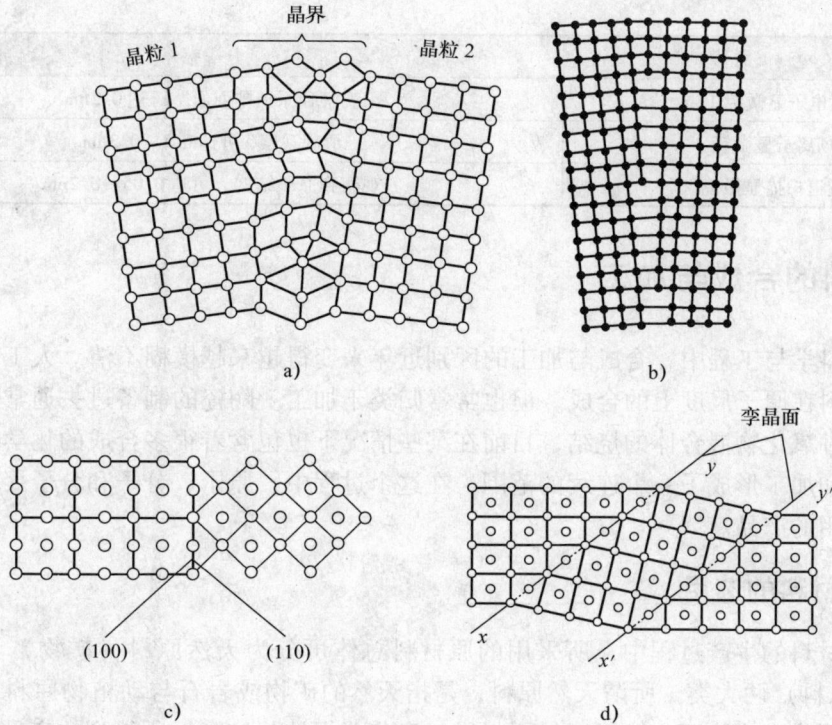

图 2-6　几种面缺陷的示意图

a）晶界　b）亚晶界　c）α-Fe 和 γ-Fe 中的共轭相界　d）孪晶界

固体从蒸气、溶液或熔体中结晶出来时，只有在一定条件下才能形成单晶体，因而大多数固体是多晶体。晶界是以任意取向关系相交接的两晶粒间的界面。孪晶界所分隔开的两部分晶体间以特定的取向关系相交接，从而构成新的附加对称元素，如反映面、旋转轴或对称中心。

关于晶体结构这里介绍的只是一些最基本的概念，详细的内容将在后续课程（如"材料科学基础"）中介绍。

2.3　材料成分与组织结构的检测

在材料成分和组织结构的分析方面，先进仪器的不断出现对材料科学与工程的飞速发展起到了决定性的作用。20 世纪 50 年代，用于材料成分与组织结构分析的工具主要是光学显微镜、X 射线衍射仪、红外光谱和紫外光谱。目前，高分辨率电子显微镜已能够以原子级的分辨率显示原子的排列和化学成分，多种光谱仪能够测定材料表面的化学特性，隧道扫描显微镜能够测定材料表面和近表面原子的排列和电子结构，固态核磁共振能够测定聚合物体系的化学结构，等等。表 2-4 列出了材料晶体结构检测常用的仪器及分辨率。

表 2-4　材料晶体结构检测常用仪器及分辨率

检测仪器	分辨率
体视显微镜	毫米级 ~ 微米级
光学显微镜	微米级
扫描电子显微镜 SEM	微米级 ~ 纳米级，可达 0.7nm

（续）

检测仪器	分辨率
透射电子显微镜 TEM	观察到原子排列面，可达 0.2nm
场离子显微镜	形貌观察，可达 0.2～0.3nm
隧道扫描显微镜	观察到原子结构，可达 0.05～0.2nm

2.4 材料的合成与加工

在材料科学与工程中，合成与加工的区别近年来变得越来越模糊不清。人工合成材料的制造包含材料在原子尺度上的合成，但也常常归类于加工。陶瓷的制备过去通常是由矿物衍生出来的各种氧化物混合体的烧结，目前在某些情况下也包含着很多合成的化学过程。广义地讲，合成和加工形成了一个连续的范围，在这个过程中，原子、分子和分子聚合体的组合物将形成有用的产品。

2.4.1 原材料的选用

在三大材料的生产过程中，所采用的原材料总体可分为天然原料（矿物）及化工原料（人工合成原料）两大类。所谓天然原料，是指天然的矿物或岩石与动植物原料；而指化工原料是指采用化学或物理方法将天然原料进行富集或提纯、加工后所得到的产品，根据其化学组成的不同，可分为无机化工原料和有机合成原料两大类。在选择合适的原材料时，除了要考虑化学组成、纯度、颗粒度等主要因素外，成本也是一个不可忽视的重要因素。天然矿物原料一般杂质较多，价格较低；而人工合成原料纯度较高，价格也较高。此外，对环境的影响也是选用原材料时必须考虑的因素之一。

1. 天然矿物原料

天然矿物原料不仅是冶炼金属材料的原材料，也是生产玻璃、陶瓷、水泥、耐火材料、砖瓦、搪瓷等传统无机材料的主要原材料。在金属材料和传统无机材料的制备过程中，绝大多数的主要原料是采用各种天然金属矿物（如铁矿石、铝土矿、方铅矿、黄铜矿等）和各种天然硅酸盐矿物（如石英砂、砂岩、石灰石、长石、粘土等）；而合成高分子化合物所用的基本原料也是天然原料，主要是石油、天然气、煤、电石以及某些农副产品等；此外，在金属的冶炼和无机材料的生产过程中，还要用到煤和石油产品作为燃料。

2. 无机化工原料

无机化工原料按组分可分为氧化物原料和非氧化物原料。氧化物原料有单一氧化物，如氧化铝（Al_2O_3）、氧化镁（MgO）等；还有复合氧化物，如尖晶石（$MgO \cdot Al_2O_3$）、莫来石（$3Al_2O_3 \cdot SiO_2$）及钛酸钡（$BaTiO_3$）等。复合氧化物是制备新型陶瓷常采用的一类原料。非氧化物原料大多为难熔化合物，主要用来制备非氧化物陶瓷，包括类金属难熔化合物、非金属难熔化合物和金属间互相结合的金属互化物三类。类金属难熔化合物是金属与非金属结合的化合物，如金属的硼化物、碳化物、氮化物、硅化物等。这类化合物大多熔点高、硬度高，并有良好的化学稳定性，同时还具有很高的导电性和传热性等。非金属难熔化合物为非金属与非金属结合的化合物，如 B_4C、SiC、BN、Si_3N_4 和其他多组元化合物等。这类化合物具有半导体性，在室温下有高的电阻及非常高的化学稳定性。金属间互相结合的互化物有铝-铍等系统的互化物及钴-铬-钨系统的互化物。

3. 有机化工原料

有机化工原料分为天然和合成两大类。天然化工原料即天然高分子材料，是存在于动物、植物及矿物中的高分子物质，可分为天然纤维、天然树脂、天然橡胶及生物胶等；有机合成原料主要是指合成树脂、合成橡胶和合成纤维三大合成材料，此外还包括粘合剂、涂料以及各种功能性高分子材料，其主要特点是原料来源丰富、品种繁多、性能多样化、加工成型方便等。

2.4.2　材料的制备

在整个材料领域中，各类材料均有相对应的各种制备工艺和方法，归纳起来可分为三大类，即气相法、液相法和固相法。

1. 气相法

根据系统中发生的反应性质可将气相法分为两种：一种是系统中不发生化学反应的物理气相沉积法（Physical Vapor Deposition，简称 PVD 法，也称为蒸发-凝聚法）；另一种是通过气相化学反应的化学气相沉积法（Chemical Vapor Deposition，简称 CVD 法）。

PVD 法是利用电弧、高频电场或等离子体等高温热源将原料加热至高温，使之汽化或形成等离子体，然后通过骤冷，使之凝聚成各种形态的材料（如晶须、薄膜、晶粒等）。其原理一般基于纯粹的物理效应，但有时也可与化学反应相关联。

CVD 法是以金属蒸气、挥发性金属卤化物、氢化物或金属有机化合物等蒸气为原料，进行气相热分解反应，或两种以上单质或化合物的反应，再凝聚生成各种形态的材料。其基本原理涉及反应化学、热力学、动力学、转移机理、膜生长现象和反应工程等。目前，CVD法主要用于硅、砷化镓材料的外延生长、金属薄膜材料、表面绝缘层、硬化层等，也用于粉末、块状材料、纤维等的合成。

2. 液相法

液相法按材料制备时的反应状态、反应温度等的不同，可进一步分为熔融法、溶液法、界面法、液相沉淀法、溶胶-凝胶法、水热法、喷雾法和溶液生长法等。

（1）熔融法　熔融法是指将合成所需材料的原料加热，使其在加热过程和熔融状态下产生各种化学反应，从而达到一定的化学成分和结构。根据加热温度的高低，可分为高温熔融法和低温熔融法。高温熔融法是指将矿物原料投入各种高温熔炉内，使其在高温下发生各种化学反应并熔融。玻璃熔制、高炉炼铁、转炉炼钢等均是采用高温熔融法制备材料。制备高分子化合物的本体聚合和熔融聚合是典型的低温熔融法。

（2）溶液法　溶液法主要用于高分子化合物的制备，分为溶液聚合和溶液缩聚。溶液聚合是指单体和引发剂溶于适当溶剂中进行的聚合。溶液缩聚是指在纯溶剂或混合溶剂中进行的缩聚反应，目前广泛用于生产树脂、涂料等。

（3）界面法　界面法是指在各种界面条件下发生反应来制备材料的方法，主要有高分子材料的悬浮聚合、乳液聚合和界面缩聚。悬浮聚合是指单体以小液滴状态悬浮在水中进行的聚合。乳液聚合是借助于机械搅拌和剧烈振荡使单体在介质（通常是水）中由乳化剂分散成乳液状态进行的聚合，是最重要的工业生产方法之一。界面缩聚是将两种单体分别溶解在两种互不相溶的溶剂（如水和烃类）中，当将两种单体溶液倒在一起时，在两相的界面处发生反应形成所需物质的方法。

（4）液相沉淀法　液相沉淀法是在原料溶液中添加适当的沉淀剂（OH^-、CO_3^{2-}、$C_2O_4^{2-}$、SO_4^{2-} 等），使原料溶液中的阳离子形成沉淀，通过与沉淀剂之间的反应或水解反应产生沉淀，形成不溶性的草酸盐、碳酸盐、硫酸盐、氢氧化物、水合氧化物等沉淀物，沉淀颗粒的大小和形状由反应条件控制，然后经过过滤、洗涤、干燥，有时还需经过加热分解等工艺过程，最终得到超细粉体材料。该方法主要用于氧化物的制备。

（5）溶胶-凝胶法　溶胶-凝胶法是在低温下制备玻璃和合成其他无机新材料的方法，简称 Sol-Gel 法。用溶胶-凝胶法制备材料的过程可归纳为：溶液→溶胶→凝胶→材料。所谓溶胶，是指线度为 $1\sim100nm$ 的固体颗粒在适当液体介质中形成的分散体系。这些固体颗粒一般由 $10^3\sim10^9$ 个原子组成，称为胶体。当胶体中的液相受到温度变化、搅拌作用、化学反应或电化学平衡作用的影响而部分失去，导致体系粘度增大到一定程度时，便形成具有一定强度的固体凝胶块。

（6）水热法　水热法是指在水溶液中或大量水蒸气存在时，在高温高压或高温常压下所进行的化学反应过程。该方法主要用于制备无机材料超细粉及晶体材料。

（7）喷雾法　喷雾法也称为溶剂蒸发法，是将溶解度较大的盐的水溶液雾化成小液滴，使其中的水分迅速蒸发，而使盐形成均匀的球状颗粒。如再将微细的盐粒加热分解，即可得到氧化物超细粉。

（8）溶液生长法　溶液生长法主要用于人工合成晶体的制备，它是将所需制备的晶体的原料作为溶质形成过饱和溶液，然后逐渐发生结晶过程使晶体长大。用该方法生长的晶体光学均匀性较好，但生长速率较低。

3. 固相法

固相法是以固体物质为原料，通过各种固相反应和烧结等过程来制备材料的方法，如水泥熟料的煅烧、陶瓷和耐火材料的高温烧结、金属材料的粉末冶金、人工晶体的固相生长、高分子材料的固相缩聚等，还包括自蔓延高温合成法。

（1）高温烧结法　陶瓷、耐火材料、粉末冶金以及水泥熟料等通常都是要把成型后的坯体（粗制品）或固体粉料在高温条件下进行烧结后，才能得到相应的产品。在高温烧结过程中往往包括多种物理、化学和物理化学变化，形成一定的矿物组成和显微结构，并获得所要求的性能。烧结是一种合成加工方法，经过烧结使一种多孔固体变成致密的物体，同时提高其机械强度。发生在单纯的固体间的烧结称为固相烧结，而有液相参与的烧结称为液相烧结。

（2）粉末冶金法　粉末冶金法是用金属粉末或金属粉末与非金属粉末的混合物作为原料，经过成形和烧结，制成金属材料、复合材料以及各种类型制品的工艺技术。粉末冶金法与生产陶瓷的方法有相似的地方，因此，一系列粉末冶金新技术也可用于陶瓷材料的制备。由于粉末冶金技术具有许多优点，它已成为解决新材料问题的钥匙，在新材料的发展中起着举足轻重的作用。

粉末冶金技术可以最大限度地减少合金成分的偏聚，消除粗大及不均匀的铸造组织，在制备高性能稀土永磁材料、稀土储氢材料、稀土发光材料、稀土催化剂、高温超导材料、新型金属材料（如 Al-Li 合金、耐热铝合金、超合金、粉末耐蚀不锈钢、粉末高速钢、金属间化合物高温结构材料等）等方面具有重要的作用。

（3）固相缩聚法　固相缩聚法可以在比较缓和的条件下（如温度较低）合成高分子化合物，以避免许多在高温熔融缩聚反应下发生的副反应，从而提高树脂的质量，并可制备特殊需要的相对分子质量较高的树脂。某些熔融温度和分解温度很接近，甚至分解温度比熔融温度还要低的高分子化合物，可以在熔点以下采用固相缩聚法制备。

（4）自蔓延高温合成法　自蔓延高温合成法（Self-propagating High-temperature Synthesis，简称 SHS）是利用反应本身放出的热量维持反应的继续，反应一旦被引发就不再需要外加热源，并以燃烧波的形式通过反应混合物。随着燃烧波的前进，反应物转化为产物。SHS 过程的示意图如图 2-7 所示。一般将反应的原料混合物压制成块，在块状的一端引燃反应，反应放出的巨大热量又使得邻近的物料发生反应，结果形成一个以一定速度蔓延的燃烧波。随着燃烧波的推进，反应混合物转化为产物。

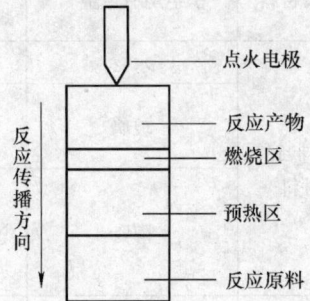

图 2-7　SHS 过程示意图

采用 SHS 过程合成与制备材料，具有很多优点：生产过程简单；产品纯度高；反应迅速；消耗外部能量少；集材料合成与烧结于一体；可与某些特殊手段结合，直接制备出所需材料。

SHS 法可制备的材料包括粉末、多孔材料、致密材料、复合材料、梯度材料和涂层等。

2.4.3　材料的成形加工

从材料的合成（制备）和加工体系考虑，材料加工可分为成形加工和机械加工两大类。从严格意义上来讲，二者并不能截然区分开，例如机械加工中的切削加工也可以使材料成形。

材料只有经过各种加工，形成最终产品或制品，才能体现其功能和价值。材料的加工工艺涉及三个方面，即材料、成形加工与制品。制品的性能取决于材料的内在性能和成形加工过程中所赋予的附加性能。附加性能是由于成形过程中所引起的材料的物理、化学变化造成的。材料的内在性能和成形加工所赋予的附加性能的总和决定了制品的性能。

将各种状态的原料转变成具有固定形状制品的工艺过程称为材料的成形加工，它通常包括以下两个过程：①使原料变形或流动并取得需要的形状；②进行固化以保持所取得的形状成为制品。因此，材料成形加工工艺是将材料通过成形加工转变成实用性材料的工程技术，这种转变要采用适当的方式方法才能实现。材料成形加工由成形与加工两部分构成。

1. 成形方法

成形的目的是将材料转变成具有一定形状的半成品或成品。由于材料种类繁多，其存在状态、性能也各异，对制品形状、性能的要求也相差悬殊，因此生产中采用的成形方法也多种多样。金属材料、无机非金属材料、高分子材料的成形方法具有各自的系统和特点，但相互之间又有许多相似之处，同时还可相互借鉴。表 2-5 列出了金属材料、无机非金属材料、高分子材料的主要成形方法。采用何种方法成形，应根据材料自身的成形特性、产品性质及经济性等因素来决定。

表 2-5　各类材料的主要成形方法

材料类别	材料品种	成形方法
金属材料	黑色与有色金属	铸造、塑性成形（锻造、冲压、轧制、挤压、拉拔、超塑性成形）、粉末冶金、焊接等
无机非金属材料	水泥	注浆成型
	玻璃	人工成型（吹制、自由成型、拉制等） 机械成型（压制、吹制、拉制、压延、浇铸、烧结等）
	陶瓷	可塑成型：挤压、车坯、旋坯、滚压 注浆成型：空心注浆、实心注浆、压力注浆、离心注浆、真空注浆、热压注浆、流延法压制成型
高分子材料	塑料	注射、压制、压延、挤出、中空成型、热成型、浇铸、搪塑、浸渍、真空成型、泡沫塑料成型、烧结
	橡胶	压制、压延、压出、浸渍、浇铸、涂层等
	合成纤维	熔体纺丝、干法纺丝、湿法纺丝等
	复合材料	手糊成型、模压成型、缠绕成型、挤出成型、注射成型等

2. 材料的成形特性

材料的成形特性主要表现为可流动性和可塑性变形性。可流动性是指材料在加热作用下或添加溶剂时表现出来的流动性。可塑性变形是指材料在加热作用下或添加溶剂、增塑剂等助剂时，同时受外力作用下，表现出来的塑性变形行为，如挤压变形、压延变形、模压变形、冲压变形等。

根据材料的成形特性，可将成形方法归为自由流动成形、受力流动成形、受力塑性成形和其他成形四类，见表 2-6。

表 2-6　成形方法的类别

成形类别	材料		成形方法
自由流动成形	金属材料		浇铸成形
	无机非金属材料	玻璃 陶瓷	人工自由成型、浇铸机械成型 空心注浆成型、实心注浆成型、离心注浆成型、真空注浆成型、流延成型
	高分子材料	塑料 橡胶 纤维	浇铸成型、搪塑成型、浸渍成型 浸渍成型、浇铸成型 浸渍成型
受力流动成形	金属材料		特种铸造
	无机非金属材料	水泥 玻璃 陶瓷	注浆成型 人工吹制、人工拉制、压制成型、吹制成型、拉制成型、压延成型 压力注浆成型、热压成型
	高分子材料	塑料 橡胶 纤维 复合材料	注塑（注射）成型、挤出（挤压）成型、压延成型、压制成型、反应注射成型（RIM） 注射成型、注压成型 熔体纺丝、干法纺丝、湿法纺丝 手糊成型、模压成型、挤出成型、注射成型等

（续）

成形类别	材料		成形方法
受力塑性成形	金属材料		锻造成形、冲压成形、轧制成形、挤压成形、拉拔成形、超塑性成形
	无机非金属材料	陶瓷	挤压成型、车坯成型、旋坯成型、滚压成型、压制成型
	高分子材料	塑料 橡胶	真空成型 压出成型、压延成型、压制成型
其他成形	金属材料		粉末冶金成形、焊接成形
	无机非金属材料	玻璃	烧结成型
	高分子材料	塑料 复合材料	泡沫塑料成型、烧结成型 缠绕成型

（1）自由流动成形　自由流动成形是指成形时无外力作用下，将呈流动状态的物料倒入模型型腔，或使其附在模型表面，经改变温度、反应或溶剂挥发等作用，使之固化或凝固，从而形成具有模型形状的产品，最终产品可以是成品，也可以是半成品。其典型代表有金属砂型铸造、塑料与橡胶浸渍成型、陶瓷注浆成型。

（2）受力流动成形　受力流动成形是指成形时在受力作用条件下，将呈流动状态的物料注入模型型腔，或使物料通过一定形状的口模，或附在模型表面，经温度变化、反应或溶剂挥发等作用，使物料冷凝、固化，最终形成产品，产品一般无需后续加工即可直接使用。受力流动成形主要用于高分子材料和无机非金属材料的成形。

（3）受力塑性成形　受力塑性成形是指在受力条件下，在高温或常温，或塑化条件下，使固态物料产生塑性变形而获得所需尺寸、形状及力学性能的成形方法。受力塑性成形所得到的产品，除了金属制品外，一般都需经后续加工。

3. 金属材料常用的成形加工方法

（1）铸造（Casting）成形　铸造是指将通过熔炼的金属液体浇入铸型内，经冷却凝固获得所需形状和性能的零件的制作过程。铸造方法是比较经济的毛坯成形方法，对于形状复杂的零件，如汽车发动机的缸体和缸盖、船舶螺旋桨以及精致的艺术品等，更能显示出它的经济性。有些难以切削的零件，如燃汽轮机的镍基合金零件，不用铸造方法就无法成形。另外，铸造的零件尺寸和质量的适应范围很宽，金属种类也几乎不受限制；铸造零件在具有一般力学性能的同时，还具有耐磨、耐腐蚀、吸振等综合性能，是其他金属成形方法如锻、轧、焊、冲等所做不到的。因此，在机器制造业中用铸造方法生产的毛坯零件占有很大的比重，如机床占 60% ~ 80%，汽车占 25%，拖拉机占 50% ~ 60%。

铸造分为砂型铸造和特种铸造两大类，其中应用最为广泛的是砂型铸造，大约占世界铸造总产量的 60%。砂型铸造是将熔化的金属注入砂型，待凝固后获得铸件的方法，包括湿砂型、干砂型和化学硬化砂型三类。特种铸造按造型材料又可分为两类：①以天然矿产砂石为主要造型材料的特种铸造（如熔模铸造、泥型铸造、壳型铸造、负压铸造、实型铸造、陶瓷型铸造及消失模铸造等）；②以金属为主要铸型材料的特种铸造（如金属型铸造、压力铸造、连续铸造、低压铸造及离心铸造等）。下面介绍几种常用的铸造方法。

1）熔模铸造（Investment Casting）。是指用易熔材料作为模型的一种精密铸造技术。将熔模浸涂特制的耐火涂层，经硬化、脱模和高温焙烧后形成一个坚硬的整体型壳，型壳的内腔具有零件所要求的几何形状和尺寸，将熔融金属浇入型壳内腔，即可获得精密铸件。熔模铸造特别适用于制造结构复杂、尺寸精确、表面光洁的高熔点合金薄壁铸件和整体铸件，如喷气发动机的涡轮叶片、整体涡轮和导向器等零构件。

2）消失模铸造（Expendable Pattern Casting）。又称为实型铸造，是将与铸件尺寸形状相似的石蜡或泡沫模型粘接组合成模型簇，刷涂耐火涂料并烘干后，埋在干石英砂中振动造型，并在负压下浇注，使模型汽化，液体金属占据模型位置，凝固冷却后形成铸件的新型铸造方法。

3）金属型铸造（Permanent Mould Casting）。又称为硬模铸造，是指将液体金属浇入金属铸型，以获得铸件的一种铸造方法。铸型是用金属制成的，可以反复使用多次（几百次到几千次）。金属型铸造目前所能生产的铸件，在质量和形状方面还有一定的限制，如只能生产形状简单的钢铁铸件；铸件的质量不可太大；对壁厚也有限制，无法生产出较小壁厚的铸件。

4）压力铸造（Pressure Die Casting）。简称压铸，是指在高压作用下，使液态或半液态金属以较高的速度充填压铸型（压铸模具）型腔，并在压力下成形和凝固而获得铸件的方法。压力铸造法适用于大批量生产的铸件，生产效率高，生产过程容易实现机械化和自动化，在汽车、仪表、农机、电器、医疗器械等制造行业中得到广泛应用。

铸造工艺通常包括三个基本部分，即铸型准备、铸造金属的熔化与浇注、铸件处理和检验。铸型是指使液态金属成为固态铸件的容器，按所用材料可分为砂型、金属型、陶瓷型、泥型、石墨型等，按使用次数可分为一次性型、半永久型和永久型。铸型准备的优劣是影响铸件质量的主要因素。铸造金属是指铸造生产中用于浇注铸件的金属材料，它是以一种金属元素为主要成分，并加入其他金属或非金属元素而组成的合金，习惯上称为铸造合金，主要有铸铁、铸钢和铸造有色合金。铸件处理包括清除型芯和铸件表面异物、切除浇冒口、铲磨毛刺和披缝等凸出物以及热处理、整形、防锈处理和粗加工等。

（2）塑性成形（Plastic Forming） 塑性成形是指金属材料在一定的外力作用下，利用金属的塑性而使其成为具有一定形状及一定的力学性能的加工方法，也称为塑性加工或压力加工。根据加工对象的属性可将塑性成形分为两大类：①一次塑性加工，以生产原材料为主；②二次塑性加工，生产零件及其毛坯。

一次塑性加工主要有轧制、挤压、拉拔等，是冶金工业中生产型材、板材、线材、管材等的加工方法。在成形过程中，变形区的形状不随变形的进行而变化，属于稳定变形过程，适于连续大批量生产。二次塑性加工是机械制造工业领域内生产零件或坯料的加工方法。二次塑性加工时，除了大型锻件以铸锭为原材料直接锻打成锻件外，一般都是以一次塑性加工获得的线、棒、管、板、型材为原材料进行再次塑性成形，包括板料成形和体积成形两个部分。图2-8所示为几种金属塑性成形方法的示意图。

1）轧制（Rolling）。是使金属坯料在两个旋转轧辊间的特定空间内产生塑性变形，以获得一定截面形状材料的塑性成形方法。轧制是由大截面坯料变为小截面材料常用的加工方法，可生产型材、板材和管材。

2）挤压（Extrusion）。是在大截面坯料的后端施加一定的压力，使金属坯料通过一定形状和尺寸的模孔从而产生塑性变形，以获得符合模孔截面形状的小截面坯料或零件的塑性成形方法，可生产型材和管材。

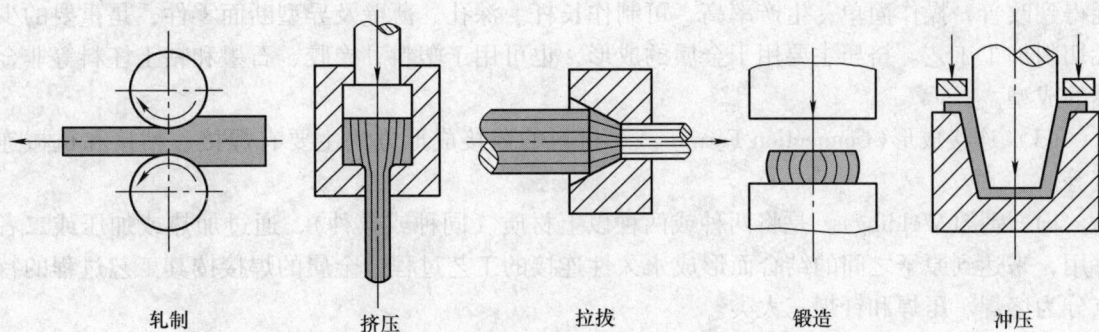

轧制　　　　挤压　　　　　拉拔　　　　　锻造　　　　　冲压

图 2-8　金属塑性成形方法示意图

3）拉拔（Drawing）。是在金属坯料的前端施加一定的拉力，将金属坯料通过一定形状、尺寸的模孔使其产生塑性变形，以获得与模孔形状、尺寸相同的小截面材料的塑性成形方法，可生产棒材、管材和线材。

4）板料成形（Sheet Forming）。也称为冲压，是利用冲模在压力机上对金属或非金属板料施加压力，使其分离或变形，从而得到一定形状，并且满足一定使用要求零件的加工方法。由于材料成形通常是在常温下进行的，所以称为冷冲压。板料冲压的产品十分广泛，如汽车的罩壳、电机的硅钢片、电器仪表、钟表的零件等。在日常应用的金属制品中，有98% ~99% 都是冷冲压件。该方法具有生产率高、成本低、产品精度高、表面粗糙度低、互换性好、质量轻、无需切削加工、强度和刚度较高等特点。但由于冲模制造复杂，所以只适用于大批量生产。板料冲压的基本工序分为分离和变形两大类。分离工序是使板料的一部分与另一部分相互分离的工序，如落料、冲孔、切断、修整等；变形工序是使板料的一部分相对于另一部分产生位移而不破裂的工序，如弯曲、拉深、翻边、胀形等。

5）体积成形（Forging）。是利用锻压设备及工、模具，对金属坯料进行体积重新分配的塑性变形，以得到所需形状、尺寸及性能制件的方法，主要包括锻造（Forging）和挤压（Extrusion）（主要用于挤压件的生产，由于是在很强的三向压应力状态下的成形过程，适于低塑性材料成形）两大类。

通过锻造能消除金属在冶炼过程中产生的铸态疏松等缺陷，优化微观组织结构，同时由于保存了完整的金属流线，锻件的力学性能一般优于同样材料的铸件。根据坯料的移动方式可将锻造分为自由锻造和模锻两类。自由锻造是指使金属在锤面和砧面之间受压变形的加工方法。金属的变形不受限制，锻件的尺寸由工人的操作技术保证。锻造设备和工具都是通用的，能生产各种大小的锻件，但生产效率低，只能锻造形状简单的工件，且精度低、加工余量大、消耗材料多，因此，主要用于单件、小批生产，特别适合生产大型锻件。锻造设备有空气锤、蒸汽-空气锤和水压机。模锻是指金属坯料在一定形状的锻模模腔内受压变形，获得与模腔形状一致的锻件。模锻的生产效率高，节省材料，可降低零件成本，但受模锻设备吨位的限制，零件质量不能太大。锻模是专用工具，造价很高，所以只适用于小型锻件的大批量生产。

挤压是利用冲头或凸模对放置在凹模中的坯料加压，使之产生塑性流动，从而获得相应于模具的型孔或凸凹模形状的制件的锻压方法。挤压时，坯料产生三向压应力，即使是塑性较低的坯料，也可被挤压成形。挤压，特别是冷挤压，材料利用率高，材料的组织和力学性能得到改善，操作简单，生产率高，可制作长杆、深孔、薄壁及异型断面零件，是重要的少无切削加工工艺。挤压主要用于金属的成形，也可用于塑料、橡胶、石墨和粘土坯料等非金属的成型。

（3）连接成形（Connection Forming）　材料的连接成形方法主要有焊接、粘接和机械连接等。

1）焊接（Welding）。是将两种或两种以上材质（同种或异种），通过加热或加压或二者并用，来达到原子之间的结合而形成永久性连接的工艺过程。金属的焊接按其工艺过程的特点分为熔焊、压焊和钎焊三大类。

熔焊（Fusion Welding）是指在焊接过程中将焊件接口加热至熔化状态，不施加压力而完成焊接的方法。熔焊时，热源将待焊两焊件接口处迅速加热熔化，形成熔池，熔池随热源向前移动，冷却后形成连续焊缝而将两焊件连接成为一体。在熔焊过程中，如果大气与高温的熔池直接接触，大气中的氧就会氧化金属和各种合金元素；大气中的氮、水蒸气等进入熔池，还会在随后的冷却过程中在焊缝中形成气孔、夹渣、裂纹等缺陷，恶化焊缝的质量和性能。为了提高焊接质量，人们研究出了各种保护方法。例如，气体保护电弧焊就是用氩、二氧化碳等气体隔绝大气，以保护焊接时的电弧和熔池；又如钢材焊接时，在焊条药皮中加入对氧亲和力较大的钛铁粉进行脱氧，就可以使焊条中的有益元素锰、硅等免于氧化而进入熔池，冷却后获得优质焊缝。

压焊（Pressure Welding）是在加压条件下，使两焊件在固态下实现原子间的结合，因此又称为固态焊接。常用的压焊工艺是电阻对焊。当电流通过两焊件的连接端时，该处因电阻很大而温度上升，当加热至塑性状态时，在轴向压力作用下两工件连接成为一体。各种压焊方法的共同特点是在焊接过程中施加压力而不加填充材料。多数压焊方法如扩散焊、高频焊、冷压焊等都没有熔化过程，因而没有像熔焊那样有益合金元素烧损、有害元素侵入焊缝的问题，从而简化了焊接过程，也改善了焊接的安全及卫生条件。同时，由于加热温度比熔焊低、加热时间短，因而热影响区小。许多难以用熔焊焊接的材料，往往可以用压焊焊成与母材同等强度的优质接头。

钎焊（Brazing）采用比母材熔点低的金属材料作为钎料，将焊件和钎料加热到高于钎料熔点、低于母材熔点的温度，利用液态钎料润湿母材，填充接头间隙，实现连接焊件的目的。钎焊包括硬钎焊和软钎焊。软钎焊是指使用软钎料（熔点低于450℃的钎料）进行的钎焊，钎焊接头强度低（小于70MPa）；硬钎焊是指使用硬钎料（熔点高于450℃的钎料）进行的钎焊，钎焊接头强度较高（大于200MPa）。钎焊变形小，接头光滑美观，适合于焊接精密、复杂和由不同材料组成的构件，如蜂窝结构板、透平叶片、硬质合金刀具和印制电路板等。钎焊前对焊件必须进行细致加工和严格清洗，除去油污和过厚的氧化膜，保证接口装配间隙。

焊接时形成的连接两个被连接体的接缝称为焊缝。焊缝的两侧在焊接时会受到焊接热的作用，而发生组织和性能变化，这一区域被称为热影响区。焊接时因焊件材料、焊接材料及焊接电流等的不同，焊后在焊缝和热影响区可能产生过热、脆化、淬硬或软化现象，也使焊件性能下降，降低焊接质量，因此需要调整焊接条件。焊前对焊件接口处预热、焊时保温和焊后热处理可以改善焊件的焊接质量。另外，焊接是一个局部的迅速加热和冷却过程，焊接区由于受到四周焊件本体的拘束而不能自由膨胀和收缩，冷却后在焊件中便会产生焊接应力和变形，因此，重要产品焊后都需要消除焊接应力，矫正焊接变形。

2）粘接（Adhesive Bonding）。是借助粘合剂在固体表面上所产生的粘合力，将同种或不同种材料牢固地连接在一起的方法。粘接的主要形式有两种：非结构型和结构型。非结构型粘接主要是指表面粘涂、密封和功能性粘接，典型的非结构胶包括表面粘接用粘合剂、密封和导电粘合剂等；而结构型粘接是将结构单元用粘合剂牢固地固定在一起的粘接现象，所用的结构粘合剂及其粘接点必须能够传递结构应力，在设计范围内不影响其结构的完整性及对环境的适用性。

粘合剂的主要功能是将被粘接材料连接在一起。粘接组件内的应力传递与传统的机械紧固相比，应力分布更均匀，而且粘接的组件结构比机械紧固（铆接、焊接、过盈连接和螺栓连接等方式）强度高、成本低、质量轻。用粘合剂粘接的组件外观平整光滑，功能特性不下降，这一点对结构型粘接尤为重要。粘合剂可用于金属、塑料、橡胶、陶瓷、软木、玻璃、木材、纸张、纤维等各种材料之间的粘接。当不同材料的接头处于可变温度时，粘合剂可发挥其独特的使用效能。柔性胶可调节被粘接物的热膨胀特性差别，并能防止刚性坚固体系在使用环境中造成破坏。如果粘接组件在较高的温度中使用，柔性粘合剂可在不同材料间进行适宜的移动和迁移，通过移动或迁移过程可有效调节不同质材料间的热膨胀差异，达到牢固粘接成一体的目的。

3）机械连接（Mechanical Joint）。是指用螺钉、螺栓和铆钉等紧固件将两种分离型材或零件连接成一个复杂零件或部件的过程和方法。其中，螺钉及螺栓是可拆连接；铆钉连接是利用铆钉把两个以上的被铆件连接在一起的不可拆连接。机械连接比粘接或点焊等连接技术可靠，而且容易更换。

（4）机械加工成形　材料的机械加工成形方法主要有车削、铣削、钻孔、锯切、刨削、锉削、磨削及抛光等，其相关知识可查阅《金属工艺学》。

（5）热处理　材料的热处理是通过一定的加热、保温及冷却工艺过程，来改变材料的相组成情况，从而改变材料的性能，这种方法在金属材料和现代陶瓷材料的改性方面有广泛的应用。淬火、退火、回火、正火是四种典型的热处理工艺，详细内容参见第3章金属材料部分。

2.5　材料的性质与使用性能

材料的性质是用于表征材料在给定外界条件下的行为的一种参量，是材料微观结构特征的宏观反映。材料的性质分为物理性质、化学性质和力学性质三大类。材料的使用性能是指材料在服役条件下所表现出来的特性，它是由材料性质与服役条件、产品设计及加工融合在一起所决定的要素，其度量指标有寿命、速度、能量效率、安全性和寿命期及费用等。

2.5.1　材料的物理性质及其表征

物质不需要经过化学变化就表现出来的性质，叫做物理性质，是指从物理学观点来表征材料的热学、电学、磁学及光学等性质。通常用观察法和测量法来研究物质的物理性质，如可以观察物质的颜色、状态、光泽和溶解性；可以闻气味，尝味道；也可以用仪器测量物质的熔点、沸点、密度、导电性及导热性等。常用物理性质参量的含义、量纲及单位符号见表2-7。

表 2-7　常用物理性质参量

参量			法定计量单位	含义说明
名称		符号		
密度		ρ	kg/m³	材料单位体积的质量
热学性质指标	熔点	T_m	K	材料由固态转变为液态的熔化温度
	比热容	c	J/(kg·K)	单位质量的物质在温度升高或降低 1K 时所吸收或放出的热量
	热导率	λ	W/(m·K)	单位时间内沿热流方向单位长度上温度降低 1K 时材料单位面积允许传导的热量
	线膨胀系数	α_l	K⁻¹	材料温度每升高 1K 所增加的长度与原长度的比值
	耐热性		K	材料在受热的条件下仍能保持其优良的物理力学性能的性质
电学性质指标	电阻率	ρ	Ω·m	材料单位面积单位长度上的电阻值
	电导率	γ	S/m	电阻率的倒数，表示材料的导电能力
磁学性质指标	磁导率	μ	H/m	衡量磁性材料磁化难易程度的指标，等于磁感应强度与磁场强度之比
	磁感应强度	B	T	表示磁场强度与方向特性的物理量
	磁场强度	H	A/m	表示磁场中各点磁力大小和方向的物理量
	矫顽力	H_c	A/m	消除剩磁感应强度外加反向磁场的磁场强度的绝对值
光学性质指标	折射率	n	1	光波在物体中的传播速度与在真空中的传播速度的比值
	反射率	R	1	光学透明材料的反射率 $R = \lfloor (n-1)/(n+1)^2 \rfloor$，$n$ 为材料的折射率
	荧光性			物质在吸收电能或光能后，通过电子跃迁，再释放出光的现象
摩擦	摩擦因数	f	1	摩擦力与产生摩擦力的正应力的比值

1. 热学性质

材料的比热容、热膨胀、热传导、热辐射、热电势等都属于热学性质，在工程上有特殊的要求和广泛应用。材料的组织结构发生变化时常伴随一定的热效应。固体加热时有三个重要的热效应：吸热、传热和膨胀。

比热容表示 1mol 物质温度升高 1K 时所吸收的热量，通常用摩尔比热容(J·mol⁻¹·K⁻¹)来表征，包括物质体积被约束为恒定的比定容热容 c_V 和物质处于恒压时的比定压热容 c_p 两种。

热传导是由于材料相邻部分间的温差而发生的能量迁移现象。代表材料导热能力的常数称为热导率或导热系数。热传导的机制主要分为三种：①自由电子的传导（金属）；②晶格振动的传导（具有离子键或共价键的晶体）；③分子或链段的传导（高分子材料）。

物体的热胀冷缩是一种普遍现象，而膨胀系数就是表示物体这一特性的一个参数，通常指线膨胀系数。从原子尺度来看，热膨胀与原子（分子或链段）的振动有关。因此，组成固体的原子（分子或链段）相互之间的化学键合作用和物理键合作用对热膨胀有着重要作用。结合能越大，则原子从其平均位置发生位移以后的位能（或复位的吸引力、排斥力）增加得越急剧，相应地，膨胀系数越小。

2. 电学性质

材料的电学性质是材料在静电场或交变电场中行为的表征，包括导电性、介电性及压电性等。

（1）导电性　材料的导电性用电阻率或电导率来表征。电阻率的大小直接取决于单位体积中的载流子数目、每个载流子的电荷量和每个载流子的迁移率。产生电流的载流子有电子、空穴和正负离子。载流子的迁移率取决于原子结合的类型、晶体缺陷、掺杂剂类型和用量，以及离子在离子化合物中的扩散速率。一般可根据电阻率的大小，将材料分为超导体、导体、半导体和绝缘体。超导体是当温度低于某一特征温度（临界温度）T_c 时，电阻率突然变为零的材料。导体的电阻率为 $(10^{-8} \sim 10^{-5})$ $\Omega \cdot m$；半导体的电阻率为 $(10^{-5} \sim 10^{7})$ $\Omega \cdot m$；绝缘体的电阻率为 $(10^{7} \sim 10^{20})$ $\Omega \cdot m$。

（2）介电性　材料的介电性主要包括介电常数、介质损耗及介电强度等。

介电常数又叫做介质常数、介电系数或电容率，它是表示绝缘能力特性的一个系数，以字母 ε 表示，单位为 F/m。介电常数的定义为电位移 D 和电场强度 E 之比，即

$$\varepsilon = \frac{D}{E}$$

某种电介质的介电常数 ε 与真空介电常数 ε_0 之比称为该电介质的相对介电常数，用 ε_r 表示，$\varepsilon_r = \varepsilon / \varepsilon_0$ 是量纲为 1 的量。

介电损耗是电介质在交变电场中，由于消耗部分电能而使电介质本身发热的现象，是表示绝缘材料（如绝缘油料）质量的指标之一，表示绝缘材料（如变压器油）在电压作用下所引起的能量损耗。介电损耗越小，绝缘材料的绝缘性能越好，通常用介电损耗角的正切 $\tan\delta$ 衡量。工业频率下的介电损耗角的正切一般用西林电桥（高压电桥）测定。

介电强度是一种材料作为绝缘体时的电强度的度量，定义为试样被击穿时，单位厚度承受的最大电压，单位为 V/mm。物质的介电强度越大，它作为绝缘体的质量越好。

（3）压电性　某些电介质在沿一定方向上受到外力的作用而变形时，其内部会产生极化现象，同时在它的两个相对表面上出现正负相反的电荷。当外力去掉后，它又会恢复到不带电的状态，这种现象称为正压电效应。当作用力的方向改变时，电荷的极性也随之改变。相反，当在电介质的极化方向上施加电场时，这些电介质也会发生变形，电场去掉后，电介质的变形随之消失，这种现象称为逆压电效应，或称为电致伸缩现象。以上两种效应统称为压电效应。材料的压电性取决于晶体结构是否对称，晶体必须有极轴（不对称或无对称中心），才有压电性。同时，材料必须是绝缘体。

压电效应的大小用压电常数来表示，它是与施加的应力、产生的应变、电场强度及电位移有关的量，且与方向有关。生产上常用机电耦合系数 K 来表征压电材料的性能，它表示压电材料的机械能与电能的耦合效应，即 $K = $ 通过压电效应转换的电能/输入的机械能。K 值与材料形状及振动方式有关。

（4）铁电性　在一些电介质晶体中，晶胞的结构使正负电荷重心不重合而出现电偶极矩，产生不等于零的电极化强度，使晶体具有自发极化，晶体的这种性质叫做铁电性。其极

化强度与电场强度的关系曲线与铁磁体的磁滞回线形状类似，所以人们将这类晶体称为铁电体（其实晶体中并不含有铁）。材料的铁电性依赖于温度，在一个特征温度以上，材料将不再具备铁电性，此温度称为铁电居里温度 T_c。

3. 光学性质

光波是一种电磁波，根据其波长的不同可分成红外线、可见光和紫外线三个波段。当光波投射到物体上时，有一部分在它的表面上被反射，其余部分经折射进入到该物体中，其中有一部分被吸收变为热能，剩下的部分透过。光波在物体中的传播速度与在真空中的传播速度的比值为物体的折射率（n）。光学透明材料的反射率 $R = [(n-1)/(n+1)2]$。由于外加电场、磁场和应力的作用，而使折射率变化的现象分别称为电光效应、磁光效应和光弹性。

物质在吸收电能或光能后，通过电子跃迁再释放出光的现象称为荧光性。一般材料需要激活剂引发荧光性。

4. 磁学性质

物质在磁场的作用下都会表现出一定的磁性。按照对磁场的影响可将物质分为抗磁性物质（使磁场减弱）、顺磁性物质（使磁场略有增加）、铁磁性及亚铁磁性物质（使磁场强烈增加）三类。材料的磁性主要来源于电子自旋磁矩。金属只有当其内层电子未被填满、自旋磁矩未被抵消时，才可能产生较强的顺磁性。若未成对电子自旋同向排列，可形成磁畴，从而产生磁性。常用磁导率 μ 作为衡量磁性材料磁化难易程度的指标，其值等于磁感应强度与磁场强度之比。磁化率是表征磁介质属性的物理量，常用质量磁化率 χ_m 表示，它等于磁化强度 M 与磁场强度 H 之比，即

$$\chi_m = \frac{M}{H}$$

χ_m 是一个量纲为 1 的纯数。对于顺磁性物质，$\chi_m > 0$，$\chi_m \approx 10^{-6} \sim 10^{-2}$；对于抗磁性物质，$\chi_m < 0$，一般 $\chi_m < -10^{-5}$；对于铁磁质，χ_m 很大，$\chi_m \approx 10^{-1} \sim 10^5$，且还与 H 有关（即 M 与 H 之间有复杂的非线性关系）。亚铁磁性是一种材料中部分阳离子的原子磁矩与磁场反向平行，而另一些则平行取向所致的磁性行为。

2.5.2 材料的化学性质及其表征

物质在化学变化中才能表现出来的性质叫做化学性质，通过使物质发生化学反应的方法可以得知物质的化学性质。材料在使用过程中一定会与周围环境或多或少地发生一定程度的气-固、液-固或固-固反应，随着反应的进行，材料表面逐渐被侵蚀。材料的化学性质或化学性能是指材料抵抗各种介质作用的能力，包括溶蚀性、耐蚀性、抗渗入性及抗氧化性等，归结为材料的化学稳定性。此外，同材料的化学性质有关的问题还有催化性及离子交换性等。材料的化学稳定性依材料的组成、结构等的不同而不同。金属材料主要是易被氧化腐蚀；硅酸盐类材料由于氧化、溶蚀、冻结熔化、热应力、干湿等作用而被破坏；高分子材料则会因氧化、生物作用、虫蛀、溶蚀和受紫外线照射老化降解而损害其耐久性。损坏的过程依材料所处的环境而有所不同，因此表征不同材料的化学稳定性的指标也不同。如金属材料抵抗腐蚀的能力可用腐蚀速度来表征，而腐蚀速度可用单位时间内单位面积金属材料的损失量来表示，也可用单位时间内金属材料的腐蚀深度来表示。

2.5.3　材料的力学性质及其表征

材料在不同载荷和环境作用下表现出来的变形和断裂行为叫做力学性质，如材料的强度、硬度、弹性、塑性、韧性等。材料的变形是指在外力的作用下，材料通过形状的改变来吸收能量。根据变形的特点不同，可分为弹性变形和塑性变形。材料的破坏是指当外力超过材料的承受极限时，材料出现断裂等丧失使用功能的变化。材料的主要力学性质指标及含义见表 2-8。

表 2-8　材料力学性质指标及含义

指标		法定单位	含义说明
名称	符号		
弹性指标 弹性模量	E	MPa 或 N/mm^2	材料在弹性范围内应力与应变的比值，表征物体变形的难易程度
切变模量	G	MPa 或 N/mm^2	
抗拉强度	σ_b	MPa 或 N/mm^2	材料承受拉伸载荷时，断裂前单位面积上所承受的最大应力值
抗弯强度	σ_{bb}	MPa 或 N/mm^2	材料承受弯曲载荷时，断裂前单位面积上所承受的最大应力值
抗压强度	σ_{bc}	MPa 或 N/mm^2	材料承受压缩载荷时，断裂前单位面积上所承受的最大应力值
抗剪强度	τ_b	MPa 或 N/mm^2	材料承受剪切载荷时，断裂前单位面积上所承受的最大应力值
抗扭强度	τ_m	MPa 或 N/mm^2	材料承受扭转载荷时，断裂前单位面积上所承受的最大应力值
屈服强度	σ_s	MPa 或 N/mm^2	材料拉伸屈服时对应的应力值
蠕变强度	$\sigma(T,\delta,t)$	MPa 或 N/mm^2	在一定温度下，于规定时间内，材料发生一定量总变形的最大应力值
持久强度	$\sigma(T,t)$	MPa 或 N/mm^2	在高温条件下，经过规定时间发生蠕变破裂时的最大应力值
疲劳强度	S	MPa 或 N/mm^2	在无限多次交变载荷作用下而不破坏的最大应力值
布氏硬度	HBW	MPa 或 N/mm^2	将硬质合金球压入材料表面，单位面积的承载能力
洛氏硬度	HRC	1	将顶角为 120° 的金刚石圆锥体或直径为 ϕ1.588mm 的淬火钢球，以规定的试验力压入材料表面，材料表面留下的压痕深度
维氏硬度	HV	MPa 或 N/mm^2	将锥面夹角为 136° 的金刚石正四棱锥体压头压入材料表面，单位面积的承载能力
肖氏硬度	HS	1	钢球或金刚石球从一定高度落到材料的表面上发生回跳的高度
断后伸长率	δ	%	材料在外力作用下被拉断后，在标距内总伸长长度同原标距长度之比
断面收缩率	ψ	%	材料在外力作用下被拉断后，其横截面面积的缩小量与原横截面面积之比
冲击韧度	a_K	J/cm^2	材料在冲击载荷作用下抵抗变形和断裂的能力。冲击吸收功是指试样被折断而消耗的功，冲击韧度是单位面积上所消耗的冲击吸收功
冲击吸收功	A_K	J	
断裂韧度	K_{IC}	N/mm$^{2/3}$	材料阻止宏观裂纹扩展的能力，常用裂纹尖端应力强度因子的临界值表示

1. 强度

在外力作用下，材料抵抗变形或破坏的能力称为强度。根据外力作用方式的不同，材料的强度有抗拉强度、抗压强度、抗弯强度（或抗折强度）、抗剪强度及疲劳强度等形式。一般将材料的抗拉强度与其表观密度之比称为比强度。

抗拉强度是将试件在拉力试验机上施以静态拉伸载荷，使其破坏或断裂时所能承受的最大载荷对应的应力值。抗拉强度越大，材料越不易断裂。

抗弯强度是采用简支梁法将试样放在两支点上，在两支点间的试样上施加集中载荷，使试样变形直至破裂时的最大载荷对应的应力值。

材料在受到拉伸、压缩、弯曲、扭转或这些外力的组合反复作用时，应力的振幅越过某一限度即会导致材料断裂，这一限度称为疲劳强度。疲劳寿命是指在某一特定应力作用下，材料发生疲劳断裂前的循环次数，它反映了材料抵抗产生裂纹的能力。

蠕变强度与持久强度是度量材料在高温下抵抗变形与断裂的能力。

2. 弹性与塑性

材料在外力作用下产生变形，当外力去除后能完全恢复到原始形状的性质称为弹性。材料在外力作用下产生变形，当外力去除后，有一部分变形不能恢复，这种性质称为材料的塑性。表征材料弹性的指标有弹性模量、弹性比功等。弹性模量越大，表明材料的弹性恢复能力越强；表征材料塑性好坏的指标有伸长率和断面收缩率，这些值越大，表明材料的塑性越好。

弹性变形为可逆变形，其数值大小与外力成正比，其比例系数称为弹性模量。弹性模量是衡量材料抵抗弹性变形能力的一个指标，弹性模量越大，材料越不易产生弹性变形。弹性模量主要取决于材料的原子本性和原子间结合力。通常材料的熔点越高，其弹性模量也越高；弹性模量对温度很敏感，随温度升高而降低。金属材料的弹性模量主要取决于基体金属的性质，对成分及显微组织不敏感，不能通过合金化、热处理、冷变形等方法使之明显改变；而陶瓷材料、高分子材料及复合材料的弹性模量对成分和组织是敏感的，可以通过改变成分和改变生产工艺来提高弹性模量。

塑性变形为不可逆变形。实际上，单纯的弹性材料是没有的，大多数材料在受力不大的情况下表现为弹性，受力超过一定限度后则表现为塑性，所以可称之为弹塑性材料。

3. 韧性与脆性

材料受外力作用，当外力达到一定值时，材料发生突然破坏，且破坏时无明显的塑性变形，这种性质称为脆性。材料在冲击或振动载荷作用下，能吸收较大的能量，同时产生较大的变形而不破坏，这种性质称为韧性。具有脆性性质的材料称为脆性材料。脆性材料的抗压强度远大于其抗拉强度，可高达数倍甚至数十倍。脆性材料抵抗冲击载荷或振动作用的能力较差，只适合用做承压构件。具有韧性性质的材料称为韧性材料。度量韧性的指标有冲击韧性和断裂韧性。

冲击韧性是指材料在冲击载荷作用下吸收塑性变形功和断裂功的能力，常用标准试样的冲击吸收功 A_K 表示。冲击吸收功由冲击试验测得，它是将带有 U 型或 V 型缺口的标准试样放在冲击试验机上，用摆锤将试样冲断，冲断试样所消耗的功即为冲击吸收功 A_K，其单位为 J。某些材料在不同温度下进行冲击试验，当试验温度低于 T_K 时，冲击吸收功明显降低，材料由韧性状态转变为脆性状态，这种现象称为材料的低温脆性，材料的 $A_K\text{-}T$ 曲线上冲击吸收功急剧变化的温度 T_K 称为材料的韧脆转变温度。

断裂韧性是对材料阻止宏观裂纹失稳扩展能力的度量，也是材料抵抗脆性破坏的韧性参数。它与裂纹本身的大小、形状及外加应力的大小无关，是材料固有的特性，只和材料本身、热处理及加工工艺有关，是应力强度因子的临界值，常用断裂前物体吸收的能量或外界对物体所做的功即断裂韧度来表示，例如应力-应变曲线下的面积。韧性材料因具有较大的断裂伸长值，所以有较大的断裂韧度值，而脆性材料一般断裂韧度值较小。

4. 硬度

硬度是指材料抵抗局部变形的能力，具体地说，是指材料表面抵抗硬物压入或刻划的能力。金属材料等的硬度常用压入法测定，如布氏硬度法，是以单位压痕面积上所受的压力来表示；陶瓷等材料常用刻划法测定。一般情况下，硬度高的材料强度高，耐磨性较强，但不易加工。所以，工程中有时用硬度来间接推算材料的强度。

2.6　材料设计

随着对材料性质与其成分和结构关系的了解不断深入，出现了按所需综合性质设计材料的机遇。材料设计是新材料研制与开发的重要环节，对材料科学与技术的发展具有重要意义。虽然"材料设计"这一术语在近二三十年才常为人所见，但实际上从远古时代人类开始使用材料起就自觉与不自觉地运用和实践"材料设计"这一概念了。随着科学技术的飞快发展，人类进行材料设计的意识与自觉性日益增强，特别是近几十年来，与材料科学相关的许多学科，例如物理、化学、力学、冶金学、计算科学与技术、显微测量技术、材料制备技术等都取得了突飞猛进的发展，使材料设计不仅是一种愿望，更成为一种现实。

不同材料可提供不同的性能，这些性能决定了哪些材料适用于某种应用及如何加工它们。要智慧地应用材料就必须深刻地理解产品设计、制造过程及材料性能间的重要联系。产品设计是一个周期性重复的过程，始于市场需求，接着需进行概念设计、细节设计和制备，最终进行产品销售。"重复"形象地描述了信息的前后往复流动，通过这些信息将周期中所有的环节联系起来。

从前，设计者经过大量的考察，会从已有的材料列表中选择一种具备生产新产品所需的多数性能的材料，但这样的方法已不能适应现代工业发展的要求。现代工程设计人员需要依靠材料学家和材料工程师来创造具有新产品或设备所要求的性能特点的材料。图 2-9 所示为新材料开发设计过程的模型。

材料设计是材料技术发展的必由之途。计算机模拟在材料设计中具有很大作用，它主要模拟材料结构与性能之间的关系，也可

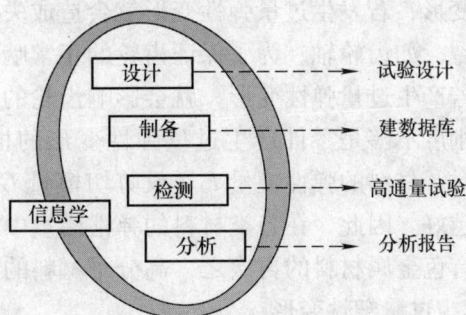

图 2-9　新材料开发设计的过程模型图

模拟工艺与性能之间的关系。目前计算机辅助设计还处于试验阶段，还必须与微观和宏观力学试验相结合，才能给材料设计师提供可靠的信息。

2.7 结构材料的失效

材料在外加载荷和环境的共同作用下，会逐渐损失原有的物理、化学或力学性能，直至不能继续服役的现象称为失效。根据材料破坏的特点、所受载荷的类型及所处条件的不同，结构材料失效的形式可归纳为过量变形、断裂和表面损伤三大类。每一大类中又有许多小类，见表2-9。

表2-9 结构材料常见失效形式

失效形式		主要抗力指标	主要因素	协助因素
过量变形	过量弹性变形	拉伸弹性模量，屈服强度，泊松比，剪切模量	恒载	
	过量塑性变形	拉伸屈服强度，剪切屈服强度，扭转屈服强度，塑性伸长率		
断裂	塑性断裂	抗拉强度，抗扭强度，抗弯强度，抗压强度，抗剪强度，冲击韧性		
	低应力脆断	韧脆转变温度，断裂韧性		低温
	蠕变断裂	蠕变强度，持久强度		高温
	应力腐蚀断裂	应力腐蚀，临界应力场强度因子		化学
	疲劳断裂	对称循环疲劳极限，疲劳裂纹扩展速率，扭转疲劳强度极限等	交变载荷	
	腐蚀疲劳断裂			化学
表面损伤	接触疲劳			
	接触磨损	表面硬度，耐磨性	力学	
	表面腐蚀	腐蚀速率	化学	

2.7.1 过量变形失效

零（构）件在外力作用下所发生的弹性变形和塑性变形对零（构）件的使用寿命有重要影响，常出现由于变形超过了允许量而导致的零（构）件失效。

1．过量弹性变形

任何机器零件在工作时都处于弹性变形状态，有些零件在一定载荷作用下只允许一定的弹性变形，若发生过量弹性变形就会造成失效，从而丧失工作能力，甚至引起大的塑性变形或断裂。如齿轮轴，为了保证齿轮的正常啮合，要求齿轮轴在工作过程中具有较小的弹性变形，若产生过量弹性变形，就会影响齿轮的正常啮合，加速齿轮磨损，增加噪声。

刚度不够是零件产生过量弹性变形的根本原因。在其他条件（如零件尺寸、外载荷）一定时，材料的弹性模量 E（或剪切模量 G）越高，零（构）件的弹性变形量越小，即其刚度越好。因此，在各类材料的弹性模量中，以陶瓷材料的最高，钢铁材料和复合材料的次之，有色金属材料的再次之，高分子材料的最低。

2．过量塑性变形

承受静载的零件由于过量的塑性（屈服）变形，与其他零件的相对位置发生变化，致使整个机器运转不良，导致失效。例如炮筒，为了保证每发炮弹弹道的准确性，要求炮弹通过时，炮筒内壁只能产生弹性变形，且其变形与应力之间要严格保证正比例关系。若在使用一段时间后炮筒内壁产生了微量塑性变形，就会使炮弹偏离射击目标。

屈服强度低是零件产生过量塑性变形的根本原因。实际使用的工程材料大多为弹塑性材料，其弹性变形和塑性变形并无明显的分界点，很难测出它们的准确数值。因此，工程上采用按人为规定的微量塑性伸长率对应的应力"规定非比例延伸强度"作为评价材料抵抗塑性变形的能力。规定非比例塑性伸长率可以为 0.001% ~ 0.5%。机器零件一般不允许产生过量塑性变形，但不同零（构）件要求的严格程度不同，设计时应根据零（构）件工作条件所允许的残留变形量加以选择。此外，规定非比例延伸强度对材料的成分和组织敏感，可通过合金化、热处理及冷变形等方法使之改变。

2.7.2　断裂失效

固体材料在外力和环境的作用下分裂为若干部分的现象称为断裂。材料的断裂意味着材料的彻底失效。因材料断裂而导致的机件失效危害性最大，甚至可能导致灾难性的后果。

材料的断裂包括裂纹的萌生和扩展两个过程。材料不同，引起断裂的条件各异，材料断裂的机理与特征也不尽相同。为了便于分析研究，常按不同的分类方法，把断裂分为多种类型。

1. 断裂的分类

根据断裂前金属材料产生塑性变形量的大小，断裂可分为韧性断裂和脆性断裂。韧性断裂在断裂前产生较大的塑性变形，断口呈暗灰色的纤维状。脆性断裂在断裂前没有明显的塑性变形，断口平齐，呈光亮的结晶状。韧性断裂和脆性断裂只是相对的概念，在实际载荷作用下，不同的材料都有可能发生脆性断裂；同一种材料又由于温度、应力、环境等条件的不同，会出现不同的断裂。

根据断裂面的取向，断裂可分为正断和切断。断口的宏观断裂面与最大正应力方向垂直的称为正断，一般为脆性断裂，也可能是韧性断裂。断口的宏观断裂面与最大正应力方向呈 45°的称为切断，一般为韧性断裂。

根据裂纹扩展的途径，断裂可分为穿晶断裂和晶间断裂。裂纹在晶粒内部扩展并穿过晶界进入相邻晶粒继续扩展直至断裂的称为穿晶断裂，这种断裂可能是韧性断裂，也可能是脆性断裂；裂纹沿晶界扩展导致断裂的称为晶间断裂，一般为脆性断裂。

根据裂纹断裂机理，断裂可分为解理断裂、微孔聚集型断裂和纯剪切断裂三类。沿晶体解理面分离的穿晶断裂称为解理断裂；沿晶界或晶内微孔聚合发生的断裂称为微孔聚集型断裂；沿滑移面分离或通过缩颈导致的断裂称为纯剪切断裂。

根据载荷性质不同，断裂可分为静载和冲击载荷下的断裂、交变载荷下的疲劳断裂、高温下的蠕变断裂及腐蚀介质中的腐蚀断裂等。

2. 零件在静载和冲击载荷下的断裂

零件在静载和冲击载荷下通常具有韧性断裂和脆性断裂两种形式。静载下评定材料抵抗断裂能力的指标有材料的抗拉强度、抗剪强度、抗扭强度及抗弯强度等。而评定材料韧性的力学性能指标主要是冲击韧性和断裂韧性，两者均对材料的成分和组织敏感，可通过合金化、热处理等方法改变。这些指标含义的解释说明可见 2.5.3 节或参阅相关资料。

3. 零件在交变载荷下的疲劳断裂

所谓交变载荷是指载荷的大小和方向随时间发生周期性变化的载荷。零件在这种交变载荷作用下经过较长时间的工作而发生断裂的现象称为疲劳断裂。

与静载和冲击载荷下的断裂相比，疲劳断裂具有如下特点：①引起疲劳断裂的应力常常低于静载下的屈服强度；②断裂时无明显的宏观塑性变形，为脆性断裂；③疲劳断口能清楚地显示出裂纹的形成（裂纹源区）、扩展（疲劳裂纹扩展区）和最后断裂（最后断裂区）三个阶段。

疲劳断裂按载荷类型可分为拉伸疲劳、拉压疲劳、弯曲疲劳、扭转疲劳及各种混合受力方式的疲劳；按载荷交变频率可分为高周疲劳和低周疲劳，断裂循环周次 $N < 10^5$ 的称为低周疲劳，$N > 10^5$ 的称为高周疲劳；按构件应力大小可分为高应力疲劳（一般是低周疲劳）和低应力疲劳（一般是高周疲劳）；还有复杂环境条件下的腐蚀疲劳、高温疲劳、微振疲劳及接触疲劳等。

疲劳断裂前无明显征兆，具有很大的危险性。为了防止零件的疲劳断裂，设计时必须正确确定疲劳抗力指标。根据零（构）件在疲劳前是否存在裂纹，将疲劳分为无裂纹疲劳和有裂纹疲劳，两者采用不同的疲劳抗力指标。

（1）无裂纹零（构）件的疲劳抗力指标　无裂纹零（构）件设计时最常用的疲劳抗力指标是疲劳极限、过载持久值和疲劳缺口敏感度。

疲劳极限表示材料经受无限多次应力循环而不断裂的最大应力，用符号 σ_r 表示，r 为应力比（最小应力 σ_{min} 与最大应力 σ_{max} 的比值）。过载持久值是指材料在高于疲劳极限的应力作用下发生疲劳断裂的应力循环周次。疲劳缺口敏感度 q 用来衡量缺口对疲劳极限的影响，定义为

$$q = \frac{K_f - 1}{K_t - 1}$$

式中，K_t 为理论应力集中系数，即应力集中处的最大应力 σ_{max} 与平均应力 σ_m 之比，$K_t = \sigma_{max}/\sigma_m$，$\sigma_m = (\sigma_{max} + \sigma_{min})/2$；$K_f$ 为有效应力集中系数，即光滑试样和缺口试样的疲劳极限之比。通常 $0 < q < 1$，$q \to 0$ 表示对缺口不敏感；$q \to 1$ 表示对缺口很敏感。

（2）有裂纹零（构）件的疲劳抗力指标　有裂纹零（构）件设计时常用的疲劳抗力指标是疲劳裂纹扩展速率和疲劳裂纹扩展门槛值。

采用三点弯曲单边切口疲劳试样，在固定应力比 r 和应力幅 $\Delta\sigma = \sigma_{max} - \sigma_{min}$ 条件下循环加载，测定疲劳裂纹长度 a 随应力循环周次 N 的变化，直到断裂，得到疲劳裂纹扩展曲线，即 a-N 曲线，其斜率 da/dN 就表示疲劳裂纹扩展速率。

疲劳裂纹扩展门槛值 ΔK_{th} 是交变应力作用下裂纹不扩展的最大应力场强度因子幅值，表示材料阻止裂纹疲劳扩展的能力，单位为 $MN/m^{3/2}$ 或 $MPa/m^{3/2}$。应力场强度因子 $K = Y\sigma a^{1/2}$，在循环应力幅作用下疲劳裂纹尖端的应力场强度因子幅为 ΔK，$\Delta K = K_{max} - K_{min} = Y\Delta\sigma a^{1/2}$。将 a-N 曲线上各点的斜率 da/dN 和相应的 ΔK 值作出 $\lg(da/dN)$-$\lg(\Delta K)$ 曲线，从曲线上即可确定出 ΔK_{th}。

由于材料的 ΔK_{th} 值很小，为断裂韧度 K_{IC} 的 $5\% \sim 10\%$。若根据 $\Delta K \leq \Delta K_{th}$ 设计时，必须牺牲材料的强度来提高断裂韧度 K_{IC} 以提高 ΔK_{th} 值，这样设计出的零（构）件将非常笨重，如果对零（构）件质量有严格要求时，就应根据裂纹扩展速率估算零件的安全寿命。

4. 零件在高温下的蠕变变形和断裂

材料在长时间的恒温、恒应力作用下缓慢地产生塑性变形的现象称为蠕变。零件由于这种变形而引起的断裂称为蠕变断裂。不同材料出现蠕变的温度不同，一般金属材料只有当温

度超过$(0.3\sim0.4)T_m$、陶瓷材料只有当温度超过$(0.4\sim0.5)T_m$（T_m为材料的熔点）时才表现出较明显的蠕变，而高分子材料及铅、锡等在室温下就会产生蠕变。

（1）蠕变强度　为了保证在高温长期载荷作用下机件不产生过量变形，要求材料具有一定的蠕变强度。蠕变强度是材料在高温长期载荷作用下抵抗塑性变形的能力。材料的蠕变强度根据蠕变曲线来确定，一般有两种表示方法：一种是在规定温度T下，使试样产生规定稳态蠕变速度$\dot{\varepsilon}$（%/h）的应力值，用符号$\sigma_{\dot{\varepsilon}}^{T}$表示；另一种是在给定温度$T$下和规定时间$t$内使试样产生一定蠕变总变形量的应力值，用符号$\sigma_{\delta/t}^{T}$表示。稳态蠕变速度、试验时间及蠕变变形量根据零件的工作条件规定。

（2）持久强度　蠕变强度表征了材料在高温长期载荷作用下对塑性变形的抗力，却不能反映材料断裂时的强度和塑性。为了使零（构）件在高温长时间作用时不破坏，要求材料具有一定的持久强度。持久强度是材料在高温长期载荷作用下抵抗断裂的能力，是在给定温度T下和规定时间t内使试样发生断裂的应力，用符号σ_{t}^{T}表示。这里的规定时间以零（构）件的设计寿命为依据。

材料的蠕变强度和持久强度对材料的成分和组织敏感。材料的熔点越高，组织越稳定，其蠕变强度和持久强度越高。

2.7.3　表面损伤失效

表面损伤主要包括表面磨损、接触疲劳及表面腐蚀等。

1. 磨损

在机件表面互相接触并作相对运动产生的摩擦过程中，会有微小颗粒从表面不断分离出来，形成尺寸和形状不同的磨屑，使材料逐渐损失。导致机件尺寸变化和质量损失的表面损伤现象称为磨损。磨损不仅影响机件的使用寿命，还将增加能耗，产生噪声和振动，造成环境污染。

磨损是多种因素相互影响的复杂过程，根据摩擦面损伤和破坏的形式，大致可分为粘着磨损、磨粒磨损、腐蚀磨损和疲劳磨损四类。

（1）粘着磨损　粘着磨损又称为咬合磨损，是因两种材料表面某些接触点的局部压应力超过该处材料的屈服强度而发生粘合并拽开产生的一种表面损伤磨损，多发生在摩擦副相对滑动速度小、接触面氧化膜脆弱、润滑条件差，以及接触应力大的滑动摩擦条件下。其磨损速度很大，有时可高达$10\sim15\mu m/h$，具有严重的破坏性，有时会使摩擦副咬死，不能相对运动。

（2）磨粒磨损　磨粒磨损也称为磨料磨损，是指滑动摩擦时，在零件表面摩擦区存在的硬质颗粒（外界进入的或表面剥落的碎屑），使摩擦表面发生局部塑性变形、磨粒嵌入和被磨粒切割等过程，以至摩擦表面材料逐渐损耗的一种磨损。磨粒磨损是机件中普遍存在的一种磨损形式，磨损速度较大，达$0.5\sim5\mu m/h$。

（3）腐蚀磨损　腐蚀磨损是指在摩擦力和环境介质的联合作用下，材料表面的腐蚀产物剥落与摩擦面间的机械磨损相结合的一种磨损，一般有氧化磨损、微动磨损、冲蚀磨损和特殊介质腐蚀磨损。

1）氧化磨损。当摩擦副表面相对运动时，在发生塑性变形的同时，零件表面已形成的氧化膜在摩擦接触点处遭到破坏,并在该处立即形成新的氧化膜。这种氧化膜不断自本材料表面脱离又反复形成,造成材料表面物质不断耗损的过程称为氧化磨损。氧化磨损不管在何种摩擦过程中及何种摩擦速度下,也不管接触压力大小和是否存在润滑都会发生,是生产上最普遍存在的一种磨损形式。其磨损速度较小,为 $0.1 \sim 0.5 \mu m/h$,是生产上唯一被允许的磨损,也就是说机件因氧化磨损而失效可以认为是正常失效。

2)微动磨损。两个配合表面之间由一微小振幅的相对振动所引起的表面损伤,包括材料损失、表面形貌变化、表面或亚表面塑性变形或出现裂纹等,称为微动磨损。由于微动磨损集中在局部区域,两摩擦表面又永不脱离接触,磨损产物不易往外排除,故兼有氧化磨损、磨粒磨损和粘着磨损的作用,在微动磨损区往往形成一定深度的磨痕蚀坑,故微动磨损又称为咬蚀。微动磨损的结果不仅会使零件精度及性能下降,更严重的是引起应力集中,导致疲劳破坏。

3)冲蚀磨损。也叫浸蚀磨损,是指流体或固体以松散的小颗粒($<1000\mu m$)按一定的速度(约 $550m/s$)和角度对材料表面进行冲击所造成的磨损。造成冲蚀的粒子硬度通常都比被冲蚀的材料的硬度高,但流动速度快时,软粒子甚至水滴也会造成冲蚀。实际上,冲蚀磨损应归为机械磨损,因为冲蚀磨损对材料表面的破坏主要是由机械力作用引起的,腐蚀只是第二位的因素。

4)特殊介质腐蚀磨损。在摩擦副与酸、碱、盐等特殊介质发生化学腐蚀的情况下而产生的磨损,称为特殊介质腐蚀磨损。其磨损机理与氧化磨损相似,但磨损率较大,磨损痕迹较深。

(4)疲劳磨损 接触疲劳是零件(如齿轮、滚动轴承、钢轨和轮箍等)的两接触面作滚动或滚动加滑动摩擦时,在交变接触压应力的长期作用下引起的一种表面疲劳剥落破坏而使物质耗损的现象,表现为接触表面上出现许多针状或痘状的凹坑,称为麻点,也称为麻点磨损或疲劳磨损。在接触表面刚出现少数麻点时,零件仍能继续工作,但当麻点剥落现象严重时就会造成零件失效。如齿轮产生大量麻点后其啮合情况恶化,噪声增大,振动增加,会产生较大的附加冲击力,使磨损加剧,甚至引起齿根折断。

在各种磨损条件下,提高材料表面硬度是提高耐磨性的关键。

2. 腐蚀

腐蚀是材料表面和周围介质发生化学反应(化学腐蚀)或电化学反应(电化学腐蚀)所引起的表面损伤现象。在化学腐蚀过程中不产生电流,如钢在高温下的氧化、脱碳,在石油、燃气和干燥氢及含氢气体中的腐蚀等都属于化学腐蚀。在电化学腐蚀过程中会产生电流,如金属在潮湿空气、海水或电解质溶液中的腐蚀等都属于电化学腐蚀。

(1)高温氧化腐蚀 除少数贵金属如金、铂外,大多数金属在空气中都会发生氧化,形成氧化膜。在室温或温度不高时,氧化过程进行得很慢,然而在较高温度下,氧化过程会明显加速。由于氧化膜较脆,其力学性能明显低于基体金属,而且氧化又导致机件的有效截面积减小,从而降低了机件的承载能力。因此,有些在高温含氧气氛中工作的机件,如工业加热炉的炉栅、炉底板,汽轮机燃烧室,锅炉的过热器等常常因高温氧化而失效。

(2)电化学腐蚀 材料发生电化学腐蚀的条件是不同材料间或同一材料的各个部分之间存在着电极电位差,而且它们是相互接触并处于相互连通的电解质溶液中,这样就构成微电池。其中,电位较低的一方为阳极,容易失去电子变为阳离子溶于电解质中而受腐蚀；电位较高的一方则为阴极，起传递电子的作用而不受腐蚀，只发生析氢反应或吸氧反应。

在机器或金属结构中，两种金属相互接触的情况是经常发生的，它们一旦与潮湿空气或电解质相接触就会发生电化学腐蚀。即使对于同一种金属或合金，由于化学成分或组织状态、应力状态及表面粗糙度等的不同，也会导致某些相邻区域的电极电位不同，从而产生电化学腐蚀。

（3）应力腐蚀　应力腐蚀是指机件在拉应力和特定的化学介质联合作用下所产生的低应力脆性断裂现象。应力腐蚀开裂与单纯由机械应力造成的破坏不同，它在极低的应力水平下也能产生破坏；它与单纯由腐蚀引起的破坏也不同，腐蚀性极弱的介质也能引起应力腐蚀开裂，因此，应力腐蚀是危害性极大的一种腐蚀破坏形式。

（4）腐蚀疲劳　材料在交变载荷及腐蚀介质的共同作用下所发生的腐蚀失效现象称为腐蚀疲劳。发生腐蚀疲劳的机件的应力水平或疲劳寿命较无腐蚀介质条件下的纯机械疲劳要低得多。

2.7.4　失效分析的主要方法

失效分析的目的是揭示零件失效的根本原因。影响失效的因素很多，需要利用各种宏观和微观的研究手段进行系统分析，包括逻辑推理和实验研究两个方面。失效分析常用的方法主要有无损检测、断口分析、金相分析、化学分析、力学分析。

1）无损检测是针对材料在冶金、加工及使用过程中产生的缺陷和裂纹用无损探伤法进行的检查，以查清其状态及分布。失效分析和研究中最常见的无损检测方法有两类：一类是检查表面裂纹和不连续性缺陷的方法，如磁粉检验、液体渗透性检验、超声波检验和涡流检验；另一类是检验内部缺陷的方法，如放射性检验、超声波检验等。

2）断口分析是针对断口进行全面的宏观（肉眼、低倍显微镜）及微观（高倍显微镜和电子显微镜）观察分析，确定裂纹的发源地、扩展区和最终断裂区，判断出断裂的性质和机理。

3）金相分析是通过观察分析零件（特别是失效源周围）的显微组织构成情况，如组织组成物的形态、粗细、数量、分布及均匀性等，辨析各种组织缺陷及失效源周围组织的变化，进而对组织是否正常作出判断。应对失效部位的表面和纵、横剖面作低倍检验，以发现材料中的冶金及加工缺陷（如冶金中的疏松、缩孔、气泡、白点、夹杂物等；加工中的划伤、锻造裂纹、过热、过烧、氧化、脱碳、淬火裂纹等），以便查清裂纹的性质，找出失效的原因。对于表面强化零件，还应对强化层的厚度及质量等作出检测。

4）化学分析是检验材料整体或局部区域的成分是否符合设计要求。如可采用剥层法分析调查零件的化学成分沿截面的变化情况；或采用电子探针了解局部区域的化学成分是否异常。

5）力学分析是采用试验分析方法，检查分析失效零件的应力分布、承载能力以及脆断倾向等。

思考与练习

1. 材料科学与工程的四要素是什么？请用自己的语言说明四要素间的相互关系。

2. 什么是材料的成分、组织、结构？

3. 什么叫固体的结合键？有哪些类型？

4. 什么叫晶体、非晶体？说明晶体与非晶体间的相互联系与区别。

5. 什么叫空间点阵？什么叫晶胞？

6. 什么叫晶体缺陷？有哪些类型？

7. 材料制备的原料有哪些？

8. 材料的制备方法有哪几类？

9. 根据材料的成形特性，材料的成形方法分为哪几类？

10. 什么是材料的物理性质？常用什么指标表征？

11. 什么是材料的化学性质？用什么指标来表征？

12. 什么是材料的力学性质？有哪些指标表征？

13. 什么叫失效？零件失效方式有哪些？

14. 过量弹性变形、过量塑性变形失效的原因是什么？如何预防？

15. 什么叫冲击韧性？什么叫断裂韧性？

16. 磨损失效类型有哪些？腐蚀失效类型有哪些？

17. 什么叫蠕变强度和持久强度？零件在高温下的失效形式有哪些？

18. 什么叫失效分析？为什么要进行失效分析？举例说明失效分析的意义。

参 考 文 献

[1] William D. 材料科学与工程基础（英文影印版）[M]. 5 版. 北京：化学工业出版社，2004.

[2] James A Jaxobs, Thomas F Kilduff. 工程材料技术——结构、工艺、性能与选择（英文版）[M]. 赵静，等改编. 北京：电子工业出版社，2007.

[3] Tisza M. Physical metallurgy for engineers [M]. London：ASM International materials park and Freund publishing house ltd, 2001.

[4] 许并社. 材料科学概论 [M]. 北京：北京工业大学出版社，2002.

[5] 周达飞. 材料概论 [M]. 北京：化学工业出版社，2001.

[6] 郑明新. 工程材料 [M]. 北京：清华大学出版社，1997.

[7] 闫康平. 工程材料 [M]. 北京：化学工业出版社，2001.

[8] 何庆复. 机械工程材料及选用 [M]. 北京：中国铁道出版社，2001.

[9] 沈莲. 机械工程材料 [M]. 3 版. 北京：机械工业出版社，2009.

[10] 钟群鹏. 材料失效诊断、预测和预防 [M]. 长沙：中南大学出版社，2009.

[11] 廖景娱. 金属构件失效分析 [M]. 北京：化学工业出版社，2007.

第3章 金属材料

3.1 钢铁材料

铁是地球上分布最广的金属之一，约占地壳质量的 5.1%，居元素分布序列中的第四位，仅次于氧、硅和铝。纯净的铁是具有金属光泽的银白色固体，熔点 1535℃，沸点 2750℃，密度 7.86g/cm³，有良好的延展性，能被磁铁吸引。铁活泼，为强还原剂，在室温下可缓慢地从水中置换出氢，在 500℃ 以上反应速度增大；铁也可以从溶液中还原金、铂、银、汞、铜或锡等离子。铁在干燥空气中很难与氧气反应，但在潮湿空气中很容易发生电化学腐蚀，若在酸性气体或卤素蒸气氛围中腐蚀更快。

3.1.1 碳钢及铁碳合金相图

碳钢与铸铁都是铁碳合金，是现代工业中应用最广泛的合金，其最基本的组成是铁与碳两种元素。铁与碳可以形成一系列化合物，如 Fe_3C、Fe_2C、FeC 等，因此，整个铁碳相图应该由 $Fe-Fe_3C$、Fe_3C-Fe_2C、Fe_2C-FeC、$FeC-C$ 等二元相图所构成。在一般的钢中碳的质量分数最高不超过 2.06%，而在铸铁中最高不超过 5%。碳的质量分数大于 6.69% 的铁碳合金，其性能很脆，没有实用价值，因此在研究铁碳合金时，仅研究 $Fe-Fe_3C$ 部分。

1. 碳钢

碳钢也叫碳素钢，是指 $w_C < 2\%$ 的铁碳合金。在生产上使用的碳钢品种繁多，为了便于生产、选用、研究和讨论，很有必要对碳钢加以分类和统一编号。

（1）碳钢的分类

1）按碳的含量分类。可分为①低碳钢，$w_C < 0.25\%$；②中碳钢，$w_C = 0.25\% \sim 0.60\%$；③高碳钢，$w_C > 0.60\%$。

2）按用途分类。可分为①结构钢，用来制造各种金属构件及各种机器零件；②工具钢，用来制造各种工具（刃具、模具、量具等）。

3）按冶炼方法分类。可分为①工业用钢，可分为平炉钢、转炉钢和电炉钢三大类，每一类还可按照炉衬材料的不同，分为碱性（用"J"表示）和酸性（用"S"表示）两类；②根据炼钢的脱氧程度及浇注方法不同，又可分为沸腾钢、镇静钢和半镇静钢。

在熔炼末期，钢液仅用弱脱氧剂（锰铁）脱氧，钢液中还有相当数量的 FeO，在浇注凝固时，由于碳和 FeO 发生反应，钢液中不断析出 CO_2，产生沸腾，故称为沸腾钢，用符号"F"表示。这种钢锭的成材率高，但钢锭内分布有许多小气泡（这些气泡在锻压时可焊合），钢内偏析较严重。镇静钢是指浇注前钢液经完全脱氧，凝固时不沸腾的钢。这种钢锭的成材率较低，钢锭内气泡、疏松较少，质量较高，用符号"Z"表示。半镇静钢是指介于上述两类之间的钢，用符号"b"表示。

4）按质量等级分类。主要根据钢中所含有害杂质元素 S、P 的量来分类，可分为：① 普通碳素钢，$w_S \leq 0.055\%$，$w_P \leq 0.045\%$；②优质碳素钢，$w_S \leq 0.045\%$，$w_P \leq 0.040\%$；③ 高级优质碳素钢，$w_S \leq 0.030\%$，$w_P \leq 0.035\%$。

（2）碳钢的编号、性能及用途

1）碳素结构钢。碳素结构钢采用屈服强度的汉语拼音首位字母"Q"、屈服强度数值（单位为 MPa）、质量等级符号、脱氧方法等符号表示，按顺序组成牌号。例如，Q235AF、Q235BZ 等。

质量等级由 A 到 D，磷、硫含量降低，钢的质量提高。碳素结构钢牌号中表示镇静钢的符号"Z"和表示特殊镇静钢的符号"TZ"可以省略。

碳素结构钢的牌号、化学成分、力学性能及应用见表 3-1。

表 3-1 碳素结构钢的牌号、化学成分、力学性能及应用（GB/T 700—2006）

牌号	等级	化学成分(质量分数)(%)			脱氧方法	力学性能			应 用
		C	S	P		$\sigma_s/$ MPa	$\sigma_b/$ MPa	δ_5 (%)	
		不大于							
Q195	—	0.15~0.12	0.040	0.035	F、Z	≥195	315~430	≥33	承受小载荷的结构件（如铆钉、垫圈、地脚螺栓、开口销、拉杆、螺纹钢筋等）、冲压件和焊接件
Q215	A	0.15	0.050	0.045	F、Z	≥215	335~450	≥31	
	B		0.045						
Q235	A	0.22	0.050	0.045	F、Z	≥235	370~500	≥26	薄板、螺纹钢筋、型钢、螺栓、螺母、铆钉、拉杆、齿轮、轴、连杆等，Q235C、D 可用做重要的焊接结构件
	B	0.20	0.045						
	C	0.17	0.040	0.040	Z				
	D		0.035	0.035	TZ				
Q275	A	0.24	0.050	0.045	Z	275	410~540	≥22	承受中等载荷的零件，如键、链、拉杆、转轴、链轮、链环片、螺栓及螺纹钢筋等
	B	0.21~0.22	0.045	0.040	Z				
	C	0.20	0.040		Z				
	D		0.035	0.035	TZ				

注：经需方同意，Q235B 的碳的质量分数可不大于 0.22%。

2）优质碳素结构钢。优质碳素结构钢与普通碳素结构钢不同，它必须同时保证钢的化学成分和力学性能，且钢中有害杂质元素硫、磷及非金属夹杂物的含量较少，含碳量的波动范围较窄，使力学性能比较均匀和优良，并可通过热处理进行强化。根据含锰量不同，优质碳素结构钢可分为普通含锰量钢（$w_{Mn} = 0.35\% \sim 0.65\%$）和较高含锰量钢（$w_{Mn} = 0.70\% \sim 1.00\%$）两类。其牌号用碳的质量分数的平均万分数表示。例如，20 钢的平均碳的质量分数为 0.20%；45 钢的平均碳的质量分数为 0.45%。含锰量较高的钢，应将锰元素标出，如 40 Mn。

08 钢、10 钢含碳量低，塑性好，具有良好的冲压性能及焊接性能，因此广泛用来制作冲压零件，如各种容器、仪表板、机器罩及管子、垫圈、卡头等。

15 钢、20 钢也有良好的冲压性能与焊接性能，常用来制造受力不大而韧性要求高的构件或零件，如焊接的容器、螺钉、螺母、杠杆、轴套等。如经过渗碳及随后的热处理后，表面硬而耐磨，心部保持良好的韧性，可用来制造凸轮、齿轮、摩擦片等机器零件。

35 钢、40 钢、45 钢、50 钢经调质（淬火及高温回火）热处理后，可获得良好的综合力学性能，用来制造齿轮、连杆、轴类等。在零件需要耐磨的部位还要进行表面淬火。

60 钢、70 钢等经适当热处理后，常用来制作弹簧、弹簧垫圈、轧辊、犁镜等。

3）碳素铸钢。将钢液直接铸成零件毛坯，以后不再进行锻压加工的钢件叫做铸钢件。在实际生产中，许多形状复杂的零件难以用锻压等方法成形，用铸铁又难以满足性能要求，此时通常采用铸钢件。它在机械制造中应用非常广泛，特别是在重型机械制造业中，如轧钢、锻压、发电、矿山、起重运输、石油、化工等设备中有不少零件是铸钢件。碳素铸钢件占整个铸钢件产量的 70% ~ 80%，其余为合金铸钢。铸钢的化学成分和力学性能见表 3-2。

表 3-2　铸钢的化学成分和力学性能（GB/T 11352—2009）

牌号	化学成分（最高质量分数）（%）			力学性能					
	C	Si	Mn	σ_b/MPa	$\sigma_{0.2}$/MPa	δ（%）	ψ（%）	A_{KV}/J	A_{KU}/J
				不小于					
ZG200-400	0.20		0.80	400	200	25	40	30	47
ZG230-450	0.30			450	230	22	32	25	35
ZG270-500	0.40	0.60		500	270	18	25	22	27
ZG310-570	0.50		0.90	570	310	15	21	15	24
ZG340-640	0.60			640	340	10	18	10	16

注：所列各牌号性能适用于厚度为 100mm 以下的铸件。

4）专用碳素结构钢。在生产实践中，经长期的应用，认为某种钢制造某种零件较为合适，于是就发展为专用钢。专用钢的种类很多，如锅炉用钢、桥梁用钢、钢轨用钢、焊条用钢、冲压用钢和易切削用钢等。

5）碳素工具钢。碳素工具钢碳的质量分数为 0.65% ~ 1.35%，根据有害杂质（硫、磷）含量的不同，又分为优质碳素工具钢和高级优质碳素工具钢。碳素工具钢编号以 "T" 字开头，后面的数字表示平均碳的质量分数的千分之几。例如，T8 钢表示平均碳的质量分数为 0.8 % 的碳素工具钢。高级优质碳素工具钢则在牌号后面再加 "A" 字表示，如 T8A 等。碳素工具钢的化学成分及性能见表 3-3。

表 3-3　碳素工具钢的化学成分及性能

牌号	化学成分（质量分数）（%）					退火后钢的硬度 HBW	淬火后钢的硬度	
	C	Si	Mn	P	S		淬火温度/℃ 及冷却剂	HRC
				不大于		不大于		不小于
T7	0.65 ~ 0.74	≤0.35	≤0.40	0.035	0.030	187	800 ~ 820 水	62
T8	0.75 ~ 0.84	≤0.35	≤0.40	0.035	0.030	187	780 ~ 800 水	62
T8Mn	0.80 ~ 0.90	≤0.35	0.40 ~ 0.60	0.035	0.030	187	780 ~ 800 水	62
T9	0.85 ~ 0.94	≤0.35	≤0.40	0.035	0.030	192	760 ~ 780 水	62
T10	0.95 ~ 1.04	≤0.35	≤0.40	0.035	0.030	197	760 ~ 780 水	62
T11	1.05 ~ 1.14	≤0.35	≤0.40	0.035	0.030	207	760 ~ 780 水	62
T12	1.15 ~ 1.24	≤0.35	≤0.40	0.035	0.030	207	760 ~ 780 水	62
T13	1.25 ~ 1.35	≤0.35	≤0.40	0.035	0.030	217	760 ~ 780 水	62

碳素工具钢一般都经热处理后使用，含碳量较低的 T7 钢、T8 钢有较好的强度和塑性配合，可用于制造受冲击载荷的工具，如锯条、锯片、车床顶尖及木材加工工具等。T10 钢、T12 钢具有高的硬度和耐磨性，适于制造形状简单的冲模、拔丝模以及切削量小的刃具，如钻头、铰刀、丝锥、车刀等。

2. 铁碳合金的组元分析

（1）铁素体　铁素体是碳溶在 α-Fe 中的间隙固溶体，为体心立方结构，用 F 或 α 表示。

铁的溶碳能力取决于晶格中原子间隙的大小。晶格的原子间隙半径与碳原子的半径相近时，碳原子才能溶入晶格空隙中去，形成间隙固溶体。α-Fe 晶格的空隙比碳原子小得多，几乎无法溶碳。但实际上还是可以溶入微量的碳原子（$w_C = 0.006\% \sim 0.0218\%$），这是由于在 α-Fe 中有位错、空位等缺陷的缘故。

由于铁素体的溶碳量很小，它的性能几乎和纯铁相同，是一种比较软的组织。

（2）奥氏体　碳溶解于 γ-Fe 中形成的间隙固溶体称为奥氏体，为面心立方晶格，用 A 或 γ 来表示。γ-Fe 的晶格空隙比 α-Fe 的晶格空隙大，溶碳能力也比 α-Fe 高。在 727℃时，α-Fe 的溶碳量为 $w_C = 0.77\%$，随着温度的升高，其溶解度增加，在 1148℃时其最大溶碳量为 $w_C = 2.11\%$。奥氏体是一种软而富有韧性的相，在高温下奥氏体为非磁性，变形抗力小。

（3）渗碳体　铁与碳形成的稳定化合物 Fe_3C 称为渗碳体。渗碳体的晶体结构比较复杂，它是一个高碳相，碳的质量分数为 6.69%，熔点为 1227℃，在固态下不发生同素异构转变。渗碳体的硬度很高，但塑性和韧性几乎为零，所以渗碳体的特点是硬而脆，不能进行切削加工。

渗碳体不易受硝酸酒精溶液的腐蚀，在显微镜下呈白亮色，但受碱性苦味酸钠的腐蚀，在显微镜下呈黑色。渗碳体的显微组织形态很多，在钢和铸铁中与其他相共存时呈片状、粒状、网状或板状，此时渗碳体是主要的强化相，它的形态、大小及分布对钢的性能影响很大。

从碳的质量分数大于 4.3% 的液相中直接析出来的渗碳体称为一次渗碳体（通俗的说法就是由液相直接析出来的渗碳体称为一次渗碳体）；从奥氏体中析出的 Fe_3C 称为二次渗碳体；而从铁素体中析出的 Fe_3C 则称为三次渗碳体。

（4）珠光体　珠光体是铁素体与渗碳体的机械混合物（$F + Fe_3C$），以 P 表示，它是共析反应的产物。所谓共析反应，是指从一种固溶体中同时析出另外两种晶体从而组成机械混合物的反应。

珠光体是由铁素体和渗碳体片层交替而成，它的性质主要取决于铁素体和渗碳体的数量、形状、尺寸及分布状况等因素。一般来说，珠光体的硬度较奥氏体高，而比渗碳体低，其塑性较奥氏体低，而比渗碳体高，是一种综合性能比较好的相。

（5）莱氏体　莱氏体是奥氏体与渗碳体的机械混合物（$A + Fe_3C$），以 Ld 表示。莱氏体是共晶反应的产物，如碳的质量分数为 4.3% 的液态合金缓慢冷却到 1148℃时，从液态合金中同时析出奥氏体和渗碳体，这两种晶体形成机械混合物，即为莱氏体。由奥氏体和渗碳体组成的莱氏体，继续冷却到 727℃时，其中的奥氏体转变为珠光体。经过这种转变后，在室温时见到由珠光体和渗碳体所组成的共晶体，称为变态莱氏体，以 L'd 表示。也就是说，当温度高于727℃时，莱氏体由奥氏体和渗碳体组成，用符号 Ld 表示。在低于727℃时，莱氏体是由珠光体和渗碳体组成，用符号 L'd 表示，称为变态莱氏体。莱氏体硬而脆，塑性很差，是白口铸铁中的基本组织，一般不能切削加工，也不能压力加工。

铁在高温下还有一种具有体心立方晶格的 δ-Fe，与碳形成的固溶体称为 δ 铁素体。在1495℃时碳在 δ-Fe 中的最大溶解度为 $w_C = 0.09\%$。

3. 铁碳相图

铁碳合金相图（图3-1）是研究铁碳合金的工具，是研究碳钢和铸铁的成分、温度、组织与性能之间关系的理论基础，也是制订各种热加工工艺的依据。

铁碳相图中一些特性点的含义见表3-4。

铁碳相图中还有一些特性线：ECF 线、PSK 线（A_1 线）、GS 线（A_3 线）、ES 线（A_{cm} 线）。水平线 ECF 为共晶反应线，碳的质量分数在2.11%~6.69%之间的铁碳合金，在平衡结晶过程中均发生共晶反应。水平线 PSK 为共析反应线。碳的质量分数在0.0218%~6.69%之间的铁碳合金，在平衡结晶过程中均发生共析反应，PSK 线亦称为 A_1 线。GS 线是合金冷却时自 A 中开始析出 F 的临界温度

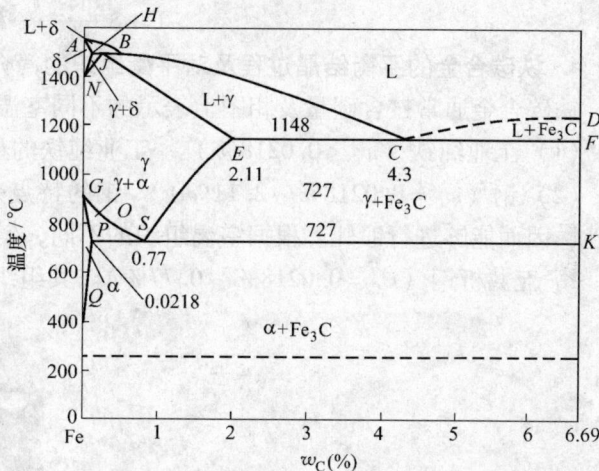

图3-1 铁碳相图

线，通常称为 A_3 线。ES 线是碳在 A 中的固溶线，通常称为 A_{cm} 线。由于在1148℃时 A 中的溶碳量最大可达2.11%，而在727℃时仅为0.77%，因此，碳的质量分数大于0.77%的铁碳合金自1148℃冷至727℃的过程中，将从 A 中析出 Fe_3C。析出的渗碳体称为二次渗碳体（Fe_3C_{II}），A_{cm} 线亦为从 A 中开始析出 Fe_3C_{II} 的临界温度线。

表3-4 铁碳相图中各点的含义

特性点	温度/℃	w_C（%）	含 义
A	1538	0	纯铁的熔点
C	1148	4.3	共晶点
D	1227	6.69	渗碳体的熔点
E	1148	2.11	碳在 γ-Fe 中的最大溶解度
G	912	0	纯铁的同素异构转变点
P	727	0.0218	碳在 α-Fe 中的最大溶解度
S	727	0.77	共析点
Q	600	0.008	碳在 α-Fe 中的溶解度

下面介绍一下铁碳相图中的共析反应、共晶反应和包晶反应。

共析反应是指在一定的温度下，一定成分的固相同时析出两种一定成分的固相的反应。在727℃，PSK 共析反应线将发生奥氏体转化为珠光体的共析转变，其反应式为

$$A \xrightarrow{727\text{℃}} (F + Fe_3C)$$

共晶反应是指在一定的温度下，一定成分的液体同时结晶出两种一定成分的固相的反应。在 1148℃，ECF 共晶反应线上 $w_C = 4.3\%$ 的液相将发生共晶转变，转化为奥氏体和渗碳体，其产物称为莱氏体，反应式为

$$L \xrightarrow{1148\text{℃}} (A + Fe_3C)$$

包晶反应是指一个液相和一个固相同时生成另一个固相。在 1495℃，HJB 包晶线上将发生包晶转变，其产物是奥氏体，反应式为

$$L + \delta \xrightarrow{1495\text{℃}} A$$

4. 铁碳合金的平衡结晶过程及对平衡组织的简介

铁碳合金通常按含碳量及相图上表示的不同室温组织，分为以下几类：

（1）工业纯铁（$w_C < 0.0218\%$） 工业纯铁的显微组织为铁素体，如图 3-2 所示。

（2）钢（$w_C = 0.0218\% \sim 2.11\%$） 钢的特点是高温组织为单相奥氏体，具有良好的塑性，因而能够进行锻轧。根据室温组织的不同，钢又可以分为以下三类：

1）亚共析钢（$w_C = 0.0218\% \sim 0.77\%$）。其组织为铁素体加珠光体，如图 3-3 所示。

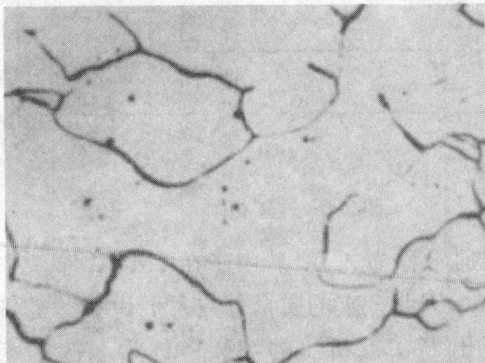

图 3-2 工业纯铁的显微组织（200×）

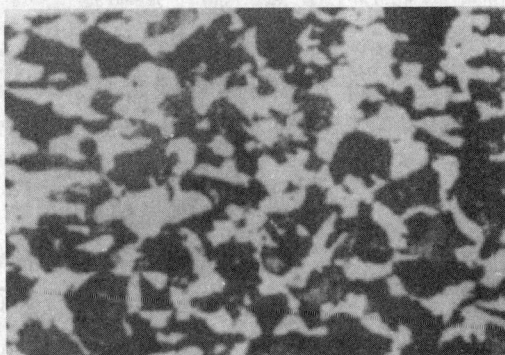

图 3-3 亚共析钢的显微组织（200×）

2）共析钢（$w_C = 0.77\%$）。其组织为珠光体，如图 3-4 所示。

3）过共析钢（$w_C = 0.77\% \sim 2.11\%$）。其组织为珠光体加二次渗碳体，如图 3-5 所示。

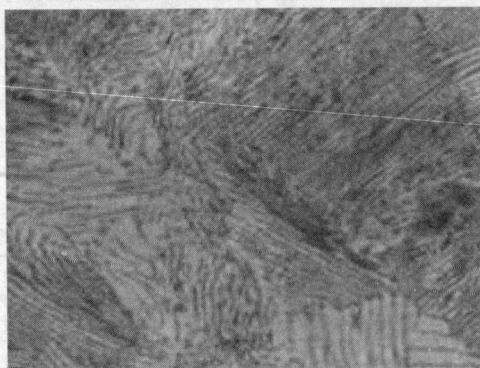

图 3-4 共析钢的显微组织（200×）

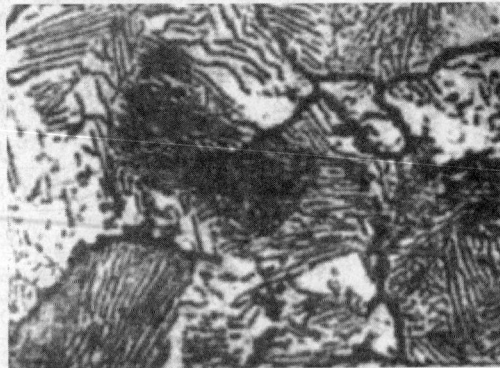

图 3-5 过共析钢的显微组织（500×）

（3）白口铸铁（$w_C = 2.11\% \sim 6.69\%$） 白口铸铁因其断口呈白亮色而得名。其特点

是液态结晶时都有共晶转变，因而有较好的铸造性能，但其组织中渗碳体量较多，性质很脆，不能锻造。根据室温组织不同，白口铸铁也可以分为三类：

1）亚共晶白口铸铁（$w_C = 2.11\% \sim 4.3\%$）。其组织是珠光体、二次渗碳体和莱氏体，如图 3-6 所示。

2）共晶白口铸铁（$w_C = 4.3\%$）。其组织是莱氏体，如图 3-7 所示。

图 3-6　亚共晶白口铸铁的显微组织（200×）

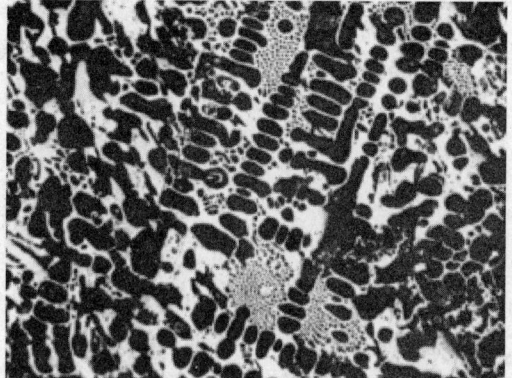

图 3-7　共晶白口铸铁的显微组织（200×）

3）过共晶白口铸铁（$w_C = 4.3\% \sim 6.69\%$）。其组织是莱氏体加一次渗碳体，如图 3-8 所示。

5. 含碳量对铁碳合金平衡组织和性能的影响

铁碳合金的室温组织是由铁素体和渗碳体两相组成的，其中铁素体是软韧相，而渗碳体是硬脆相。由铁碳相图可知，随着含碳量的不断增加，不仅组织中的渗碳体的数量不断增加，而且渗碳体的形态（组织特征）也随之发生变化，即由分布在铁素体晶界上逐渐改变为分布在铁素体的基体内，更进一步分布在原奥氏体的晶界上，最后当形成莱氏体时，Fe_3C 已

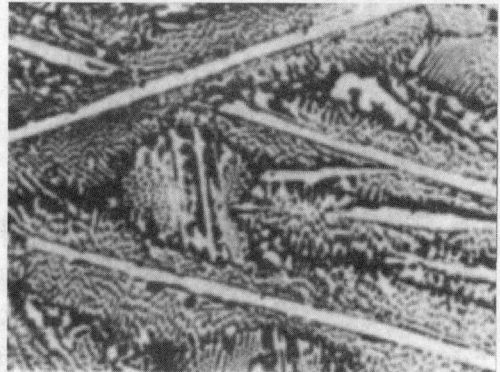

图 3-8　过共晶白口铸铁的显微组织（200×）

作为基体出现。也就是说，不同含碳量的铁碳合金具有不同的组织，这也正是决定它们具有不同性能的原因。

随着含碳量的增加，合金的室温组织将按下列顺序发生变化：

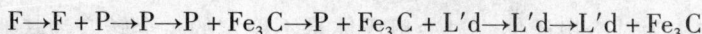

$$F \rightarrow F + P \rightarrow P \rightarrow P + Fe_3C \rightarrow P + Fe_3C + L'd \rightarrow L'd \rightarrow L'd + Fe_3C$$

3.1.2　钢的热处理

钢的热处理就是将钢在固态范围内施以不同的加热、保温和冷却，以改变其性能的一种工艺。它不仅是广泛采用的强化钢材的重要手段，也是改善钢材加工性能、提高产品质量、延长工件使用寿命的关键因素之一。

金属热处理的加热和冷却方法很多，根据加热和冷却的方法不同，钢的热处理可分为退火、正火、淬火、回火和表面热处理（表面淬火与化学热处理）等，具体分类如下：

```
                        ┌ 退火
                        │ 正火
              普通热处理 ┤ 淬火
                        └ 回火
                        ┌ 感应淬火
                        │ 火焰淬火
              表面淬火 ─┤ 接触电阻加热淬火
                        │ 激光淬火
  热处理 ─┤              └ 电子束淬火
                        ┌ 渗碳
              表面热处理 ┤
                        │ 化学热处理 ┤ 渗氮（氮化）
                        └           └ 碳氮共渗
```

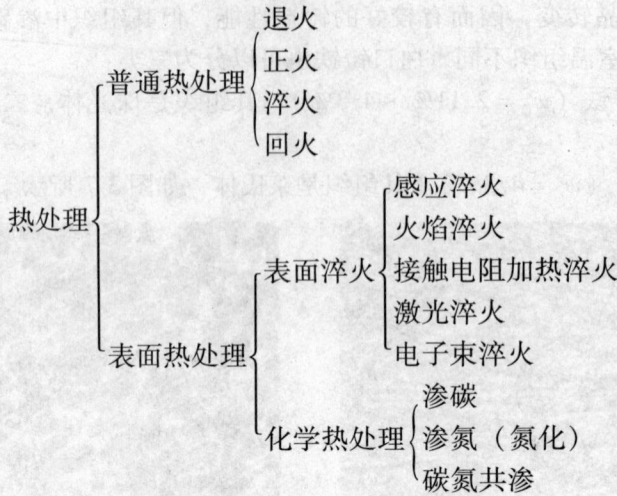

随着科学技术的发展，热处理工艺方法也日益增多，但各种热处理都是由加热、保温和冷却三个阶段组成的。通常采用热处理工艺曲线来表示，如图 3-9 所示。

图 3-9   钢的热处理工艺曲线图

1. 钢的加热和冷却转变

（1）钢的加热转变   大多数热处理工艺都要将钢加热到临界温度以上，目的是为了获得全部或部分奥氏体组织，即进行奥氏体化。奥氏体化加热不仅是热处理工艺的一道关键工序，而且对一些热加工工艺也是至关重要的。加热质量的好坏，是否形成缺陷，不仅关系到整个热处理的成败，而且还直接影响到工件的加工工艺性以及使用性能。

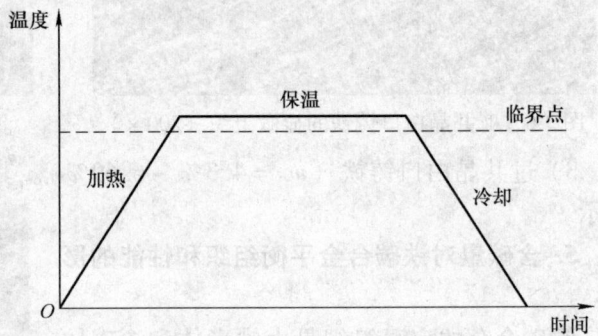

（2）钢的冷却转变   冷却过程是钢的热处理的关键工序之一，它决定着钢热处理后的组织和性能。在实际生产中，钢在奥氏体化后通常有两种冷却方式：一是等温冷却，即将加热到奥氏体状态的钢迅速冷却到临界温度以下的某一温度保温，进行等温转变，然后再冷到室温，如等温退火、等温淬火等；二是连续冷却，即使加热到奥氏体状态的钢，在温度连续下降的过程中发生组织转变，如炉冷、空冷和水冷等。

奥氏体在临界转变温度以上是稳定的，当温度降到临界温度以下后，奥氏体即处于过冷状态，这种奥氏体称为过冷奥氏体。过冷奥氏体是不稳定的，会转变为其他组织。钢在冷却时的转变，实质就是过冷奥氏体的转变。

研究奥氏体冷却转变通常采用两种方法。一种是利用过冷奥氏体等温转变图研究奥氏体在不同过冷度下的等温转变过程，由于其形状像"C"，所以又称为 C 曲线，亦称为 TTT 曲线（Time-Temperature-Transformation Curve）。过冷奥氏体在不同的等温温度下会发生三种不同的转变，即 550℃ 以上的珠光体转变；550℃ ~ Ms 之间的贝氏体转变；Ms ~ Mf 之间的马氏体转变。Ms 和 Mf 分别为马氏体转变的开始温度和终了温度。另一种是利用过冷奥氏体连续冷却转变图研究奥氏体在不同冷速下的连续冷却转变过程，又称为 CCT 曲线（Continuous

Cooling Transformation Curve），它是分析连续冷却转变产物的组织和性能的依据，也是制订热处理工艺的重要参考资料，在实际生产中具有重要的应用价值。

图 3-10 所示为共析钢连续冷却转变图。共析钢的连续冷却转变图只有珠光体转变区和马氏体转变区，没有贝氏体转变区。珠光体转变区由三条曲线组成：左边一条线为过冷奥氏体转变开始线，右边一条线为过冷奥氏体转变终了线，两条曲线下面的连线为过冷奥氏体转变终止线。冷却速度 v_c 和 v_c' 是获得不同转变产物的分界线。当实际冷却速度小于 v_c' 时（如炉冷和空冷），只发生珠光体转变；当冷却速度在 v_c 和 v_c' 之间时（如油冷），则先后发生珠光体转变和马氏体转变；当冷却速度大于 v_c 时（如水冷），则只发生马氏体转变。所以，v_c 是保证过冷奥氏体在连续冷却过程中不发生分解，而全部过冷至 Ms 点以下发生马氏体转

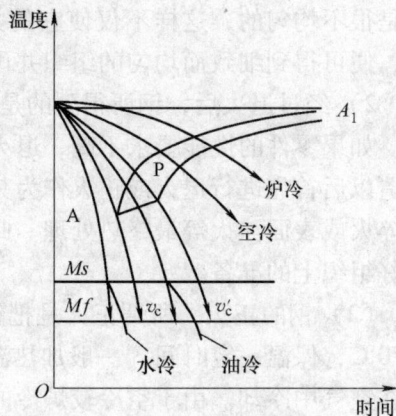

图 3-10 共析钢连续冷却转变图

变的最小冷却速度，称为上临界冷却速度，又称为临界淬火速度；v_c' 则是保证过冷奥氏体在连续冷却过程中全部转变为珠光体的最大冷却速度，又称为下临界冷却速度。热处理的第一道工序一般都是把钢加热到临界点以上，其目的是得到奥氏体组织。这是因为，珠光体、贝氏体和马氏体都是由奥氏体转变而成的，因此，若要获得其中任何一种组织，都必须首先得到奥氏体。此外，渗碳、氮化等化学热处理过程也都要在奥氏体状态进行，这是因为奥氏体的溶碳能力强，而且在高温单相固溶体中原子扩散较快。由此可见，奥氏体化加热不仅是热处理工艺的一道关键工序，而且对一些热加工工艺也是至关重要的，它直接决定了热处理以及热加工的质量，也对产品的工艺性能和使用性能有直接影响。

2. 钢的退火和正火

（1）钢的退火 将钢加热到一定的温度，保温适当的时间，然后缓慢冷却的一种热处理工艺，称为退火。在实际生产中，退火的种类很多，简单介绍如下：

1）完全退火。完全退火又称为重结晶退火，主要用于亚共析钢的铸件、锻件、热轧型材和焊接件等。完全退火是将工件加热至完全奥氏体化，随后缓慢冷却，获得接近于平衡状态组织的退火工艺。

2）球化退火。使钢中碳化物球化而进行的退火称为球化退火。球化退火组织是呈球状小颗粒的碳化物（或渗碳体）均匀地分布在铁素体基体中。球化退火可以降低硬度，改善工件的切削加工性，减少淬火时变形和开裂的倾向。

3）去应力退火。为了消除工件因塑性变形加工、焊接及铸造等工艺残留的残余应力而进行的退火称为去应力退火。去应力退火的工艺是：将钢加热到略低于 A_1 的温度（一般为 500～600℃），经保温后缓慢冷却即可。在去应力的退火中，钢的组织不发生变化，只是消除内应力。

4）均匀化退火。均匀化退火也叫扩散退火，其目的是消除晶内的偏析，使成分均匀化。均匀化退火的实质是使合金元素的原子充分扩散，所以均匀化退火的工艺特点是温度高、时间长。均匀化退火的成本较高，工件烧损严重，设备耗费大，生产率低，不是特别需要一般不采用。均匀化退火主要应用于合金铸件和合金铸锭，以消除成分的偏析。

退火的作用可以大致分为以下两点：

1) 在铸造或锻造以后，工件中常残留有较大的内应力，对于铸件来说，其成分和组织也是很不均匀的，这样不仅使它的力学性能降低，而且淬火时会造成变形与开裂。经过退火，便可得到细致而均匀的组织并可消除内应力。

2) 经过退火后，钢所得到的是接近于平衡的组织，硬度较低，有利于下一步的切削加工。如果零件的性能要求不高，退火可作为最终热处理。如果是比较重要的零件，常常是在锻造以后首先进行退火或正火作为其预备热处理，经过机械加工以后，再进行淬火回火、渗碳淬火或表面淬火等最终热处理。此时的退火除了要达到上述两个目的外，还为最终热处理作好组织上的准备。

(2) 钢的正火　所谓正火是把钢加热到 Ac_3（亚共析钢）或 Ac_{cm}（过共析钢）以上 50～70℃，保温一定时间（一般加热温度较退火高一些，而保温时间短一些），然后从炉中取出在空气中冷却。由于空冷较炉冷的冷却速度大，所以正火后的组织较退火组织更细，力学性能稍高。由于正火的工艺时间短、费用低，而且力学性能好，所以常用正火代替退火。

正火的主要应用如下：

1) 用于普通结构零件，作为最终热处理。

2) 对比较重要的零件，正火可作为预备热处理。

3) 对过共析钢，由于正火时析出的二次渗碳体较少，且难以形成连续的网状，有利于球化，故过共析钢在球化退火之前，往往先进行一次正火处理。

此外，正火比退火的生产周期短、耗热量少、操作简便，故在可能的条件下，应优先考虑以正火代替退火。

(3) 退火与正火的选择　退火与正火在某种程度上有相似之处，实际选用时可从以下几个方面米考虑：

1) 从切削加工方面考虑。一般认为，硬度在 170～230HBW 范围内的钢材，其切削加工性最好。硬度过高，难以加工，容易造成刀具的磨损；硬度过低，切削时容易"粘刀"，使刀具发热而磨损，而且工件的表面粗糙度值较高。因此，作为预备热处理，低碳钢的正火优于退火，而高碳钢正火后硬度过高，必须采用退火。

2) 从使用性能上考虑。对于亚共析钢制得的零件来讲，正火处理比退火具有较好的力学性能。如果零件性能要求不高，可用正火作为最终热处理；但当零件形状复杂时，正火的冷却速度较快，有引起变形和开裂的危险，则以采用退火为宜。

3) 从经济上考虑。正火比退火的生产周期短成本低、操作方便，故在可能的条件下应优先采用正火。

3. 钢的淬火和回火

(1) 钢的淬火　所谓淬火，是把钢加热到临界点以上，保温一定时间，然后急冷，从而得到马氏体组织的工艺过程。淬火的目的如下：

1) 提高钢的硬度和耐磨性。如各种工模具、要求耐磨的渗碳零件、各种轴套等。

2) 淬火后再高温回火（调质）可使钢获得良好的综合力学性能。例如各种机器的结构零件，如内燃机的花键轴、汽车的半轴、机床的主轴等。

3) 为了获得某些特殊的物理化学性能，如不锈钢、耐磨钢的淬火等。

淬火是热处理工艺过程中最重要，也是最复杂的一种工艺，因为它的冷却速度很快，容易造成变形及裂纹。如果冷却速度慢了又达不到所要求的硬度，故淬火常常是决定产品最终质量的关键。

（2）钢的回火　回火就是把淬火后的工件加热到低于 A_1 的某一温度，并在此温度下保持一定的时间，然后以一定的冷却速度冷却到室温。回火的目的如下：

1）降低脆性，消除应力。零件在淬火后内部存在很大的内应力，如果不及时回火，零件甚至会自行开裂。

2）获得零件所要求的力学性能。通过控制回火温度和时间，可以调整零件的硬度，减小脆性，得到所需要的塑性和韧性。

3）稳定工件尺寸。淬火后的组织是马氏体和残留奥氏体，两者都是不稳定的组织，会自发地进行转变，从而引起工件尺寸和形状的改变。可以通过回火促使其转变，以保证在以后的使用过程中不再发生变形。

4. 钢的表面热处理

在机械制造中，有许多零件要求表面具有特殊的性能，或者要求表面与心部具有显著不同的性能。如各种在动载荷及摩擦条件下工作的齿轮、凸轮轴、曲轴、主轴及床身导轨等，它们的表面部分应具有高的硬度和耐磨性，而心部则应具有高的强度和韧性。在这些情况下，如果单从钢种的选择上考虑，满足要求是十分困难的。因为若采用高碳钢，则心部韧性不足；若采用低碳钢，则表面硬度低而不耐磨。因此，必须采用表面热处理，即采用表面淬火和表面化学热处理的方法满足上述要求。

（1）钢的表面淬火　钢的表面淬火是将工件的表面层淬透到一定深度，而心部仍保持未淬火状态的一种局部淬火方法。它是通过火焰或感应电流等的快速加热，使钢件表面层很快地达到淬火温度，而热量来不及传到中心就立即被迅速冷却的方法来实现的。工业中应用最多的有感应淬火和火焰淬火，此外还有接触电阻加热淬火和激光淬火等。

1）感应淬火。感应淬火的原理是在一个导体线圈中（感应圈）通上一定频率的交流电，在线圈周围就会产生一个频率相同的交变磁场。若把工件（导体）放入线圈内，工件上就会产生与线圈频率相同、方向相反的感应电流，这个电流在工件内自成回路，称为涡流。涡流主要集中在工件表面，而且频率越高，电流集中的表面层越薄。由于电能变成热能，使工件表面的很薄一层被迅速加热到淬火温度，如果立即对表面进行冷却（如喷水），即达到表面淬火的目的。

生产中一般根据工件尺寸大小及所需淬硬层的深度来选用感应加热的频率。感应电流透入工件表层的深度主要取决于电流频率，频率越高，电流进入工件深度越浅，即淬透层越薄。因此，可以选用不同频率来达到不同要求的淬硬层深度。根据所用电流频率的不同，感应加热可分为以下三类：

①　高频加热。电流频率为 100～500kHz，一般最常用为 200～300kHz，可获得 0.5～2.5mm 深的表面硬化层，主要用于中小型零件的加热，如小模数齿轮、中小型圆柱零件。

②　中频加热。电流频率为 500～10000Hz，最常用为 2500Hz 和 8000Hz，可获得 2～10mm 深的硬化层，主要用于直径较大的轴类和大中等模数的齿轮。

③　工频加热。电流频率为 50Hz，可获得 10～20mm 深的硬化层，主要用于较大直径零件的透热或大直径零件（如轧辊）的表面淬火（应用工频感应淬火时零件直径一般要在 $\phi300$mm 以上）。

2）火焰淬火。感应淬火需要专用设备，耗电较多，生产率虽高，但对于单件或小批量生产的大型零件或形状复杂的大型零件，如大型轴类、大模数齿轮等就不太适合，在这种情况下，宜采用火焰淬火。火焰淬火是将乙炔-氧的混合气体燃烧形成的火焰喷射到零件表面上，实现快速加热，当达到淬火温度后立即喷水或用乳化液进行冷却。火焰淬火的淬透层深度一般为 $2 \sim 6mm$，容易过热，淬火效果不稳定，因此限制了它的应用。

（2）钢的化学热处理　为了使工件表面获得某些特殊的力学、物理或化学性能，仅采用表面淬火是很难实现的，只有改变工件表面层的化学成分，即通过化学热处理的方法，才能满足对表面性能的多种要求。化学热处理是将工件放在某种化学介质（或气氛）中，通过加热，使介质中的某些元素渗入工件表面层，从而改变工件表面层的化学成分，使其具有与心部不同的特殊性能。在机械制造中，最常用的有渗碳、氮化和碳氮共渗等方法。

1）钢的渗碳。钢的渗碳是向钢的表面层渗入碳原子的过程，即将工件放入渗碳介质中，在 $900 \sim 950℃$ 加热，使钢件表面层增碳的过程。其目的是使工件在热处理后表面具有高硬度和高耐磨性，而心部仍保持一定强度和较高的韧性，如对齿轮、活塞销的处理等。根据渗碳剂的不同，钢的渗碳分为固体渗碳、气体渗碳和液体渗碳。

① 固体渗碳。固体渗碳是将工件埋入填满固体渗碳剂的箱中，用盖子和耐火泥密封，然后放入炉中加热、保温。固体渗碳剂通常由木炭与碳酸盐（$BaCO_3$ 或 Na_2CO_3 等）混合组成。木炭在高温下与氧发生反应而生成 CO。在高温下，CO 分解出活性碳原子而渗入零件表层，反应式为

$$2C + O_2 \longrightarrow 2CO;2CO \longrightarrow CO_2 + [C]$$

由于木炭活性不足，碳酸盐的作用就是在高温下与木炭起反应，以促进活性碳原子形成

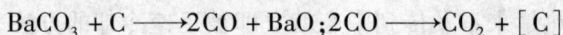

$$BaCO_3 + C \longrightarrow 2CO + BaO;2CO \longrightarrow CO_2 + [C]$$

固体渗碳生产率较低，劳动条件差，表面层碳浓度不易控制，但其优点是不需专门设备，成本低，适用于中小厂的单件小批量生产。

② 气体渗碳。将工件放在密闭式炉中加热，以渗碳气体来进行渗碳的方法，称为气体渗碳。通常将煤油以一定的滴入量直接滴入炉内，使其受热而汽化，形成渗碳气体，或直接通入甲烷、丙烷、丁烷等气体。渗碳气体的主要成分是 CO、CH_4（甲烷）及其他碳氢化物，在高温下发生如下分解

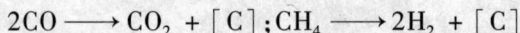

$$2CO \longrightarrow CO_2 + [C];CH_4 \longrightarrow 2H_2 + [C]$$

气体渗碳生产率高，劳动条件好，渗碳过程容易控制，质量稳定，便于实现机械化与自动化。此外还可以采用高频感应加热气体渗碳，使渗碳时间大大缩短。

③ 液体渗碳。将工件放在液体介质中进行渗碳，称为液体渗碳。液体渗碳剂一般由加热介质、渗碳介质和催化剂三部分组成。液体渗碳的优点是速度快、效率高、加热均匀、变形小，便于直接淬火，但由于成本高，不适用于大批处理。

2）钢的渗氮。钢的渗氮是指把氮渗入钢件表面，形成富氮硬化层的化学热处理过程。渗氮除了可提高钢的表面硬度、耐磨性和疲劳强度以外，还可增加钢件表面的耐蚀性。

有许多零件（如高速柴油机的曲轴、气缸套，镗床的镗杆、螺杆，精密主轴、套筒、蜗杆，较大模数的精密齿轮，阀门以及量具、模具等），它们在表面承受磨损、腐蚀和交变应力及动载荷等复杂条件下工作，表面要求有高的硬度、耐磨性、强度，并要求耐腐蚀、耐疲劳等，而心部要求有较高的强度和韧性，更重要的是还要求热处理变形小、尺寸精确，最

好不要再进行机械加工。这些要求采用渗碳方法是不能完全达到的，而渗氮却可以完全满足这些要求。

渗氮可在不同的介质中进行。目前广泛采用的是气体渗氮，即利用氨气在加热时分解出的活性氮原子渗入工件表层中去。其反应式如下

$$2NH_3 \longrightarrow 3H_2 + 2[N]$$

由于氨在200℃以上就可分解，同时铁素体对氮有一定的溶解能力，故渗氮温度一般较低（500~600℃），而渗氮时间则较长（一般需要20~50h），得到的渗氮层较薄，仅为0.2~0.5mm。如要得到0.5~0.7mm的渗氮层，则需50~70h。

渗氮后的表面由于形成化学稳定性很高的合金氮化物，耐蚀性能好，因此也常用渗氮来提高零件的耐蚀性能。另外，由于渗氮处理温度低，具有变形小、氧化脱碳少等优点、渗氮后又不再进行淬火和回火处理，因此对于许多要求较高精密度的零件是特别适宜的。气体渗氮层的外表面具有一层亮白色层，有较大脆性，对于要求高耐磨、耐疲劳的零件，可将其磨去后使用。

3）钢的碳氮共渗。钢的碳氮共渗是向钢件表层同时渗入碳和氮的过程，目前广泛用于工业生产中的是中温气体碳氮共渗，习惯上又称为氰化。

中温气体碳氮共渗是将渗碳气体和氨气同时通入炉内，在820~860℃的共渗温度下分解，形成活性碳原子［C］和活性氮原子［N］，被零件表面所吸收，并向内部扩散，形成共溶层（碳氮共渗层）。一般零件碳氮共渗4~6h，获得碳氮共渗层深为0.5~0.8mm。由于碳氮共渗温度比渗碳低，并且氮可使奥氏体稳定性增加，共渗后的零件可以直接油淬。共渗层的组织为细针状马氏体＋粒状碳氮化合物＋少量残留奥氏体，淬火后应进行低温回火。试验证明，在渗层碳浓度相同的情况下，碳氮共渗件的表面硬度、抗弯强度、接触疲劳强度和耐磨性等都比渗碳件高；同时，由于碳氮共渗温度比渗碳温度低，零件淬火变形小，而且生产周期短，效率高，减少能源消耗，所以有逐步代替渗碳的趋势。

3.1.3　合金钢

在普通碳素钢基础上添加适量的一种或多种合金元素而构成的钢称为合金钢。合金钢可以克服碳钢的某些不足之处，不但具有高的力学性能，还可具有某些特殊的物理或化学性能。根据添加元素和采取加工工艺的不同，可获得高强度、高韧性、耐磨、耐腐蚀、耐低温、耐高温、无磁性等特殊性能的合金钢，合金钢在机械制造中日益广泛地被采用。

1. 合金钢的分类及牌号

（1）合金钢的分类　合金钢的种类很多，通常按以下方法进行分类：

1）按合金元素含量多少分类。可分为：①低合金钢（合金元素总质量分数小于5%）；②中合金钢（合金元素总质量分数为5%~10%）；③高合金钢（合金元素总质量分数大于10%）。

2）按用途分类。可分为：①合金结构钢，用于制造机械零件和工程结构的钢；②合金工具钢，用于制造各种加工工具的钢；③特殊性能钢，具有某种特殊物理、化学性能的钢，如不锈钢、耐热钢、耐磨钢等。

3）按金相组织分类。可分为以下三种：①按退火状态组织分类，可分为亚共析钢、共析钢、过共析钢和莱氏体钢；②按正火组织分类，可分为珠光体钢、贝氏体钢、马氏体钢和

奥氏体钢，但由于空冷的速度随钢材尺寸大小而不同，所以这种分类方法不是绝对的；③按加热及冷却时有无相变和室温时的金相组织分类，可分为铁素体钢（加热和冷却时始终保持铁素体组织）、奥氏体钢（加热和冷却时始终保持奥氏体组织）、复相钢（如半铁素体钢或半奥氏体钢）。

4）按质量分类。根据钢中所含杂质的多少，工业用钢通常分为：①普通钢，$w_S \leqslant$ 0.05%，$w_P \leqslant 0.055\%$；②优质钢，结构钢的 $w_S \leqslant 0.045\%$、$w_P \leqslant 0.040\%$，工具钢的 $w_S \leqslant$ 0.030%、$w_P \leqslant 0.035\%$；③高级优质钢，钢中 $w_S \leqslant 0.020\%$，$w_P \leqslant 0.030\%$，合金钢一般都属于这类钢。

（2）合金钢的牌号表示方法　我国合金钢牌号采用碳含量、合金元素的种类及含量和质量级别来编号，比较简单明了。

合金结构钢的编号采用两位数字（碳含量）＋元素符号（或汉字）＋数字来表示。前面两位数字表示钢的平均碳的质量分数的万分之几，元素符号（或汉字）表明钢中含有的主要合金元素，其后面的数字则表明该元素的含量。凡合金元素的质量分数小于 1.5% 时不标数，如果平均质量分数为 1.5% ~ 2.5%、2.5% ~ 3.5% 时，则相应地标以 2、3…。例如，40Cr 为合金结构钢，平均碳的质量分数为 0.40%，主要合金元素为铬，其质量分数在 1.5% 以下；60Si2Mn 为合金结构钢，平均碳的质量分数为 0.60%，主要合金元素为质量分数小于 1.5% 的锰和 1.5% ~ 2.5% 的硅。

合金工具钢的牌号和合金结构钢的区别仅在于碳含量的表示方法不同，它用一位数字表示平均碳的质量分数的千分之几，当 $w_C \geqslant 1\%$ 时，则不予标出。例如，9SiCr 为合金工具钢，平均碳的质量分数为 0.90%，主要合金元素为铬、硅，其质量分数都小于 1.5%；Cr12MoV 为合金工具钢，平均碳的质量分数大于 1.0%，主要合金元素为质量分数小于 1.5% 的钼和钒，以及质量分数为 11.5% ~ 12.5% 的铬。

特殊性能钢的编号原则与合金结构钢大体相同，如不锈钢 20Cr13 表示碳的质量分数为 0.20%，铬的质量分数为 12.5% ~ 13.5%。但当 $w_C \leqslant 0.08\%$ 时，以 "06" 表示，如 06Cr18Ni9Ti；当 $w_C \leqslant 0.03\%$ 时，以 "022" 表示，如 022Cr25Ni6Mo2N；当 $w_C \leqslant 0.01\%$ 时，以 "008" 表示，如 008Cr30Mo2。

除此之外，还有一些特殊专用钢，为了表示钢的用途，在钢的牌号前面冠以汉语拼音字头，而不标含碳量，合金元素含量的标注也特殊，如滚动轴承钢表示为 GCr15。这里应注意牌号中铬元素的数字是表示铬的质量分数的千分之几，其他元素仍按百分之几表示，如 GCr15SiMn 表示铬的质量分数为 1.5%，硅、锰的质量分数均小于 1.5% 的滚动轴承钢。

2. 合金元素在钢中的作用

除了冶炼过程的需要之外，为了一定的目的而故意加入钢中的元素称为合金元素。常用的合金元素有硅、锰、硼、铬、镍、铜、钨、钒、钴、铝等。

（1）合金元素对钢的影响　所有合金元素都可以或多或少地溶入铁中形成固溶体。其中，有的与铁形成有限固溶体；有的则形成无限固溶体。有的合金元素的原子直径较小，可以间隙方式溶入铁中，形成间隙固溶体，如碳、氮、硼、氢等；有的则因其原子直径较大，而以置换方式溶入铁中，形成置换固溶体，如锰、镍、钴等。另外，某些合金元素的加入量超过一定值时，还可与铁形成金属间化合物。合金元素与铁的相互作用同碳与铁的相互作用类似。按照合金元素（包括碳元素在内）与铁相互作用所形成的二元相图的不同形式，可将合金元素分为两大类。

1）第一类，使 A_3 升高、A_4 降低的元素。加入合金元素后使 A_3 升高、A_4 降低，这样形成 γ 相的温度区间就被缩小了。根据合金元素与铁构成的相图不同，又可分为以下两种情况：

① 封闭 γ 相区。如图 3-11a 所示，随着合金元素含量的增多，A_3 不断上升，A_4 不断下降，甚至二者相遇。也就是说，当合金含量超过某一限度以后，无论加热到什么温度，γ 相将永远不出现。这类合金元素称为封闭 γ 相区的合金元素。

② 缩小 γ 相区。如图 3-11b 所示，这类合金元素虽然也能使 γ 相区缩小，但是由于产生了稳定的化合物，合金元素与 γ 铁和 α 铁均形成有限固溶体，不能使之完全封闭，所以称其为缩小 γ 相区的合金元素。

2）第二类，使 A_3 降低、A_4 升高的元素。加入合金元素后使 A_3 降低、A_4 升高。这样就使形成 γ 相的温度区间扩大了。同样也存在以下两种情况：

① 开启 γ 相区。如图 3-11c 所示，α 相及 δ 相分别处于被封闭的区域内，当合金含量超过某一限度后，可以在室温得到稳定的 γ 相。这类合金元素就称为开启 γ 相区的合金元素。

② 扩大 γ 相区。如图 3-11d 所示，虽然 γ 相区也随合金元素的加入而扩大，但由于形成了稳定的化合物而限制了 γ 相区向相图右方扩展，不能使它最终完全开启，所以称其为扩大 γ 相区的合金元素。

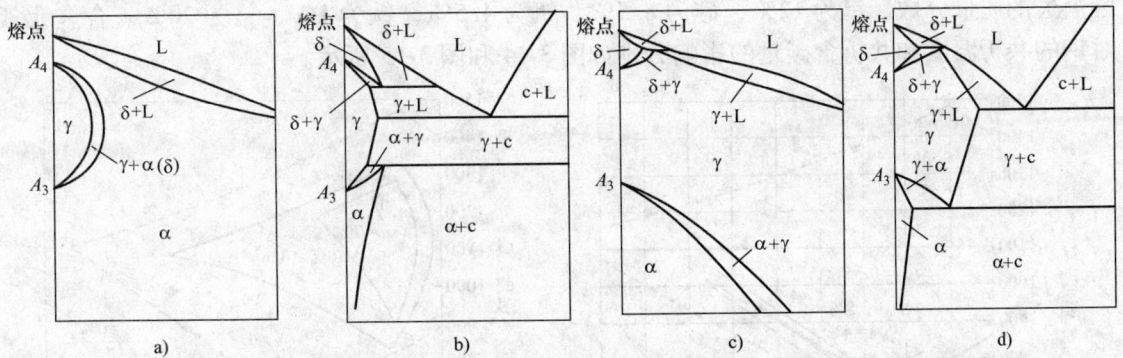

图 3-11　铁与合金元素组成的二元相图的四种类型

a）封闭 γ 相区　b）缩小 γ 相区　c）开启 γ 相区　d）扩大 γ 相区

L—液相　α、γ、δ—固溶体　c—化合物

根据上述合金元素对铁的同素异构转变的不同影响，可将常用合金元素分为缩小 γ 相区和扩大 γ 相区的两大类，每一类根据影响程度不同，又可分为两组，见表 3-5。

表 3-5　常用合金元素对 γ 相区的影响

缩小 γ 相区的元素	完全封闭	Cr, V, Mo, W, Ti, Si, Al
	部分缩小	Nb, Ta, Zr, B, Ce
扩大 γ 相区的元素	完全开启	Mn, Ni, Co
	部分扩大	C, N, Cu

（2）合金元素对碳的影响　根据合金元素在钢中与碳的作用，可将合金元素分为两大类：非碳化物形成元素和碳化物形成元素。一般合金元素如镍、钴、铝、铜、硅、氮等在钢中不能与碳形成碳化物，它们常溶入铁中形成固溶体，或者形成金属间化合物，其中硅还具

有促进碳化物分解（石墨化）的作用，这类合金元素被称为非碳化物形成元素。而另一类元素，按照它们与碳的亲和力由强到弱的顺序有钛、锆、铌、钒、钼、钨、铬、锰及铁等，能与碳形成碳化物，所以被称为碳化物形成元素。这些元素都是元素周期表中的过渡族元素，有一个未填满的次 d 电子层，它们与碳作用时，碳原子将其价电子填入此层，产生强的金属键，也有可能产生部分共价键。其中，铁的碳化物（Fe_3C）稳定性最小，钛的碳化物（TiC）稳定性最大。钛、锆、铌、钒称为强碳化物形成元素，铬、锰、铁为弱碳化物形成元素。

当钢中同时含有多种形成碳化物的合金元素时，将依据它们与碳亲和力的强弱，按照由强到弱的顺序形成碳化物。当钢中含碳量较低时，强碳化物形成元素将优先与碳结合，弱碳化物形成元素只能溶入固溶体中。当钢中含碳量较高时，碳化物形成元素按照从强到弱的次序形成碳化物。例如钢中含有钼、钨和铬时，则随着含碳量的增加将依次形成 M_6C（Fe_3Mo_3C 或 Fe_3W_3C）、Cr_7C_3 和 Fe_3C。

（3）合金元素对铁碳相图的影响　合金元素对碳钢的重要影响是改变其临界点的温度和含碳量，使合金钢和铸铁的热处理制度不同于碳钢。

扩大 γ 相区的奥氏体形成元素镍、锰、铜、氮等使 A_3 温度下降，因而使 Fe-C 相图中的 A_3 和 A_1 的温度下降。锰对 Fe-C 相图中的 A_3 和 A_1 的影响如图 3-12 所示。缩小 γ 相区的铁素体形成元素钼、钨、硅、铝等将使 A_3 温度升高。钼的影响如图 3-13 所示，钼使 A_3 和 A_1 温度升高，且使 γ 相区缩小，其质量分数高于 8.2% 时将使单相 γ 区消失。各元素使 γ 单相区消失的质量分数，钨为 12%，硅为 8.5%，钒为 4.5%，钛为 1%，铬为 20%。合金元素对钢的共析温度和共析含碳量的影响分别如图 3-14 和图 3-15 所示。

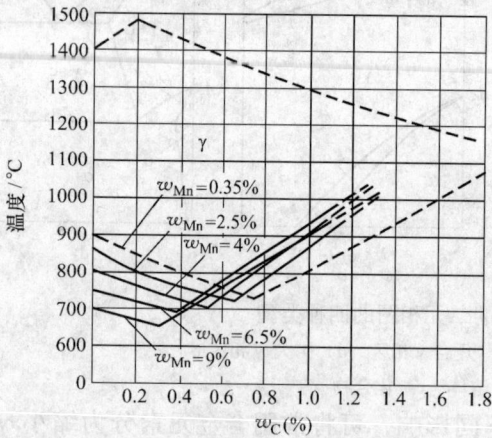

图 3-12　锰对 Fe-C 相图 γ 相区的影响

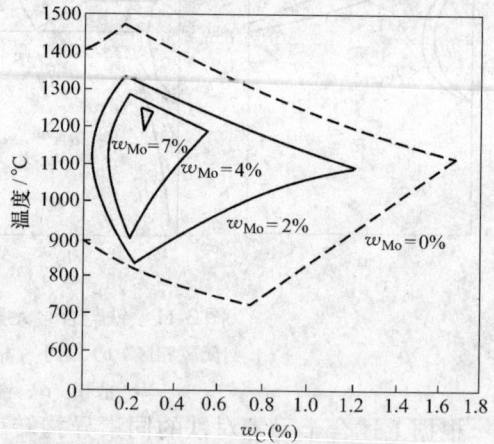

图 3-13　钼对 Fe-C 相图 γ 相区的影响

（4）合金元素对钢加热转变的影响　合金钢加热时，奥氏体化的过程与碳钢相同，即包括奥氏体的形成、残留碳化物的溶解、奥氏体的均匀化和奥氏体的晶粒长大四个阶段。合金元素的存在将影响上述不同阶段的变化过程，以下进行分析。

1）合金元素对奥氏体形成速度的影响。合金元素加入钢中，一方面改变了奥氏体的形成温度，即改变了 A_1、A_3 及 A_{cm} 点的位置，故与碳钢在相同温度进行转变时，其过热度不同，从而影响奥氏体的形成速度。另一方面，奥氏体的形成速度取决于奥氏体的形核和核长大速度，而这两者都与碳的扩散有关。由于合金元素的加入改变了碳在钢中的扩散速度，所以也将影响奥氏体的形成速度。Co 和 Ni 提高碳在奥氏体中的扩散速度，增大奥氏体的形成速度；Si、Al、Mn 对碳在奥氏体中的扩散速度影响不大，故对奥氏体的形成速度几乎无影响。碳化物形成元素 Cr、Mo、W、Ti、V 等由于和碳有较强的亲和力，显著减慢了碳在奥氏体中的扩散速度，故奥氏体的形成速度大大减慢。

2）合金元素对残留碳化物溶解的影响。在合金钢中，当铁素体全部转变为奥氏体后，还有一部分碳化物被残留下来。为了增加奥氏体的合金化程度，充分发挥合金元素的作用，

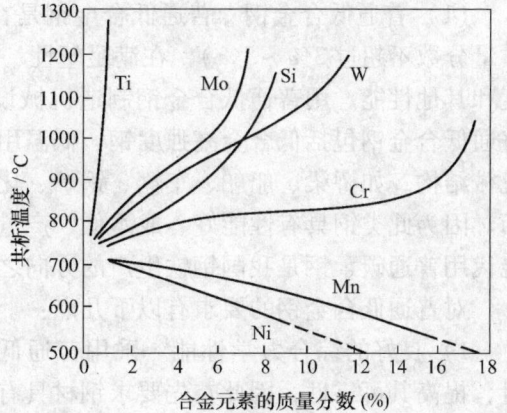

图 3-14 合金元素对钢共析温度的影响

就应该使残留碳化物充分地溶解于奥氏体中。由于合金元素造成的扩散困难，再加上合金碳化物的稳定性较高，这些碳化物的溶解将推延到较高的温度范围内进行。

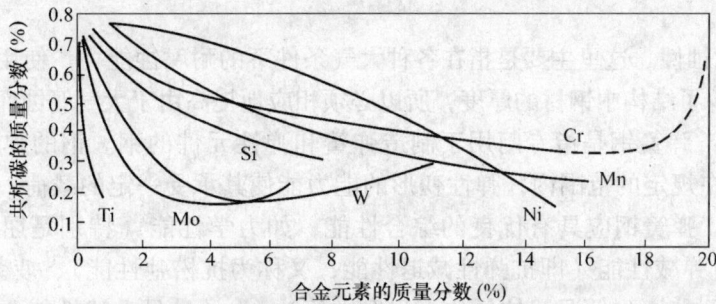

图 3-15 合金元素对钢共析含碳量的影响

3）合金元素对奥氏体均匀化的影响。由于合金元素在铁素体和碳化物中的不均匀分布，故在珠光体转变成奥氏体后，除了碳的不均匀分布外，还有合金元素的不均匀分布。因此，合金钢加热到奥氏体化温度后，在进行碳的均匀化的同时，尚有合金元素的均匀化过程需要进行。但是，合金元素在奥氏体中的扩散速度远比碳的扩散速度小，往往为碳原子扩散速度的千分之几甚至万分之几。此外，碳化物形成元素的存在还降低了碳在奥氏体中的扩散速度，所以合金钢的奥氏体均匀化时间比碳钢长，合金元素减慢了奥氏体化过程。

4）合金元素对奥氏体晶粒长大也有影响。实践证明，加热时奥氏体晶粒越细小，淬火后得到的马氏体组织越细，回火后综合力学性能也就越好。因而，在钢中经常有意识地加入某些合金元素（一般有 Ti、Nb、Zr 等元素），以降低钢在加热过程中奥氏体晶粒的长大倾向。

3. 合金结构钢

合金结构钢是指用做机械零件和各种工程构件并含有一种或数种一定量的合金元素的钢，可分为普通合金结构钢和特殊用途合金结构钢。前者包括低合金高强度钢、低温用钢、超高强度钢、渗碳钢、调质钢和非调质钢；后者包括弹簧钢、滚动轴承钢、易切削钢、冲压钢等。合金结构钢要求具有较高的屈服强度、抗拉强度和疲劳强度，还要有足够的塑性和韧性，被广泛用于船舶、车辆、飞机、导弹、铁路、桥梁等结构上。

（1）普通低合金钢 普通低合金钢是在普通碳素钢的基础上加入少量合金元素（总的质量分数不超过 3%～5%），在满足塑性、韧性及工艺性能要求的条件下使钢具有更高的强度和其他性能。用普通低合金钢制造机械设备和建筑结构，1t 可顶 1.2～2.3t 碳素钢使用。普通低合金钢包括低合金高强度钢、低温用钢、耐腐蚀钢及钢筋钢等，主要用于各种工程和机械结构，如桥梁、船舶、车辆、锅炉、化工、石油、工业和民用建筑及起重运输机械等方面。因为此类钢具有性能好、成本低、产量高的特点，因此，大量生产普通低合金钢，尽可能代用普通碳素钢是我国钢铁生产的方向之一。

对普通低合金钢的要求有以下几点：

1）良好的综合力学性能。采用普通低合金结构钢的主要目的是要减轻金属结构的质量，提高其可靠性，因此首先要求钢材具有较高的屈服强度；而且在制造过程中钢材还要经受剪切、冷弯、焊接等加工工序以及由此可能产生时效脆性，所以还必须要有良好的力学性能。

2）良好的工艺性。工程用钢的一个重要性能就是能用普通方法进行加工成形，这种加工成形包括剧烈的机械加工变形，如剪切、冲孔、热弯和焊接，同时材料还要适合火焰切割。

3）良好的耐蚀性。这里主要是指在各种大气条件下的耐腐蚀能力。使用普通低合金结构钢以后，由于减少了结构中钢材的厚度，所以必须相应地提高由于大气腐蚀而引起的消损率。

（2）弹簧钢 弹簧钢是指专门用于制造弹簧和弹性元件的钢。钢的弹性取决于其弹性变形的能力，即在规定的范围内，弹性变形的能力能使其承受一定的载荷，在载荷去除之后不出现永久变形。弹簧钢应具有优良的综合性能，如力学性能（特别是屈服强度、抗拉强度、屈强比）、抗弹减性能（即抗弹性减退性能，又称为抗松弛性能）、疲劳性能、淬透性、物理化学性能（耐热、耐低温、抗氧化、耐腐蚀等）。为了满足上述性能要求，弹簧钢应具有优良的冶金质量（高的纯洁度和均匀性）、良好的表面质量（严格控制表面缺陷和脱碳）、精确的外形和尺寸。

按照化学成分不同，弹簧钢可以分为碳素弹簧钢和合金弹簧钢。而按照其供应状态和热处理方式可以分为以热轧状态供应钢，以退火状态供应钢和以冷轧、冷拉状态或淬火回火状态供应的经过强化的钢丝和钢带三种。

对于板簧来说，它主要用于车轮和车架之间的连接，除了受车身和载物的静载荷外，还受因地面不平而引起的冲击负载荷和振动，故其受力主要以反复弯曲应力为主。对于螺旋弹簧，其承受的应力主要是扭转应力。通过上述对弹簧工作条件的分析，对弹簧钢应有如下要求：①要有高的抗拉强度，特别是屈服强度；②要具有高的疲劳强度，因为疲劳破坏是其失效的主要形式；③要具有较好的工艺性能。

（3）渗碳钢 渗碳钢是指可经受渗碳淬火使表面硬度和耐磨性提高而心部保持适当强度和韧性的钢。其成分特点是低的含碳量，一般为 $w_C = 0.10\%～0.25\%$，主要合金元素有 Ni、Cr、Mn 等，辅助合金元素有 W、Mo、V、Ti 等，主要用于制造齿轮、凸轮、活塞销等零件。

渗碳钢的含碳量决定了渗碳零件心部的强度和韧性，从而影响到零件整体的性能。心部过高的含碳量将使零件整体的韧性降低，不能在有冲击载荷的状态下使用。一般渗碳钢都是低碳钢，碳的质量分数不超过 0.25%，个别钢种可达到 0.28%。加入合金元素的主要作用之一是提高渗碳钢的淬透性。根据零件承受负荷大小不同，心部需要的显微组织也有差别。承受负荷从大到小时，要求心部由低碳马氏体到铁素体加珠光体，这就要求钢的淬透性有所不同。常用的合金元素有 Mn、Cr、Mo、Ni、W、Si、V、Ti、B 等。钛和钒还可以阻止奥氏体晶粒在高温渗碳时长大。

（4）滚动轴承钢　滚动轴承钢主要用于制造滚动轴承的滚动体和内外套圈，通常在淬火状态下使用。滚动轴承在工作中需承受很高的交变载荷，由于滚动体和套圈滚道之间接触面积很小，因而接触压应力可高达 3000～5000MPa，循环力次数每分钟可高达数万次。滚珠在转动时还受到离心力引起的附加载荷，它随转数增加而加大。轴承滚珠和内外套圈之间还因发生滑动而产生摩擦。在这几种载荷作用下，运转一定时间后将产生接触疲劳破坏，或者受磨损而失效。因此，要求滚动轴承钢具有高的抗压强度和疲劳强度，并有一定的韧性、塑性、耐磨性和耐蚀性，钢的内部组织及成分要均匀，热处理后要有良好的尺寸稳定性。常用的滚动轴承钢是 $w_C = 0.95\% \sim 1.10\%$、$w_{Cr} = 0.40\% \sim 1.60\%$ 的高碳铬轴承钢系列。此外，根据不同的工作条件，还有渗碳轴承钢、不锈轴承钢及高温轴承钢等。

轴承钢由于冶金质量缺陷造成的失效占总失效的 65%，主要的冶金质量缺陷是由非金属夹杂物和碳化物不均匀造成的。

4. 合金工具钢

工具钢是用来制作切削工具（刃具）、模具和量具的钢种，由于它们的工作条件和性能要求不同，材料的热处理工艺亦不同。

（1）工具钢的分类　工具钢可以分为碳素工具钢、合金工具钢和高速工具钢三大类。

碳素工具钢碳的质量分数在 0.65%～1.35% 之间，牌号从 T7 到 T13，经不完全淬火和低温回火，硬度在 58～64HRC 之间。与合金工具钢相比，碳素工具钢的加工性良好，价格低廉，使用范围广泛，所以它在工具生产中用量较大。碳素工具钢分为碳素刃具钢、碳素模具钢和碳素量具钢。碳素刃具钢是指用于制作切削工具的碳素工具钢；碳素模具钢是指用于制作冷、热加工模具的碳素工具钢；碳素量具钢是指用于制作测量工具的碳素工具钢。

在碳素工具钢中加入 Si、Mn、Ni、Cr、W、Mo、V 等合金元素则称为合金工具钢。合金工具钢的淬硬性、淬透性、耐磨性和韧性均比碳素工具钢高，按用途也大致可分为刃具钢、模具钢和量具钢三类。其中碳含量高的钢（碳的质量分数大于 0.80%）多用于制作刃具、量具和冷作模具，这类钢淬火后的硬度在 60HRC 以上，且具有足够的耐磨性；碳含量中等的钢（碳的质量分数为 0.35%～0.70%）多用于制作热作模具，这类钢淬火后的硬度稍低，为 50～55HRC，但韧性良好。

高速工具钢主要用于制作高效率的切削刀具，由于它具有热硬性高、耐磨性好、强度高等特性，也用于制作性能要求高的模具、轧辊、高温轴承和高温弹簧等。高速工具钢经热处理后的使用硬度可达 63HRC 以上，在 600℃ 左右的工作温度下仍能保持高的硬度，而且其韧性、耐磨性和耐热性均较好。高速工具钢的主要合金元素有 W、Mo、Cr、V 等，还有一些高速工具钢中加入了 Co、Al 等元素。

（2）刃具钢　刃具钢主要是指制作车刀、铣刀、钻头等切削刃具的钢种。

车刀是一种最简单的刃具，在车削过程中，依靠其刃部切掉坯料多余的部分，故车刀的硬度必须要高于被加工的工件；同时车刀的刃部与工件及切屑摩擦，所以车刀应具有很高的耐磨性；在车削过程中，刃部因摩擦产生热量而温度升高，车削速度越大，刃部温度越高，有时可达 500～600℃，所以车刀又要求有高的热硬性；车刀在切削过程中还承受一定的冲击、振动，故车刀还要求一定的塑性和韧性。从上述例子可以看出，优良的刃具钢必须满足以下要求：

1）高的硬度。一般机械加工的刃具的硬度应大于 60HRC，加工软金属材料的刃具的硬度可低些，为 45～55HRC。淬火钢的硬度主要取决于含碳量，所以，刃具钢均以高碳马氏体为基体。

2）高的耐磨性。耐磨性的好坏直接影响刃具的寿命，高的耐磨性不仅取决于高硬度，而且也与碳化物的性质、数量、大小及分布有关。在马氏体的基体上分布着均匀细小的碳化物，尤其是高硬度的合金碳化物，因此比单一的马氏体组织具有更高的耐磨性。

3）高的热硬性。热硬性是指钢在高温下能保持高硬度的能力。热硬性主要取决于马氏体的耐回火性，合金元素强烈地影响着这一性质。例如，碳素工具钢和低合金工具钢只能在 250℃ 以下保持高硬度，而含合金元素较多的高速钢在 600℃ 时仍保持较高的硬度。

4）足够的韧性和塑性。在各种形式的切削加工过程中，工具承受着冲击、振动、扭转和弯曲等复杂应力，因此要求刃具在使用时要安全可靠，即不易断裂、崩刃等。

（3）模具钢 模具是机械、汽车拖拉机、仪表、无线电、电机电器等工业部门中制造零件的主要加工工具。模具钢是用于制作冲模、热锻模、压铸模等的钢种，它的品种繁多，在我国国家标准中多达数十种。但是，根据模具钢的使用性质可以将它们分为三大类：使金属在冷状态下变形的冷作模具钢、使金属在热状态下变形的热作模具钢及塑料模具钢。

由于各种模具的用途不同，工作条件复杂，因此对模具用钢按其所制作模具的工作条件提出不同的性能要求。

冷作模具应具有高的硬度、强度、耐磨性，足够的韧性，以及高的淬透性、淬硬性和其他工艺性能。用于这类用途的合金工具用钢一般属于高碳合金钢。

热作模具分为锤锻、模锻、挤压和压铸几种主要类型。热变形模具在工作中除了要承受巨大的机械应力外，还要承受反复受热和冷却的作用，而引起很大的热应力，所以热作模具钢除了应具有高的硬度、强度、热硬性、耐磨性和韧性外，还应具有良好的高温强度、热疲劳稳定性、导热性和耐蚀性。此外，还要求具有较高的淬透性，以保证整个截面具有一致的力学性能。

塑料模具包括热塑性塑料模具和热固性塑料模具。塑料模具用钢要求具有一定的强度、硬度、耐磨性、热稳定性和耐蚀性等性能。此外，还要求具有良好的工艺性。

（4）量具钢 量具是机械加工工业中的测量工具，如量块、塞尺等。在使用过程中量具经常与被测工件接触，受到磨损及碰撞，因而要求量具钢应具有以下性能：

1）高的硬度及耐磨性。保证量具在使用过程中不致因经常与工件接触而很快被磨损。因此平面量规通常要求 58～64HRC，螺纹量规要求 55～60HRC。

2）高的尺寸稳定性。保证量具在使用与存放过程中形状和尺寸不发生变化，保持其精确性。

3）足够的韧性。避免量具在使用过程中由于偶尔的冲击而受到损坏。

5. 特殊性能钢

特殊性能钢具有特殊的物理或化学性能，用来制造除了要求具有一定的力学性能外，还要求具有特殊性能的零件。其种类很多，机械制造中主要使用的特殊性能钢有不锈耐酸钢、耐热钢及耐磨钢。

（1）不锈钢　在自然环境或一定工业介质中具有耐蚀性的一类钢称为不锈钢。不锈钢包括能抵抗大气腐蚀的不锈钢和能抵抗一些化学介质（如酸类）的耐酸钢。

不锈钢通常按基体组织分为以下四种类型：

1）铁素体不锈钢。铬的质量分数为12%～30%，其耐蚀性、韧性和焊接性随含铬量的增加而提高，耐氯化物应力腐蚀的性能优于其他种类不锈钢。

2）奥氏体不锈钢。铬的质量分数大于18%，还含有8%左右的镍及少量的钼、钛、氮等元素。其综合性能好，可耐多种介质腐蚀。

3）奥氏体-铁素体双相不锈钢。它兼有奥氏体和铁素体不锈钢的优点，并具有超塑性。

4）马氏体不锈钢。其强度高，但塑性和焊接性较差。

（2）耐热钢　在高温下工作的钢称为耐热钢。高温工作条件与室温不同，工件会在远低于材料的抗拉强度的应力作用下断裂，其原因一方面是由于高温下钢被急剧地氧化，形成氧化皮，因截面逐渐缩小而导致破坏；另一方面是由于温度升高，钢的强度急剧降低的结果。工业上在高温条件下工作的一部分构件的主要失效原因是高温氧化，而单位面积上承受的载荷并不大，如炉底板、炉栅等，因而也就发展了一类热稳定性钢或称为抗氧化钢。另一种情况是构件在高温下工作，承受较大载荷，失效的主要原因是由于高温下强度不够，如高温螺栓、涡轮叶片等，因而以提高高温强度为目的发展起来的一类钢称为热强钢。以上这两类钢可统称为耐热钢。

耐热钢常用于制造锅炉、汽轮机、动力机械、工业炉以及航空、石油化工等工业部门中在高温下工作的零部件。这些部件除了要求高温强度和耐高温氧化腐蚀外，根据用途不同还要求具有足够的韧性、良好的可加工性和焊接性，以及一定的组织稳定性。我国自1952年开始生产耐热钢，以后研制出了一些新型的低合金热强钢，从而使珠光体热强钢的工作温度提高到600～620℃；此外，还发展出了一些新的低铬镍抗氧化钢种。

（3）耐磨钢　耐磨钢是指具有高耐磨性的钢种。高锰钢是一种碳含量和锰含量较高的耐磨钢，这是个具有百余年历史的古老钢种，由于它在大的冲击磨料磨损条件下使用时具有很强的加工硬化能力，同时兼有良好的韧性和塑性，以及生产工艺易于掌握等优点，因此，目前它仍然是耐磨钢中用量最大的一种（尤其是在矿山等部门）。近几十年来，低、中合金耐磨钢的开发与应用发展很快，由于这些钢具有较好的耐磨性和韧性，生产工艺较简单，综合经济性合理，且在许多工况条件下适用，因而受到用户的欢迎。为了适应矿山采运机械与工程机械发展的需要，所研制的高硬度耐磨钢板在20世纪70～80年代已在国际上形成系列并标准化。这类钢是在低合金高强度可焊接钢的基础上发展起来的，它们一般采用轧后直接淬火并回火，或实行控轧控冷工艺进行强化，可节约能源，且合金元素含量低，价格较便宜，但硬度高、耐磨，工艺性能尚可。由于具有了这些优点，使这类耐磨钢板很受用户欢迎。

3.1.4　铸铁

通常将碳的质量分数大于2.11%的铁碳合金称为铸铁。实际上，铸铁是一种以铁、碳、硅为主要成分，且在结晶过程中具有共晶转变的多元铁基合金。铸铁的铸造性能优良，因而常采用铸造的方法制造成铸件使用，故称为铸铁。

铸铁是最常用的铸造材料，被广泛应用于机械制造、冶金矿山、石油化工、交通运输、基本建设和国防工业等部门。在各类机械中，铸铁件约占机器质量的45%~90%；在机床和重型机械中，则要占机器质量的85%~90%，所以，更好地研究铸铁技术是很有必要的。

1. 概论

铸铁是碳的质量分数在2.11%以上的铁碳合金，工业用铸铁一般碳的质量分数为2%~4%。碳在铸铁中多以石墨形态存在，有时也以渗碳体形态存在。除了碳以外，铸铁中还含有质量分数为1%~3%的硅，以及锰、磷、硫等元素，合金铸铁还含有镍、铬、钼、铝、铜、硼、钒等元素。碳、硅是影响铸铁显微组织和性能的主要元素。

根据碳在结晶过程中的析出状态以及铸铁特性，铸铁可分为以下几类：

（1）灰铸铁　碳全部或者大部分以片状石墨形态析出，凝固后断口呈暗灰色。

（2）球墨铸铁　碳全部或者大部分以球状石墨形态存在，通过球化剂与铁液反应后凝固而得。

（3）蠕墨铸铁　碳全部或者大部分以蠕虫状石墨形态存在，通过蠕化剂与铁液反应而获得。

（4）可锻铸铁　碳全部或者大部分以游离团絮状石墨形态存在，与灰铸铁相比，有较好的塑性和韧性，因此得名，实际上可锻铸铁并不可锻造。

（5）白口铸铁　碳全部或者大部分以化合态 Fe_3C 形式存在，断口呈亮白色。

（6）冷硬铸铁　铸件表面一定深度全是白口组织，心部是灰口组织。

铸铁含碳量高，塑性差，组织不均匀，焊接性很差，在焊接时，一般容易出现以下问题：①焊后易产生白口组织；②焊后易出现裂纹；③焊后易产生气孔。因此，在生产中，铸铁是不作为焊接材料使用的，一般只用来焊补铸铁件的铸造缺陷以及局部破坏的铸铁件。铸铁的焊补一般采用气焊或焊条电弧焊。

2. 灰铸铁

灰铸铁的组织可以看成是由碳钢的基体和片状石墨夹杂物共同组成的。由于化学成分和冷却速度的综合影响，灰铸铁的组织有三种类型：①铁素体灰铸铁，其组织为铁素体加石墨（F+C）；②铁素体-珠光体灰铸铁，其组织为铁素体加珠光体加石墨（F+P+C）；③珠光体灰铸铁，其组织为珠光体加石墨（P+C）。

石墨与金属基体相比，其力学性能极低，因此，铸铁中的大量石墨片就相当于金属基体中存在大量的片状孔洞或裂纹。由于石墨的存在，使基体割裂，破坏了完整性。当受外力作用时，在裂纹尖端处引起应力集中，容易产生破裂。灰铸铁中的石墨越多，石墨片越大，分布越不均匀，则铸铁的抗拉强度和塑性就越低，所以灰铸铁不能锻造。但由于裂纹对压缩载荷不敏感，所以铸铁具有与其基体组织大致相同的抗压强度指标。石墨虽然对铸铁的力学性能有不利影响，但正是因为铸铁中存在着石墨，所以灰铸铁才具有一系列的优异性能。

1）石墨片破坏了基体的完整性，因而在切削过程中切屑易脆断。同时石墨有润滑作用，所以铸铁的切削加工性好，刀具磨损小。

2）石墨的组织松软，能吸收振动。

3）石墨本身就是良好的润滑剂，所以灰铸铁具有优良的耐磨性。

4）灰铸铁对表面缺口及缺陷不敏感。

基体组织对灰铸铁的力学性能也有影响。当石墨存在的状态一定时，灰铸铁的性能取决于基体组织。在上述三种灰铸铁中，铁素体灰铸铁具有较高的塑性，但强度较低，故生产上用得很少。珠光体灰铸铁强度较高,应用较多。

3. 可锻铸铁

可锻铸铁是将一定成分的铁液浇铸成白口铸件,然后经退火处理,使白口铸铁的游离渗碳体分解成团絮状石墨,从而得到由团絮状石墨和不同基体组织组成的铸铁。由于团絮状石墨对铸铁金属基体的缩减和切割效应比灰铸铁小得多,使这种铸铁具有较高的强度,同时还兼有良好的塑性和韧性,因而得名可锻铸铁,实际上它是不可锻造的。

可锻铸铁按热处理条件不同,可分为黑心可锻铸铁和白心可锻铸铁两类。黑心可锻铸铁是由白口铸铁经长时间的高温石墨化退火而制得的。根据基体组织的不同,可锻铸铁又可分为铁素体可锻铸铁和珠光体可锻铸铁,如图 3-16 所示。白心可锻铸铁是由白口铸铁经石墨化退火和氧化脱碳而制成的,其组织为珠光体加铁素体加少量渗碳体和极少量的石墨组成的。因其断口呈灰白色,故称为白心可锻铸铁。

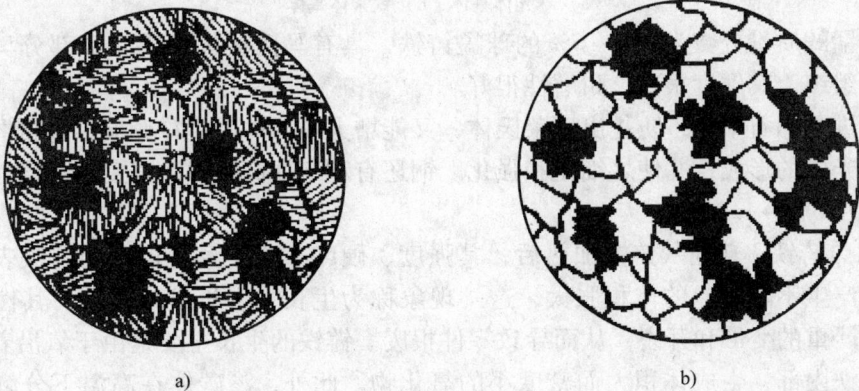

图 3-16 可锻铸铁的基体组织
a) 珠光体基体 b) 铁素体基体

4. 球墨铸铁

球墨铸铁是将铁液经过球化处理,将片状石墨转化为球状石墨而获得的一种铸铁。最早使用的球化剂是纯镁,考虑到我国丰富的稀土资源,在 20 世纪 60 年代以后发展了稀土镁球化剂。目前,球墨铸铁在汽车、冶金、农机、船舶、化工等部门广泛应用,在一些主要的工业国家中,其产量已经超过了铸钢,成为仅次于灰铸铁的铸铁材料。

球墨铸铁按其基本组织特点,可分为铁素体球墨铸铁和珠光体球墨铸铁。珠光体球墨铸铁的组织为珠光体加球状石墨(图 3-17a);铁素体球墨铸铁的组织为铁素体加球状石墨(图 3-17b)。但实际上球墨铸铁的铸态组织都是含有不同数量的铁素体加珠光体的混合组织,如欲获得铁素体或珠光体球墨铸铁,通常要进行退火或正火处理。

5. 特殊性能铸铁

(1)耐磨铸铁 耐磨铸铁的主要加入元素是磷和锰,为了进一步提高铸铁的力学性能,还常加入铜、铬、铅、钛等。

在普通灰铸铁的基础上提高含磷量($w_P = 0.5\% \sim 0.8\%$),即为高磷铸铁。高磷铸铁中的磷可以形成磷共晶,呈断续网状分布构成坚硬的骨架,使铸铁具有良好的耐磨性能。

锰是阻碍石墨化的元素,能有效地阻碍共析石墨化,提高奥氏体的稳定性。当锰的质量分数大于 2% 时,球墨铸铁中会出现马氏体;锰的质量分数大于 5% 时,可使部分奥氏体保

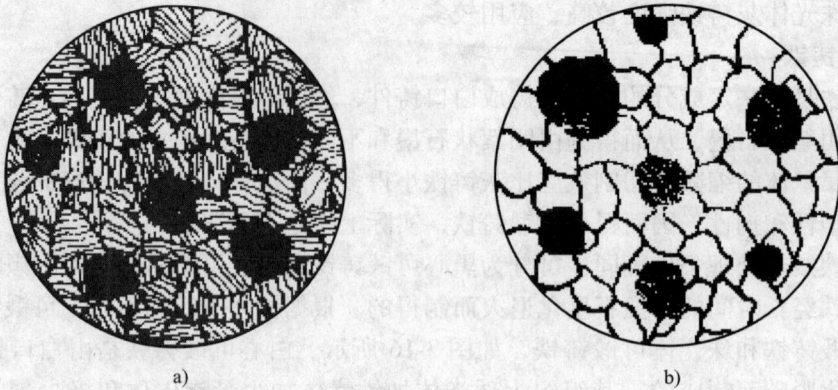

图 3-17 球墨铸铁的基体组织

a) 珠光体基体　b) 铁素体基体

留到室温。锰的质量分数为 5% ~ 6% 的球墨铸铁，具有马氏体加贝氏体加部分奥氏体和少量碳化物的组织，其硬度很高，耐磨性很好。

铜能促进共晶石墨化，防止出现莱氏体，又能增大奥氏体的过冷倾向，降低共析转变温度，促进珠光体的形成，并使之细化和强化。铜还有利于提高铸铁的强度和耐磨性，其质量分数一般为 0.6% ~ 1.0%。

（2）耐热铸铁　普通灰铸铁加热后，其强度、硬度下降，温度再高则铸铁表面将发生氧化，还会产生不能复原的体积胀大，这一现象称为生长。生长过的铸铁，其性能低而且脆，并产生严重的变形和开裂，从而导致零件报废。铸铁的生长主要是由于氧沿着石墨片和缝隙渗入铸铁内部，生成体积大而密度小的氧化物。此外，渗碳体在高温下分解析出石墨时，也会造成体积膨胀。目前主要向铸铁中加入合金元素来提高耐热性，常使用的合金元素有铝、硅、铬等。这些元素与氧化合所形成的氧化物很稳定，它们会在铸件表面上产生一层致密的氧化膜（Al_2O_3、SiO_2、Cr_2O_3），这层氧化膜可保护铸件不会继续氧化。此外，这些元素还能提高固态相变的临界点，使铸铁在使用范围内不发生固态相变，因此可以减少相变造成的体积变化和显微裂纹等。

（3）耐蚀铸铁　铸铁在酸、碱、盐以及其他介质，如大气、海水等的作用下会发生腐蚀，造成铸件损坏。根据腐蚀过程机理的不同，铸铁的腐蚀可分为化学腐蚀和电化学腐蚀两类。在通常情况下，铸铁的腐蚀是化学腐蚀和电化学腐蚀两者兼有的过程，从而加速铸铁的腐蚀损坏。

提高铸铁耐蚀性的主要途径是铸铁的合金化，因此，耐蚀铸铁一般都是合金铸铁。目前应用较多的有高硅耐蚀铸铁、高铝耐蚀铸铁和高铬耐蚀铸铁。

3.2　铝及铝合金、镁及镁合金

3.2.1　铝及铝合金

1. 铝及铝合金的性能特点

铝为面心立方晶格，其晶体结构示意图如图 3-18 所示。

铝的塑性很好，容易冷加工成形，密度仅为 $2.7\text{g}/\text{cm}^3$，导电性好，仅次于银、铜和金，具有良好的耐大气腐蚀性能。纯铝中常含有铁、硅、铜、锌等杂质元素，按纯度纯铝可分为以下三类：

（1）高纯铝 纯度为 $99.93\% \sim 99.99\%$，主要用于科学研究及制作电容器等。

（2）工业高纯铝 纯度为 $98.85\% \sim 99.90\%$。用于制作铝箔、包铝及冶炼铝合金的原料。

（3）工业纯铝 纯度为 $98.0\% \sim 99.0\%$，可制作电线、电缆、器皿及配制合金。

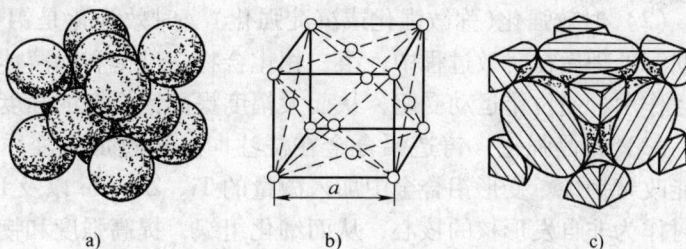

图 3-18 面心立方晶胞示意图
a）刚球模型 b）质点模型 c）晶胞中的原子数示意图

纯铝虽然密度低，导电性、导热性及耐腐蚀性好，但其强度很低（$\sigma_b = 80 \sim 100$ MPa），必须进行合金化以大幅度提高强度，并使其具有高的比强度（强度与密度之比）。铝中加入合金元素可形成各种合金，采用冷变形或热处理是提高其强度的有效途径。经时效处理后的铝合金强度可达 600MPa，且仍保持密度低、耐蚀性好的特点。铝合金中的合金元素主要有 Cu、Mg、Zn、Si、Mn 及 RE。

铝合金的熔点低，在液态下容易流动、充型。轿车铝合金壳体类非承力结构件，如发动机缸体、缸盖、变速箱壳体及轮毂等，就是采用重力铸造、压力铸造或者低压铸造等工艺生产的。

2. 铝合金的分类

按照成形方式不同，铝合金通常分为变形铝合金和铸造铝合金两类。变形铝合金具有良好的塑性和压力加工性能，可以采用锻造、轧制、挤压等压力加工方法制成各种板材、带材、棒材、管材、线材等各种型材。铸造铝合金具有良好的铸造性能，可直接浇铸成铝合金铸件。

铝与其合金元素构成的合金相图大都具有图 3-19 所示的形式。图中的 α 相是合金元素在面心立方铝中的固溶体。D 点是 α 相的最大溶解度。以 D 点为分界点，由于 D 点以左成分的合金中有大量塑性很好的 α 固溶体，可以变形加工，所以称为变形铝合金；而 D 点以右成分的合金发生共晶转变，且共晶组织的塑性较差，但共晶温度低，铸造性能很好，所以称为铸造铝合金。变形铝合金又分为能热处理强化和不能热处理强化两类。F 点与 D 点之间成分的合金，其固溶度随温度的降低而减小，如果将其进行固溶处理，即加热形成单相 α 固溶体后快冷到室温，则得到过饱和的 α 固溶体，再经时效处理可大大提高铝合金的强度和硬度，即能热处理强化。F 点以左成分的合金是不能通过热处理进行强化的。

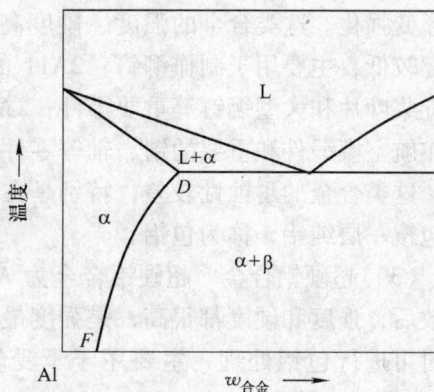

图 3-19 铝合金相图的一般模型

3. 铝合金的强化

（1）固溶强化 合金元素加入铝中形成固溶体，造成晶格畸变，增加位错运动的阻力而提高强度。一般情况下，固溶体强化的程度并不高。

（2）时效强化（弥散强化或沉淀强化） 时效强化是铝合金强化的一种重要手段。铝合金固溶处理后在时效过程中，第二相化合物从过饱和固溶体中弥散析出，与位错发生强烈的交互作用，使位错运动受阻，从而大幅度提高铝合金的强度。

（3）细晶强化 铸造铝合金在浇注时，通过加入变质剂使组织细化，既能提高强度，又能改善韧性。变形铝合金中加入微量的 Ti、Zr、Be 以及 RE，可形成难熔化合物，凝固结晶时作为非自发形核的核心，从而细化组织，提高强度和韧性。

（4）加工硬化（形变强化） 变形铝合金可通过塑性变形产生加工硬化，从而提高强度和硬度。对于不能用热处理强化的防锈铝合金，加工硬化是其唯一的强化途径。

4. 变形铝合金

变形铝合金又分为防锈铝合金、硬铝合金、超硬铝合金和锻造铝合金。

我国变形铝及铝合金直接引用国际四位数字体系牌号，未命名为国际四位数体系牌号的变形铝及铝合金，采用四位字符牌号命名。两种标记方法的第一位为阿拉伯数字，表示铝及铝合金的组别。第二位表示原始合金的改型情况，其中国际四位数体系牌号的第二位为阿拉伯数字；四位字符牌号的第二位为英文大写字母。第三位和第四位为阿拉伯数字，无特殊意义，仅用以区别同一组中的不同铝合金。如牌号 5A06 表示 6 号 Al-Mg 系变形铝合金；2A14 表示 14 号 Al-Cu 系变形铝合金。

（1）防锈铝合金 防锈铝合金主要是 Al-Mn 系和 Al-Mg 系合金，锰和镁起固溶强化作用，因属于不能热处理强化合金，故只能采用形变强化。这类合金具有良好的塑性、焊接性和耐蚀性（故称为防锈铝合金），适于制造需要变形加工、焊接和在腐蚀性介质中工作的零件，如焊接件、容器、管道、铆钉等。

由于这类合金的硬度太低（仅为 30 ~ 70HBW），不宜切削加工。牌号中的 5A05 和 5A11（Al-Mg 系合金）比 3A21（Al-Mn 系合金）的强度和硬度高些。

（2）硬铝合金 硬铝合金为 Al-Cu-Mg 系合金，另含有少量的 Mn，可以时效强化，也可形变强化。这类合金的强度、硬度高，故称为硬铝合金。牌号中的 2A01、2A10 塑性好、强度较低，主要用于制作铆钉；2A11 的塑性和强度中等，主要用于轧材、锻材、冲压件、螺旋桨叶片和大型铆钉等重要零件；2A12、2A06 的硬度和强度较高、塑性较差，主要用于制作航空模锻件和重要的销、轴等零件。

这类合金的耐蚀性较差，特别是在海水环境中。需要防护时，可采用阳极化处理，使表面包覆一层纯铝，称为包铝。

（3）超硬铝合金 超硬铝合金为 Al-Mg-Zn-Cu 系合金，另含有少量的 Cr、Mn。经人工时效后，强度和硬度都很高，是强度最高的一类铝合金。这类合金的耐蚀性也较差，需要防护时可进行包铝处理，主要用于承受较大载荷的零件，如飞机大梁、起落架等，牌号有 7A04，7A06 等。

（4）锻造铝合金 锻造铝合金为 Al-Mg-Si-Cu 系或 Al-Cu-Mg-Ni-Fe 系合金，每种元素的含量较少。锻造铝合金具有良好的热塑性，主要用于制造承受重载荷的锻件，通常需要进行固溶处理和人工时效，牌号有 2A50、2A70、2A14 等。

5. 铸造铝合金

铸造铝合金的合金元素主要有 Si、Cu、Mg、Mn、Ni、Cr、Zn 和 RE 等，分为 Al-Si 系、Al-Cu 系、Al-Mg 系、Al-Zn 系和 Al-RE 系。代号中的"ZL"表示"铸铝"，其后有三位数字，第一位代表合金类别（1 代表 Al-Si 系、2 代表 Al-Cu 系、3 代表 Al-Mg 系、4 代表 Al-Zn 系），后两位代表合金顺序号，顺序号不同，化学成分不同。

（1）Al-Si 系铸造合金 这类合金是工业上使用最广的铸造铝合金，又称为硅铝明。它具有优良的铸造性能，即熔点低、流动性好、收缩小、热裂倾向小。

简单硅铝明（ZL102）只含有铝和硅两种元素。$w_{Si} = 10\% \sim 13\%$ 时，合金处于共晶成分附近，在一般情况下，其铸造组织几乎全是由粗大针状硅晶体和 α 固溶体构成的共晶体，强度和塑性都很低。因此，生产上常用向合金液中加入变质剂，通过变质处理来细化组织，使其力学性能大为改善，抗拉强度由变质前的 130 ~ 140MPa 提高到 170 ~ 180MPa，伸长率由 1% ~ 2% 提高到 3% ~ 8%。

ZL102 的铸造性能很好，焊接性能也好，但不能时效强化。由于变质后的强度仍较低，故只适于制造形状复杂但强度要求不高的铸件，如内燃机缸体、缸盖、仪表支架、泵壳等。

在 2L102 中加入合金元素 Cu、Mg、Si 等构成特殊硅铝明，便可进行时效强化。ZL101 和 ZL104 经变质处理和固溶处理加人工时效后，其抗拉强度可达到 200 ~ 230MPa，主要用于制造气缸体、风扇叶片、壳体等形状复杂的铸件。

（2）Al-Cu 系铸造合金 这类合金可时效强化，强度高，耐热性好，但铸造性能不好，有热裂和疏松倾向，耐蚀性较差。ZL201 的室温强度及塑性较高，可制作在 300℃ 以下工作的铸件，如内燃机气缸头、活塞等。ZL202 的塑性较低，多用于高温下不受冲击的铸件。ZL203 经固溶时效处理后强度较高，可铸造承受中等载荷和形状较简单的结构件。

（3）其他铸造铝合金 Al-Mg 系铸造合金（ZL301、ZL302）是密度最小、耐蚀性最好、强度最高的铸造铝合金，可时效强化，但铸造性能不好，耐热性较差，常用于制造承受冲击载荷、在海水或大气中工作及形状不太复杂的铸件，如舰船配件、氨用泵体等。

Al-Zn 系铸造合金（ZL401、ZL402）价格便宜，可时效强化，强度较高，铸造性能良好，但耐蚀性差、热裂倾向大，主要用于制作工作温度不超过 200℃、形状复杂、受力不大的铸件。

3.2.2 镁及镁合金

镁在地壳中的储藏量极为丰富，其蕴藏量约为 2.1%，仅次于铝和铁而占第三位。

1. 镁的基本性质

镁为银白色金属，具有密排六方晶格（hcp），熔点 651℃，密度为 $1.74g/m^3$，相当于铝的 2/3，是最轻的工程金属。镁的力学性能很低，尤其是塑性比铝低很多，伸长率为 10% 左右。镁的电极电位很低，所以耐蚀性很差，在潮湿大气、淡水、海水及绝大多数酸、盐溶液中易受腐蚀。镁的化学活性很强，在空气中容易氧化。镁在空气中虽然也能形成氧化膜，但这种氧化膜疏松多孔，不像铝合金表面的氧化膜那样致密，对镁基体无明显保护作用。

2. 镁合金

纯镁比较软，不能直接作为结构材料使用，因此一般情况下，镁都是以合金的形式出现。镁合金是以镁为基体，向其中添加一定种类和数量的合金元素后获得的合金材料，主要用做结构材料。镁合金的主要特点是密度低、比刚度和比强度高，因而在航空航天、交通工具、3C 产品（Computer, Communication and Consumer Electronics）、纺织和印刷工业等领域得到了广泛的应用。

（1）镁合金的牌号　镁合金有多种表示方法，世界各国亦各不相同，但目前美国的 ASTM 标准在世界上应用最为广泛。根据 ASTM 对镁合金的命名方法，一般镁合金名称由"字母-数字-字母"三部分组成，第一部分由镁合金中所含除镁元素以外的两种主要合金元素的代码组成，按元素含量的高低顺序排列；第二部分由这两种元素的质量分数组成，按元素代码顺序排列，质量分数四舍五入到最接近的整数；第三部分由指定的字母如 A、B、C 和 D 等组成，表示合金发展的不同阶段，"X"表示该合金仍然是试验性质的。

例如，AZ91D 是一种 Mg-9% Al-1% Zn 合金，含铝和锌的质量分数分别为 $w_{Al} = 8.3\% \sim 9.7\%$ 和 $w_{Zn} = 0.4\% \sim 1.0\%$，是第四种标记的具有这种标准组成的镁合金。ASTM 规定该合金的化学组成为：$w_{Al} = 8.3\% \sim 9.7\%$；$w_{Zn} = 0.35\% \sim 1.00\%$；$w_{Si} \leqslant 0.10\%$；$w_{Mn} \leqslant 0.15\%$；$w_{Cu} \leqslant 0.30\%$；$w_{Fe} \leqslant 0.005\%$；$w_{Ni} \leqslant 0.002\%$；$w_{其余} \leqslant 0.02\%$。

ASTM 镁合金命名法中还包括表示镁合金性质的代码系统，由字母外加一位或多位数字组成（表3-6）。合金代码后为性质代码，以连字符分开，如 AZ91C-F 表示铸态 Mg-9% Al-Zn 合金。我国变形镁合金牌号与 ASTM 镁合金命名法类似。铸造镁合金牌号前面冠以字母"Z"，由镁及主要合金元素的化学符号组成。主要合金元素后面跟有表示其名义百分含量的数字（名义含量为该元素平均百分含量的修约化整值）。如果合金元素的名义百分含量不小于 1，该数字用整数表示；如果合金元素的名义百分含量小于 1，一般不标数字。铸造镁合金代号由字母"Z"、"M"（它们分别为"铸"、"镁"的汉语拼音第一个字母）及其后面的数字组成，这个数字表示合金的顺序号。表3-7列出了国产镁合金的牌号和主要化学成分。表3-8列出了一些国家部分相近镁合金牌号。

表3-6　镁合金牌号中的性质代码

代码		性质	代码	性质
一般分类	F	铸态	T3	固溶处理 + 冷加工
	O	锻件处于退火、再结晶等软化状态	T4	固溶处理。镁合金中的原子扩散速度慢，对自然时效不敏感，淬火后在室温放置仍能保持淬火状态的原有性能。此时，镁合金处于亚稳、单相和固溶状态
	H	形变硬化		
	T	热处理获得不同于 F、O 和 H 的稳定性质		
	W	固溶处理状态（性质不稳定）		
H	H1	形变硬化，其硬化程度由在其符号后添加的 0 ~ 8 整数表示，其中 0 表示退火状态，8 表示完全硬化状态	T5	高温加工冷却 + 人工时效
			T6	固溶处理 + 人工时效，目的是提高合金的屈服强度，但塑性有所降低
	H2	形变硬化 + 部分退火，其硬化程度表示同 H1	T61	热水中淬火 + 人工时效。这一工艺对于冷却速度敏感的镁合金如 Mg-RE-Zr 等效果明显
	H3	形变硬化 + 稳定态，其硬化程度表示同 H1	T7	固溶处理 + 稳定化处理
T	T1	冷却后自然时效，铸造或加工变形后不再进行固溶处理，直接时效	T8	固溶处理 + 冷加工 + 人工时效
			T9	固溶处理 + 人工时效 + 冷加工
	T2	退火，消除铸件残余应力及变形合金冷作硬化而进行的处理过程	T10	冷却 + 人工时效 + 冷加工

表 3-7 主要国产镁合金的牌号和化学成分

牌号	化学成分(质量份数)(%)											
	Al	Mn	Zn	Ce	Zr	Mg	Cu	Ni	Si	Be	Fe	其他杂质
							不大于					
变形镁合金(GB/T 5153—2003)												
M2M	≤0.20	1.3~2.5	≤0.30	—	—	余量	0.05	0.007	0.10	0.01	0.05	0.20
AZ40M	3.0~4.0	0.15~0.50	0.20~0.80	—	—	余量	0.05	0.005	0.10	0.01	0.05	0.30
AZ41M	3.7~4.7	0.30~0.60	0.80~1.4	—	—	余量	0.05	0.005	0.10	0.01	0.05	0.30
AZ61M	5.5~7.0	0.15~0.50	0.50~1.5	—	—	余量	0.05	0.005	0.10	0.01	0.05	0.30
AZ62M	5.0~7.0	0.20~0.50	2.0~3.0	—	—	余量	0.05	0.005	0.10	0.01	0.05	0.30
AZ80M	7.8~9.2	0.15~0.50	0.20~0.80	—	—	余量	0.05	0.005	0.10	0.01	0.05	0.30
ME20M	≤0.20	1.3~2.2	≤0.30	0.15~0.35	—	余量	0.05	0.007	0.10	0.01	0.05	0.30
ZK61M	≤0.05	≤0.10	5.0~6.0	—	0.30~0.90	余量	0.05	0.005	0.05	0.01	0.05	0.30

合金代号	化学成分[1](质量分数)(%)										
	Al	Mn	Si	Zn	RE	Zr	As	Fe	Cu	Ni	杂质总量
铸造镁合金(GB/T 1177—1991)											
ZM1	—	—	—	3.5~5.5	—	0.5~1.0		≤0.10	≤0.01		≤0.30
ZM2	—	—	—	3.5~5.0	0.75~1.75[2]	0.5~1.0		≤0.10	≤0.01		≤0.30
ZM3	—	—	—	0.2~0.7	2.5~4.0[2]	0.5~1.0		≤0.10	≤0.01		≤0.30
ZM4	—	—	—	2.0~3.0	2.5~4.0[2]	0.5~1.0		≤0.10	≤0.01		≤0.30
ZM5	7.5~9.0	0.15~0.5	≤0.30	0.2~0.8	—			≤0.05	≤0.20		≤0.50
ZM6	—	—	—	0.2~0.7	2.0~2.8[3]	0.4~1.0		≤0.10	≤0.01		≤0.30
ZM7	—	—	—	7.5~9.0	—	0.5~1.0	0.6~1.2	≤0.10	≤0.01		≤0.30
ZM10	9.0~10.2	0.1~0.5	≤0.30	0.6~1.2	—			≤0.05	≤0.20		≤0.50

[1] 可以加入质量分数不大于 0.002% 的铍。

[2] 铈的质量分数为 45% 的混合稀土。

[3] 钕的质量分数不小于 85% 的钕混合稀土金属,其中 Nd + Pr 的质量分数不小于 95%。

表 3-8 一些国家部分相近镁合金牌号

国际	美国(ASTM)	英国(BS)	法国(NF)	德国(DIN)	中国(GB)	俄罗斯(ГOCT)
MgMn2	M1A	MG101	G-M2	MgMn2	M2M	MA1
MgAl3Zn	AZ31B	MAG111		MgAl3Zn	AZ40M	MA2
MgAl6Zn	AZ61A	MAG121		MgAl6Zn	AZ41M	MA3
MgZn6Zr	ZK60A	MAG161		MgZn6Zr	ZK61M	BM65-1
Mg-Al8Zn	AZ81A	MAG1	G-A8Z	G-MgAl8Zn1	ZM5	MJI5
	AZ91C	3L122	G-A9Z	G-MgAl9Zn1		
Mg-Al9Zn	AM100A	MAG3 3L125	G-A9Z	G-MgAl9Zn1	ZM10	MJI6

　　目前,世界各国大多采用美国的 ASTM 标准,我国的镁产品也基本上是以 ASTM 标准规定的牌号供货。因此,在未加特别指明的情况下均以 ASIM 标准来标记镁合金。

（2）镁合金的分类　镁合金分类的主要依据有以下三种：

1）按所含合金元素的种类分类。镁合金可以分为 Mg-Al、Mg-Mn、Mg-Zn、Mg-RE、Mg-Zr、Mg-Th、Mg-Ag 和 Mg-Li 等二元合金系，以及 Mg-Al-Zn、Mg-Al-Mn、Mg-Mn-Ce、Mg-RE-Zr、Mg-Zn-Zr 等三元系及其他多组元镁合金系列。

2）按成形工艺分类。镁合金可分为铸造镁合金和变形镁合金，两者在成分、组织结构和性能上存在很大差异。变形镁合金是以固溶体为基体，要求具有良好的塑性变形能力和尽可能高的强度。铸造镁合金多以铸造的方法生产，包括砂型铸造、金属型铸造、挤压铸造等，其中压铸工艺应用较为广泛，其特点为生产效率高、精度高、铸件表面质量好、铸态组织优良，可生产薄壁及复杂形状的构件等。

3）按是否含锆分类。镁合金可划分为含锆镁合金和无锆镁合金两类。常见的含锆镁合金有 Mg-Zn-Zr、Mg-RE-Zr、Mg-Th-Zr 和 Mg-Ag-Zr 等。不含锆的合金系有 Mg-Zn、Mg-Mn 和 Mg-Al 等。目前应用最多的是不含锆的压铸镁合金 Mg-Al 系。含锆与不含锆的镁合金中均既包括变形镁合金，又包括铸造镁合金。

3. 镁合金的强化方式与途径

纯镁由于强度太低，不能用做结构材料，一般要通过合金化、热处理、细化晶粒和复合处理等方式来进行强化，才能获得可应用于工程实际的高强度轻质合金材料。

（1）镁的合金化　合金元素可以影响镁合金的力学、物理、化学和工艺性能。铝是镁合金中最重要的合金元素，通过形成 Mg17Al12 相（β相）可显著提高镁合金的抗拉强度；锌和锰具有类似的作用；银能提高镁合金的高温强度；硅降低镁合金的铸造性能并导致脆性；锆与氧的亲和力较强，能形成氧化锆质点细化晶粒；稀土元素钇、钕和铈等通过沉淀强化可大幅度提高镁合金的强度；铜、镍和铁等因为

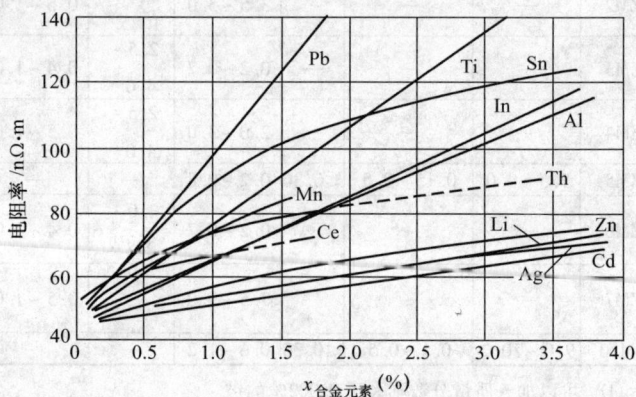

图 3-20　合金元素添加量对镁合金电阻率的影响

影响耐蚀性而很少采用。在大多数情况下，合金元素的作用大小与添加量有关，在固溶范围内的作用大小与添加量成近似的正比关系（图 3-20）。值得注意的是，合金元素在对镁合金的力学、物理和化学性能起决定作用的同时，还会极大地影响其加工性能，这对镁合金的应用是至关重要的。

（2）镁合金的强化

1）镁合金的热处理强化。可以通过热处理来调整和改善镁合金的力学性能和加工性能。镁合金的热处理工艺大致可分为退火和固溶时效两大类。退火的主要目的是降低镁合金铸件的铸造内应力或淬火应力，提高工件的尺寸稳定性。镁合金能否进行固溶和时效处理取决于其所含合金元素的固溶度是否随温度而变化，当合金元素的固溶度随温度变化时，镁合金就可以进行热处理强化。图 3-21 所示为不同类型的镁合金在相图上的成分范围。可以看出，合金元素在基体中的溶解度随温度的降低而减小，所以合金能进行淬火强化。图中位于

溶解度 c 点附近的合金，时效强化效果最强；成分向左或者是向右偏离 c 点，强化效果都将降低。合金成分向左偏离 c 点时，由于 α 固溶体的过饱和度降低，故淬火时效果减小。合金成分位于 b 点以左时，合金不再可能通过热处理进行强化。合金成分向右偏离 c 点时，淬火时效强化效果也将降低，因为时效过程是在 α 固溶体中进行的，根据杠杆定律，合金成分向右偏离 c 点越远，其所含 α 固溶体的量越少，故强化效果越低。但如果第二相不太脆，合金的强度也可能有所增加，因为第二相的硬度往往高于 α 固溶体，其含量增多势必增大合金的强度。c 点和 b 点的成分分别为 12.7% 和 2%。随着温度的提高，铝在镁中的溶解度从 2% 提高到 12.7%，所以 AZ91 合金具备了一定的通过热处理时效强化的潜力，其强度有可能通过固溶和时效的方法得到进一步的提高。Mg-Al 合金富镁端具有如图 3-22 所示的相似形态。

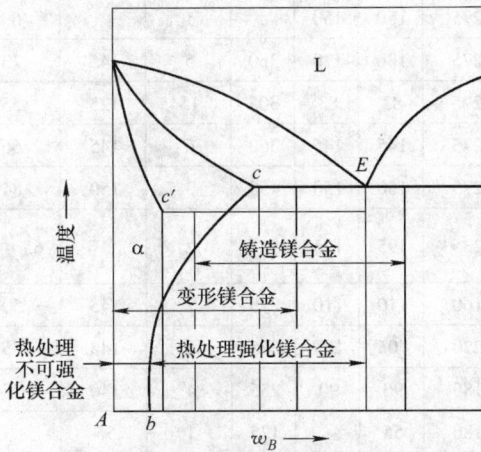

图 3-21　不同类型的镁合金在相图上的成分范围

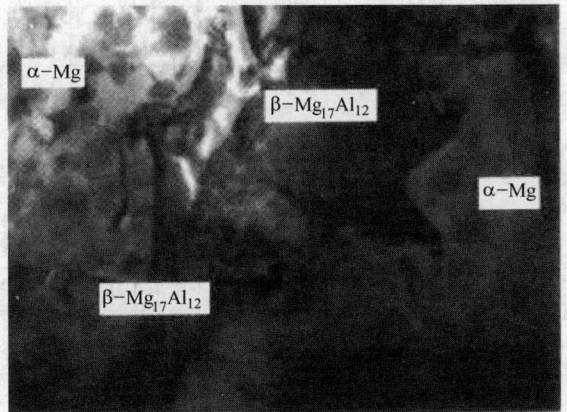

图 3-22　铸态镁合金的组织结构图

2）镁合金的晶粒细化强化。目前，大多数的镁合金零部件都是通过铸造方法生产的，而且多采用压铸和半固态铸造方法，相对来说采用锻造、轧制、挤压等塑性变形工艺生产的较少。但是，为了扩大镁合金的应用范围，对这些通过变形工艺生产的镁合金的研究非常重视。因为热加工和热处理后的塑性变形可以控制合金中第二相的析出和细化晶粒，从而能改善镁合金的力学性能。

一般来说，合金的屈服强度和晶粒尺寸之间满足 Hall-Petch 关系

$$\sigma_s = \sigma_0 + kd^{-1/2}$$

式中，σ_s 为屈服强度；σ_0 为单晶体的屈服强度；k 为常数；d 为晶粒尺寸。k 值随泰勒（Taylor）因子的提高而提高，泰勒因子一般取决于滑移系的数量。因为滑移系是有限的，hcp 金属的泰勒因子比 fcc 金属和 bcc 金属的都大，所以 hcp 金属的晶粒尺寸对强度具有较强的影响。因此，人们认为细晶粒的镁合金能够获得高的强度。图 3-23 所示为 AZ91 镁合金和 5083（H321）铝合金的屈服强度

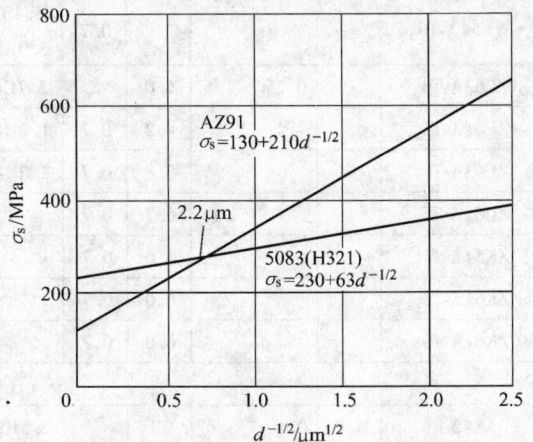

图 3-23　AZ91 镁合金和 5083（H321）铝合金的屈服强度和晶粒尺寸之间的关系

和晶粒尺寸之间的关系。5083（H321）铝合金的单晶屈服强度和 k 值分别为 230 MPa 和 63MPa·$\mu m^{1/2}$。可以看出，在较大的晶粒尺寸范围内（≥2μm），镁合金的屈服强度比铝合金的低，但是镁合金的屈服强度在小的晶粒尺寸范围内比铝合金要高。

4. 常用镁合金及其性能

表 3-9 列出了常用工业镁合金的标准化学组成和室温力学性能。

表 3-9　镁合金的标准化学组成和室温力学性能

| 合金 | 化学成分（质量分数）（%） | | | | | | 抗拉强度/MPa | 屈服强度 | | | 50mm伸长率（%） | 抗剪强度/MPa | 硬度HR[③] |
	Al	Mn	Th	Zn	Zr	其他[②]		拉伸/MPa	压缩/MPa	承载/MPa			
砂型和永久型铸件													
AM100A-T61	10.0	0.10					275	150	150		1		69
AZ63A-T6	6.0	0.15		3.0			275	130	130	360	5	145	73
AZ81A-T4	7.6	0.13		0.7			275	83	83	305	15	125	55
AZ91C 和 ET6[④]	8.7	0.13		0.7			275	145	145	360	6	145	66
AZ92A-T6	9.0	0.10		2.0			275	150	150	450	3	150	84
EQ21A-T6					0.7	1.5Ag 2.1Di	235	195	195		2		65~85
EZ33A-T5				2.7	0.6	3.3RE	160	110	110	275	2	145	50
HK31A-T6			3.3		0.7		220	105	105	275	8	145	55
HZ32A-T5			3.3	2.1	0.7		185	90	90	255	4	140	57
K1A-F					0.7		180	55		125	1	55	
QE22A-T6					0.7	1.5Ag 2.1Di	260	195	195		3		80
QH21A-T6			1.0		0.7	1.5Ag 2.1Di	275	205			4		
WE43A-T6					0.7	4.0Y 3.4RE	250	165			2		75~95
WE54A-T6					0.7	5.4Y 3.0RE	250	172	172		2		75~95
ZC63A-T6		0.25		6.0		2.7Cu	210	125			4		55~65
ZE41A-T5				4.2	0.7	1.2RE	205	140	140	350	3.5	160	62
ZE63A-T6				5.8	0.7	2.6RE	300	190	195		10		60~85
ZH62A-T5			1.8	5.7	0.7		240	170	170	340	4	165	70
ZK51A-T5				4.6	0.7		205	165	165	325	3.5	160	65
ZK61A-T5				6.0	0.7		310	185	185			170	68
ZK61A-T6				6.0	0.7		310	195	195		10	180	70
压铸件													
AE42-F	4.0	0.10				2.5RE	230	145	145		11		60
AM20-F	2.1	0.10					210	90	90		20		45
AM50-F	4.9	0.26					230	125	125		15		60

（续）

合金	化学成分（质量分数）（%）						抗拉强度/MPa	屈服强度			50mm伸长率（%）	抗剪强度/MPa	硬度HR[③]
	Al	Mn	Th	Zn	Zr	其他[②]		拉伸/MPa	压缩/MPa	承载/MPa			
压铸件													
AM60 和 B-F[⑤]	6.0	0.13					240	130	130		13		65
AS21-F	2.2	0.10				10Si	220	120	120		13		55
AS41A-F[⑥]	4.2	0.20				10Si	240	140	140		15		60
AZ91A，B，D-F[⑦]	9.0	0.13		0.7			250	160	160		7	20	70
锻件													
AZ31B-F	3.0	0.20		1.0			260	170			15	130	50
AZ61A-F	6.6	0.15		1.0			295	180	125		12	145	55
AZ80A-T5	8.5	0.12		0.5			345	250	170		11	172	75
AZ80A-T6	8.5	0.12		0.5			345	250	170		11	172	75
M1AF		1.20					250	160			7	110	47
ZK31-T5				3.0	0.6		290	210			7		
ZK60A-T5				5.5	0.45[①]		305	215	160	285	16	165	65
ZK61-T5				6.0	0.8		275	160			7		
ZM21-F		0.50		2.0			200	125			9		
挤压件													
AZ10A-F	1.2	0.20		0.4			240	145	69		10		
AZ31B 和 C-F[⑧]	3.0	0.20		1.0			255	200	97	230	12	130	49
AZ61A-F	6.5	0.15		1.0			305	205	130	285	16	140	60
AZ80A-T5	8.5	0.12		0.5			380	275	240		7	165	80
M1A-F		1.20					255	180	83	195	12	125	44
ZC71-T6		0.50		6.5		1.25Cu	295	324			3		70~80
ZK21A-F				2.3	0.45[①]		260	195	135		4		
ZK31-T5				3.0	0.6		295	210			7		
ZK40A-T5				4.0	0.45[①]		275	255	140		4		
压铸件													
AM20-F	2.1	0.10					210	90	90		20		45
AM50-F	4.9	0.26					230	125	125		15		60
AM60 和 B-F[⑤]	6.0	0.13					240	130	130		13		65
AS21-F	2.2	0.10				10Si	220	120	120		13		55
AS41A-F[⑥]	4.2	0.20				10Si	240	140	140		15		60
AZ91A，B，D-F[⑦]	9.0	0.13		0.7			250	160	160		7	20	70
锻件													
AZ31B-F	3.0	0.20		1.0			260	170			15	130	50

（续）

合金	化学成分（质量分数）（%）						抗拉强度/MPa	屈服强度			50mm伸长率（%）	抗剪强度/MPa	硬度HR[3]
	Al	Mn	Th	Zn	Zr	其他[2]		拉伸/MPa	压缩/MPa	承载/MPa			
锻件													
AZ61A-F	6.6	0.15		1.0			295	180	125		12	145	55
AZ80A-T5	8.5	0.12		0.5			345	250	170		11	172	75
AZ80A-T6	8.5	0.12		0.5			345	250	170		11	172	75
M1AF		1.20					250	160			7	110	47
ZK31-T5				3.0	0.6		290	210			7		
ZK60A-T5				5.5	0.45[1]		305	215	160	285	16	165	65
ZK61-T5				6.0	0.8		275	160			7		
ZM21-F		0.50		2.0			200	125			9		
挤压件													
AZ10A-F	1.2	0.20		0.4			240	145	69		10		
AZ31B 和 C-F[8]	3.0	0.20		1.0			255	200	97	230	12	130	49
AZ61A-F	6.5	0.15		1.0			305	205	130	285	16	140	60
AZ80A-T5	8.5	0.12		0.5			380	275	240		7	165	80
M1A-F		1.20					255	180	83	195	12	125	44
ZC71-T6		0.50		6.5		1.25Cu	295	324			3		70~80
ZK21A-F				2.3	0.45[1]		260	195	135		4		
ZK31-T5				3.0	0.6		295	210			7		
ZK40A-T5				4.0	0.45[1]		275	255	140		4		
ZK60A-T5				5.5	0.45[1]		350	285	250	405	11	180	82
ZM21-F				2.0			235	155			8		
片材与板材													
AZ31B-H24	3.0	0.20		1.0			290	220	180	325	15	160	73
ZM21-O		0.50		2.0			240	120			11		
ZM21-H24		0.50		2.0			250	165			6		

① 最小值。

② RE（稀土）和 Di（主要含钕和镨的混合稀土）。

③ 载荷 4900kg，球径 10mm。

④ C 和 E 的性能相同，但在 AZ91E 铸件中 $w_{Mn} \geq 0.17\%$、$w_{Fe} \leq 0.005\%$、$w_{Ni} \leq 0.0010\%$、$w_{Cu} \leq 0.015\%$。

⑤ A 和 B 性能相同，但在 AM60B 铸件中 $w_{Fe} \leq 0.005\%$、$w_{Ni} \leq 0.002\%$、$w_{Cu} \leq 0.010\%$。

⑥ A 和 B 性能相同，但在 AS41B 铸件中 $w_{Fe} \leq 0.0035\%$、$w_{Ni} \leq 0.002\%$、$w_{Cu} \leq 0.002\%$。

⑦ A、B 和 D 性能相同，但在 AZ91B 铸件中 $w_{Cu} \leq 0.30\%$，AZ91D 铸件中 $w_{Fe} \leq 0.0005\%$、$w_{Ni} \leq 0.002\%$、$w_{Cu} \leq 0.030\%$。

⑧ B 和 C 性能相同，但在 AZ31C 铸件中 $w_{Mn} \geq 0.15\%$、$w_{Ni} \leq 0.03\%$、$w_{Cu} \leq 0.1\%$。

3.3 铜及铜合金、钛及钛合金

3.3.1 铜及铜合金

铜是人类最早发现的古老金属之一，早在三千多年前人类就开始使用铜。自然界中的铜分为自然铜、氧化铜矿和硫化铜矿。自然铜及氧化铜的储量少，现在世界上 80% 以上的铜是从硫化铜矿精炼出来的，这种矿石含铜量极低，一般质量分数为 2% ~ 3%。

1. 纯铜

纯铜呈紫红色，密度为 $8.9g/m^3$，熔点为 1083℃，一般含铜为 99.90% ~ 99.99%，高纯铜纯度可达 99.99% ~ 99.9999%，称为 4N 铜、5N 铜、6N 铜。纯铜具有面心立方结构，无同素异构转变，塑性高而强度低，伸长率为 50%，抗拉强度为 240 MPa。纯铜可拉成很细的铜丝，制成很薄的铜箔，能与锌、锡、铅、锰、钴、镍、铝、铁等金属形成合金。

铜具有优良的导电性、导热性、耐蚀性、无磁性和良好的工艺性能，其物理性能、化学性能、力学性能、工艺性能等随着纯度、温度、生产方法、金属组织和塑性变形程度等的不同而变化。

2. 铜合金

铜合金（Copper alloy）为以纯铜为基体加入一种或几种其他元素所构成的合金。

（1）铜合金的分类 铜合金的分类方法有三种：

1）按合金系划分。按合金系可分为非合金铜和合金铜。非合金铜包括高纯铜、韧铜、脱氧铜、无氧铜等，习惯上人们将非合金铜称为纯铜，也叫红铜，而其他铜合金则属于合金铜。我国和俄罗斯将合金铜分为黄铜、青铜和白铜，然后在大类中划分小的合金系。

2）按功能划分。按功能有导电导热用铜合金（只有非合金化铜和微合金化铜）、结构用铜合金（几乎包括所有铜合金）、耐蚀铜合金（主要有锡黄铜、铝黄铜、各种白铜、铝青铜、钛青铜等）、耐磨铜合金（主要有含铅、锡、铝、锰等元素的复杂黄铜及铝青铜等）、易切削铜合金（铜-铅、铜-碲、铜-锑等合金）、弹性铜合金（主要有锑青铜、铝青铜、铍青铜、钛青铜等）、阻尼铜合金（高锰铜合金等）、艺术铜合金（纯铜、锡青铜、铝青铜、白铜等）。显然，许多铜合金都具有多种功能。

3）按成形方法划分。按成形方法可分为铸造铜合金和变形铜合金。事实上，许多铜合金既可以用于铸造，又可以用于变形加工。通常变形铜合金可以用于铸造，而许多铸造铜合金却不能进行锻造、挤压、深冲和拉拔等变形加工。铸造铜合金和变形铜合金又可以细分为铸造用纯铜、黄铜、青铜和白铜。

（2）铜合金的性质

1）物理性质。各合金系的物理性质随着合金成分的变化而变化，其实际值能够满足一般使用的精确水平。铸造铜合金的密度见表 3-10，变形铜合金的密度见表 3-11，铸造铜合金的热学和电学性能的平均值见表 3-12，变形铜合金的热学性能值见表 3-13。

2）力学性质。纯铜的塑性极好，但强度、硬度指标较低，不能直接用做结构材料，虽然可以通过冷变形加工硬化提高其强度和硬度，但是塑性会急剧下降。在纯铜中加入合金元素制成铜合金，由于合金元素的固溶强化、时效强化和过剩相强化，使得铜合金既提高了强度，又保持了纯铜优良的物理化学性能。

表 3-10　铸造铜合金的密度

	英国标准 BS1400 牌号	密度/g·cm^{-3}		英国标准 BS1400 牌号	密度/g·cm^{-3}
高电导率 铜 Cu-Cr	HCC1 和 2CC1-TF	8.9 8.9	高抗张黄铜	HTB1 和 2 HTB3	8.2~8.3
			锡青铜	PB1，2，3 和 4	8.8
砂型铸造黄铜	SCB1 和 2 SCC3 4 SCB5 6	8.5 8.4 8.6	炮铜	G1 和 3 LG1，2 和 4	8.8
			磷青铜	LPB1	8.8
压铸黄铜	DCB1 DCB2 和 3	7.9~8.3 7.9~8.3	铝青铜	AB1 和 2 CMA1 和 2	7.6 7.5

表 3-11　变形铜合金的密度

合金类型	20℃平均密度/g·cm^{-3}	变化	合金类型	20℃平均密度/g·cm^{-3}	变化
高铜合金	8.9	随含锌量增加而降低	白铜	8.90~8.95	随含镍量增加而降低
黄铜	8.40~8.85		铜硅合金	8.55	
磷黄铜	8.80~8.90	随含锡量增加而降低	铍铜	8.25~8.75	随含铍量增加而降低
铝青铜	7.60~8.20	随含铝量增加而降低			

表 3-12　铸造铜合金的热学和电学性能

合金类型	电导率 (%IACS)	热导率 /W·m^{-1}·K^{-1}	线膨胀系数 /×10^{-6}K^{-1}	比热容 /J·kg^{-1}·K^{-1}
高电导率铜	75~95	372	17	385
黄铜	18~25	80~110	18~20	370
高抗张黄铜	9~22	42~88	21	370
磷青铜	10~11	45~50	18~19	370
炮铜	11~15	50~70	18	370
铝青铜	8~14	42~60	17	410
CMA 合金	3	14	19	435

表 3-13　变形铜合金的热学性能

合金类型 （英国标准牌号）	热导率 /W·m^{-1}·K^{-1}	线膨胀系数 (20~100℃) /×10^{-6}K^{-1}	比热容 /J·kg^{-1}·K^{-1}	合金类型 （英国标准牌号）	热导率 /W·m^{-1}·K^{-1}	线膨胀系数 (20~100℃) /×10^{-6}K^{-1}	比热容 /J·kg^{+1}·K^{-1}
高铜合金				磷黄铜（PB101-104）	145~45	17	370
Cu-Ag	390	16.8	393	铝黄铜（CA101-105）	83~37	15~17	410
Cu-Cd（C103）	334	17.0	370	白铜（CN101-107）	62~27	15~17	370
黄铜（CZ101-110）	230~100	17~20	370	铜硅合金（CS101）	35	17	370

纯铜的弹性模量 E 的近似值为 120GPa，刚性模量的平均值为 50MPa，泊松比为 0.35。铸造和变形状态的每一种合金的弹性模量 E 值分类列在表 3-14 中。总体来说，当合金元素含量增加时 E 值增加，材料冷加工量增加时 E 值也增加。弹性模量值最大的合金是铜-镍（白铜）合金、铍铜合金和铝青铜。

表 3-14 弹性模量

合金类型	E/GPa	
	铸造态	变形态
高铜合金	120	120
铜-锌	90 ~ 100	100 ~ 120
铜-锡	70 ~ 80	85 ~ 122
铜-铝	100 ~ 120	114 ~ 140
铜-镍	120 ~ 150	124 ~ 155
铜-硅	100	106

3）化学性质。一般情况下，虽然铜合金和铜本身的化学性质有很大差别，但它们亦有相似之处，即某些铜合金与铜同样具有良好的耐蚀性。虽然许多合金成分所起的作用不可能给出详尽的资料，但可添加增强表面保护膜的元素，以降低腐蚀的危险。例如，铝青铜和铝黄铜中的铝形成的保护性氧化膜，能降低海洋腐蚀和其他恶劣条件下的化学腐蚀。虽然与大多数其他普通金属及其合金相比，铜合金具有较好的耐蚀性，但各种铜合金在空气中会失去光泽并有少量腐蚀，如饮用水、蒸馏水、矿坑水、海水、海洋性气氛对铜合金都有不同程度的腐蚀。

硫酸对铜只有轻微的腐蚀作用，但多种强酸会腐蚀铜基材科。硫的化合物的卤族盐类能腐蚀大多数铜合金，而强碱氢氧化物却只有很小的影响。氨及其化合物对铜合金有害，此外，水解盐如三氯化铁也是有害的。大多数有机化合物与铜合金不起反应，但乙炔与铜形成乙炔化合物，这是一种威力强大的爆炸剂。

铜合金不与大多数食品起化学反应，但可能会使食品变色，维生素 C 也可能被破坏。

3. 黄铜

黄铜是以锌为主要合金元素的铜合金，具有美观的黄色。最简单的黄铜是 Cu-Zn 合金，称为简单黄铜或普通黄铜。改变黄铜中锌的含量可以得到不同力学性能的黄铜。黄铜中锌的含量越高，其强度也越高，塑性稍低。工业中采用的黄铜含锌的质量分数不超过 45%，含锌量再高将会产生脆性，使合金性能变坏。常用的普通黄铜的典型牌号有 H80、H68、H62等。其中，"H"表示黄铜，后面的数字表示铜的平均质量分数。

为了改善黄铜的某种性能，在二元黄铜的基础上加入其他合金元素的黄铜称为特殊黄铜。常用的合金元素有硅、铝、锡、铅、锰、铁与镍等。硅黄铜具有良好的力学性能，良好的耐磨性、耐蚀性以及良好的铸造性能，并能进行焊接和切削加工，如硅黄铜 HSi65-1.5-3主要用于制造船舶及化工机械零件。在黄铜中加铝能提高黄铜的屈服强度，改善在大气中的耐蚀性，但稍降低塑性，常用来制作海船零件及其他机器的耐蚀零件。在铝黄铜中加入适量的镍、锰、铁后，还可得到高强度、高耐蚀性的复杂黄铜，用于制造大型蜗杆、海船螺旋桨等重要零件。在黄铜中加入质量分数为 1% 的锡能显著提高黄铜在海洋大气和海水中的耐蚀性，因此称为"海军黄铜"，如锡黄铜 HSn62-1 广泛用于制造海船零件；此外，锡还能改善黄铜的切削加工性能。黄铜加铅的主要目的是改善切削加工性和提高耐磨性，铅对黄铜的强度影响不大，主要用于要求良好切削性能及耐磨性能的零件（如钟表零件等），铸造铅黄铜可制作轴瓦和衬套。黄铜可分为铸造和压力加工两类产品。

4. 青铜

青铜原指铜锡合金，但工业上习惯将含铝、硅、铅、铍、锰等的铜基合金都称为青铜，所以青铜实际上包括锡青铜、铝青铜、铍青铜等。现在除了黄铜和白铜以外的铜合金均称为青铜。青铜也可分为压力加工青铜（以青铜加工产品的形式供应）和铸造青铜两类。

锡青铜是以锡为主要合金元素的铜基合金，它具有以下特点：①较高的力学性能，较好的耐蚀性、减摩性和良好的铸造性能；②对过热和气体的敏感性小，焊接性能好，无铁磁性，收缩系数小；③在大气、海水、淡水和蒸汽中的耐蚀性都比黄铜高，但在盐酸、硫酸和氨水中的耐蚀性较差。在锡青铜中加入少量铅可提高耐磨性和切削加工性能；加入磷可提高屈服强度、疲劳强度及耐磨性；加入锌可缩小结晶温度范围，改善铸造性能。锡青铜在造船、化工、机械、仪表等工业中广泛应用，主要用于制造轴承、轴套等耐磨零件和弹簧等弹性元件，以及耐蚀、抗磁零件等。其主要牌号有 QSn4-3、QSn6.5-0.1 等变形锡青铜以及 ZCuSn10Pb1、ZCuSn10Zn2 等铸造锡青铜。

铝青铜是以铝为主要合金元素的铜合金，具有比锡青铜高的力学性能和耐磨、耐蚀、耐寒及耐热性能，无铁磁性，有良好的流动性，无偏析倾向，可得到致密的铸件。在铝青铜中加入铁、镍和锰等元素，可进一步改善合金的各种性能。铝青铜主要用于制造齿轮、轴套、蜗轮等在复杂条件下工作的高强度耐磨零件，以及弹簧和其他高耐蚀性弹性元件，主要牌号有 QAl5、QAl9-2、QAl10-4-4 等。

铍青铜是以铍为基本合金元素的铜合金（铍的质量分数为 1.7% ~ 2.5%）。铍青铜在淬火状态下塑性好，可进行冷变形和切削加工，制成的零件经人工时效处理后可获得很高的强度和硬度，抗拉强度达 1200 ~ 1500MPa，硬度达 350 ~ 400HBW，超过其他铜合金。铍青铜的屈服强度和疲劳强度都很高，耐磨性和耐蚀性也很优异。此外，还具有良好的导电性和导热性，并有无磁性、耐寒、受冲击时不产生火花等一系列优点，但价格较贵。铍青铜主要用于制作精密仪器的重要弹簧和其他弹性元件、钟表齿轮、高速高压下工作的轴承及衬套等耐磨零件，以及电焊机电极、防爆工具、航海罗盘等重要机件，主要牌号有 QBe2、QBe1.7 和 QBe1.9。

5. 白铜

白铜是以镍为主要添加元素的铜基合金，呈银白色。铜镍二元合金称为普通白铜，加锰、铁、锌和铝等元素的铜镍合金称为复杂白铜。纯铜加镍能显著提高强度、耐蚀性、电阻和热电性。工业用白铜根据其性能特点和用途不同可分为结构用白铜和电工用白铜两种，分别满足各种耐蚀和特殊的电、热性能。白铜多经压力加工制成白铜材，用于制造船舶仪器零件、化工机械零件及医疗器械等。锰含量高的锰白铜可制作热电偶丝。常用白铜的牌号有 B30、B19、B5、BZn15-20、BMn3-12、BMn40-1.5 等。

6. 铜合金的热处理

铜合金的热处理目的与其他合金一样，通过改善铜合金的组织状态可达到所需要的使用性能和工艺性能。由于铜合金无同素异构转变，因此，它与钢铁的热处理不同。铜合金最常用的热处理工艺可分为退火（均匀化退火、去应力退火和再结晶退火）、固溶处理（淬火）及时效（回火）或固溶处理后进行形变和时效。

（1）均匀化退火　铜合金均匀化退火的目的是为了消除或减少铸锭、铸件的枝晶偏析等成分不均匀性。铝青铜、硅青铜等偏析程度小的合金一般采用反复冷轧并进行中间退火，就可以消除枝晶偏析，通常不需要进行均匀化退火，而对于锡青铜、锡磷青铜，由于其偏析程度大，则必须进行均匀化退火。

（2）去应力退火与再结晶退火　铜的半成品如线材、板材、管材等铜制品是经过冷加工而成形的，经冷塑性变形后产生加工硬化现象，会给进一步的冷加工造成困难。因此，铜制品在加工过程中必须进行再结晶退火。此外，冷加工的制品放置一定时间后，由于材料内部存在着内应力会造成制品自动发生变形，因此需进行去应力退火。

（3）固溶处理（淬火）与时效（回火）　固溶处理-时效工艺主要用于热处理可强化的合金，如铍青铜、硅青铜、铝青铜等。淬火时，合金加热至高于相变点 30～50℃，并保温适当的时间，使合金中的强化相充分固溶入基体中，然后快速冷却而获得过饱和固溶体，在随后的时效处理中得到强化。

3.3.2　钛及钛合金

钛是 20 世纪 50 年代发展起来的一种重要的结构金属，钛合金因具有比强度高、耐蚀性好、耐热性高、易焊接等特点而被广泛用于各个领域。钛金属的密度较小，通常与铝、镁等被称为轻金属，其相应的钛合金、铝合金、镁合金则称为轻合金。

1. 钛的基本性质

钛（Ti）为灰白色金属，金属活动性在镁、铝之间，常温下并不稳定，因此在自然界中只以化合态存在。常见的钛的化合物有钛铁矿（$FeTiO_3$）、金红石（TiO_2）等。纯钛的密度为 $4.5g/cm^3$，硬度较差，莫氏硬度只有 4 左右，因此延展性好。钛的热稳定性很好，熔点为（1660 ± 10）℃，沸点为 3287 ℃。

钛具有可塑性，高纯钛的伸长率可达 50%～60%，断面收缩率可达 70%～80%，但强度低，不宜作结构材料。钛中杂质的存在对其力学性能影响极大，特别是间隙杂质（氧、氮、碳）可大大提高钛的强度，显著降低其塑性。钛作为结构材料所具有的良好力学性能，就是通过严格控制其中的杂质含量和添加合金元素而达到的。

金属钛在高温环境中的还原能力极强，能与氧、碳、氮以及其他许多元素化合，还能从部分金属氧化物（比如氧化铝）中夺取氧。常温下钛与氧气化合生成一层极薄致密的氧化膜，这层氧化膜常温下不与绝大多数强酸、强碱反应，包括酸中之王——王水。它只与氢氟酸、热的浓盐酸、浓硫酸反应，体现了钛的耐蚀性。

2. 钛合金

（1）钛合金的性能

1）比强度高。钛合金的密度一般为 $4.5g/cm^3$ 左右，仅为钢的 60%。纯钛的强度接近于普通钢的强度，但一些高强度钛合金的强度超过了许多合金结构钢的强度。因此，钛合金的比强度（强度/密度）远大于其他金属结构材料，可制出比强度高、刚性好、质轻的零部件。目前，飞机的发动机构件、骨架、蒙皮、紧固件及起落架等都使用钛合金。

2）热强度高。钛合金的使用温度比铝合金高几百摄氏度，在中等温度下仍能保持所要求的强度，可在 450～500℃ 的温度下长期工作，而铝合金在 150℃ 时的比强度明显下降。

3）耐蚀性好。钛合金在潮湿的大气和海水介质中工作，其耐蚀性远优于不锈钢；对点蚀、酸蚀、应力腐蚀的抵抗力特别强；对碱、氯化物、氯的有机化合物、硝酸、硫酸等具有优良的耐腐蚀能力。但钛对具有还原性的氧及铬盐介质的耐蚀性差。

4）低温性能好。钛合金在低温和超低温下，仍能保持其力学性能。间隙元素含量极低的钛合金，如 TA7，在 −253℃ 下还能保持一定的塑性。因此，钛合金也是一种重要的低温结构材料。

5）化学活性大。钛的化学活性大，与大气中的 O、N、H、CO、CO_2、水蒸气、氨气等能产生强烈的化学反应。碳的质量分数大于 0.2% 时，会在钛合金中形成硬质 TiC；温度较高时，与氮作用也会形成 TiN 硬质表层；在 600℃ 以上时，钛吸收氧形成硬度很高的硬化层；氢含量上升，也会形成脆化层。吸收气体而产生的硬脆表层深度可达 0.10 ~ 0.15 mm，硬化程度为 20% ~ 30%。钛的化学亲和性也大，易与摩擦表面产生粘附现象。

6）热导率小、弹性模量小。钛的热导率 $\lambda = 15.24 \text{W}/(\text{m} \cdot \text{K})$，约为镍的 1/4，铁的 1/5，铝的 1/14，而各种钛合金的热导率比钛的热导率约下降 50%。钛合金的弹性模量约为钢的 1/2，故其刚性差、易变形，不宜制作细长杆和薄壁件，切削时加工表面的回弹量很大，约为不锈钢的 2 ~ 3 倍，造成刀具后刀面的剧烈摩擦、粘附和粘结磨损。

（2）钛合金的分类　钛是同素异构体，在低于 882℃ 时呈密排六方晶格结构，称为 α 钛；在 882℃ 以上呈体心立方晶格结构，称为 β 钛。利用钛的上述两种结构的不同特点，添加适当的合金元素，可使其相变温度及相分含量逐渐改变而得到不同组织的钛合金。在室温下，钛合金按其退火组织可分为以下三类：α 钛合金、α + β 钛合金和 β 钛合金，分别以 TA、TC、TB 表示。

1）α 钛合金。它是 α 相固溶体组成的单相合金，不论是在一般温度下还是在较高的实际应用温度下，均是 α 相。其组织稳定，耐磨性高于纯钛，抗氧化能力强。在 500 ~ 600℃ 的温度下，α 钛合金仍保持其强度和抗蠕变性能，但不能进行热处理强化，室温强度不高。

2）β 钛合金。它是 β 相固溶体组成的单相合金，未经热处理即具有较高的强度，淬火、时效后合金得到进一步强化，室温强度可达 1372 ~ 1666MPa，但热稳定性较差，不宜在高温下使用。

3）α + β 钛合金。它是双相合金，具有良好的综合性能，组织稳定性好，有良好的韧性、塑性和高温变形性能，能较好地进行热压力加工，能进行淬火、时效使合金强化。热处理后的强度可比退火状态提高 50% ~ 100%；高温强度高，可在 400 ~ 500℃ 的温度下长期工作，其热稳定性次于 α 钛合金。

以上三种钛合金中最常用的是 α 钛合金和 α + β 钛合金。α 钛合金的切削加工性最好；α + β 钛合金次之；β 钛合金最差。

钛合金根据用途又可分为高温钛合金、钛铝化合物为基的钛合金、高强高韧 β 型钛合金、阻燃钛合金及医用钛合金等。

1）高温钛合金。世界上第一个研制成功的高温钛合金是 Ti-6%Al-4%V，使用温度为 300 ~ 350℃。随后相继研制出使用温度达 400℃ 的 IMI550、BT3-1 等合金，以及使用温度为 450 ~ 500℃ 的 IMI679、IMI685、Ti-6246、Ti-6242 等合金。目前已成功地应用在军用和民用飞机发动机中的新型高温钛合金有英国的 IMI829 合金、IMI834 合金，美国的 Ti-1100 合金，俄罗斯的 BT18Y、BT36 合金等。

2）钛铝化合物为基的钛合金。与一般钛合金相比，以钛铝化合物 $Ti_3Al(\alpha2)$ 和 $TiAl(\gamma)$ 为基的钛合金的最大优点是高温性能好（最高使用温度分别为 816℃ 和 982℃）、抗氧化能力强、抗蠕变性能好和质量轻（密度仅为镍基高温合金的 1/2），这些优点使其成为未来航空发动机及飞机结构件最具竞争力的材料。

目前，已有两种以 Ti₃Al 为基的钛合金 Ti-21% Nb-14% Al 和 Ti-24% Al-14% Nb-3% V-0.5% Mo 在美国开始批量生产。近年来发展的以 Ti₃Al 为基的其他钛合金有 Ti-24% Al-11% Nb、Ti-25% Al-17% Nb-1% Mo 和 Ti-25% Al-10% Nb-3% V-1% Mo 等。以 TiAl(γ) 为基的钛合金受关注的成分范围为 Ti-(46% ~ 52%) Al-(1% ~ 10%) M，M 为 V、Cr、Mn、Nb、Mn、Mo 和 W 中的至少一种元素。最近，以 TiAl₃ 为基的钛合金也开始引起注意，如 Ti-65% Al-10% Ni 合金。

3) 高强高韧 β 型钛合金。β 型钛合金具有良好的冷热加工性能，易锻造，可轧制和焊接，可通过固溶-时效处理获得较高的力学性能、良好的环境抗力及强度与断裂韧性的很好配合。新型高强高韧 β 型钛合金最具代表性的有以下几种：

① Ti1023(Ti-10% V-2% Fe-3% Al)。该合金与飞机结构件中常用的 30CrMnSiA 高强度结构钢性能相当，具有优异的锻造性能。

② Ti153(Ti-15% V-3% Cr-3% Al-3% Sn)。该合金的冷加工性能比工业纯钛还好，时效后的室温抗拉强度可达 1000MPa 以上。

③ β21S (Ti-15% Mo-3% Al-2.7% Nb-0.2% Si)。该合金是由美国钛金属公司 Timet 分部研制的一种新型抗氧化超高强钛合金，具有良好的抗氧化性能及冷热加工性能，可制成厚度为 0.064mm 的箔材。日本钢管公司（NKK）研制成功的 SP-700（Ti-4.5% Al-3% V-2% Mo-2% Fe）钛合金具有高的强度，其超塑性伸长率高达 2000 %，且超塑成形温度比 Ti-6% Al-4% V 低 140℃，可取代 Ti-6% Al-4% V 合金用超塑成形-扩散连接（SPF/DB）技术制造各种航空航天构件。俄罗斯研制出的 BT-22（Ti-5% V-5% Mo-1% Cr-5% Al）钛合金的抗拉强度可达 1105MPa 以上。

4) 阻燃钛合金。常规钛合金在特定的条件下有燃烧的倾向，这在很大程度上限制了其应用。针对这种情况，各国都展开了对阻燃钛合金的研究并取得了一定突破。美国研制出的 Alloy C（也称为 Ti-1720）钛合金，名义成分为 50% Ti-35% V-15% Cr，是一种对持续燃烧不敏感的阻燃钛合金，已用于 F119 发动机。BTT-1 和 BTT-3 为俄罗斯研制的阻燃钛合金，均为 Ti-Cu-Al 系合金，具有相当好的热变形工艺性能，可用其制成复杂的零件。

5) 医用钛合金。钛无毒、质轻、强度高且具有优良的生物相容性，是非常理想的医用金属材料。目前在医学领域中广泛使用的仍是 Ti-6% Al-4% V ELI 合金，但此合金会析出极微量的钒和铝离子，降低了其对细胞的适应性且有可能对人体造成危害，这一问题早已引起医学界的广泛关注。美国早在 20 世纪 80 年代中期便开始研制无铝、无钒且具有生物相容性的钛合金，将其用于矫形术。日本、英国等也在该方面做了大量的研究工作，并取得一些新的进展。例如，日本已开发出一系列具有优良生物相容性的 α + β 钛合金，包括 Ti-15% Zr-4% Nb-4% Ta-0.2% Pd、Ti-15% Zr-4% Nb-4% Ta-0.2% Pd-0.2% O ~ 0.05% N、Ti-15% Sn-4% Nb-2% Ta-0.2% Pd 和 Ti-15% Sn-4% Nb-2% Ta-0.2% Pd-0.2% O，这些合金的腐蚀强度、疲劳强度和耐腐蚀性能均优于 Ti-6% Al-4% V ELI。与 α + β 钛合金相比，β 钛合金具有更高的强度水平，以及更好的切口性能和韧性，更适于作为植入物植入人体。在美国，已有五种 β 钛合金被推荐至医学领域，即 TMZFTM（Ti-12% Mo-6% Zr-2% Fe）、Ti-13% Nb-13% Zr、Timetal 21SRx（Tl-15% Mo-2.5% Nb-0.2% Si）、Tiadyne 1610（Ti-16% Nb-9.5% Hf）和 Ti-15% Mo。估计在不久的将来，此类具有高强度、低弹性模量以及优异成形性和耐蚀性能的 β 钛合金很有可能取代目前医学领域中广泛使用的 Ti-6% Al-4% V ELI 合金。

（3）合金元素对钛合金组织结构和性能的影响　钛合金中的各种合金元素，如 Al、V、Sn、Zr、Mo、Cu 等，它们可以对钛合金进行强化，改善钛合金的性能。

1）铝。铝是钛合金中最主要的强化元素，具有显著的固溶强化作用，它在 α 钛中的固溶度大于在 β 钛中的固溶度，并提高 α—β 相互转化的温度，扩大 α 相区，属于 α 稳定化元素。铝在钛合金中的质量分数一般不超过 7%。铝也可以与钛形成一系列金属间化合物。

2）铜。铜属于 β 稳定化元素。钛合金中的铜有一部分以固溶状态存在，另一部分形成 Ti_2Cu 或 $TiCu_2$ 化合物。$TiCu_2$ 具有热稳定性，起到提高合金热强化性的作用。由于铜在 α 相中的固溶度随温度的降低而显著减小，故可以通过时效沉淀强化来提高合金的强度。

3）硅。硅的共析转变温度较高（860℃），加硅可改善合金的耐热性能，因此在耐热合金中常添加适量的硅，加入的硅量以不超过 α 相最大固溶度为宜，一般质量分数为 0.25% 左右。由于硅与钛的原子尺寸差别较大，在固溶体中容易在位错处偏聚，阻止位错运动，从而提高耐热性。钛镍形状记忆合金加入硅元素后，将对组织转变行为和力学性能产生较大影响。硅加入到合金后，除了作为固溶元素固溶于基体外，还有一部分形成第二相沉淀析出，而且硅的加入不仅扩大了马氏体稳定存在的温度区间，还提高了合金的硬度。

4）锆、锡。它们是常用的中性元素，在 α 钛和 β 钛中均有较大的溶解度，常和其他元素同时加入，起补充强化的作用。尤其是在耐热合金中，为了保证合金组织以 α 相为基，除了铝以外，还需加入锆和锡来进一步提高耐热性；同时，锆和锡对塑性的不利影响比铝小，使合金具有良好的压力加工性和焊接性。

合金元素对钛合金的影响，归纳起来有以下几点：

1）起固溶强化作用。提高室温抗拉强度最显著的是铁、锰、铬、硅；其次为铝、钼、钒；而锆、锡、铌的强化效果差。

2）升高或降低相变点，起稳定 α 相或 β 相的作用。

3）添加 β 稳定元素可增加合金的淬透性，从而增强热处理强化效果。

4）加铝、硅、锆、稀土元素等可改善合金的耐热性能。

5）加钯、铂等元素可提高合金的耐蚀性，扩大钝化范围。

（4）钛合金的热处理　常用的热处理方法有退火、固溶和时效处理。退火是为了消除内应力，提高塑性和组织稳定性，以获得较好的综合性能。通常 α 合金和（α + β）合金的退火温度选在（α + β）→β 相转变点以下 120 ~ 200℃。固溶和时效处理是从高温区快冷，以得到马氏体 α′ 相和亚稳定的 β 相，然后在中温区保温使这些亚稳定相分解，得到 α 相或化合物等细小弥散的第二相质点，达到使合金强化的目的。通常（α + β）合金的淬火在（α + β）→β 相转变点以下 40 ~ 100℃进行，亚稳定 β 合金的淬火在（α + β）→β 相转变点以上 40 ~ 80℃进行。时效处理温度一般为 450 ~ 550℃。

钛合金的热处理工艺可以归纳如下：

1）消除应力退火。目的是消除或减少加工过程中产生的残余应力，防止在一些腐蚀环境中的化学侵蚀和减少变形。

2）完全退火。目的是获得好的韧性，改善加工性能，有利于再加工以及提高尺寸和组织的稳定性。

3）固溶处理和时效。目的是提高合金强度，α 钛合金和稳定的 β 钛合金不能进行强化热处理，在生产中只进行退火处理。α + β 钛合金和含有少量 α 相的亚稳 β 钛合金可以通过固溶处理和时效使合金进一步强化。

此外，为了满足工件的特殊要求，工业上还采用双重退火、等温退火、β 热处理、形变热处理等金属热处理工艺。

思考与练习

1. 名词解释：铁素体、奥氏体、渗碳体、珠光体、莱氏体、共析钢。
2. 什么是共晶转变？写出铁碳相图中的共晶转变式和转变产物名称。
3. 写出 PSK 线、PQ 线的意义。
4. 说明铁素体、奥氏体、渗碳体含碳量和性能的区别。
5. 解释正火、退火、回火和淬火。
6. 钢的表面热处理都包括哪些？有什么区别？
7. 弹簧钢为什么是中碳及高碳钢？
8. 什么是合金结构钢？
9. 合金刃具钢的性能特点有哪些？
10. 灰铸铁有哪些分类？碳对铸铁有什么影响？
11. 工业常用铸铁有哪些？
12. 简述金属铝的结构。
13. 简述铝合金的分类及其应用。
14. 简述铝合金的几种强化方式。
15. 简述金属镁的结构。
16. 简述镁合金的分类。
17. 简述镁合金的强化方式。
18. 简述镁合金的应用。

参考文献

[1] 詹武. 工程材料 [M]. 北京：机械工业出版社，2001.
[2] 王运炎. 机械工程材料 [M]. 北京：机械工业出版社，2000.
[3] 刘振宇，徐云波，王国栋，等. 热轧钢材组织性能演变的模拟与预测 [M]. 沈阳：东北大学出版社，2004.
[4] 熊尚武. 变形抗力数学模拟研究 [M]. 沈阳：东北工学院出版社，1991.
[5] Ettore A. Application of Mathematical Modeling to Hot Rolling and Controlled Cooling of Wire Rods and Bars [J]. ISIJ international, 1997, 32 (3): 440-444.
[6] Flemming G, Hensger K. Extension of product range and perspectives of technology [J]. MPT international, 2000, 1.
[7] Steraizadeh S. Prediction of Flow Behavior during Warm Working [J]. ISIJ international, 2004, 44 (11): 1867 ~ 1885.
[8] Huang C, Hawbolt E B, Chen X, et al. Flow Stress Modeling and Warm Rolling Simulation Behavior of Two Ti-Nb Interstitial-free steels in the Ferrite Region [J]. Acta Mater. 2001, 49: 1445-1452.
[9] 章守华，吴承建. 钢铁材料学 [M]. 北京：冶金工业出版社，1992.
[10] 徐进，陈再枝，陈景榕，等. 模具钢 [M]. 北京：冶金工业出版社，1998.
[11] 陆世英. 不锈钢 [M]. 北京：原子能出版社，1995.

[12] 郝石坚. 高铬耐磨铸铁 [M]. 北京：机械工业出版社，1993.

[13] 石德珂，沈莲. 材料科学基础 [M]. 西安：西安交通大学出版社，1995.

[14] 崔崑. 钢铁材料及有色金属材料 [M]. 北京：机械工业出版社，1984.

[15] 常铁军，祁欣. 材料近代分析测试方法 [M]. 哈尔滨：哈尔滨工业大学出版社，1999.

[16] 唐玉林. 从世界压铸工业及市场发展看中国的压铸工业 [C] //第四届中国国际压铸会议论文集. 北京：机械工业出版社，2004.

[17] 北美压铸协会（NADCA）. 压铸件生产技术标准（连载之四）[J]. 压铸世界，2002（4）：24-36.

[18] 戴文兵. 关于铝合金压铸件新版欧洲标准的介绍 [J]. 压铸世界，2006（1）：27-29.

[19] 周静一. 2002 年铝合金压铸件评奖会 [J]. 压铸世界，2002（4）：4-5.

[20] Rajan Ambat，Naing Naing Aung，Zhou W. Study of corrosion behavior of AZ91D die-castings [C] //第四届中国国际压铸会议论文集. 沈阳：东北大学出版社，2004.

[21] 于海朋，张尚洲，李荣德，等. 锰对挤压铸造 ZA43 合金组织和性能的影响 [C] //第二届中国国际压铸会议论文. 沈阳：东北大学出版社，2000.

[22] 耿浩然，马家骥，贾均. ZAS35 高强韧锌基耐磨合金的研制 [J]. 特种铸造及有色合金，1999（增刊）：64-66.

[23] 谭银元. 稀土对 ZA27 合金阻尼性能的影响 [J]. 特种铸造及有色合金，2002（2）：53-54.

[24] Zhang D L，Zheng L H，St John D H. Effect of a short solution treatment time on microstructure and mechanical properties of modified Al-7wt% Si-0.3wt% Mg alloy [J]. Journal of Light Metals，2002，2（1）：27-36.

[25] Kori S A，Murty B S，Chakraborty M. Development of an efficient grain refiner for Al-7Si alloy and its modification with strontium [J]. Materials Science and Engineering，2000，A283（1-2）：94-104.

[26] Ogris E，Wahlen A，Lüchinger H，et al. On the silicon spheroidization in Al-Si alloys [J]. Journal of Light Metals，2002，2（4）：263-269.

[27] 黄纪蓉，曾建民，孙仙奇，等. 时效和调压浇注对 ZL101A-T6 合金性能的影响 [J]. 航空精密制造技术，2003（6）28-42.

[28] 刘忠侠，宋天福，谢敬佩，等. 低钛铝合金的电解生产与晶粒细化 [J]. 中国有色金属学报，2003，10（5）：1257-1261.

[29] Liu Zhiyong，Wang Mingxing，Weng Yonggang，et al. GrainRefinement Effect and Mechanism of Al Based Alloy Containing Low-Content Ti Produced By Electrolytic [J]. The Chinese Journal of Nonferrous Metals，2002，12（6）：1122-1126.

[30] 王明星，刘志勇，宋天福，等. 电解生产低钛铝合金工业试验及产品中钛分布的均匀性分析 [J]. 轻金属，2003（4）：41-44.

[31] 李建国，王亮，杨文言. A356 合金中裂纹的萌生及其扩展 [J]. 轻合金加工技术，2002，30（12）：30-34.

[32] Fatahalla N，Hafiz M，Bdulkhalek M A. Eeffect of microstructure on the mechanical properties and fracture of commercial hypoeu-tectic Al-Si alloy modified with Na，Sb，and Sr [J]. J. Meter. Sci.，1999，34：3555-3564.

[33] 曾华梁，等. 电镀工艺手册 [M]. 北京：机械工业出版社，1997.

[34] Zhang Jingshuang，et al. A new process of electroplating on titanium and titanium alloy for aerospace [J]. Trans IMF，1996，74（1）：25-27.

[35] 陶春虎，等. 航空用钛合金的失效及其预防 [M]. 北京：国防工业出版社，2002.

[36] Gotz Mielsch，et al. Method for activating titanium surfaces for subsequent plating with metallic coatings [P]. U. S. Patent 4：340-620.

［37］ Bill F. Rothschild. Method for plating on titanium ［P］. U. S. Patent 4. 850-938.

［38］ Wallace Turner, et al. Electroplating of titanium and titanium base alloys ［P］. U. S. Patent 4: 416-739.

［39］ Z Yang. Study of the process & mechanism of plating directly on titanium and its alloys ［J］. Plating &Surface Finishing, 1997 （2）: 68-71.

［40］ Erwinc, et al. Electrodeposited multilayer coating for titanium ［P］. U. S. Patent 4: 904-352.

［41］ 吴申敏. 钛合金电镀新工艺及其应用 ［J］. 上海航天, 1994 （3）: 22-24.

［42］ 李青. 人工股关节用新型钛合金 ［J］. 上海钢研, 2002, 1: 16.

［43］ 劳金海. 钛在生物医学中应用的新发展 ［J］. 上海钢研, 2001, 4: 60-62.

［44］ 李军, 周廉, 等. 新型医用钛合金 Ti-12. 5Zr-2. 5Nb-2. 5Ta 的研究 ［J］. 稀有金属材料与工程, 2003, 32 （5）: 398.

［45］ 杨冠军, 赵永庆, 于振涛, 等. 钛合金研究、加工与应用的新进展 ［J］. 材料导报, 2001, 15 （10）: 19.

［46］ 陈杜娟, 李佐臣, 白保良, 等. 不同 Fe 含量耐蚀铁合金 （Ti-500） 的腐蚀性能 ［J］. 宇航材料工艺, 2002, 1: 59.

［47］ 郝传勇, 李正林, 毛先锋. Ti-55M 高温 Ti 合金焊缝塑性的改善 ［J］. 金属学报, 2001, 37 （7）: 709.

［48］ Zhu Y H, Yan B. Phase transformations of a Zn-Al based alloy containing a small amount of rare earth element ［J］. Joural of Materials Processing Technology, 1994, 47: 73-85.

［49］ Geng H R, Tian X F. Antifriction and wear behaviour of ZAS35 zinc alloy: influence of heat treatment and melting technique ［J］. Materials Science and Engineering, 2001, 316: 109-114.

第4章 无机非金属材料

4.1 无机非金属材料概述

　　无机非金属材料是除了有机高分子材料和金属材料以外的所有材料的统称，是与有机高分子材料和金属材料并列的三大材料之一，是以某些元素的氧化物、碳化物、氮化物、卤素化合物、硼化物以及硅酸盐、铝酸盐、磷酸盐、硼酸盐等物质组成的材料。它主要有陶器、瓷器、砖、瓦、玻璃、搪瓷、水泥、混凝土、耐火材料和天然矿物材料等传统材料，以及氧化物陶瓷、非氧化物陶瓷、复合陶瓷、微晶玻璃、光纤玻璃、MDF水泥和纤维混凝土等新型材料。无机非金属材料是20世纪40年代以后，随着现代科学技术的发展从传统的硅酸盐材料演变而来的。

　　无机非金属材料的品种和名目极其繁多，用途各异，因此，还没有一个统一而完善的分类方法。通常把它们分为普通的（传统的）和先进的（新型的）无机非金属材料两大类。传统的无机非金属材料是工业和基本建设所必需的基础材料。如水泥是一种重要的建筑材料；耐火材料与高温技术，尤其与钢铁工业的发展关系密切；各种规格的平板玻璃、仪器玻璃和普通的光学玻璃以及日用陶瓷、卫生陶瓷、建筑陶瓷、化工陶瓷和电瓷等与人们的生产、生活休戚相关。以上这些材料产量大，用途广。其他产品如搪瓷、磨料（碳化硅、氧化铝）、铸石（辉绿岩、玄武岩等）、炭素材料、非金属矿（石棉、云母、大理石等）也都属于传统的无机非金属材料。新型无机非金属材料是20世纪中期以后发展起来的具有特殊性能和用途的材料，它们是现代新技术、新产业、传统工业技术改造、现代国防和生物医学所不可缺少的物质基础，主要有先进陶瓷（Advanced Ceramics）、非晶态材料（Noncrystalline Materials）、人工晶体（Artificial Crystal）、无机涂层（Inorganic Coating）和无机纤维（Inorganic Fibre）等。

　　无机非金属材料在化学组成上与有机高分子材料和金属材料不同，它主要是由氧化物和硅酸盐，其次是由碳酸盐、硫酸盐和非氧化物组成。无机非金属材料的晶体结构远比金属复杂，并且没有自由电子，具有比金属键和纯共价键更强的离子键和混合键，其结晶化合物的熔点比许多金属和高分子材料高。此外，无机非金属材料还具有硬度高，耐化学腐蚀能力强，绝大多数是绝缘体，高温导电能力比金属低，光学性能优良，一般比金属导热性低，在大多数情况下观察不到变形等特点。这些特点赋予这一大类材料以耐高温、高硬度、耐腐蚀以及有介电、压电、光学、电磁性能及其功能转换特性等许多优良性能。但是，无机非金属材料也存在某些缺点，如大多抗拉强度低、韧性差等，有待进一步改善。而将其与金属材料、有机高分子材料复合而成无机非金属基复合材料是一个重要的改善途径。

　　随着材料科学理论和研究方法在无机非金属材料研究领域的引入，大大地促进了无机非金属材料科学的发展。其应用也从建筑及日常生活领域发展到冶金、化工、交通、能源、窑炉、机械设备、电工电子、食品、光学、医药、照明、新闻、情报技术以及尖端科技领域。如今，不论在工业部门、日用品行业还是人文生活等许多方面，没有无机非金属材料都是难以想象的。这些材料无论在品质上还是在数量上都在不断提高，在国际范围内这一领域的空前繁荣以及人们在材料开发和工艺方面越来越多的投入也证明了这一点。无机非金属材料应用范围的日益扩大首先与原材料的储量有关，大多数无机非金属材料是用资源丰富、成本低廉的硅酸盐原料制作的；此外，生产无机非金属材料（水泥、玻璃和陶瓷等）消耗的能量比钢、铝等金属和塑料等高分子材料低得多；而且，在很多场合，无机非金属材料能替代金属材料和有机高分子材料，使材料的利用更经济合理。

　　无机非金属材料的研究内容同任何材料一样，包括材料的组成（结构）、合成（工艺流程）、性质（性能）和效能及其之间的相互关系。无机非金属材料科学是有关无机非金属材料的组成、结构与工艺流程对于材料性能与用途的影响规律的知识与运用。随着新材料的发展和对传统材料的要求日益提高，对无机非金属材料的制备技术或工艺流程的开发显得格外重要，如陶瓷材料的优越性虽很突出，但如果不通过合理工艺流程提高韧性、降低成本，也不会有社会竞争力；高性能混凝土是水泥与水泥基材料走可持续发展道路的基础，但如果不解决它的韧性问题，就会影响其发展的生命力，如果不解决水泥材料超细粉磨的工艺与设备，就达不到大幅度节能的预期效果。只有不断提高材料的质量和劳动生产率，降低成本，才会有竞争力，这些都有赖于无机非金属材料科学技术的不断深入研究与开发。无机非金属材料已形成自己的学科体系，正逐步纳入材料科学与工程轨道，它与金属材料和有机高分子材料有许多相似或相同之处，不同类型的材料可以相互借鉴，促进发展。如马氏体相变本是金属学家提出来的，但在氧化物陶瓷材料中被用做提高韧性的有效手段之一；在材料制备中利用金属有机化合物在一定条件下的水解和聚合，形成了制备高纯纳米级氧化物微粒的溶胶-凝胶法，成为制备无机薄膜材料和改善陶瓷脆性的有效途径。

4.2　陶瓷

4.2.1　陶瓷的定义及分类

　　陶瓷的生产和发展经历了由简单到复杂、由粗糙到精细、从无釉到施釉、从低温到高温的漫长过程。随着生产力的发展和技术水平的提高，人类各个历史阶段赋予陶瓷的含义和范围也在不断发生变化。传统上，陶瓷是指以粘土和其他天然矿物为原料，经过粉碎、成型、焙烧等工艺过程所制得的各种制品，是陶器、炻器、瓷器等粘土制品的统称，亦即普通陶瓷。随着生产的发展和近代科学技术的进步，许多新型的陶瓷品种不断问世，使得陶瓷从古老的工艺与艺术领域进入到现代科学技术的行列中。这些陶瓷新品种，如氧化物陶瓷、压电陶瓷、金属陶瓷、功能陶瓷等常称为特种陶瓷或新型陶瓷、精密陶瓷，它们的生产过程基本上还遵循着"原料处理——成型——烧成"这种传统的陶瓷生产方式，但采用的原料已扩大到化工原料和人工合成原料，其组成范围也从传统的硅酸盐领域拓展到无机非金属材料领域，同时它们对原料处理、成型、烧成等工艺过程比传统陶瓷提出了更高的要求，从而诞生了许多新工艺、新技术。因此，广义的陶瓷概念可以认为是用传统的陶瓷生产方法制成的无机多晶产品的统称。

陶瓷产品种类繁多，按组成可分为硅酸盐陶瓷、氧化物陶瓷、非氧化物陶瓷；按用途可分为传统陶瓷（普通陶瓷）和新型陶瓷（特种陶瓷）；按基本物理性能特征可分为陶器和瓷器。

陶瓷是陶器与瓷器两大类产品的总称。陶器通常吸水率大（低的为9%~12%，高的可达18%~22%），断面粗糙无光，不透明，敲击的声音粗哑。粗陶一般不施釉（建筑上常用的烧结粘土砖、瓦均为粗陶制品）；细陶一般要经素烧、施釉和釉烧工艺，根据施釉状况呈白、乳白、浅绿等颜色（建筑上所用的釉面内墙砖即为此类）。瓷器的坯体致密，基本上不吸水，有一定的半透明性，通常其表面均施有釉层。瓷质制品多为日用制品、美术用品等。炻器（也称半瓷、胎瓷）是介于瓷器和陶器之间的一类产品，其结构较陶器致密，吸水率也小。建筑饰面用的外墙面砖、地砖和陶瓷锦砖（马赛克）等均属炻器。

普通陶瓷是人们日常生活和生产中最常见的陶瓷，有日用陶瓷、建筑卫生陶瓷、化工陶瓷、电陶及多孔陶瓷等。这类陶瓷所用的原料基本相同，其生产工艺技术也相近，均采用典型的传统生产工艺。特种陶瓷又分为结构陶瓷和功能陶瓷两大类。结构陶瓷主要利用其力学和热性能；功能陶瓷主要利用其电、磁、光性能，半导体性能，生物-化学性能及核材料应用性能等。特种陶瓷所用原料的组成和要求以及所需的生产工艺技术有很大的差异，通常是指具有高附加值的陶瓷。

4.2.2 陶瓷的制备工艺

一般来说，陶瓷的制备工艺过程包括原料制备、坯料成型、制品烧成或烧结三大步骤。

1. 原料制备

原料在一定程度上决定着陶瓷的质量和工艺条件的选择。陶瓷工业中使用的原料品种很多，从它们的来源来分，一种是天然矿物原料，一种是通过化学方法加工处理的化工原料。

传统陶瓷是以粘土、石英、长石等天然矿物为主要原料，通过筛选、破碎、淘洗、配料、混合、研磨和磁选等加工过程，制成规定要求的坯料。特种陶瓷则是以人工合成的化合物为原料，如氧化物、碳化物、硅化物、硼化物等，要求高纯度和超细微粒。

（1）天然原料 天然矿物原料通常可分为可塑性原料、瘠性原料、助熔原料三大类。下面介绍天然原料主要品种的组成、结构、性能及其在陶瓷工业中的主要用途。

可塑性原料的主要成分是高岭土、伊利石、蒙脱石等粘土矿物，多为细颗粒的含水铝硅酸盐，具有层状晶体结构。最重要的粘土原料是以高岭土（$Al_2O_3 \cdot 2SiO_2 \cdot 2H_2O$）为基础的矿物，当其与水混合时，有很好的可塑性，在坯料中起塑化和粘接作用，赋予坯料以可塑或注浆成型能力，并保证干坯的强度及烧结后的使用性能。它是陶瓷制品成型能够进行的基础，也是粘土质陶瓷成瓷的基础。

传统陶瓷生产的瘠性原料是石英，它是无水 SiO_2 或硅酸盐。石英在烧成中与长石等易熔物形成玻璃相，能增加液相的粘度，减少制品的变形，冷却后在瓷坯中起骨架作用。

长石是典型的助熔剂原料，是碱金属或碱土金属的无水铝硅酸盐矿物。烧结时它促使玻璃相的形成，熔融后的长石玻璃相能溶解部分粘土矿物分解物和部分石英，促进莫来石反应进行和莫来石晶体的发育长大。高温下的长石熔体具有一定粘度，起到高温热塑作用和胶接作用。冷却后的长石熔体构成陶瓷的玻璃基质，增加了透明度，可提高釉面光泽和使用性能。

（2）合成原料　陶瓷在发展过程中对原料的要求越来越高，有时希望采用均一纯净的原料，而且大多数特种陶瓷所用的原料自然界几乎没有或完全没有，此时只能用人工合成的方法来制备所需的原料。特种陶瓷制取超细粉的主要方法有气相法和液相法。气相法包括气相合成法、气相热分解法；液相法有直接沉淀法、均匀沉淀法、共沉淀法、溶胶-凝胶法等。此外还有固相法、机械法、溶剂蒸发法等方法。

2. 坯料成型

按照不同的制备过程，坯料可以是可塑泥料、粉料或浆料，以适应不同的成型方法。成型的目的是将坯料加工成一定形状和尺寸的半成品，使坯料具有必要的机械强度和一定的致密度。主要的成型方法有可塑成型、注浆成型和压制成型三种。

可塑成型是在坯料中加入水或塑化剂，捏练成可塑泥料，然后通过手工、挤压或机械加工成型。这种方法在传统陶瓷中应用最多。

注浆成型是将浆料浇注到石膏模中成型，常用于制造形状复杂、精度要求不高的日用陶瓷和建筑陶瓷。

压制成型是在粉料中加入少量水分或塑化剂，然后在金属模具中加较高压力成型。这种方法应用范围较广，主要用于特种陶瓷和金属陶瓷的制备。

除了上述几种方法外，还有注射成型、爆炸成型、反应成型、薄膜成型等方法。注射成型是将粉末和有机粘结剂混合后，用注射成型机将混合料在 $130 \sim 300℃$ 下注射入金属模内，冷却后粘结剂固化，取出毛坯经脱脂处理就可按常规工艺进行烧结。爆炸成型是利用炸药爆炸后在瞬间产生的巨大冲击压力作用在粉末体上，使粉末压坯获得接近理论值的密度和很高的强度。爆炸冲击波产生的高压和高温可用于烧结粉末体（爆炸烧结），制备特种陶瓷。反应成型是通过多孔坯体同气相或液相发生化学反应，使坯体质量增加，孔隙减小，并烧结成具有一定强度和精确尺寸的产品，用这种方法可使成型和烧结同时完成。多种薄膜成型技术和方法可用来制备陶瓷薄膜，如轧膜法是将塑化的粉料喂入转动的轧缝中，经轧辊碾压而成为具有一定厚度和连续长度的薄带；而丝网印刷法是将陶瓷油墨印刷在基片上，形成所需要的电路图形，经干燥、烧结，形成 $3 \sim 30 \mu m$ 厚度的薄膜。

成型后的坯体通常含有较高的水分，而且强度不高，为了方便运输和适应后续工序修坯、施釉等的需要，必须进行干燥处理。

3. 制品烧成或烧结

干燥后的坯件加热到高温进行烧成或烧结，其目的是通过一系列物理、化学变化和物理化学变化，使物料颗粒间相互结合以获得较高的强度和致密度等性能的要求。使坯件瓷化的工艺称为烧成。传统陶瓷生产都要进行烧成，烧成温度一般为 $1250 \sim 1450℃$。烧成时使开口气孔率接近于零，获得高致密程度的过程通常称为烧结。特种陶瓷特别是金属陶瓷多采用烧结。

传统陶瓷在加热烧成和冷却过程中，坯体相继发生以下四个阶段的变化：

（1）低温阶段（室温 $\sim 300℃$）　坯体中的残余水分排出，大气孔形成。

（2）中温阶段（$300 \sim 950℃$）　粘土等矿物中的结构水排出，有机物、炭素和无机物等氧化，碳酸盐、硫化物等分解，石英由低温型晶型转变为高温型晶型。

（3）高温阶段（$950℃ \sim$ 烧成温度）　氧化分解反应继续进行，长石-石英-高岭石三元共熔体、长石-石英、长石-高岭石共熔体、石英熔体以及与杂质形成的碱和碱土金属硅酸盐共熔体相继出现，各组成逐渐溶解。在坯体中原粘土部位反应生成粒状或片状一次莫来石晶体，在原长石部位结晶出针状二次莫来石晶体并显著长大，原石英颗粒溶解为残留小块，晶体为液相所粘接，陶瓷坯体体积收缩、致密度提高，产生机械强度，实现由坯体到陶瓷体的转变。

（4）冷却阶段（烧成温度～室温）　主要是原长石部位析出或长大成粗大针状二次莫来石晶体，但数量不多；液相则因粘度增大，质点来不及调整为晶格结构而转变为非晶态玻璃；残留石英由高温晶型向低温晶型转变。

经历上述反应后，陶瓷在室温下的组织包括一次莫来石、针状二次莫来石及残留石英颗粒。一次莫来石分布在以长石-高岭石为基体的玻璃介质中；二次莫来石则分布在以长石为基体的玻璃相中；石英颗粒周边为高硅氧玻璃；石英-长石-高岭石的交接处为三元或多元共熔体玻璃。同时，烧成后的制品中还有一些气孔未完全排除。所以，传统陶瓷是以多晶、多相的聚集体为组织特征的。

特种陶瓷的烧结一般在容量较小的高温炉中进行，其烧成温度很高，需要精确控制，有时还需在保护气氛中进行，它是在几乎没有液相的条件下，依靠离子表面扩散和晶界扩散来完成的。烧结体要求是紧密堆积的多晶聚集体，玻璃相和气孔很少或没有。

烧结是陶瓷制备中重要的一环，伴随烧结发生的主要变化是颗粒间接触界面扩大并逐渐形成晶界，气孔逐渐从连通变成孤立状态并缩小，最后大部分甚至全部从坯体中排除，使成型体的致密度和强度增加，成为具有一定性能和几何外形的整体。烧结可以发生在单纯的固体之间，也可以在液相参与下进行。前者称为固相烧结；后者称为液相烧结。在烧结过程中可能会包含有某些化学反应的作用，但烧结并不依赖于化学反应的发生，它可以在不发生化学反应的情况下，简单地将固体粉料进行加热，使其转变成坚实的致密烧结体。

烧结方法有多种，除了粉末在室温下加压成型后再进行烧结的传统方法外，还有热等静压、水热烧结、热挤压烧结、电火花烧结、爆炸烧结、等离子体烧结、自蔓延高温合成等方法。

4.2.3　陶瓷的结构与性能

1. 陶瓷的组织结构

传统陶瓷在烧成或烧结温度下，陶瓷坯体内部各种物理化学转变和扩散不能充分进行到底所以陶瓷和金属不同，得到的是未达到平衡的组织，其组织很不均匀、很复杂。传统陶瓷的典型组织结构由晶相、玻璃相和气相组成。

一般来说，特种陶瓷的原料都很纯，组织比较单一。如刚玉陶瓷的主要成分为 Al_2O_3，杂质很少，烧结时没有液相参加，所以在室温下的组织由一种晶相（Al_2O_3 晶粒）和少量气相组成。

晶相、玻璃相及气相决定了陶瓷的特点及应用。

（1）晶相　晶相是陶瓷的主要组成相，一般数量较大，对性能的影响也较大。其结构、数量、形态和分布，决定了陶瓷的主要特点和应用。当陶瓷中有数种晶体时，数量最多、作用最大的为主晶相，如日用陶瓷中的主晶相为莫来石；而残留的石英和其他可能存在的长石等为次晶相，次晶相对性能的影响也不可忽视。陶瓷中的晶相主要有硅酸盐、氧化物和非氧化物三种。

硅酸盐是传统陶瓷的主要原料，同时也是陶瓷组织中重要的晶体相，例如莫来石、长石等。硅酸盐的结合键为离子共价混合键，习惯上称为离子键。硅酸盐的结构特征是硅总是在四个氧离子组成的四面体中心，构成〔SiO_4〕四面体，它是硅酸盐晶体结构的基本单元。在硅氧四面体之间又都通过具有共同顶点的氧相互连接，由于连接方式不同，可形成岛状、组群状、链状、层状和架状这五种不同结构形式的硅酸盐晶体。

氧化物是大多数典型陶瓷，特别是特种陶瓷的主要组成和晶体相。氧化物主要以离子键结合，但也有一定成分的共价键存在。在氧化物结构中，尺寸较大的氧离子组成多面体骨架，较小的金属离子填充间隙之中，形成坚固的离子键。在这些多面体中一般有两种形式的间隙，即八面体间隙和四面体间隙。

非氧化物是指不含氧的碳化物、氮化物、硅化物和硼化物等，它们是特种陶瓷的主要组成和晶体相。非氧化物晶体主要以共价键结合，但也有一定成分的金属键和离子键存在。

陶瓷中的晶体类型和复杂程度超过金属晶体。陶瓷晶体中也存在各种缺陷，点缺陷如空位、间隙等，间隙化合物就是一种具有点缺陷的晶体，它是陶瓷的基本组成相；线缺陷如各种位错，陶瓷的断裂与位错运动有关；面缺陷如晶界、亚晶界等，晶粒越小，晶界越多，裂纹扩展阻力越大，可改善材料韧性。

（2）玻璃相　玻璃相是陶瓷材料中原子不规则排列的组成部分，其结构如同玻璃。玻璃相组成是随着坯料组成、分散度、烧成时间以及窑内气氛的不同而变化的。

陶瓷中玻璃相的作用是：①将分散的晶相颗粒粘接起来，填充晶相之间的空隙，提高材料的致密度；②降低烧成温度，加速烧结过程；③阻止晶体转变，抑制晶体长大；④获得一定程度的玻璃特性，如透光性及光泽等。玻璃相对陶瓷的机械强度、介电性能、耐热性等是不利的，因此不能成为陶瓷的主导组成部分，一般含量为 20% ~40%。

冷却速度快和粘度人是玻璃相形成的两个条件，粘度是形成玻璃相的内因，而冷却速度是形成玻璃相的外部条件。

（3）气相　气相是指在陶瓷组织内部残留下来而未排除的气体，通常以气孔形式出现，其形成原因较复杂，几乎与原料和生产工艺的各个阶段都有密切关系，影响因素也较多。根据气孔率情况，可将陶瓷分为致密陶瓷、无开孔陶瓷和多孔陶瓷。除多孔陶瓷外，气孔都是不利的，它降低了陶瓷的强度和导热性能，也是造成裂纹的根源，所以在制备过程中应尽量减少制品中的气孔含量。一般普通陶瓷的气孔率为 5% ~10%，特种陶瓷的气孔率在 5% 以下，金属陶瓷的气孔率则要求低于 0.5%。

2. 陶瓷的性能

陶瓷的性能受化学键、晶体结构、相分布及各种缺陷等的影响，波动范围很大，其基本性能如下：

（1）陶瓷的力学性能

1）刚度。刚度用弹性模量来衡量，弹性模量反映结合键的强度，具有强结合力化学键的陶瓷都有很高的弹性模量。陶瓷的弹性模量是各种材料中最高的，比金属高若干倍，比高聚物高 2~4 个数量级。

弹性模量对陶瓷材料中的晶体形态和晶粒大小不敏感，但受气孔率的影响很大，气孔率增大会降低材料的弹性模量，温度升高也会使弹性模量降低。

2）硬度。陶瓷的硬度取决于化学键的强度，其硬度也是各类材料中最高的，这是陶瓷的一大特点。例如，各种陶瓷的硬度多为 1000~5000HV，淬火钢的硬度为 500~800HV，高聚物最硬不超过 20HV。陶瓷的硬度随着温度的升高而降低，但在高温下仍有较高的数值。

3）强度。陶瓷的强度按理论计算应很高，为弹性模量的 1/10~1/5，但实际上一般只有弹性模量的 1/1000~1/100，甚至更低。陶瓷的实际强度比理论值低很多的原因，首先是显微组织中存在着晶界，它的破坏作用比在金属中更大，因为：①晶界上存在有晶粒间的局部分离或空隙，如空位、气孔、析出物；②晶界上的原子间距被拉长，键强度被削弱；③相同电荷离子的靠近产生斥力，可能造成裂缝。所以，消除晶界的不良作用，是提高陶瓷强度的基本途径。其次是陶瓷的实际强度受致密度、杂质和各种缺陷的影响很大。如热压氮化硅陶瓷，在其致密度增加到气孔率趋于零时，强度可接近理论值；刚玉陶瓷纤维，因为减少了缺陷，强度可提高 1~2 个数量级；而微晶刚玉则由于组织细化，其强度比一般刚玉高出许多倍。

陶瓷的抗拉强度很低，抗弯强度较高，抗压强度非常高，一般比抗拉强度高一个数量级。而且，陶瓷的高温强度一般比金属高，高温抗蠕变的能力强，有很高的抗氧化性。

4）塑性。塑性变形是在切应力作用下由位错运动引起的密排原子面间的滑移变形。陶瓷在室温下几乎没有塑性，这是因为陶瓷晶体的滑移系非常少，位错运动所需要的切应力很大，比较接近于晶体的理论剪切强度；另外，共价键有明显的方向性和饱和性，而离子键的同号离子接近时斥力很大，滑移非常困难。所以，主要由离子键和共价键晶体构成的陶瓷的塑性极差。不过，在高温慢速加载的条件下，由于滑移系的增多，原子的扩散能促进位错的运动以及晶界原子的迁移，特别是当组织中存在玻璃相时，陶瓷也能表现出一定的塑性。由于开始塑性变形的温度很高，所以陶瓷具有较高的高温强度。

5）韧性或脆性。陶瓷受载时，在较低的应力作用下不发生塑性变形即断裂，其韧性极低或脆性很高，是典型的脆性材料。

断裂包括裂纹的形成和扩展两个过程。陶瓷的脆性对表面状态特别敏感，陶瓷的表面和内部由于表面划痕、化学侵蚀、热胀冷缩不匀等原因，很容易产生细微裂纹。受载时，裂纹尖端产生很高的应力集中，由于不能通过塑性变形产生高的应力松弛，所以裂纹很快扩展，致使陶瓷材料断裂。陶瓷断裂前不发生明显的宏观塑性变形，是一种典型的脆性断裂。

脆性是陶瓷的最大缺点，是其作为结构材料被广泛应用的主要障碍。提高陶瓷的韧性、改善其脆性是当前及今后研究的重要课题，目前在改善陶瓷的韧性方面已经取得了一定成果。提高陶瓷材料强度、降低其脆性的途径是尽量消除陶瓷的各种缺陷，阻止已有缺陷的发展。为了控制陶瓷的内部裂纹和减小各种缺陷，要求材质"细、密、纯、匀"，如近年出现的许多微晶、高密度、高纯度的陶瓷及晶须等。增韧氧化物陶瓷中含有一定数量的弥散分布的稳态氧化物相，当受外力作用时，这些氧化物发生相变而吸收能量，使裂纹扩展减慢或终止，从而提高陶瓷的韧性。脆性断裂通常是由表面拉应力引起的，通过适当工艺在陶瓷表面引入一层残余压应力，以部分抵消外加拉应力，可提高陶瓷强度。形成残余压应力的方法有淬火法和离子交换的化学法。用碳纤维等制成纤维增强的陶瓷基复合材料也可有效地改善陶瓷材料的强韧性。

（2）陶瓷的热学性能

1）热膨胀性。热膨胀是当温度升高时物质原子的振动振幅增加，原子间距增大所导致的体积增大现象。材料热膨胀系数的大小与晶体结构和结合键强度相关。金刚石、碳化硅等陶瓷是具有较高键强的物质，其热膨胀系数较小。陶瓷材料中结构致密的材料热膨胀系数较大，如 MgO、BeO、Al$_2$O$_3$ 等氧化物陶瓷都是氧离子紧密堆积结构，表现出相对较大的热膨胀系数。一般来说，陶瓷的热膨胀系数比高聚物和金属的小得多。

2）导热性。陶瓷的热传导主要依靠原子的热振动来完成，由于几乎没有自由电子参与传热，陶瓷的导热性比金属要差。导热性受其组成和结构的影响较大，陶瓷中的气孔对传热也是不利的，陶瓷多为较好的绝热材料。

3）热稳定性。陶瓷的热稳定性就是抗热震性，是指陶瓷在温度急剧变化时抵抗破坏的能力，一般用试样急冷到水中不致破裂所能承受的最高温度来表示。热稳定性与材料的热膨胀系数、导热性和韧性等有关，热膨胀系数大、导热性差、韧性低的材料，其热稳定性不高。多数陶瓷的导热性和韧性低，所以一般陶瓷材料的热稳定性较差，常常在受热冲击时破坏。

（3）其他性能

1）电学性能。由于基本上缺乏电子导电机制，大多数陶瓷是良好的绝缘体，但也有一些陶瓷既是离子导体，又有一定的电子导电性。许多氧化物陶瓷，如 ZnO、NiO、Fe$_2$O$_3$ 等实际上是介于导体与绝缘体之间的半导体，所以，一些陶瓷也是重要的半导体材料。

2）耐火性及化学稳定性。陶瓷的结构非常稳定，如在以离子晶体为主的陶瓷中，金属原子为氧原子所包围，被屏蔽在其构成的多面体间隙中，很难再与介质中的氧发生作用，不但室温下不会氧化，甚至在 1000℃ 以上的高温也不会氧化，所以陶瓷具有很好的耐火性能或不可燃性能。

陶瓷对酸、碱、盐等腐蚀性很强的介质均有较强的耐侵蚀能力，与许多金属熔体也不发生作用，是化学稳定性很高的材料。

总之，陶瓷材料的性能特点是具有高的硬度和良好的抗压能力，高的化学稳定性和耐热性，但抗拉强度较低，热稳定性差，脆性很高。

4.2.4　普通陶瓷

普通陶瓷是将粘土类及其他天然矿物原料经过粉碎加工、成型、烧成等过程而制成的一种多晶、多相的硅酸盐陶瓷材料。改变其组成的配比、细度和致密度，可以获得不同特性的陶瓷。

1. 陶器

陶器通常有一定的吸水率，断面粗糙无光，制品不透明，机械强度低，热稳定性较差，化学稳定性也低，敲之声音粗哑，有的无釉，有的施釉。

陶器按坯料粒度大小及烧制后材质的结构细密程度可分为：①粗陶器，吸水率大于15%，粒度为 2～2.5mm；②普通陶器，吸水率不大于 15%，粒度 0.2～2mm；③精陶器，吸水率不大于 12%，粒度 0.1～0.2mm。

陶器按用途分类，粗陶器有砖瓦、盆罐、陶管及建筑琉璃制品；普通陶器有日用陶质器皿、碗等；精陶器有精细加工的日用精陶制品、美术陶器及釉面砖等。

（1）砖瓦　砖瓦是用天然原料在 950～1050℃ 温度范围内直接烧制而成的，包括墙砖、屋瓦、墙面砖、下水管道、烟囱用砖和电缆保护筒用砖等许多制品。

砖瓦属于大批量生产和使用的制品，为了降低其生产成本，一般以当地所有的粘土或黄土为原料。砖瓦的气孔率相当高,按原料和烧成方式的不同在 10% ~40% 之间,一般都能满足透气性和隔热性要求。将气孔率尽可能增大,可增加砖瓦的隔热效果;增加气孔率最有效的方法是添加锯末、纸浆及有机物等发泡剂,发泡剂烧化后可遗留出所要求的气孔。轻质高强、隔热保温是砖瓦业发展的方向。

(2)精陶 精陶由高岭石、烧成白色的粘土、石英和助熔剂制成,有时也加一些方石英。精陶的坯体比粗陶的致密,但不像瓷器烧结至完全致密。根据所加的助熔剂种类分为石灰石精陶、长石精陶及长石和石灰石混合精陶。

精陶采用两次烧成,素烧温度(坯料烧成温度)一般在 1100 ~1250℃ 之间,施釉后的釉烧温度一般比素烧温度低 100℃ 左右。素烧后坯体的气孔率对下一步的上釉很重要。提高素烧温度会降低坯体气孔率,由于吸水率差会造成施釉困难。若烧成温度低,气孔率增大,吸水率上升会使强度下降,在使用过程中坯体会因吸湿而膨胀变大,使制品釉层出现后期龟裂。素烧的具体温度取决于坯料中 K_2O 和 Na_2O 等的含量和坯料的细度。如 K_2O 和 Na_2O 的含量高且坯料细,素烧温度可低些。釉烧温度高低决定着坯釉中间层的厚薄和釉本身的膨胀系数。适当提高釉烧温度可增加坯釉中间层并降低釉的膨胀系数,但过高的釉烧温度或过长的保温时间都会使釉被坯吸收,从而造成干釉。

2. 炻器

炻器是烧结程度介于陶器与瓷器之间的一种制品,坯体较致密,透光性差或不透光。

炻器是用一种特殊的粘土,即炻器粘土制成的,其结构中主要含莫来石、石英、方石英及玻璃相等。炻器上的典型釉是盐釉,在制品烧好前,将盐撒在窑中或喷入 $NaCl$ 水溶液,盐蒸气在窑炉气氛的协助下与陶瓷表面反应,冷却后凝固为盐釉。由于制造盐釉时会造成环境污染,现在已逐渐改用以低熔点的粘土(黄土)为主要成分的黄土釉。

3. 瓷器

瓷器是致密烧结的坚硬坯体制品,其断面细腻而有光泽,施釉或无釉的瓷器基本不吸水,具有很低的残余开口气孔率。

生产瓷器的主要原料有高岭土、长石和石英,用质量分数表示。高岭土的含量为 40%以上,用以保证泥料的可塑性;长石含量为 20% ~35%;石英含量为 0% ~40%。也可添加一些其他成分,来改变制品的性能。按内在质量不同,瓷器可分为硬质瓷和软质瓷。

硬质瓷具有较高的机械强度、良好的介电性能、高的化学稳定性和热稳定性,釉面硬度高。传统硬质瓷坯料的组成为:高岭土 50%,长石 25%,石英 25%。其烧成温度较高,一般为 1320 ~1450℃,用于化学瓷、电瓷及高级日用瓷等。

软质瓷是组成中熔剂含量较多、烧成温度较低(1150 ~1300℃)的瓷器。因为熔剂含量多,所以烧成范围较窄,坯体的玻璃相多,制品透明度高。软质瓷多用于制造高级餐茶具及陈设瓷。

如在高岭石、长石和石英配料中加入一定量的骨灰,可烧制成骨灰瓷;引入一定量的滑石,可烧制成滑石质瓷;引入一定量的绢云母,可烧制成绢云母质瓷。

普通陶瓷的用途包括日用和工业用两部分。日用陶瓷主要有长石质瓷、绢云母质瓷、骨灰质瓷和滑石质瓷四种类型,它们具有良好的白度、光泽度、热稳定性和机械强度。长石质瓷是目前国内外普遍使用的日用瓷,用做一般制品;绢云母质瓷是我国的传统日用瓷,其透明度和外观色调较好;骨灰质瓷是较少用的高级日用瓷,其瓷质软、透明度好、光泽柔和、白度高，但较脆而且热稳定性差；滑石质瓷是近年来我国开发的一类新型日用瓷，它具有良好的透明度和热稳定性、较高的强度和良好的电性能，主要用于高级日用器皿以及一般电工陶瓷。

普通工业陶瓷主要为炻器和精陶，根据用途可分为建筑瓷、卫生瓷、电瓷和化学化工瓷等。建筑卫生瓷要求强度和热稳定性好，常用于铺设地面、砌筑和装饰墙壁、铺设输水管道以及制作卫生间的各种装置、器具等。电工瓷要求机械强度高，介电性能和热稳定性好，主要用于制作机械支撑以及连接用的绝缘材料。化学化工瓷要求耐各种化学介质侵蚀的能力强，常用于制作化学、化工、制药、食品等工业和实验室的实验器皿、耐蚀容器、管道和设备等。

4.2.5　特种陶瓷

特种陶瓷是指采用高度精选的原料，具有能精确控制的化学组成，按照便于控制的制造技术加工，便于进行结构设计，并具有优异特性的陶瓷。与传统陶瓷相比，特种陶瓷具有以下五个主要特点：①在原料上，突破了传统陶瓷以粘土为主要原料的界限，通常以氧化物、氮化物、硅化物、碳化物等作为主要原料；②在成分上，传统陶瓷的组成是由不同产地的粘土成分决定的，而特种陶瓷的原料是化合物，成分由人工配料决定，其性质的优劣由原料的纯度和工艺决定，与产地关系不大；③在制备上，突破了传统陶瓷以普通炉窑为主要生产设备的界限，广泛采用真空烧结、保护气氛烧结、热压、热等静压等手段；④在性能上，特种陶瓷具有不同于传统陶瓷的特殊性能和功能，如高强度、高硬度、耐腐蚀、导电性或绝缘性，以及在磁、电、光、声、生物工程等方面具有的特殊功能；⑤在应用上，传统陶瓷主要应用于工业及人们的日常生活中，而特种陶瓷多用于现代科技中的高精尖端领域。

1. 氧化物陶瓷

氧化物陶瓷通常是将合成的原料粉末通过烧结而制成。各种陶瓷成型方法原则上都可用来成型氧化物陶瓷。材料的致密化可根据实际要求在 1500 ~ 1800℃ 温度下以普通烧结方法进行，特殊情况下也可采用加压烧结等方法。

(1) 氧化铝陶瓷　氧化铝陶瓷是研究最成熟的氧化物陶瓷材料中的一种，其主晶相是 Al_2O_3，又称为刚玉瓷或高温铝瓷。它具有高硬度、高强度、耐高温、耐腐蚀性能，以及优良的化学稳定性和电绝缘性，可用做机器及设备制造中的耐磨蚀材料、化学工业中的耐腐蚀材料、电工及电子技术中的绝缘材料、热工技术中的耐高温材料以及航空、国防等领域中的某些特种材料。

氧化铝制品和一般高熔点氧化物制品在烧成过程中不出现液相，是通过固相反应来烧结的，因此比传统陶瓷的烧结过程简单，可分为以下三个阶段：

1) 在烧结前阶段，坯体体积随温度上升而收缩，而致密度与强度变化不大，微观组织晶粒尺寸没有变化，由于排除了水分和粘结剂，颗粒间只有点接触，坯体孔隙很大。在此阶段，为了防止坯体变形和开裂，必须严格控制升温速率，缓慢排除粘结剂和水分等。

2) 在烧结初期阶段，温度小幅度变化时，坯体体积收缩，致密度等会发生很大变化。尽管微观组织上晶粒尺寸仍无显著变化，但颗粒间不再是点接触，孔隙也大大减小。在这一阶段，坯体发生因烧结而出现的体积收缩，较易引起坯体开裂和变形。

3) 在烧结后期阶段，随着温度继续上升，坯体进一步收缩，致密度和强度的变化达到最大后又缓慢变化，最后达到几乎不变的程度。晶粒尺寸明显变大，孔隙变得很小且互不连通，形成孤立气孔，部分气孔残留在晶粒内。

上述从松散粉末状坯体变为致密体的过程是整个系统表面能降低的过程，而表面能的变化是促进烧结的主要动力。

在烧结后期出现的晶粒长大会造成不良后果，如残余气体留在颗粒内部而难以排除，坯体强度下降等。排除最后的残余气孔需要提高烧成温度或延长烧成时间，但此举又可能引起晶粒长大。因此，工艺上一般采用加人工添加剂的办法抑制晶粒长大。另外，对原料进行超细粉碎，可增加比表面，加大其活性，从而促进烧结；加入可与 Al_2O_3 形成低共熔物或产生阳离子置换从而使 Al_2O_3 整个晶格产生畸变或其他缺陷的添加剂，也能促进 Al_2O_3 的烧结。

（2）氧化锆陶瓷　氧化锆陶瓷主要用做耐火坩埚、炉子和反应器的绝热材料及金属表面的防护涂层，在机械工业中用做高强度高韧性材料等。

纯氧化锆陶瓷因容易发生晶型变化而严重地影响了它的用途。ZrO_2 有立方相、四方相、单斜相和三方相四种变体，其中四方相和单斜相之间的转变属于马氏体转变，伴有体积变化。因此，对于作为高温材料的 ZrO_2 来说，应避免这种破坏性晶型转换的发生，办法是添加一些起稳定作用的物质。

考察氧化锆的烧结情况以及分析各工艺参数的影响几乎都是围绕着稳定的或部分稳定的氧化锆陶瓷材料的制造。制造过程可以通过氧化物混合、预烧或熔化操作以获得混合晶体，也可以通过研磨并将磨好的氧化物粉末进行烧结。有时人们也在烧结过程中进行稳定化，将各组分的化合物共同沉淀以使氧化锆及产生稳定作用的氧化物充分混合，使混合沉淀物在烧结时作为第三相结晶出来。

部分稳定 ZrO_2 材料具有优越的力学性能，其高强度和高韧性缘于四方晶型向单斜晶型的马氏体转变时伴随有能量吸收，形成较高的断裂能。陶瓷增韧是通过 ZrO_2 的马氏体转变而实现的。从力学观点出发，可以对 ZrO_2 的相变增韧做出解释。一是相变诱发微裂纹增韧。在不同陶瓷中，ZrO_2 在室温下能保持四方相的临界尺寸是不同的，当大于临界尺寸时，四方相 ZrO_2 不能在室温下存在，变为单斜相，并在其周围的陶瓷结构中形成微裂纹。在外力加载时这种均匀分布的微裂纹可缓和主微裂纹尖端的应力集中或通过裂纹分支来吸收能量，从而提高断裂能。二是应力诱发相变增韧。氧化锆颗粒弥散在其他陶瓷相中，由于两者的膨胀系数不同，成型后的 ZrO_2 颗粒周围有不同的受力状况，当材料受到外应力时基体对 ZrO_2 晶粒的压抑作用得到松弛，此时发生 ZrO_2 颗粒从四方相到单斜相的晶型转变，在陶瓷基体中产生微裂纹，从而吸收主微裂纹能量，达到增韧效果。

（3）氧化铍陶瓷　氧化铍陶瓷材料的热导率很高，和金属相近，耐热冲击性能极好，其电导率很低，介电常数很高，是现有材料中最好的绝缘材料，特别是高温下亦如此。BeO 的化学性质稳定，高温下抵抗各种性质熔渣的腐蚀能力很强，某些稀贵金属在 BeO 器皿中熔炼时其熔体可保持高纯而不受污染。

BeO 制品在制造过程中遇到的问题是由不同原料所制备的制品，尽管工艺条件相同，但性能往往不能恒定。因为在制备 BeO 时，煅烧原料的温度不同，所获得 BeO 晶粒的大小也往往不同。因此，所获得的 BeO 不论其原来煅烧温度如何，都在 1700℃ 高温下保温 1h 以消除这种变动因素。但经过这样处理的原料很难烧，烧结温度往往高达 1800℃ 以上。近年来出现了活化烧结法，它是指控制制备 BeO 原料煅烧成 BeO 的温度，使所获得的 BeO 颗粒具有一定的表面活性而促进烧结。在原料受热分解成 BeO 的过程中，开始阶段化学成分虽已接近 BeO，但晶体结构并非完整的 BeO 晶体，要等到热分解温度达到一定程度以上，粉末才逐渐形成完整的 BeO 结晶，只有处于这种状态下的粉末才最易烧结。即化学成分接近 BeO 且结晶结构即将形成完整的 BeO 晶体，这样一种状态下的粉末最适合于氧化铍陶瓷的烧结。

（4）氧化镁陶瓷　纯 MgO 制品的使用范围较窄，除了用做耐高温材料外，由于其具有较高的比电阻，也使用在电子工业中。此外，以 MgO 为基料的大部分陶瓷材料，如镁砖及铬镁砖等都可作为耐火材料使用。

氧化镁陶瓷的热导率略大于氧化铝陶瓷，但热膨胀系数特别大，抗折强度又比较小，所以抗热震性能不好。它的特点是在高温下抗压强度较高，能经受较大载荷，又可抵抗熔融碱与碱性熔渣的腐蚀，适合做贵金属熔炼的容器。然而 MgO 在室温或高温下均易受酸性物质的侵蚀，仅对 HF 略能抵抗，原因是其表面与 HF 作用可生成一层稳定的氟化镁保护膜。

（5）氧化钙陶瓷　尽管 CaO 的熔点高达 2600℃，原料供应也很丰富，但氧化钙陶瓷至今未获得广泛使用，甚至还有人认为它不是一种高温陶瓷材料。这是因为 CaO 极易在潮湿空气中水化，使制品崩裂为粉末状。但 CaO 抵抗熔融金属的还原作用特别强，在熔炼纯度要求特别高的贵金属如铂、铑、铱及用做核燃料的纯金属钍和铀等时，它往往不能被其他氧化物陶瓷所取代。

2. 非氧化物陶瓷

非氧化物陶瓷可以人为地分为两类：一类是含有元素周期表中第四族到第六族的过渡金属元素 Ti、Zr、Hf、V、Nb、Ta、Cr、Mo、W 等的碳化物、氮化物、硼化物、硅化物，这类材料为金属陶瓷或硬质合金材料；另一类是金刚石、石墨、SiC、Si_3N_4、B_4C、BN 等非氧化物，作为非金属非氧化物陶瓷材料。

（1）碳及石墨　碳有两种同质异晶体，即金刚石和石墨。金刚石属立方晶体，是目前所知的最硬和抗划痕能力最强的材料。石墨晶体是六方层状结构，因为石墨晶体的层与层之间存在自由电子，使其呈现出金属的导电性能，而层内碳原子以共价键结合，层与层之间为分子间力，使石墨性能呈现明显的方向性。

石墨结构特殊，具有良好的导电、导热性能，且具有金属光泽。石墨原子间的结合力强，具有很高的熔点及很好的高温稳定性，即使在 3000℃ 以上，其热膨胀也仅为 1%。石墨制品的高温强度与其他制品显著不同，其强度随着温度的升高而升高。石墨的弹性模量比其他材料高，因此，石墨具有良好的热稳定性。

碳制品与石墨制品不同，碳制品中的碳是发育得不好的微细晶体，是无定形碳，呈无序排列，使得碳制品的性能与石墨制品的性能明显不同，它无方向性。

碳制品经高温处理可使其石墨化，使晶粒消除缺陷、产生应变、发育长大和排列有序。碳制品石墨化之后，性能会发生重大变化。

碳及石墨制品大多在中性和惰性或还原气氛中使用，因为在氧化气氛中，即使是较低的温度它们也会与氧发生强烈反应，影响使用。目前，工艺上多对石墨和碳制品进行表面处理以增强它们的抗氧化能力。采用表面施加抗氧化涂层或采取浸渍的办法生成一层致密的防氧化层，可以提高抗氧化温度，但可能会影响到碳和石墨制品的其他性能。

石墨制品的最大用途是做电极材料，其次是利用其化学稳定性做耐火材料炉衬和高温模具及压头等，另外还在原子能工业中做减速剂，在航天技术中做燃烧室喷管和高温结构材料，但多数情况下仅限于在还原气氛或高温瞬时下使用。

（2）碳化硅陶瓷　碳化硅是最重要的非氧化物特种陶瓷。碳化硅材料的特点是硬度高、导热性好、高温强度大、高温抗氧化性能好等，是很好的工程结构材料，除了用做磨料外，还用做高温耐火材料、窑具、电热元件、电动机及汽轮机的制造等。

通常大量生产 SiC 原料的工业方法是在 2200℃ 通过碳还原硅的氧化物而得到。为了除去杂质及让产物 CO_2 顺利逸出，常加入 NaCl 及木屑。这种方法制备的产物中有大量不纯物，可通过粉碎后经酸、碱洗涤而提纯，高纯 SiC 应是无色的。也可用硅和碳直接在 1400℃ 以上高温下反应合成 SiC。

高纯 SiC 需要在高于 2000℃ 的高温及大于 0.35MPa 的高压下烧结才能致密化，这在工艺上很困难。近年来发现添加某些物质能强烈地促进烧结，使其在通常热压条件下就能致密化并接近理论密度，添加剂有 Al_2O_3、Al_4C_3、B、C + B、B_4C 等。其中 B 的作用最明显，加入百分之零点几，即可获得理论密度很高的 SiC 制品。同时，研究也表明，游离 C 的存在是促进 SiC 烧结的另一个必要条件。因为 B 与 C 反应生成 B_4C，然后 B_4C 与 SiC 再生成固溶体，这与直接添加 B_4C 到 SiC 中的作用相同。

（3）氮化硅陶瓷　氮化硅有 α-Si_3N_4 和 β-Si_3N_4 两种晶型，α-Si_3N_4 呈针状结晶体，β-Si_3N_4 呈颗粒状结晶体，均属于六方晶系晶体。

氮化硅陶瓷的室温强度不高，高温强度较高，且其强度强烈地依赖于气孔率，对气孔率趋于零的热压和无压烧结 Si_3N_4，则常温强度较高。Si_3N_4 具有较高的硬度，仅次于金刚石、立方氮化硼、碳化硼等。Si_3N_4 耐磨，具有自润滑性，利用这种特性可作机械密封材料，但它仍属于脆性材料，受瞬时冲击易破碎。氮化硅陶瓷材料低的热膨胀系数、高的热导率及机械强度使其具有优良的抗热振性。Si_3N_4 的抗氧化温度可达 1300 ~ 1400℃，具有高温抗氧化性，且这种材料几乎不受各类无机酸的腐蚀，常温下不受强碱作用，但易被熔融碱液侵蚀。氮化硅陶瓷制品在烧结过程中几乎不发生收缩，可制成精度高的产品。目前氮化硅陶瓷主要用来制造汽轮机叶片及发动机轴承等。由于它能耐高温，可大大提高热机效率。

近年来，在氮化硅陶瓷中添加 Al_2O_3 制成了塞伦（Sialon）陶瓷。Si_3N_4 中的一部分 Si 被 Al 代替，一部分 N 被 O 代替，可形成一系列 Si-Al-N-O 固溶体，这种晶体由 $(Si, Al)(N, O)_4$ 四面体构成。Sialon 仍属于六方晶系，其性质随 Al_2O_3 溶入的多少而变化。塞伦陶瓷具有良好的化学稳定性、热稳定性和耐磨性，其应用领域也相当广泛。

（4）碳化硼陶瓷　碳化硼是强共价键化合物，由于 B-C 之间有强共价键结合，因此，其硬度、强度较高，仅次于金刚石和立方氮化硼。B_4C 的热膨胀系数较低，热导率较高，与一般酸碱不起反应。B_4C 的分解温度为 2350℃ 左右，熔点为 2450℃。在真空和还原性气氛中，制品结构可稳定到熔点，在氧化性气氛中可达到 1000℃，超过此温度则要氧化。

B_4C 主要用做松散的磨料，加工硬质陶瓷。B_4C 烧结体可做研磨工具、切削工具和高温热交换器。B_4C 的高度脆性和小的密度，可用来制造防弹背心。

（5）氮化硼陶瓷　氮化硼陶瓷（又称为白石墨）具有石墨类六方结构，其硬度低，具有自润滑性，化学稳定性好，能抵抗许多金属熔体和玻璃体的侵蚀，可作为介电体和耐火润滑剂使用。在高压和 1360℃ 温度时，氮化硼转变为立方结构，使其具有极高的硬度。立方氮化硼为金刚石的代用品，能抵抗加热温度达 2000℃。立方氮化硼陶瓷主要用做耐高温及耐腐蚀润滑剂、脱模剂、高温轴承、高温容器、磨料和金属切削工具等。

4.3 玻璃

4.3.1 玻璃的概念与分类

1. 玻璃的定义和通性

（1）玻璃的定义 玻璃的狭义定义为：熔融物在冷却过程中不发生结晶的无机物质。根据这个定义，用熔融法以外的其他方法，如真空蒸发、放射线照射、凝胶加热等方法制作的非晶态物质不能称为玻璃，还有组成上不同于无机物质的非晶态金属和非晶态高分子材料也不能称为玻璃。然而，若根据制成的材料状态及性质等方法对玻璃进行科学的分类，就不能采用上面狭义的定义。若某种材料显示出典型的经典玻璃所具有的各种特征性质，那么，不管其组成如何，都可以称之为玻璃。所谓经典玻璃的特征性质是指存在热膨胀系数和比热容的突变温度，即存在玻璃转变温度 T_g，也就是说，具有 T_g 的非晶态材料都是玻璃。从这个观点出发，除了传统氧化物玻璃外，还可将非晶态硫系化合物、非晶态金属合金及大部分非晶态高分子都称为玻璃。

从状态的角度理解，玻璃是一种介于固体与液体之间的聚集状态，也可以认为玻璃是一种材料或一种物质的名称。玻璃的定义是：由熔融物冷却、硬化而得到的非晶态固体，其内能和形成熵高于相应的晶体，其结构为短程有序，长程无序，从熔融态转化为固态时有一转变区，一般用玻璃转变温度 T_g 表示。从实用的角度来说，玻璃是一种透明的无定形固体材料。透明指的是对可见光具有一定的透明度；无定形指的是结构中质点排列是无规则的，在 X 射线谱上呈现出宽幅的散射峰。

（2）玻璃的通性 传统玻璃（如硅酸盐玻璃、硼酸玻璃、磷酸盐玻璃等）及一些非传统玻璃（如重金属氧化物玻璃、卤化物玻璃、硫化物玻璃等）都是由玻璃原料经加热、熔融、冷却而形成的非晶态固体。获得玻璃除了有熔体冷却法外，现今还有气相沉积法、水解法、高能射线辐照法、冲击波法、溅射法等非熔融法。玻璃态物质具有下列主要特征：

1）各向同性。玻璃态物质的质点排列总是无规则的，是统计均匀分布的，因此，它的物理化学性质在任何方向都是相同的。例如，在不存在机械应力的情况下，均匀玻璃没有双折射现象，也没有解理性，不像晶体那样，不同的方向具有的性质也不同。

2）介稳性。玻璃态物质一般是由熔体过冷得到的，在冷却过程中粘度急剧增大，质点来不及作规则的排列，没有释放出结晶潜热。因此，玻璃态物质比相应的结晶态物质含有较大的内能，它不是处于能量最低的稳定状态，而是介于熔融态和晶态之间，属于介稳态。从热力学观点来看，玻璃是一种不稳定的高能量状态，必然有向低能量状态转化的趋势，即有析晶的倾向。但从动力学角度来说，因玻璃析晶的动力学条件不具备，阻碍了向晶体转化的进行，所以，通常看到的玻璃长时间都是不结晶的。

3）无固定熔点。玻璃态物质由固体转变为液体是在一定温度区域内进行的，它与结晶态物质不同，没有确定的熔点。

4）物理化学性质的渐变性和可逆性。玻璃态物质在从熔融状态冷却（加热）过程中，其物理化学性质产生逐渐的和连续的变化，而且是可逆的。在结晶情况下，从熔融态（液态）到固态的过程中，内能与体积（或其他物理化学性质）在它的熔点处发生突变。而冷却成玻璃时，其内能与体积（或其他物理化学性质）却是逐渐地变化。当熔体冷却到一定温度时，开始固化成玻璃，这时的温度称为玻璃转变温度 T_g（或称为脆性温度）。当玻璃组成不变时，T_g 与冷却速度有关，冷却越快，T_g 越高，因此，T_g 应该是一个随冷却速度变化的温度范围，是区分玻璃与其他非晶态固体（如硅胶、树脂等）的重要特征温度。具有上述通性的物质都属于玻璃。

2. 玻璃的分类

玻璃的分类方法很多，常见的有按组成分类、按应用分类及按性能分类等方式。

玻璃按组成分类有元素玻璃、氧化物玻璃和非氧化物玻璃三类。元素玻璃是指由单一元素的原子构成的玻璃，如硫玻璃、硒玻璃等。氧化物玻璃包括了当前已了解的大部分玻璃品种，借助桥氧形成聚合结构的玻璃均归入此类，这类玻璃在实际应用和理论研究上最为重要，当前研究得最多的是硅酸盐玻璃、硼酸盐玻璃和磷酸盐玻璃。其他氧化物玻璃有：锗酸盐玻璃、钛酸盐玻璃、铝酸盐和镓酸盐玻璃、砷酸盐玻璃、锑酸盐和铋酸盐玻璃等。非氧化物玻璃的品种和数量很少，主要有硫族化合物玻璃和卤化物玻璃。硫族化合物玻璃的阴离子多为硫、硒、碲等，如硫化物玻璃、硒化物玻璃等，研究得较多的卤化物玻璃是氟化物玻璃和氯化物玻璃。

玻璃按用途分类是日常生活中普遍采用的一种分类方法，通常有建筑玻璃（包括平板玻璃、压延玻璃、钢化玻璃、夹层玻璃和中空玻璃等）、日用轻工玻璃（包括瓶罐玻璃、器皿玻璃和工艺美术玻璃等）、仪器玻璃（包括高硅氧玻璃、高硼硅仪器玻璃、硼酸盐中性玻璃和高铝玻璃等）、光学玻璃（包括无色光学玻璃、有色光学玻璃、眼镜玻璃和变色玻璃等）、电真空玻璃（包括石英玻璃、钨光学玻璃、钼光学玻璃以及中间玻璃、焊接玻璃等）。

按性能分类的方法一般用于一些专门用途的玻璃，它们具有某一方面的特定性能。例如，光学特性方面的光敏玻璃、声光玻璃、光色玻璃、反射玻璃、半透过玻璃；热学特性方面的热敏玻璃、隔热玻璃、耐高温玻璃、低膨胀玻璃；电学方面的高绝缘玻璃、导电玻璃、半导体玻璃、超导玻璃；力学方面的高强玻璃、耐磨玻璃；化学稳定性方面的耐碱玻璃、耐酸玻璃等。

除了上述主要分类方法外，也有按玻璃形态分类的，如泡沫玻璃、玻璃纤维、薄膜玻璃等；或者按照外观分类，如无色玻璃、颜色玻璃、半透明玻璃、乳白玻璃等。

4.3.2 玻璃的形成

1. 形成玻璃的物质

研究证实，只要冷却速度快到足以使熔体的无定形结构状态被继承下来，就可以形成玻璃或非晶态材料；晶态固体借助于切应力或放射线照射也可形成非晶态结构。也就是说，为了获得玻璃，可以有两条途径：一是将液体或气体的无序状态在环境温度下保存下来；二是破坏晶体的有序结构，使之非晶化。因此，形成玻璃的物质是非常广泛的，可以认为几乎所有物质都可以借助特定的条件形成玻璃或非晶态材料。

2. 形成玻璃的方法

有多种不同的方法可以形成玻璃，其中一些方法已在生产实际中获得应用，而另一些方法则只有学术价值或还处于实验室研究开发阶段。

（1）熔体冷却法　熔体冷却法包括常规的熔体冷却和极端骤冷两种方法。常规的熔体冷却法是目前工业生产普遍采用的方法。在工业生产中，配合料（各种玻璃原料的粉料按一定比例称量混合而成的均匀混合物）由投料口进入熔窑后，在上部火焰和下层玻璃液的加热下升温、脱水，进行硅酸盐反应，并伴随有吸热或放热效应的发生。随着温度的进一步升高，反应产物变成含有大量气泡的玻璃熔体。配合料熔化后由于密度增大，逐渐流下配合料堆，进入下层熔融玻璃液。由于配合料熔化后形成的玻璃液中含有大量的气泡，这些气泡必须在玻璃液冷却之前彻底排出熔体或被熔体吸收，以免出现在制品中，影响制品质量。排除玻璃液中气泡的过程叫做玻璃液的澄清。同时，玻璃液中往往还夹杂着大量尚未完全熔化的砂粒和条纹等不均匀相，这些砂粒和不均匀相也必须在玻璃液冷却之前彻底熔化，以保证玻璃液中化学组分的均匀，这个过程叫做玻璃液的均化。澄清并均化好的玻璃液其温度是很高的，粘度极小，不能直接形成玻璃制品，因此必须对玻璃液进行冷却，以满足成型对玻璃液粘度的要求。因此，玻璃的熔制通常需要经历配合料熔化、玻璃液澄清、玻璃液均化和玻璃液冷却四个过程。常规的熔体冷却法制备玻璃的工艺在玻璃熔制之后还有玻璃成型和玻璃退火环节。玻璃成型是熔融的玻璃液转变为具有固定几何形状制品的过程，常见的玻璃成型方法有吹制法、压制法、压延法、拉制法、离心法、浮法以及烧结法等；玻璃退火是消除或减少玻璃中热应力至允许值的热处理过程。玻璃制品在成型后的冷却过程中，经受激烈的、不均匀的温度变化，产生的热应力会导致大多数制品在存放、加工及使用中自行破裂，所以，一般玻璃制品在成型后均要经过退火以减少或消除热应力。

就常规的熔体冷却方法而言，采用普通冷却速率在空气中进行冷却就能获得玻璃态物质。在冷却过程中，少量晶核的形成是不可避免的，只要确保降温速率足够快以使形成的晶核来不及长大成晶体，就能使熔体的无序状态在冷却后的固态中得以保存。因此，凡是有利于晶核形成和晶体生长的因素都不利于玻璃的形成。用常规的熔体冷却方法可以获得硅酸盐玻璃、硼酸盐玻璃、磷酸盐玻璃及重金属氧化物玻璃等。

与常规的熔体冷却方法不同，一些熔体（如金属及强离子键性物质）采用普通冷却速度（如在空气中冷却）是不能获得玻璃的。其原因是这些熔体粘度极小，在冷却过程中熔体中的质点极易移动而排列成晶格结构。为了获得玻璃态物质，就必须采用极端骤冷方法，即通过急速冷却使熔体的无序状态被继承下来。

最早的急速冷却形成玻璃技术是使用压力冲击波将熔体液滴抛向弯曲的铜板，由于高速导热冷却，形成数微米厚的玻璃薄片。另一种急速冷却方法是将熔体液滴从坩埚中挤出下落至两块金属平板之间，由液滴通过光电池进行电子触发使其中一块平板快速向另一块静止平板运动而对液滴施加压力，这种方法制成的玻璃薄片厚度较前一种方法更为均匀，且没有气孔，但冷却速度较慢。类似的方法有将熔体液滴滴在两个快速旋转的滚轮之间进行冷却。用上述方法只能制得用于实验室中进行结构研究的小样品。

从原理上讲，只要冷却速度能够达到使熔体冷却时的无序状态被继承下来，就可以获得玻璃态物质。因此可以说，只要熔化条件及冷却速度能满足要求，几乎所有物质都可以通过极端骤冷方法形成玻璃。当前和今后的问题是如何获得用常规熔体冷却法难以得到的固体玻璃材料。

（2）气相冷却技术　将一种或几种组分在气相中沉积到基体上也能得到非晶态固体。气相物质是通过加热适当的化合物得到的，无化学反应介入时称为非反应沉积，有化学反应介入时则称为反应沉积。气相冷却技术通常用来制取电子学和光学应用方面的薄膜，反应沉积法也可制得用熔体冷却方法不易得到的块状玻璃或超纯材料。气相冷却技术制备玻璃通常包括蒸发冷却、溅射和反应沉积等几种方法。

蒸发冷却是使物质在真空下汽化后冷凝而积聚在基体上的方法。使物质汽化的加热方法有电阻加热、电子束加热和高频加热等。单金属较易用此法蒸发，对于多组分系统来说，往往要用几个分离的蒸发源或易于以"闪蒸发"进行快速沉积的金属合金作为蒸发源。

溅射法是将待涂层的基底和固体溅射源同处于一个低压气氛（一般用氩气）的密闭溅射室内，用几千伏特的直流高压引起辉光放电，基底作为阳极，辉光放电产生的 Ar^+ 离子在电场作用下飞向阴极，从阴极中溅射出原子，这些原子的一部分凝聚在试样表面形成一层均匀的非晶态薄膜，其组成与溅射源相近。此法可沉积单质金属或合金并被广泛应用于电子学和光学领域。连续溅射装置用来在玻璃板上镀制金属或氧化物膜层，用于建筑物的采光控制。在工业生产装置中还使用交流电场和磁场（称为磁控溅射）增加离子运动的路程，从而提高它们相互碰撞的几率以便得到更好的溅射效率。

在反应溅射方法中，如果氢气中含有氧气或氮气，形成的溅射膜将会是阴极金属的氧化物或氮化物；如果使用硅阴极，则将得到 SiO_2 或 Si_3N_4 薄膜。这类反应溅射沉积方法在电子工业中极为重要，例如，使用玻璃薄膜层包覆集成电路和用介电薄膜作为有源或无源元件。那些用直接方法不可能制得薄膜的系统也常能运用此类技术制得无定形薄膜。

反应沉积法则是通过提供足够的激活能引发气相化学反应，该激活能可为热能或射频辉光放电的电能。

化学气相沉积法是利用非均相化学反应将金属有机化合物和金属氧化物气相沉积到加热的固体基底上。在这方面已做过的大多数工作是关于 SiO_2、Si_3N_4、$SiO_2\text{-}P_2O_5$、$SiO_2\text{-}B_2O_3$ 和 Al_2O_3 薄膜的制备，既有低温（450℃）CVD 法，也有高温（850℃）CVD 法。辉光放电等离子体（射频或微波）法是一种低温（310℃）方法，用于制取硫族化合物玻璃薄膜和 $Si_xN_yH_z$ 薄膜。

（3）固态方法 除了前面介绍的用熔体冷却和气相冷却法获得玻璃或非晶态物质外，也可以通过固态方法从晶体得到非晶态固体，如辐照、冲击波、机械及扩散方法等。

高能粒子辐照法是将高能粒子与晶体中的原子碰撞以形成晶格缺陷，使晶格的有序度降低，最终形成非晶态固体。中子的碰撞几率较低，但每一次碰撞都能产生大量的晶格缺陷；带电粒子的碰撞几率较高，但能形成的位错较少。粒子的动能传给临近原子便形成"热刺"，在 $10^{-10}\sim10^{-11}\mathrm{s}$ 时间内温度达到数千开，使 10^4 个原子的区域内局部熔融，接着发生超快急冷。许多陶瓷材料受到剂量约为每平方厘米 3×10^{20} 个中子的照射可变成无定形态。石英和方石英受高能粒子辐照也会逐渐无定形化，其性质向 SiO_2 玻璃变化。放射性材料，例如复合氧化铀矿物，因受到自身放射性辐照而无序化。

爆炸产生的数十万巴（$1\mathrm{bar}=10^5\mathrm{Pa}$）的强冲击波可使晶体无定形化。虽然晶体的外形保持不变，内部也没有物质的流动，但晶体格子因受到破坏而形成玻璃。陨石的冲击亦能形成非晶态材料，已发现月球表面覆盖有一层玻璃态材料。与月球探险有关的玻璃研究的目的在于确定这些玻璃态材料是由火山喷发引起的还是由连续不断的陨石冲击形成的。

利用冲击波实现非晶化的实际应用至今尚少。Schott 玻璃厂获得了一个用超声波制取高折射率氧化物玻璃和氟化物玻璃的专利（Schott, 1968）。这种氧化物玻璃不能用常规的熔化法制得，氟化物玻璃的折射率则高于用熔化法制取的产品。冲击波方法的一个重要应用是在金属玻璃领域，将金属玻璃颗粒进行爆炸，压缩成为均匀的圆柱或圆盘。这些块体金属玻璃用烧结法制造时会发生结晶，但用冲击波法处理则能保持材料的无定形特征。日本正在开发玻璃粉末的动态冲击压缩和玻璃带的超声焊接技术。

在长时间机械研磨的情况下，由于剪切力的作用可使晶体的有序性逐渐被破坏，最终形成非晶态固体。

相互扩散作用可用于制取非晶态材料。Johnson 等（1985）研究了由晶态金属薄膜叠加而成的多层体制取无定形夹层的可能性。纯金属的混合热高，当它们在适当的动力学条件下相互接触时，有可能形成非晶态。所研究的系统为 Au-La、Zr-Ni 和 Hf-Ni 等。

（4）溶胶-凝胶法　有一系列通过溶液化学途径合成无机玻璃的方法，溶胶-凝胶法就是其中之一。这种方法的特点是：玻璃网络结构是通过低温下适当化合物的液相化学聚合反应而形成的。首先通过液体原料的混合反应而形成溶胶，然后通过凝胶化使溶胶转变为凝胶，最后除去凝胶中的水分及有机物等液相并通过烧结除去固相残余物而制得玻璃。

这种从前驱体出发合成玻璃、陶瓷及复合材料的方法是目前发展最为迅速的材料科学技术领域之一。在国际上重要的玻璃科学技术实验室里，用溶胶-凝胶法制取玻璃的研究十分活跃。

通过溶胶-凝胶法可以获得许多不同组成的材料。由于原料为液体，其混合是分子级混合，因此可获得化学组成均匀的材料；又由于在低温下可形成网络结构，通过溶胶-凝胶方法获得玻璃或陶瓷材料的烧结温度也就相对较低；同时，可获得复杂形状的材料。当然，由于凝胶中往往含有大量水分及有机物，凝胶需经历干燥和烧结过程，在这一过程中，凝胶容易开裂，这是特别需要注意的一个问题。

总之，获得玻璃或非晶态固体的方法很多，除了前面介绍的四种方法外，通过阳极氧化及热分解也可以获得非晶态固体。

需要指出的是，由熔融法制取玻璃时，冷却速度是一个影响玻璃形成的重要因素。因为熔体冷却到一个稳定的、均匀的玻璃体一般要经过一个析晶温度范围，必须快速越过析晶温度范围，冷却到凝固点以下，方能形成玻璃体。为了分析影响玻璃形成的种种因素，常从热力学、动力学和结晶化学方面寻找其内在联系。

3. 形成玻璃的条件

（1）热力学条件　从热力学观点来看，玻璃处于介稳状态，有转变为稳定晶态的趋势。一般来说。如果同组成的玻璃体与晶体的内能差别大，则在不稳定过冷状态下，晶化的倾向大，而形成玻璃的倾向小。

（2）动力学条件　熔体玻璃化或结晶化是矛盾的两个方面，凡是对熔体结晶作用不利的因素，恰恰是玻璃形成的有利因素。而熔体能否结晶主要取决于熔体过冷后能否形成新相晶核以及晶核能否长大成晶体。前者如果是在熔体内部自发成核，称为均态核化；如果是由表面效应、杂质或引入晶核剂等各种因素支配的成核过程，则称为非均态核化。核化以后，就决定于晶体能否长大了。成核和晶体生长都需要时间，如果要从熔体冷却获得玻璃，就必须要在熔点以下迅速冷却使之来不及析晶，换句话说，玻璃的形成可以通过控制晶核生成速率和晶体生长速度来实现，这两个速率均与过冷度（熔点温度与过冷液体的实际温度）有关。如果晶体生长的最大速率所处的温度范围和晶核生成的最大速率所处的范围很近，晶核一经形成，就能迅速生长，系统容易析晶，不易形成玻璃；反之，两种速度的最大值相应的温度差越大，当温度降低到晶体生长温度区时，因没有晶核形成，也就不会有晶体长大；而当温度降低到晶核形成区时，虽有大量晶核形成，但已越过晶体生长区，因而，晶核也就不能长大成晶体，在这种情况下，熔体就不会析晶，而容易形成玻璃体。

总之，任何种类的玻璃形成物质，在熔点以下的温度保持足够长的时间都能析晶，形成玻璃的关键是熔体应该冷却多快以免出现可见的析晶。

除了冷却速率外，晶体的生长与原子或分子迁移到晶核上去的难易程度也有关，也就是说与液体中质点的迁移难易及速率有关。液体越稀，质点迁移越容易，晶体生长也就越容易；而液体越稠，质点迁移需克服的液层间的内摩擦力（即粘度）也就越大，晶体生长越困难。从粘度（或内摩擦力）对质点迁移的影响可以说明液体粘度的大小对玻璃形成有重要影响。通常，如果熔体在熔点时具有高的粘度，并且粘度随着温度的降低而剧烈增加，就使析晶需要克服的能量势垒增高，这类熔体易于形成玻璃；而一些在熔点处粘度很小的熔体容易析晶，不易形成玻璃。

以上讨论了冷却速度和粘度对玻璃形成的影响，但这些因素毕竟是反映物质内部结构的外部属性。玻璃形成规律的探索还需要从物质内在结构需要的化学键性及原子排列方式上来考察，也就是下面介绍的玻璃形成的结晶化学条件。

（3）结晶化学条件

1）熔体中质点的聚合程度。熔体自高温冷却，其原子、分子的动能减小，它们必将进行聚合并形成大阴离子团，从而使熔体粘度增大。一般认为，如果熔体中的阴离子团是低聚合的，就不容易形成玻璃。因为结构简单的小阴离子团（特别是离子）便于迁移、转动而调整为晶格结构；反之，如果熔体中的阴离子团是高聚合的，其位移、转动、重排都困难，因而不易调整成为晶体，容易形成玻璃。例如，氯化钠熔体由自由的钠离子和氯离子构成，在冷却过程中，很容易排列成为 NaCl 晶体，不能生成玻璃；而 SiO_2 熔体由高聚合的大阴离子团组成，在冷却过程中，由于熔体结构复杂，转动和重排都很困难，故不易调整为晶体结构，形成玻璃的能力很强。但熔体阴离子团的大小并不是能否形成玻璃的必要条件，低聚合的阴离子因其特殊的几何构型或因其间有某种方向性的作用力存在，只要析晶激活能比热能相对大得多，都有可能形成玻璃。

2）键性。化学键的特性是决定物质结构的主要因素，对玻璃形成有着重要的影响。

离子键化合物在熔融状态下以单独离子形式存在，流动性很大，在凝固点靠库仑力迅速组成晶格。离子键的作用范围大，且无方向性，并且一般离子键化合物具有较高的配位数（6 或 8），离子相遇组成晶格的几率较高，所以，一般离子键化合物很难单独形成玻璃。

金属键物质如单质金属或合金，因金属键的无方向性和饱和性，其结构倾向于最紧密排列，在金属晶格内形成一种最高的配位数（12），原子间相遇组成晶格的几率很大，因此最不容易形成玻璃。

共价键有方向性和饱和性，作用范围小，但单纯共价键的化合物大都为分子结构，而作用于分子间的力为范德华力。由于范德华力无方向性，组成晶格的几率比较大，一般容易在冷却过程中形成分子晶格，所以，共价键化合物也不易形成玻璃。

由上述可知，比较单纯的键型如金属键及离子键化合物在一般条件下不容易形成玻璃，而纯粹的共价键化合物也难以形成玻璃。只有当离子键和金属键向共价键过渡，或极性过渡键具有离子键和共价键的双重性质时，极性键的共价性成分才有利于促进生成具有固定结构的配位多面体，构成近程有序性；而极性键的离子性成分促进配位多面体不按一定方向连接，产生不对称变形，构成远程无序的网络结构，在能量上有利于形成一种低配位数结构，所以形成玻璃的倾向大。

3）键强。氧化物的键强是决定它能否形成玻璃的重要条件。孙光汉于 1947 年提出了可用元素与氧结合的单键强度大小来判断氧化物能否形成玻璃，他首先计算出各种化合物的分解能，并以该化合物的配位数除之，得出的商即为单键能。

根据单键能的大小，可将氧化物分为三类：网络形成体氧化物（其中正离子为网络形成体离子），其单键强度大于 334.94kJ/mol，这类氧化物能单独形成玻璃；网络变性体氧化物（正离子为网络变性离子），其单键强度小于 251.21kJ/mol，这类氧化物不能单独形成玻璃，但能改变网络结构，从而使玻璃性质改变，故又称为玻璃改性氧化物；网络中间体（正离子为中间离子），其作用介于网络形成体和网络变性体两者之间。网络形成体的键强比网络变性体高得多，在一定温度和组成时，键强越高，熔体中负离子团越牢固，因此，键的破坏和重新组合也越困难，成核势垒也越高，故不易析晶而形成玻璃。

4.3.3　玻璃的结构与性质

1. 玻璃的结构

玻璃作为非晶态材料中的主要一族，对它的结构研究是比较多的。最早提出玻璃结构理论的是门捷列夫，他认为玻璃是无定形物质，没有固定的化学组成，与合金类似；塔曼把玻璃看成为过冷的液体；索克曼等提出玻璃基本结构单元是具有一定化学组成的分子聚合体。半个多世纪以来，人们提出了很多玻璃结构学说，但由于涉及的问题比较复杂，至今还没有完全一致的结论。目前较普遍为人们所接受的玻璃结构学说是晶子学说和无规则网络学说。

（1）晶子学说　晶子学说由前苏联学者列别捷夫于 1921 年初创立。他在研究硅酸盐玻璃时发现，无论从高温冷却还是从低温升温，当温度达到 573℃ 时，玻璃的性质必然发生反常变化，而 573℃ 正是石英由 α 晶型向 β 晶型转变的温度，于是他认为玻璃是高分散晶体（晶子）的集合体。后来的研究也清楚地表明任何成分的玻璃都有这种现象。

瓦连可夫和波拉依-柯希茨研究了成分递变的硅酸钠双组分玻璃的 X 射线散射强度曲线。结果表明，玻璃的 X 射线谱不仅与成分有关，而且与玻璃的制备条件有关。提高热处理温度或延长加热时间，X 射线谱的主散射峰陡度增加，衍射图也越清晰，他们认为这是由于晶子长大所造成的。

虽然结晶物质和相应玻璃态物质的 X 射线衍射或散射强度曲线极大值的位置大体相似，但不一致的地方也是明显的，很多学者认为这是由玻璃中晶子点阵结构的畸变所致。

弗洛林斯卡娅观察到，在许多情况下，玻璃和析晶时以初晶析出的晶体的红外反射和吸收谱极大值是一致的，这意味着玻璃中有局部不均匀区，该区中原子排列与相应晶体的原子排列大体一致。

根据很多实验研究得出晶子学说的主要论点为：玻璃由无数"晶子"所组成，所谓的"晶子"不同于微晶，它是带有晶格变形的有序区域；这些"晶子"分散在无定形介质中，从"晶子"部分到无定形部分的过渡是逐步完成的，两者之间无明显界线。晶子学说揭示了玻璃的一个结构特征，即微不均匀性和有序性。

（2）无规则网络学说　无规则网络学说由查哈里阿森在 1932 年提出，以后逐步发展成为玻璃结构理论的一种学派。

查哈里阿森认为：凡是成为玻璃态的物质与相应的晶体结构相似，也是由一个三度空间网络构成的。这种网络是由离子多面体（四面体或三角体）构筑起来的。晶体结构网络由多面体无数次有规律的重复而构成，而玻璃体的结构中多面体的重复没有规律性。

在无机氧化物所组成的普通玻璃中，网络是由氧离子的多面体构筑起来的。查哈里阿森假定：一个氧离子最多只能同两个形成网络的正离子连接；正离子的配位数是 3 或 4，正离子处于氧多面体的中央；这些氧多面体通过顶角上的公共氧依不规则方向相连，但不能以氧多面体的边或面连接；要形成连续的空间结构网络，要求每个多面体至少有三个角是与相邻多面体公共的，这些公共氧被称为"桥氧"，结构中桥氧越多，表明网络的连接程度越好。

如果玻璃成分中有碱金属离子和碱土金属离子网络改性离子氧化物，它们也会引入一定数量的氧离子，这时桥氧键就有可能被切断而成为非桥氧，桥氧数减少，非桥氧必然增加，网络结构的完整程度也将下降。碱金属离子或碱土金属离子位于被切断的桥氧离子附近的网络外间隙中，作为整体玻璃来说是统计分布均匀的。如果玻璃中引入的碱金属氧化物或碱土金属氧化物很多，氧多面体有可能以孤立状态存在，即出现不与网络形成体离子成键的氧，这种氧离子被称为游离氧，这些游离氧与碱金属或碱土金属离子成键，以离子键化合物的形式存在于物质结构中。从以上分析可以看到，玻璃的无规则网络结构随组成不同或网络被切断的程度不同而异，可以是三维网络，也可以是二维层状结构或一维链状结构，甚至可以是大小不等的环状结构，也可能是多种不同结构共存。

总之，无规则网络结构学说强调了玻璃中离子与氧多面体相互间排列的均匀性、连续性及无序性等特征，也即强调了玻璃结构的近程有序和远程无序性。这些结构特点可以在玻璃的各向同性及随成分改变时玻璃性质变化的连续性等基本特性上得到反映。因此，网络学说能解释一系列玻璃性质的变化，它长期以来是玻璃结构学说的主要学派。

无规则网络结构学说近年来也得到一定发展，它认为阳离子在玻璃结构网络中所处的位置不是任意的，而是有一定的配位关系。多面体的排列也有一定规律性，并且在玻璃中可能不只存在一种网络（骨架），因而承认了玻璃结构的近程有序和微观不均匀性。

晶子学说代表者也逐渐认识到，在玻璃结构中除了有极度变形的较有规则排列的微晶子外，尚有无定形中间层存在，最规则结构大约在晶子中心部位。通过有序程度的逐渐降低，相邻两个晶子融合于无定形介质中。

随着对玻璃性质及其结构的更深入研究，各方面都已承认，具有近程有序和远程无序是玻璃态物质的结构特点，玻璃是具有近程有序区域的无定形透明物质。对玻璃结构的研究至今还在继续进行，对无序区与有序区的大小、结构等的判定仍有分歧。随着结构分析技术的进步，玻璃结构理论将得到不断发展和完善。

2. 玻璃的性质

（1）玻璃的力学性质　玻璃以其抗压强度高、硬度高而得到广泛应用，也因其抗张强度与抗折强度不高，而且脆性大而使其应用受到一定的限制。

玻璃的实际强度要比理论强度低得多，与理论强度相差 2~3 个数量级。这是因为玻璃的强度除了和原子间作用力（化学键）有关之外，还与玻璃的脆性、表面微裂纹、内部不均匀区（力学弱点）及各种缺陷的存在有关。其中，表面微裂纹对玻璃强度的影响最大。

当玻璃受到应力作用时，表面上的微裂纹尖端因应力集中而造成裂纹急剧扩展以致使玻璃破裂。

影响玻璃强度的主要因素有化学组成、温度、玻璃中的缺陷和应力等。不同组成的玻璃结构间的键强不同，石英玻璃的强度最高，含有二价阳离子的玻璃强度次之，强度最低的是含有大量一价阳离子的玻璃；在不同温度下玻璃的强度不同，根据对 $-20 \sim 500℃$ 范围内的测试结果，强度最低值位于 200℃ 左右。一般认为，随着温度的升高，热起伏现象增加，使缺陷处积聚了更多的应变能，增加了破裂几率。当温度高于 200℃ 时，由于裂口的钝化缓和了应力集中，使玻璃强度增大。玻璃中的宏观缺陷如固态夹杂物、气态夹杂物、化学不均匀等，因其化学组成与主体玻璃不一致而造成内应力，同时，一些微观缺陷如点缺陷、局部析晶等在宏观缺陷地方集中，导致玻璃产生微裂纹，严重影响玻璃的强度。玻璃中的残余应力，特别是分布不均匀的残余应力，使强度大为降低。而玻璃进行钢化后，表面存在压应力，内部存在张应力，并且是有规则的均匀分布，玻璃强度大大提高。

目前，提高玻璃机械强度的方法主要有退火、钢化、表面处理与涂层、微晶化与其他材料制成复合材料等，这些方法能使玻璃的强度增加几倍甚至几十倍。

（2）玻璃的热学性质　热学性质包括热膨胀系数、导热性、比热容及热稳定性等，其中以热膨胀系数较为重要，它对玻璃的成型、退火、钢化，玻璃与金属、玻璃与玻璃、玻璃与陶瓷的封接，以及玻璃的热稳定性等都具有重要意义。

玻璃热膨胀系数的影响因素主要有化学组成、温度和热历史。玻璃的比热容和热导率均随温度的升高而增大。玻璃的热稳定性是玻璃经受剧烈的温度变化而不破坏的性能，热稳定性的大小用试样在保持不破坏条件下所能经受的最大温度差来表示。在热冲击条件下玻璃产生破裂的原因主要是由于温差的存在，致使沿玻璃的厚度，从表面到内部，不同处有着不同的膨胀量，由此产生的内部不平衡应力使玻璃破裂。因此，提高玻璃热稳定性的途径主要是降低玻璃的热膨胀系数。

（3）玻璃的化学稳定性　玻璃抵抗气体、水、酸、碱、盐和各种化学试剂侵蚀的能力称为化学稳定性。

玻璃有着较高的化学稳定性，在常温下几乎对所有化学药品都有较强的抵抗力。玻璃具有很强的耐酸性，除了氢氟酸外，一般的酸都是通过水的作用侵蚀玻璃，酸的浓度大，意味着水的含量低，因此浓酸对玻璃的侵蚀作用低于稀酸。硅酸盐玻璃一般不耐碱，其耐碱性要差于耐酸性及耐水性。大气比水对玻璃的侵蚀更强烈，因为除了水的侵蚀外，还兼有碱、CO_2 及 SO_2 等的侵蚀作用。

4.3.4　常见玻璃简介

1. 氧化物玻璃

（1）硅酸盐玻璃　硅酸盐玻璃是以 SiO_2 为主要成分形成的玻璃。石英玻璃是硅酸盐玻璃系统中最简单的一种。

石英玻璃是由硅氧四面体 $[SiO_4]$ 以顶角相连而组成的三维网络结构，这些网络结构没有像石英晶体那样的远程有序。石英玻璃是其他二元、三元或多元硅酸盐玻璃结构的基础。

当在石英玻璃的组成 SiO_2 中引入碱金属氧化物 R_2O 或碱土金属氧化物 RO 时，原来的氧硅原子比为 2 的三维架状结构被破坏，玻璃的性质也随之发生变化。硅氧四面体的每一种连接方式的改变都会引起玻璃物理性质的变化，尤其是从连续三维方向发展的硅氧架状结构向二维方向层状结构及由层状结构向一维方向发展的硅氧链状结构变化时，其性质变化更大。

基于玻璃无规则网络结构的基本概念，并考虑玻璃中各原子或离子的相互依存关系，以及为了便于比较玻璃的各种物理性质，特引用一些基本结构参数来描述玻璃的网络特性。诸如用 X 表示氧多面体的平均非桥氧数；Y 表示氧多面体的平均桥氧数；Z 表示包围一种网络形成正离子的氧离子数目，即网络形成正离子的配位数，Z 为 3 或 4；R 表示玻璃中的全部氧离子与全部网络形成体离子数之比。四个结构参数之间的关系为

$$X + Y = Z$$
$$X + Y/2 = R$$

根据四个结构参数之间的关系，可以计算出桥氧 Y 和非桥氧 X 的数量，并由此判断玻璃网络结构连接程度的好坏。

例如，石英玻璃 SiO_2 的 Z 为 4，氧与网络形成体的比例 R 为 2，则计算得 X 为 0，Y 为 4，说明所有氧离子都是桥氧，$[SiO_4]$ 四面体的所有顶角都是共有，玻璃网络连接程度达最大值。又如，玻璃含 Na_2O 12%、CaO 10% 和 SiO_2 78%（均为摩尔分数），则 $R = 2.28$，$Z = 4$，算得 X 为 3.44，表明玻璃网络结构的连接程度比石英玻璃的差。

结构参数 Y 对玻璃性质具有重要意义，Y 越大，网络连接程度越紧密，玻璃的机械强度越高；Y 越小，网络连接越疏松，网络空穴越大，网络改性离子在网络空穴中越易移动，玻璃的热膨胀系数增大，电导增加，高温下的粘度下降。上述结构参数除了用于硅酸盐玻璃外，也可用于其他玻璃。

（2）硼酸盐玻璃　纯 B_2O_3 玻璃是硼酸盐玻璃中最简单的一种。在 B_2O_3 玻璃中，三价硼离子以 $[BO_3]$ 三角体形式存在，这种结构的 $Z = 3$、$R = 1.5$，其他两个结构参数 $X = 2R - 3 = 0$、$Y = 2Z - 2R = 3$。因此，在 B_2O_3 玻璃中，$[BO_3]$ 三角体的顶角也是共有的。根据核磁共振、红外和拉曼光谱分析以及其他物理性质推论，由 B 和 O 交替排列的平面六角环的 B-O 集团是 B_2O_3 玻璃的重要基元，这些环通过 B—O—B 链连成层状网络。

在 B_2O_3 中引入其他氧化物可获得二元或三元或多元硼酸盐玻璃。R_2O 或 RO 的引入对硼酸盐玻璃结构和性能的影响比硅酸盐复杂。例如，在钠硼酸盐玻璃中，当 Na_2O 的引入量在 16.7% 以下时，玻璃的热膨胀系数随 Na_2O 引入量的增加而降低；而 Na_2O 超过 16.7% 时，热膨胀系数随 Na_2O 的增加而上升；Na_2O 含量为 16.7% 时，热膨胀系数取极小值。这种现象被称为"硼反常"，在硅酸盐玻璃中不存在这种现象。对硼酸盐与硅酸盐玻璃的这种区别可作如下分析：在石英玻璃中引入 R^+ 时，会破坏相邻 $[SiO_4]$ 四面体的桥氧键，形成两个非桥氧，网络断开，Y 降低，R^+ 引入量越大，Y 降低越多，玻璃的结构网络联系程度更差，因此，随着 R^+ 的引入及引入量的增加，玻璃的热膨胀系数增加。而在 B_2O_3 中引入 R_2O 时，R_2O 给出游离氧，开始使一部分 $[BO_3]$ 三角体转变为 $[BO_4]$ 四面体，另一部分 B^{3+} 仍以 $[BO_3]$ 三角体形式存在。这些 $[BO_4]$ 四面体参与到玻璃网络结构中，使玻璃结构从层状向架状转变，结构变得更紧凑，因而当 R_2O 引入量在一定范围内时，随着 R_2O 的引入，热膨胀系数下降，当达到饱和量（16.7%）时，热膨胀系数达到最小值。当 R_2O 引入量超过 16.7% 时，$[BO_4]$ 四面体达到一定数量。由于 $[BO_4]$ 四面体本身带有负电荷，

不能直接相连接，需要中性离子团来隔开，这时，［BO_3］三角体不再转变成［BO_4］四面体；加入的游离氧就像在硅酸盐玻璃中一样，引起硼氧网络的破裂。由于形成非桥氧，Y 值随 R_2O 引入量的增加而下降。

在硼酸盐玻璃系统中，最具实用价值的是硼硅酸盐玻璃，这种玻璃以 R_2O、B_2O_3、SiO_2 为基础组成，因其具有热膨胀系数小及热稳定性和化学稳定性良好等特点而被广泛应用于仪器玻璃方面。

（3）磷酸盐玻璃　纯 P_2O_5 玻璃是磷酸盐玻璃中最简单的一种。在 P_2O_5 玻璃中，P 原子与 O 原子构成磷氧四面体［PO_4］，它是磷酸盐玻璃网络结构的基本单元。磷是五价离子，与［SiO_4］四面体不同的是，［PO_4］四面体的四条键中有一条是双键，四面体以顶角相连形成三维网络。由于 P＝O 双键的存在，每个［PO_4］四面体只和三个［PO_4］四面体而不是和四个［PO_4］四面体共顶连接，网络的连接程度及完整程度显然低于硅酸盐玻璃。在纯 P_2O_5 玻璃中，Z 为 5，R 为 2.5，由此可求得平均桥氧数为 3，非桥氧数为 1。

在 P_2O_5 中引入碱金属或碱土金属氧化物可形成二元或多元磷酸盐玻璃。随着碱金属或碱土金属氧化物的引入及引入量的增加，［PO_4］四面体组成的三维网络结构被破坏，也就是说碱金属或碱土金属氧化物的引入，导致结构中 P—O—P 键断裂。

磷酸盐玻璃的上述特点，使得该类玻璃具有较低的软化温度和较差的化学稳定性，而且其热膨胀系数往往也比较高，因此，只有少量磷酸盐玻璃及含 P_2O_5 的玻璃具有实用价值。如磷酸盐玻璃具有较大的受激发射截面及较低的三阶非线性折射率，可用做高功率激光聚变装置的激光放大器介质材料；通过控制玻璃的溶解速率，使其中所含的过渡族金属元素或其他活性元素释放出来，用于动、植物痕量元素的检测；在磷酸盐玻璃组成中加入卤化物，可大大提高其离子传导性，用于电池研究领域；此外，磷酸盐玻璃也被用于生物组织缺损部位的修复，是一种较好的生物功能材料。

2. 非氧化物玻璃

（1）硫属化合物玻璃　这类玻璃是指以元素周期表第六主族的硫、硒、碲三元素为主要成分的玻璃。除了硫属单质或硫属元素本身相结合的玻璃外，尚有硫属元素和砷、锑、锗等相结合的玻璃。由于后者具有一系列的重要性能，颇受人们的重视。硫属玻璃大部分不含氧，故又称为非氧玻璃。硫属化合物玻璃是重要的半导体材料、透红外光材料和易熔封接材料等，它具有特殊的开关效应，近年来已用做光开关的光电导体，将为玻璃在新技术应用方面开辟新的途径。

单质硫和硒都能形成玻璃态物质。单质硫具有环状结构，每个硫原子采取 sp^3 杂化态并形成两个共价单键，且聚合成长链。把加热到 230℃ 的熔融态硫迅速注入到冷水中，便成为玻璃态硫。

硫属化合物玻璃主要是以砷为主族的硫化物、硒化物和碲化物为基础制成的。硫属化合物之所以能聚合形成线形或层状结构的玻璃态物质，主要是通过硫属元素的"桥联"作用来实现的。而硫属化合物的聚合和形成链状结构的能力，则是它形成玻璃态物质的基本条件。

硫属化合物玻璃中最主要的是砷-硫属系统，其代表为 As_2S_3、As_2Se_3。X 射线和红外吸收光谱等结构分析证明：由 As_2S_3 所组成的玻璃很接近于线状有机聚合体（即表现为链状结构）。As_2S_3 和 As_2Se_3 玻璃具有很大的电阻，若用其他元素置换部分硫属元素，电阻随之减小，而显示出半导体性。

制备硫属化合物玻璃时，一般是把配合料加入透明石英玻璃容器中进行真空密封，然后置于电炉中加热熔融，按一定的工艺规程将容器急冷、淬冷得到所需的玻璃。硫属化合物玻璃蒸气有毒，制备时必须采取防护措施。

（2）卤化物玻璃　这类玻璃通常是由金属卤化物（主要是氟化物）组成的，它的结构特点是通过第七族元素的"桥联"作用，把结构单元连接成架状、层状或链状结构。人们很早已制成 BeF_2 玻璃，一般认为 $[BeF_4]$ 四面体是它的结构单元，在玻璃中形成类似于 SiO_2 结构的空间排列。它的短程有序和 α-方石英相似。已经证明，氟化铍玻璃是由 $[BeF_4]$ 四面体连接成的三度空间的架状结构，而其他卤化物玻璃则常常是形成层状或链状结构。

氟化物玻璃具有超低折射和色散的特性，是重要的光学材料。氟化物玻璃也用做易熔封接材料。近年来又发展了一种混合型氧化物-氟化物玻璃，玻璃结构中的氧和氟都起桥联作用。

为了防止氟化物的氧化和挥发，氟化物玻璃一般在密闭坩埚中进行熔制。含氟玻璃析晶倾向强烈，熔好后必须快速降温。由于它的析晶倾向大，故一般不易获得条件体积较大的玻璃块样品。

3. 微晶玻璃

将加有成核剂的特定组成的基础玻璃在一定温度下进行热处理，可变成具有微晶体和玻璃相均匀分布的材料，称为微晶玻璃。微晶玻璃的结构、性能及生产方法同玻璃和陶瓷都有所不同，其性能集中了后两者的特点，成为一类独特的材料，所以它也称为玻璃陶瓷或结晶化玻璃。

微晶玻璃具有许多宝贵的性能，如膨胀系数变化范围大、机械强度高、化学稳定性及热稳定性好、使用温度高及坚硬耐磨等。微晶玻璃的性能是由晶相的矿物组成与玻璃相的化学组成以及它们的数量决定的。调整上述各种因素，就可以生产出各种预定性能的材料。

微晶玻璃的生产过程，除了增加热处理工序外，同普通玻璃的生产过程一样。微晶玻璃所用的原料不特殊、生产过程简单，但产品却有着优异的性能，因而把微晶玻璃的出现看成是玻璃生产的一次重大进展。由于微晶玻璃具有物美价廉的特点，并且其中的某些品种，如矿渣微晶玻璃又可以利用工业废料，所以得到了迅速发展。

微晶玻璃最初（1953 年）是由感光玻璃发展而来的。经过紫外线照射并在析晶温度下进行热处理，感光玻璃就变成了光敏微晶玻璃。后来（1957 年）美国康宁玻璃公司发现了不经紫外线照射，调整热处理温度也能制取微晶玻璃的方法，称为热敏微晶玻璃。微晶玻璃在不断地发展，现在已经研究出数千种微晶玻璃材料。

4. 金属玻璃

通常非晶态可看做固化的过冷液态，有时也叫做无定形态或玻璃态，非晶合金常被称为金属玻璃。金属玻璃系统大致分为五类，见表 4-1，其中主要是第 I 类和第 II 类。最初的研究多数集中于金属-类金属玻璃系统，即第 I 类，它们是采用快速凝固法获得的第一批金属玻璃，也是最有用的一种。金属-类金属玻璃最容易用快速凝固法制成，其中有两种玻璃（$Pd_{40}Ni_{40}P_{20}$ 和 $Pd_{77.5}Cu_6Si_{16.5}$），如果采用适当的方法抑制表面异相成核，甚至冷却速率低至 1℃/s 时也能形成玻璃。

表 4-1　金属玻璃系统分类

	类别	代表系统	典型成分范围（摩尔分数,%）
I	T^2 或贵金属 + 类金属	Au-Si, Pd-Si, Co-P, Fe-B, Fe-P-C, Fe-Ni-P-B, Mo-Ru-Si, Ni-B-Si	15% ~ 25% 的类金属
II	T^1 金属 + T^2（或铜）	Zr-Cu, Zr-Ni, Y-Cu, Ti-Ni, Nb-Ni, Ta-Ni, Ta-Ir	30% ~ 65% 的 Cu 或 T^2，或更小的成分范围
III	A 金属 + B 金属	Mg-Zn, Ca-Mg, Mg-Ga	无固定的成分范围
IV	T^1 金属 + A 金属	(Ti, Zr)-Be, Al-Y-Ni	20% ~ 60% 的 Be, 10% Y, 5% 的 Ni
V	锕系元素 + T^1	U-V, U-Cr	20% ~ 40% T^1

注：A 金属：Li、Mg 族；B 金属：Cu、Zn、Al 族；T^1：轻过渡族金属（Sc、Ti、V 族）；T^2：重过渡族金属（Mn、Fe、Co、Ni 族）。

第Ⅲ类和第Ⅴ类是一些罕见的情况，人们对它们的兴趣很小。以前人们对于第Ⅳ类的关注程度也是如此（含 Be 的玻璃曾一度因能用做低密度、高强度的补强带而引起广泛重视，但由于 Be 对健康有害，这一研究大大降温），现在却因最近发现的富 Al 玻璃而发生变化，并已发现许多种富 Al 玻璃。对于第Ⅰ类和第Ⅳ类玻璃，主要研究的是三元系统；对于第Ⅱ类玻璃，主要研究二元系统；对于第Ⅲ类玻璃，除了快速凝固方法以外，几乎所有玻璃形成方法都被用来进行研究。

下面简要介绍一种新型富 Al 玻璃，它具有高强度、高韧性及质量轻等性能，其典型成分为 80% 的 Al 和 10% 的过渡族金属，如 Ni、Co 或 Fe 以及 10% 的稀土金属如 Y、Ce 或 La。日本和美国的研究人员发现，虽然铝与稀土的二元组合可形成玻璃，但玻璃形成范围很窄，加入第三种元素（过渡族金属）可拓宽其玻璃形成范围。

目前，金属玻璃唯一大批量应用的系统是铁基玻璃，利用其软磁性能可做成变压器片，其他磁性应用及电催化应用的研究仍在发展中，而一些金属玻璃的高强度和高韧性的应用开发则远落后于其他应用研究。

4.4　水泥

4.4.1　通用硅酸盐水泥概述

1. 水泥的定义及分类

加水拌和成塑性浆体，能胶结砂、石、钢筋等材料，既能在空气中硬化又能在水中硬化的粉末状水硬性胶凝材料，通称为水泥。在无机非金属材料中，水泥占有突出的地位，它是基本建设的主要原材料之一，广泛地应用于工业、农业、国防、交通、城市建设、水利以及海洋开发等工程。同时，水泥制品在代替钢材、木材等方面，也显示出在资源利用和技术经济上的优越性。

水泥的种类很多，如按照主要的水硬性矿物组成可分为硅酸盐水泥、铝酸盐水泥、硫铝酸盐水泥、氟铝酸盐水泥及铁铝酸盐水泥等。其中，硅酸盐水泥是应用最广泛和研究最深入的一种。按水泥用途和性能可分为通用水泥、专用水泥和特性水泥，下面主要介绍用于一般土木建筑工程的通用水泥。

2. 通用硅酸盐水泥的品种及技术要求

根据 GB 175—2007，通用硅酸盐水泥的定义为：以硅酸盐水泥熟料和适量的石膏及规定的混合材料制成的水硬性胶凝材料。

按混合材料的品种和掺量可分为硅酸盐水泥、普通硅酸盐水泥、矿渣硅酸盐水泥、火山灰硅酸盐水泥、粉煤灰硅酸盐水泥和复合硅酸盐水泥。其中，硅酸盐水泥的强度等级分为42.5、42.5R、52.5、52.5R、62.5、62.5R 六个等级；普通硅酸盐水泥的强度等级分为42.5、42.5R、52.5、52.5R 四个等级；其余四种水泥的强度等级分为32.5、32.5R、42.5、42.5R、52.5、52.5R 六个等级。GB 175—2007 标准对上述水泥的技术要求均有较严格的规定，其物理指标有凝结时间、安定性、强度和细度，要求初凝时间不小于45min，终凝时间不大于600min（硅酸盐水泥不大于390min）；沸煮法检验安定性合格；强度要求不同品种不同强度等级的通用硅酸盐水泥，其不同龄期（3d 和 28d）的强度（抗压强度和抗折强度）应符合 GB 175—2007 规定；细度要求硅酸盐水泥和普通硅酸盐水泥的比表面积不小于300m²/kg，其余水泥80μm 方孔筛筛余不大于10%，或45μm 方孔筛筛余不大于30%。化学指标对水泥中的三氧化硫、氧化镁、碱、氯离子含量等均有限制。

4.4.2 硅酸盐水泥的生产工艺

1. 水泥的原料

（1）硅酸盐水泥熟料所用原料　硅酸盐水泥熟料的化学成分主要有氧化钙（CaO）、氧化硅（SiO_2）、氧化铝（Al_2O_3）和氧化铁（Fe_2O_3），它们总的质量分数在95%以上。同时，含有质量分数为5%以下的少量氧化物，如氧化镁、三氧化硫、氧化钛、氧化磷以及氧化钠和氧化钾等。各主要氧化物的大致范围为：$CaO = 62\% \sim 67\%$，$SiO_2 = 20\% \sim 24\%$，$Al_2O_3 = 4\% \sim 7\%$，$Fe_2O_3 = 2.5\% \sim 6.0\%$。生产硅酸盐水泥熟料所用的工业原料，按其组成和主要作用可分为石灰质原料、粘土质原料和校正原料三类。

石灰质原料以碳酸钙（$CaCO_3$）为主要成分，在熟料的煅烧过程中，碳酸钙受热分解，生成氧化钙并放出二氧化碳气体。石灰质原料是水泥熟料中氧化钙的主要来源，是水泥生产中使用最多的一种原料。常用的天然石灰质原料有石灰岩、泥灰岩、白垩、贝壳等。石灰岩中的白云石（$CaCO_3 \cdot MgCO_3$）是熟料中 MgO 的主要来源，为使熟料中 MgO 的质量分数少于5.0%，石灰岩中 MgO 的质量分数应少于3.0%。除了天然的石灰质原料外，某些工业废渣，如电石渣，糖滤泥、碱渣和白泥等，都可作为石灰质原料使用。

粘土质原料主要提供二氧化硅、氧化铝以及少量的三氧化二铁，此外，粘土质原料往往还含有少量的 CaO、MgO、K_2O、Na_2O、TiO_2、SO_3 等成分。常用的天然粘土质原料有黄土、粘土、页岩、泥岩、粉砂岩和河泥等，除了天然粘土质原料外，粉煤灰、冶金工业炉渣、煤矸石等其他工业废料，也可作为粘土质工业原料使用。

将石灰质原料和粘土质原料适当配合后，如生料的化学成分仍不符合生产硅酸盐水泥的成分要求，必须根据所缺少的组分掺入相应的原料，这些原料被称为校正原料。如生料中 Fe_2O_3 含量不足时，可以加入黄铁矿渣或含铁高的粘土等加以调整；生料中 SiO_2 含量不足时，可以加入硅藻土、火山灰、硅质渣等加以调整；生料中 Al_2O_3 含量不足时，可以加入含铝高的粘土加以调整。

（2）石膏　在生产硅酸盐水泥时，要加入适量的石膏作为缓凝剂和激发剂，引入石膏的主要原料有天然石膏矿和工业副产品石膏。天然石膏矿有天然二水石膏及天然无水石膏。天然二水石膏质地较软，称为软石膏；天然无水石膏质地较硬，称为硬石膏。工业副产品石膏主要是指以硫酸钙为主要成分的副产品，如磷石膏、氟石膏、盐石膏、乳石膏、黄石膏、苏打石膏等，采用工业副产品石膏时，必须经过试验，证明对水泥性能无害才能使用。

（3）活性混合材料　在水泥生产过程中，为了改善水泥性能、调节水泥强度等级而加到水泥中的矿物质材料称为水泥混合材料。根据其作用不同可分为活性混合材料和非活性混合材料。

活性混合材料是指具有火山灰性或潜在水硬性的矿物质材料，如火山灰质混合材料、粉煤灰及粒化高炉矿渣等。凡是天然的或人工合成的以含活性 SiO_2、活性 Al_2O_3 为主的矿物质材料，经磨细后与石灰加水混合，不但能在空气中硬化，而且能在水中硬化的添加物都称为火山灰质混合材料。火山爆发的生成物，如火山灰、凝灰岩、浮石等属于天然火山灰质混合材料；而人工合成的火山灰质混合材料则是煤炭燃烧后的残渣，及采煤时排出的碳质页岩经自燃或煅烧后的产物等。烧粘土质混合材料的活性组成主要为脱水粘土矿物，其化学成分以 SiO_2 和 Al_2O_3 为主，其中 Al_2O_3 的含量与活性大小明显相关。

粉煤灰是火力发电厂燃煤燃烧后排出的废渣，它是一种具有一定活性的火山灰质混合材料。粉煤灰的化学组成主要是 SiO_2、Al_2O_3、Fe_2O_3、CaO 和未燃尽炭，其活性主要来自低铁含量的玻璃体，这种玻璃体含量越高，则活性越高，所含的石英、莫来石、赤铁矿等不具有活性，这些矿物含量多时，粉煤灰的活性下降。另外，粉煤灰的颗粒形状及大小对粉煤灰的活性也有较大影响，细小的密实球形玻璃体含量越高，单位质量的表面积越大，粉煤灰的活性也就越高。

高炉矿渣是冶炼生铁的副产品，其主要成分为 CaO、SiO_2、Al_2O_3，总的质量分数一般在 90% 以上，另外还有少量的 MgO、FeO 和一些硫化物等。矿渣的活性不仅取决于化学成分，而且在很大程度上取决于内部结构。在一般情况下，矿渣的 SiO_2 含量较高，如果由熔融态慢慢冷却而结晶，就成为坚硬的块状"硬矿渣"，其活性极小，但热熔矿渣经过急速冷却，形成以玻璃体为主的结构时，就可以获得活性大的"粒化矿渣"。磨细的粒化矿渣单独与水拌和时，反应极慢，得不到足够的胶凝性能，但在 $Ca(OH)_2$ 的溶液中，就会发生显著的水化作用，而且在饱和的 $Ca(OH)_2$ 溶液中反应更快。因此可以说，矿渣的活性是"潜在的"，而这种潜在活性的发挥，则以石灰等物料的存在为必要条件。这些物料起着激发矿渣活性、促使胶凝硬化的作用，因而被称为"激发剂"。常用的激发剂有两类：一是碱性激发剂，一般为石灰或水化时能析出 $Ca(OH)_2$ 的硅酸盐水泥，从化学角度来看，$Ca(OH)_2$ 与矿渣中的活性 SiO_2 和活性 Al_2O_3 可以化合形成水化硅酸钙和水化铝酸钙等；二是硫酸盐激发剂，一般为石膏或以硫酸钙为主要成分的化工原料，在 $Ca(OH)_2$ 存在的条件下，石膏能与矿渣中的活性 Al_2O_3 化合，生成水化硫铝酸钙。

（4）非活性混合材料　非活性混合材料是指活性指标不符合标准要求的潜在水硬性或火山灰质混合材料以及矿岩和石灰石等，它们是在水泥中主要起填充作用而又不损害水泥性能的矿物质材料。

2. 水泥的生产工艺

硅酸盐类水泥的生产工艺在水泥生产中具有代表性，它是以石灰石和粘土为主要原料，经破碎、配料、磨细制成生料，然后喂入水泥窑中煅烧成熟料，再将熟料加适量石膏（有时还掺加混合材料）磨细而成。水泥的生产一般可分为生料制备、熟料煅烧和水泥粉磨三个工序。

（1）生料制备　生料的制备包括生料的配合、粉磨与均化，有干法和湿法两种方法，所得生料分别称为生料粉与生料浆。

当采用干法制备时，先将原料干燥，而后混合、磨细，制得生料粉，再通过预均化措施（如采用空气搅拌），得到混合均匀的生料粉。

如采用湿法制备生料时，则先将石灰石破碎至大小为 8～25mm 的颗粒，同时将粘土压碎并将其加入到淘泥池中淘洗。然后将经破碎后的石灰石与粘土泥浆按配料的要求，共同在生料磨中湿磨，所得生料浆可以用泵送入料浆库，在料浆库中对其化学成分再进行调整，并用泵送至料浆池中备用。

（2）熟料煅烧　熟料的煅烧是水泥生产的关键，它直接关系到水泥的产量、质量、燃料与材料的消耗以及煅烧设备的安全运转。通常采用回转窑与立窑两种煅烧设备，立窑适用于规模较小的工厂，而大中型厂则宜采用回转窑。采用立窑煅烧水泥熟料时，生料的制备必须采用干法；采用回转窑时，生料的制备可以采用干法，也可以采用湿法。

窑内的煅烧过程虽因窑型不同而有所差别，但基本过程和反应是相同的或大致相同的。

1）干燥与脱水。干燥即物料中自由水的蒸发，而脱水则是粘土矿物类原料放出结合水。

生料中的自由水因生产方法与窑型不同而异，干法窑生料中水的质量分数一般不超过 1.0%，湿法窑的料浆水分应保持可泵性，通常为 30%～40%。自由水蒸发耗热十分巨大，如 35% 左右水分的料浆，每生产 1kg 熟料用于蒸发水分的热量高达 2100kJ，占湿法窑热耗的 35% 以上。

粘土类矿物的结合水有两种：一种以 OH^- 离子状态存在于晶体结构中，称为晶体配位水；一种以水分子状态吸附在晶层结构间，称为层间吸附水。配位水的脱水温度高达 400～600℃ 以上，而层间吸附水的脱水温度相对较低。

2）碳酸盐分解。生料中的 $CaCO_3$ 与少量 $MgCO_3$ 在煅烧过程中都分解放出 CO_2 气体，分解吸收的热量约占干法窑热耗的一半以上。因为是可逆反应，受系统温度和周围介质中 CO_2 的分压影响较大。温度、窑系统的 CO_2 分压、生料细度和颗粒级配、生料悬浮分散程度、石灰石的种类和物理性质以及生料中粘土质组分的性质是影响碳酸盐分解的主要因素。为了使分解反应顺利进行，必须保持较高的反应温度，降低介质中 CO_2 的分压，并供给足够的热量。

3）固相反应。通常在碳酸钙分解的同时，石灰质与粘土质组分间通过互相扩散进行固相反应，其反应过程大致如下：

① <800℃：$CaO \cdot Al_2O_3$（CA）、$CaO \cdot Fe_2O_3$（CF）、$2CaO \cdot SiO_2$（C_2S）开始形成。

② 800～900℃：$12CaO \cdot 7Al_2O_3$（$C_{12}A_7$）开始形成。

③ 900～1100℃：$2CaO \cdot Al_2O_3 \cdot SiO_2$（$C_2AS$）形成后又分解，$3CaO \cdot Al_2O_3$（$C_3A$）、$4CaO \cdot Al_2O_3 \cdot Fe_2O_3$（$C_4AF$）开始形成，所有 $CaCO_3$ 分解完毕，游离氧化钙达到最高值。

④ 1100～1200℃：C_3A 和 C_4AF 大量形成，C_2S 含量达到最大值。

固相反应主要是放热反应（但石灰石分解需要大量热量），温度、生料粉磨细度和混合均匀性、生料颗粒粒度的分布范围以及掺矿化剂都会对固相反应速度产生显著影响。

4）熟料烧结。硅酸盐水泥生料在通常的煅烧制度下，约在 1250℃ 时开始出现液相。在高温液相作用下，水泥熟料逐渐烧成，物料逐渐由疏松状转变为色泽灰暗、结构致密的熟料。同时，C_2S 和 CaO 逐步溶解在液相中，C_2S 吸收 CaO 形成 C_3S 主要矿物。随着温度升高和时间的延长，液相量增加，液相粘度减小，CaO、C_2S 不断溶解、扩散，C_3S 晶核不断形成，小晶体逐步发育长大，最终形成发育良好的阿利特（C_3S 固溶体）晶体，完成熟料的烧结过程。这一过程是煅烧水泥的关键，必须有足够的时间使生成 C_3S 的反应进行完全，否则，水泥中将有不少游离 CaO 存在，它将影响水泥的性质。

经过上述各阶段的煅烧，形成硅酸盐水泥熟料，其矿物组成主要是 C_3S、C_2S、C_3A、C_4AF，其中，硅酸钙（$C_3S + C_2S$）的质量分数占 70% 以上。

5）熟料冷却。熟料冷却对熟料矿物组成和矿物相变都有很大影响。物料经 1250 ~ 1450 ~ 1250℃ 烧结，紧接着将其快速冷却，可得到最好的熟料。快冷不仅能使水泥熟料的使用性能，如水泥活性、强度、安定性及抗硫酸盐性能等变好，而且也能使熟料的工艺性能，特别是易磨性变好。

（3）水泥粉磨　水泥粉磨的主要任务是将熟料、石膏和某些混合材料在磨机中磨成细粉，其在水泥生产过程中的重要性仅次于熟料煅烧。水泥粉磨细度在很大程度上决定其产品的品质，在熟料矿物成分相同的条件下，提高水泥细度、增加比表面积，水泥颗粒的水化速度会加快，从而可达到更高的强度。

4.4.3　硅酸盐水泥的水化和硬化

1. 硅酸盐水泥熟料的矿物结构

水泥制备的关键问题是获得符合组成要求的熟料矿物，而组成是通过结构来影响性能的，因此，对性能的了解有赖于对结构的认识。

（1）硅酸三钙　硅酸三钙（C_3S）是硅酸盐水泥熟料中的主要矿物，其质量分数通常在 50% 左右，对水泥的性能有着重要影响。

硅酸三钙只有在 1250℃ 以上才是稳定的，如果它在此温度下缓慢冷却时会分解为 C_2S 和 CaO。在急冷条件下，硅酸三钙的分解速度小到可以忽略不计，因此，可以在常温下保持其介稳状态。在水泥熟料中一般含有 MgO、Al_2O_3 以及少量其他氧化物，它们能进入 C_3S 的晶格并形成固溶体，称为阿里特矿（简称为 A 矿）。A 矿的组成不是固定的，如果固溶程度高，其晶格变形程度及无序程度也高，结构活性也就越大。

对硅酸三钙结晶结构形态的研究指出，它可能存在三种晶系六个晶型，即三方晶系 R 型；单斜晶系 M 型，它有两种形态，M1 和 M2 型；三斜晶系 T 型，它有三种形态，T1、T2 和 T3 型。在常温下保留下来的一般是 T 型 C_3S，但如果有少量 MgO 或 Al_2O_3 等氧化物与之形成固溶体，就可以使 M 型和 R 型 C_3S 稳定下来。实验证明，固溶程度较高的高温型阿里特矿物具有较高的强度。

对硅酸三钙晶体结构的进一步研究指出，它的晶胞是由 9 个硅、27 个钙和 45 个氧组成的。Si^{4+} 以 $[SiO_4]$ 四面体形式存在，四面体通过 Ca^{2+} 连接；Ca^{2+} 与 O^{2-} 形成配位数为 6 的 $[CaO_6]$ 八面体；与钙离子的正常配位数（8 ~ 12）相比，C_3S 晶体结构中的 Ca^{2+} 配位数较低，因而是不稳定的。在 $[CaO_6]$ 八面体中，O^{2-} 的分布也不规则，5 个 O^{2-} 集中在一边，另一边只有 1 个 O^{2-}，因而在结构中存在较大的"空穴"。

归纳起来，硅酸三钙具有以下结构特征：

1）硅酸三钙是在常温下存在的介稳的高温矿物，其结构是热力学不稳定的。

2）在硅酸三钙结构中，铝离子与镁离子进入其晶格并形成固溶体，固溶程度越高，活性越大。

3）在硅酸三钙晶体结构中，Ca^{2+} 配位数较正常情况低，并且处于不规则状态，因而 Ca^{2+} 具有较高的活性。

4）在阿里特矿物结构中存在大尺寸的"空穴"或通道，可使 OH^- 直接进入晶格中，因而其水化速率较快。

（2）硅酸二钙　硅酸二钙也是硅酸盐水泥熟料的重要组成部分，其质量分数一般为 20% 左右，常含有少量的杂质，如氧化铁及氧化钛等，称为贝里特矿（简称 B 矿）。

硅酸二钙具有四种晶型。在 β-C_2S 的晶体结构中，钙离子的配位数一半是 6，一半是 8，其中每个氧和钙的距离不等，因而也是不稳定的，但是没有 C_3S 中具有的那种结构空穴。水泥原料中存在的微量物质，如 MgO、Fe_2O_3、Al_2O_3 以及 Cr_2O_3、V_2O_5、P_2O_5、B_2O_5 和 Mn_2O_3 等对 C_2S 的结构有显著的影响，这些物质能与高温形成的 C_2S 形成固溶体，从而使 β-C_2S 在常温下能稳定存在。

归纳起来，β-C_2S 具有以下结构特征：

1）β-C_2S 是在常温下存在的介稳的高温型矿物，其结构具有热力学不稳定性。

2）β-C_2S 中的钙离子具有不规则配位，具有较高的活性。

3）β-C_2S 中杂质和稳定剂的存在使之形成固溶体，提高了它的结构活性。

4）在 β-C_2S 的结构中，不具有 C_3S 结构中的那种大"空穴"，因而它比 C_3S 的水化速度慢。

（3）铝酸三钙和铁铝酸四钙　铝酸三钙由许多 ［AlO_4］ 四面体、［CaO_8］ 十二面体和 ［AlO_6］ 八面体组成，中间由配位数为 12 的 Ca^{2+} 松散地连接，具有较大的空穴。铝酸三钙中的部分 Ca^{2+} 具有不规则的配位数以及与部分 Ca^{2+} 和 O^{2-} 的松散连接，使得这些 Ca^{2+} 具有大的活性；而 ［AlO_4］ 四面体是变了形的四面体，Al^{3+} 也具有大的活性；铝酸三钙中大的空穴使 OH^- 易于直接进入晶格内部，其水化速度较大。

铁铝酸四钙也称为才里特矿或 C 矿。C_4AF 的结晶结构是由 ［FeO_4］ 四面体和 ［AlO_6］ 八面体互相交叉组成的，这些四面体和八面体由 Ca^{2+} 相连接。在水泥熟料中，铁铝酸四钙常常是以固溶体形式存在的。在氧化铁含量较高的熟料中，其组成接近于 $4CaO \cdot Al_2O_3 \cdot Fe_2O_3$。铁铝酸盐的固溶体是铝原子取代铁酸二钙中铁原子的结果，这种取代引起晶格稳定性的降低，从而提高了其水化活性。

（4）玻璃相　玻璃相也是水泥熟料的一个重要组成部分，玻璃相的形成是由于熟料烧至熔融时，部分液相在冷却过程中来不及析晶的结果。玻璃相在热力学上是不稳定的，具有一定的水化活性。

2. 硅酸盐水泥的水化反应过程

由于水泥熟料是多矿物的聚集体，它与水的相互作用比较复杂。为了讨论方便，首先研究水泥单矿物的水化，然后在这个基础上讨论硅酸盐水泥的水化作用过程和机理。

（1）水泥熟料矿物的水化

1）硅酸钙矿物的水化。对不同硅酸钙矿物水化反应的研究表明，不同的硅酸钙其水化反应能力相差很大。β-C_2S 具有明显的水化反应能力，但水化反应速度比较慢；C_3S 具有比

较强烈的水化反应能力。C_3S 在常温下的水化反应可用下列反应式表示

$$3CaO \cdot SiO_2 + nH_2O = x\,CaO \cdot SiO_2 \cdot yH_2O + (3-x)Ca(OH)_2$$

这个反应式表明，C_3S 与水发生水化作用后，其产物为水化硅酸钙和氢氧化钙；硅酸三钙水化产物的组成并不是固定的，与水固比、温度及有无异种离子参与水化反应都有关。在常温下，水固比增加将使水化硅酸钙的 CaO 与 SiO_2 之比减小，而且 CaO 与 SiO_2 之比随水化时间的增长而下降，在无限加水稀释的情况下，水化生成物最终会分解成氢氧化钙和硅酸凝胶。

硅酸三钙的水化过程可以分为以下五个阶段：

第一阶段为初始水解期。当 C_3S 与水作用时，C_3S 中的 Ca^{2+} 在 OH^- 的作用下溶出并进入溶液中，在 C_3S 表面形成一个缺钙的富硅层。接着，溶析出来的 Ca^{2+} 通过化学吸附作用而吸附在富硅层表面，形成双电层。这个水化阶段为诱导前期，时间很短，在 15min 内即可以完成。

第二阶段为诱导期。经历第一阶段后，溶液中的 Ca^{2+} 浓度增加，但尚未达到饱和，因此，C_3S 中的 Ca^{2+} 可以继续被溶析出来而进入溶液。由于在 C_3S 表面形成了富硅层表面的双电层，因而从 C_3S 中溶出 Ca^{2+} 的速度减慢，产生诱导期，又称为静止期，一般持续 2~4h，这是硅酸盐水泥浆体能在几小时内保持塑性的原因。初凝时间基本上相当于诱导期的结束。

第三阶段为加速期。随着溶液中 Ca^{2+} 和 OH^- 浓度的增加，一旦达到足够的过饱和度，就会形成稳定的 $Ca(OH)_2$ 晶核，在靠近 C_3S 颗粒表面离子浓度最大的区域，晶核开始长大。由于 $Ca(OH)_2$ 还会与水化硅酸钙中的硅酸根离子结合，$Ca(OH)_2$ 也可作为水化硅酸钙的晶核。但由于硅酸根离子比 Ca^{2+} 迁移困难，所以水化硅酸钙仅限于在颗粒表面生长。$Ca(OH)_2$ 晶体开始也可能在 C_3S 颗粒表面上生长，但有些晶体可远离颗粒或在孔隙中形成。由于水化硅酸钙或氢氧化钙的成核结晶，液相中 Ca^{2+} 的浓度减小，C_3S 中的 Ca^{2+} 就易于向外扩散，从而使其水化重新加速。

第四阶段为衰退期。随着水化的进行，C_3S 界面和富硅层逐渐推向内部，外层形成纤维状的水化硅酸钙，成为离子迁移的障碍，从而导致水化速率的降低或水化作用的衰退。此时，水化速度主要受离子通过水化产物层扩散速度的控制。

第五阶段为稳定期。这一阶段的反应速率很低，属于基本上稳定的阶段，水化作用完全受扩散速率控制。

β 型硅酸二钙（β-C_2S）的水化过程和 C_3S 的极为相似，也有诱导期、加速期等，但其水化速率小得多，约为 C_3S 的 1/20 左右。

2）铝酸钙矿物的水化。铝酸三钙与水反应迅速，其水化产物的组成与结构受溶液中 Ca^{2+}、Al^{3+} 浓度和温度的影响很大。在常温下，铝酸三钙依下式水化

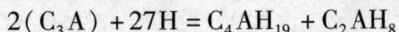

$$2(C_3A) + 27H = C_4AH_{19} + C_2AH_8$$

C_4AH_{19} 在低于 85% 的相对湿度时，即失去 6mol 的结晶水而成为 C_4AH_{13}。C_4AH_{19}、C_4AH_{13} 和 C_2AH_8 均为六方片状晶体，在常温下处于介稳状态，有向 C_3AH_6 等轴晶体转化的趋势。

在液相的 CaO 达到饱和时，C_3A 还可能依下式水化

$$C_3A + CH + 12H = C_4AH_{13}$$

这个反应在硅酸盐水泥浆体的碱性液相中最易发生，而处于碱性介质中的六方片状晶体 C_4AH_{13} 在室温下又能够稳定存在，其数量迅速增多，就足以阻碍粒子的相对移动，使水泥浆体产生瞬时凝结。为此，在水泥粉磨时通常都掺有石膏。在石膏与 CaO 同时存在的条件下，C_3A 虽然开始快速水化成 C_4AH_{13}，但接着就会与石膏反应，形成三硫型水化硫酸钙，又称为钙钒石。

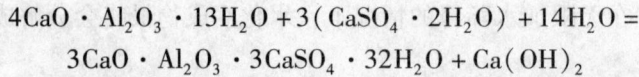

$$4CaO \cdot Al_2O_3 \cdot 13H_2O + 3(CaSO_4 \cdot 2H_2O) + 14H_2O =$$
$$3CaO \cdot Al_2O_3 \cdot 3CaSO_4 \cdot 32H_2O + Ca(OH)_2$$

当 C_3A 尚未完全水化而石膏已经耗尽时，则 C_3A 水化所生成的 C_4AH_{13} 又能与先前形成的钙钒石生成单硫型水化硫铝酸钙。

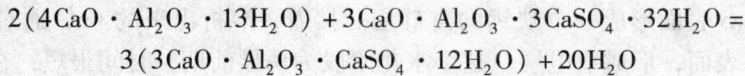

$$2(4CaO \cdot Al_2O_3 \cdot 13H_2O) + 3CaO \cdot Al_2O_3 \cdot 3CaSO_4 \cdot 32H_2O =$$
$$3(3CaO \cdot Al_2O_3 \cdot CaSO_4 \cdot 12H_2O) + 20H_2O$$

当石膏含量极少时，在所有的钙钒石都转化成单硫型水化硫铝酸钙后，就可能还有未水化的 C_3A 剩余，此时会发生下列反应

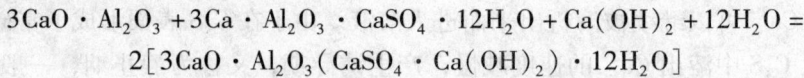

$$3CaO \cdot Al_2O_3 + 3Ca \cdot Al_2O_3 \cdot CaSO_4 \cdot 12H_2O + Ca(OH)_2 + 12H_2O =$$
$$2[3CaO \cdot Al_2O_3(CaSO_4 \cdot Ca(OH)_2) \cdot 12H_2O]$$

由此可见，石膏的引入使铝酸盐的溶解度降低，而石膏加 $Ca(OH)_2$ 更会进一步使其溶解度减小到接近于零。因此，石膏与 $Ca(OH)_2$ 一起所产生的延缓水解的作用是最为明显的。

铁铝酸四钙（C_4AF）的水化作用及其产物与 C_3A 极为相似，其中的氧化铁基本上起着与氧化铝相同的作用。在水化产物中铁置换部分铝，形成水化硫铝酸钙和水化硫铁酸钙的固溶体。C_4AF 的水化速率较 C_3A 略低，水化热较低，即使单独水化也不会产生瞬凝。

（2）硅酸盐水泥的水化 上面讨论了硅酸盐水泥熟料单矿物的水化作用。由于水泥颗粒是一个多矿物的聚集体，这些单矿物之间不可避免地要产生相互作用，因此，硅酸盐水泥的水化要比单矿物的水化复杂得多。关于熟料单矿物在水化过程中的相互作用问题，目前还认识得很不够，根据已有的一些资料，可以看到以下几方面的情况：

1）当水泥与水拌和后，立即发生化学反应，水泥的各个组分开始溶解。当硅酸三钙水化时，会析出大量的 $Ca(OH)_2$。此外，在水泥中还掺有少量石膏，所以填充在颗粒之间的液相不再是纯水、而是含有各种离子的溶液。水泥的水化作用基本上是在 $Ca(OH)_2$ 和 $CaSO_4$ 的饱和溶液或过饱和溶液中进行的。因此可以认为，在常温下，硅酸盐水泥的水化产物主要是氢氧化钙、水化硅酸钙、碱度较高的含水铝酸钙、含水铁酸钙以及水化硫铝酸钙等。

2）在硅酸盐水泥的水化过程中，由于溶液中含有各种离子（如铝、铁、硫等），因此，水化硅酸钙的结构中很可能进入铝、铁、硫等离子。有一些研究者认为，在水泥的水化过程中，还可能由于水化硅酸盐和水化铝（或铁）酸盐之间发生二次反应，生成水化硅铝（或铁）酸钙。

3）水泥中各种矿物组成之间对水化过程也要产生影响。如硅酸盐水泥中 C_3A 的存在就要影响其中硅酸钙的水化速度，其原因可能是由于 C_3A 在水化时要结合较多的 $Ca(OH)_2$ 形成高碱性的水化物 C_4AH_{13}，从而使液相中 Ca^{2+} 的浓度降低所至。又如由于 C_3A 较快水化，迅速提高了液相中 Ca^{2+} 的浓度，促使 $Ca(OH)_2$ 成核结晶，从而使 β-C_2S 的诱导期缩短，水化有所加速。再如，C_3A 和 C_4AF 都要与硫酸根离子结合，但 C_3A 反应速度快，较多的石膏被其消耗后，就使 C_4AF 不能按计量要求形成足够的硫铝(铁)酸钙，有可能使水化较少受到延缓。

（3）水泥的水化速率　熟料矿物或水泥的水化速率常以单位时间内的水化程度或水化深度来表示。水化程度是指在一定时间内发生水化作用的量与完全水化量的比值；而水化深度是指已水化层的厚度。水化速率必须在颗粒粗细、水灰比以及水化温度等条件基本一致的情况下才能加以比较。

测定水化速率的方法有直接法和间接法两类，直接法是利用岩相分析、X 射线分析或热分析等方法，定量地测定已水化和未水化部分的数量；间接法则有测定结合水、水化热或 $Ca(OH)_2$ 生成量等方法，其中以测定结合水法较为简便。将所测各龄期化学结合的水量与完全水化时的结合水量相比，即可计算出不同龄期时的水化程度。

水泥水化速率的影响因素主要有：水泥熟料矿物的组成与结构、水泥颗粒的大小、水泥的加水量、水化时的温度、加入的混合材及外加剂的类型和数量等。

3. 水泥的凝结与硬化过程

水泥加水拌成的浆体起初具有可塑性和流动性，随着水化反应的不断进行，浆体逐渐失去流动能力，转变为具有一定强度的固体，这个过程称为水泥的凝结和硬化。水化是水泥产生凝结硬化的前提，但能与水互相作用并生成水化物，不一定都具有胶凝能力，也就是说不一定具有硬化并形成人造石的能力。水泥硬化并形成人造石的一个决定性条件是能否形成足够数量的稳定的水化物，以及这些水化物能否彼此连生并形成网状结构。

水泥的凝结和硬化可分为以下三个阶段：

（1）第一阶段　大约在水泥拌水起到初凝时为止，C_3S 与水迅速反应生成 $Ca(OH)_2$ 饱和溶液，并从中析出 $Ca(OH)_2$ 晶体。同时，石膏也很快进入溶液，和 C_3A 反应生成细小的钙矾石晶体。在这一阶段，由于水化产物尺寸小，数量又少，不足以在颗粒间架桥相连，网状结构未能形成，水泥浆呈塑性状态。

（2）第二阶段　大约从初凝起到 24h 为止，水泥水化开始加速，生成较多的 $Ca(OH)_2$ 和钙矾石晶体。同时，水泥颗粒上长出纤维状的水化硅酸钙。由于钙矾石晶体的长大以及水化硅酸钙的大量形成，产生了强(结晶的)、弱(凝集的)不等的接触点，将各颗粒初步连接成网使水泥浆凝结。随着接触点数目的增加，网状结构不断加强，强度相应增加，原先剩留在颗粒空间中的非结合水就逐渐被分割成各种尺寸的水滴，填充在相应大小的孔隙之中。

（3）第三阶段　是指 24h 以后，直到水化结束的阶段。在一般情况下，石膏已耗尽，所以钙矾石转化为水化硫铝酸钙，还可能形成 $C_4(A \cdot F)H_{13}$。随着水化的进行，水化硅酸钙、氢氧化钙、水化硫铝酸钙以及 $C_4(A \cdot F)H_{13}$ 等水化产物的数量不断增加，结构更趋致密，强度相应提高。

4.4.4　硅酸盐水泥的性能

1. 细度

水泥的细度是表示水泥磨细的程度或水泥分散度的指标，它对水泥的水化硬化速度、水泥的需水量、流动性、放热速度以及强度都有影响。

水泥细度的测定一般用筛分法或比表面积法。我国水泥标准 GB 175—2007 规定，矿渣

水泥等用 $80\mu m$ 方孔筛进行筛分，筛余不大于 10% ，或用 $45\mu m$ 方孔筛进行筛分，筛余不超过 30% ；普通水泥的比表面积不小于 $300m^2/kg$ 。

测定水泥的比表面积是根据常压空气穿透水泥层时所遭受的阻力大小计算而得到的，它以 1g 水泥具有的表面积来表示，水泥的比表面积一般在 $300\sim350m^2/kg$ 之间波动。

2. 水化热

水泥的水化热是由各种熟料矿物水化作用产生的。对于大体积混凝土来说，由于水泥与水作用而放出大量的热，这些热可能积蓄在其内部，这样就会产生很大的内外温度差；由于温差而引起内应力，可能使硬化的混凝土开裂。所以对大体积混凝土来说，水泥的放热量大、放热速度快是有害的。因此，用于建造大坝的水泥常用低热水泥，或要采用人工冷却等措施。对于冬季施工而言，水化放热有利于水泥的正常硬化，不会因环境温度过低而使水化太慢。

水化热的大小与放热速率首先决定于水泥的矿物组成。总的规律是：C_3A 的水化热与放热速度最大，C_3S 与 C_4AF 次之，C_2S 的水化热最小，放热速度也最慢。因此，适当增加 C_4AF 以减少 C_3A 的含量或减少 C_3S 并相应增加 C_2S 的含量均能降低水化热。这实际上就是调整熟料的矿物组成，配制低热水泥的基本措施。

3. 凝结时间

水泥加水拌和成泥浆后，会逐渐失去其流动性，由半流动状态转变为固体状态，此过程称为水泥的凝结。从加水时算起，开始凝结的时间称为初凝时间，浆体流动性完全消失的时间称为终凝时间。初凝时间过短，往往来不及施工就已开始凝结；反之，如终凝时间太长，也会妨碍工程进度，造成实际施工的困难。为此，有关标准规定了水泥的凝结时间。

测定水泥的凝结时间是用维卡仪，以标准稠度的水泥泥浆在规定的温度和湿度下进行。常用水泥的初凝时间不小于 $45min$ ，终凝时间不大于 $600min$ 。

4. 体积变化

硬化水泥浆体的体积变化也是一项重要的性能指标。如果所生产的水泥安定性不良，则在硬化过程中它会产生显著而不均匀的体积变化，甚至引起质量事故。此外，温度和湿度影响以及大气作用等各种原因也会引起硬化浆体的体积变化。在通常情况下，影响安定性的主要因素是水泥中游离 CaO 和游离 MgO 的含量。过烧的 CaO 和 MgO 的水化速度较慢，如果在水泥硬化以后，水泥中 CaO、MgO 再水化时，产生的固相体积将增大。

游离氧化钙对安定性的影响是用沸煮法检验的。它是将标准稠度的水泥浆试饼经 24h 养护后，在沸煮箱内按一定制度沸煮，若其后没有发现用肉眼察觉的体积变化，包括裂纹和弯曲，就表明安定性合格，否则就不合格。对水泥中 MgO 的质量分数一般限制在 5% 以内。

5. 强度

水泥的强度是评价水泥质量的重要指标，是根据国家标准试验方法，通过测定水泥胶砂试件若干龄期的强度值来确定的。由于水泥强度是逐渐增大的，所以必须说明养护龄期，通常将 28d 以前的强度称为早期强度，28d 及其后的强度称为后期强度，也有将三个月、六个月或更长时间的强度称为长期强度的。

熟料的矿物组成决定了水泥的水化速度及水化产物本身的强度、形态和尺寸，以及彼此构成网状结构时的各种键的比例，因此对水泥强度的增长起着最为重要的作用。布特等人所测各单矿物净浆试体抗压强度的一些数据见表 4-2。

表 4-2　单矿物净浆试体的抗压强度　　　　　　　　　　（单位：MPa）

单矿物	7d	28d	180d	365d
C_3S	31.6	45.7	50.2	57.3
β-C_3S	2.35	4.12	18.9	31.9
C_3A	11.6	12.2	0	0
C_4AF	29.4	37.7	48.3	58.3

由表 4-2 中的数据可见，硅酸盐矿物的含量是决定水泥强度的主要因素，28d 的强度基本上依赖于 C_3S 含量，而 C_2S 对后期强度有明显贡献。有些资料报道，在水化一年后，C_2S 的强度将超过 C_3S 的强度值。C_3A 与 C_4AF 的强度均在早期发挥，后期强度没有大的发展。

硬化水泥浆体的强度与其密实度密切相关，强度与孔隙率之间成反比关系。在熟料矿物组成大致相近的条件下，水泥浆体的强度主要与水灰比和水化程度有关。水灰比越大，产生的毛细孔越多，强度越低；随着水化程度的提高，单位体积内的水化产物不断增加，毛细孔率相应减少，强度逐渐增加。

若提高养护温度，则水泥的水化加速，强度在初期能较快发展，但以后的强度发展可能有所降低，特别是抗折强度更为严重。相反，在较低温度下硬化时，虽然结硬速度慢，但可能获得较高的最终强度。

由于水泥在硬化过程中强度是逐渐增长的，常以各龄期的抗压、抗折强度或水泥强度等级来表示水泥的强度及其增进率。水泥强度等级的含义是指除了 28d 抗压强度达到相应指标外，各龄期的抗压强度、抗折强度均要求达到规定的指标。水泥划分强度等级可把水泥质量按强度高低分出等级，并通过水泥强度等级对混凝土强度等级进行准确推算，以便合理地使用水泥，减少浪费。水泥强度等级按规定龄期的抗压强度和抗折强度来划分，根据现行国家标准，不同品种不同强度等级的通用硅酸盐水泥，其不同龄期的强度应符合表 4-3 所列规定。

表 4-3　通用硅酸盐水泥的强度指标（GB 175—2007）　　　　（单位：MPa）

品种	强度等级	抗压强度		抗折强度	
		3d	28d	3d	28d
硅酸盐水泥	42.5	≥17.0	≥42.5	≥3.5	≥6.5
	42.5R	≥22.0	≥42.5	≥4.0	≥6.5
	52.5	≥23.0	≥52.5	≥4.0	≥7.0
	52.5R	≥27.0	≥52.5	≥5.0	≥7.0
	62.5	≥28.0	≥62.5	≥5.0	≥8.0
	62.5R	≥32.0	≥62.5	≥5.5	≥8.0
普通水泥	42.5	≥17.0	≥42.5	≥3.5	≥6.5
	42.5R	≥22.0	≥42.5	≥4.0	≥6.5
	52.5	≥23.0	≥52.5	≥4.0	≥7.0
	52.5R	≥27.0	≥52.5	≥5.0	≥7.0
矿渣水泥 火山灰水泥 粉煤灰水泥 复合水泥	32.5	≥10.0	≥32.5	≥2.5	≥5.5
	32.5R	≥15.0	≥32.5	≥3.5	≥5.5
	42.5	≥15.0	≥42.5	≥3.5	≥6.5
	42.5R	≥19.0	≥42.5	≥4.0	≥6.5
	52.5	≥21.0	≥52.5	≥4.0	≥7.0
	52.5R	≥23.0	≥52.5	≥4.5	≥7.0

6. 耐久性

硅酸盐水泥硬化后，在通常使用条件下，一般具有较好的耐久性。有些100~150年以前建造的水泥混凝土建筑至今仍毫无损坏的迹象。部分长龄期试验的结果表明，30~50年后的抗压强度比28d时会提高30%左右，有的达到一倍以上。但也有不少失败的工程试验指出，早到3~5年就会有早期损坏，甚至有彻底破坏的危险。

影响耐久性的因素虽然很多，但抗渗性、抗冻性及抗侵蚀性，则是衡量硅酸盐水泥耐久性的三个主要方面。

抗渗性是指水泥抵抗各种有害介质（包括流动水、溶液及气体等）进入内部的能力，通常用渗透系数 K 表示抗渗性的大小。渗透系数正比于孔隙半径的平方，与总孔隙率却只有一次方的正比关系。因此，孔径的尺寸对抗渗性有着更为重要的影响。经验表明，当孔径小于 $1\mu m$ 时，几乎所有的水都吸附于孔壁或作定向排列，很难流动，水泥凝胶孔尺寸更小。因此，凝胶孔的多少对抗渗性实际上无影响，渗透系数主要取决于毛细孔率的大小。实验表明，当水灰比提高时，大尺寸毛细孔增多，渗透系数也增大。水灰比在一定限度以下时，充分硬化的水泥浆体及混凝土具有优良的抗渗性。

抗冻性是指水泥抵抗冻融循环的能力，水在结冰时，体积将增加9%，因此硬化水泥浆体中的水结冰会使孔壁承受一定的膨胀应力。如这种应力超过浆体的抗拉强度，就会引起微裂纹等不可逆的结构变化，从而在冰融化后，不能完全复原。再次冻结时，原先形成的裂缝又由于水结冰而扩大，如此反复循环，裂缝越来越大，导致更为严重的破坏。

关于水泥品种与矿物组成对抗冻性的影响，一般认为硅酸盐水泥比掺混合材料水泥的抗冻性好，增加熟料中的 C_3S 含量，控制 C_3A 与碱含量，抗冻性可以改善。

实践证明，将水灰比控制在0.4以下，可以制得高度抗冻的硬化浆体。但水灰比大于0.55时，抗冻性将显著降低。此外，水泥浆体遭受冰冻前的养护龄期、充水程度以及孔隙分布均匀程度等都对抗冻性有着一定程度的影响。

对于水泥耐久性有害的环境介质主要有淡水、酸和酸性水、硫酸盐溶液和碱溶液等。硅酸盐水泥属于水硬性胶凝材料，理应有足够的抗水能力，但是如硬化浆体不断受到淡水的侵蚀时，其中一些组成如 $Ca(OH)_2$、$Mg(OH)_2$ 等将按照溶解度的大小依次被水溶解，产生溶出性侵蚀，从而导致毁坏。

当水中溶有一些无机或有机酸时，硬化水泥浆体将受到溶析与化学溶解的双重作用，将浆体组成转变为溶盐类，侵蚀明显加速，酸类离解出来的 H^+ 和酸根 R^- 分别与浆体所含 $Ca(OH)_2$ 中的 OH^- 和 Ca^{2+} 结合成水和钙盐。所以，酸性水溶液侵蚀作用的强弱取决于水中的氢离子浓度。如pH值小于6时，硬化水泥浆体就有可能受到侵蚀。很多无机酸与有机酸是在化工厂或工业废水中遇到的，化工防腐已是一个重要的专业课题。

绝大部分硫酸盐对硬化水泥浆体都有明显的侵蚀作用，只有硫酸钡除外。在一般的河水和湖水中，硫酸盐含量不大，但在海水中，硫酸根离子的含量很高。硫酸盐能与浆体所含的 $Ca(OH)_2$ 作用生成硫酸钙，再与水化铝酸钙反应而生成钙矾石，从而使固相体积增加很多，产生相当大的结构应力，造成膨胀开裂以致毁坏。一般情况下，水泥混凝土能够抵抗碱类的侵蚀，但如长期处于较高浓度(大于10%)的含碱溶液中，也会发生缓慢的破坏，其中主要包括化学反应与物理析晶两方面的作用。

4.4.5　其他品种的水泥

1. 铝酸盐水泥

铝酸盐水泥以铝酸盐为基础组成。高铝水泥是铝酸盐水泥系统中最重要的一个品种，其主要矿物组成为铝酸一钙和二铝酸一钙等铝酸盐，通常将高铝水泥称为铝酸盐水泥。

高铝水泥以矾土和石灰石为原料，按适当比例配合后进行烧结或熔融，再经粉磨而成，又称为矾土水泥。我国主要用烧结法生产，其煅烧工艺与一般硅酸盐水泥基本相同。

高铝水泥熟料的主要化学成分为氧化铝、氧化钙、氧化硅，还有氧化铁及少量氧化镁、氧化钛等。铝酸一钙（$CaO \cdot Al_2O_3$，简称 CA）是高铝水泥的主要矿物，具有很高的水硬活性，其特点是凝结不快，而硬化迅速，为高铝水泥强度的主要贡献者。但 CA 含量过高的水泥，其强度发展主要集中在早期，后期强度增加不显著。二铝酸一钙（$CaO \cdot 2Al_2O_3$，简称 CA_2）水化硬化较慢，后期强度较高，但早期强度却较低。在氧化钙含量低的高铝水泥中，CA_2 的含量较多，如 CA_2 含量过多，将影响高铝水泥的快硬性能。质量优良的高铝水泥，其矿物组成一般以 CA 和 CA_2 为主。

高铝水泥的水化硬化主要是指铝酸钙的水化及水化物的结晶。铝酸一钙晶体结构中的钙、铝配位极不规则，水化极快；高铝水泥中的 CA_2，其水化反应与 CA 基本相似，但水化速度较慢。水化产物 CAH_{10} 和 C_2AH_8 均属于六方晶系，其晶体呈片状或针状，互相交错攀附、重叠结合，可形成坚强的结晶聚合体，加之水化产物氢氧化铝凝胶（AH_3）又填充于晶体骨架的空隙，可使水泥获得较高的机械强度。但是，高铝水泥的长期强度经过 $1 \sim 2$ 年，特别是在湿热环境下会明显下降。其原因是由于 CAH_{10} 和 C_2AH_8 都是介稳相，会逐步转变成 C_3AH_6 稳定相，并由于温度提高而加速，在晶型转变时放出大量游离水，使孔隙率增加，强度下降。

高铝水泥的最大特点是早期强度增长速度极快，24h 即可达到极限强度的 80% 左右。高铝水泥的另一个特点是在低温下也能很好地硬化，而在高温下养护，强度则剧烈下降，这一特性与硅酸盐水泥截然相反。因此，高铝水泥的硬化温度不得高于 30℃，更不宜采用蒸汽养护。

高铝水泥具有很好的耐硫酸盐及耐海水腐蚀性能，甚至比耐硫酸盐水泥还好。这是由于高铝水泥的主要组成是碱性铝酸钙，水化时不析出 $Ca(OH)_2$，水泥石的液相碱度低，与硫酸盐介质形成的水化硫酸钙晶体分布均匀。另外，高铝水泥水化生成铝胶，使水泥石的结构致密，抗渗性好。

高铝水泥具有一定的耐高温性，在高温下仍能保持相对较高的强度，干燥的高铝水泥在 900℃ 温度下，还有原始强度的 70%；1300℃ 时尚有 53% 的强度。这是由于产生了固相烧结反应，逐步代替了水化结合的缘故。所以，高铝水泥可作为耐热混凝土的胶结料，配制 1300℃ 以下的耐热混凝土。此外，高铝水泥与石膏等经过一定配合，可制成各种类型的自应力水泥和膨胀水泥，这是目前高铝水泥最主要的用途之一。

高铝水泥的这些性能使得这种快硬早强的水硬性胶凝材料能适用于军事工程、紧急抢修工程、冬季施工以及要求早强的特殊工程等。

2. 硫铝酸盐快硬水泥

将铝质原料、石灰质原料和石膏经适当配合后，煅烧成含有适量无水硫铝酸钙的熟料，再掺加适量石膏，共同磨细，即可制得硫铝酸盐快硬水泥。

无水硫铝酸钙熟料的主要矿物为 $3CaO \cdot 3Al_2O_3 \cdot CaSO_4$ 和 $\beta-C_2S$，此外还有少量的 $CaSO_4$、钙钛矿和含铁相等。所用矾土的品位可以稍低，石灰石和石膏原则上以杂质越少越好，但无特殊要求。当石膏与无水硫铝酸钙的摩尔比等于 2 时，全部无水硫铝酸钙形成钙矾石，小于 2 则石膏数量不足，部分无水硫铝酸钙在液相介质中形成单硫型无水硫铝酸钙。所以，如果石膏掺入量较少，反应所得的钙矾石大部分在水泥石尚未失去塑性时生成，在较短时间内即能形成坚强骨架。而且同时析出的铝胶使水泥中晶体和凝胶的相对比例较为协调，从而减少了内应力。因为铝胶与水化硅酸钙凝胶（$\beta-C_2S$ 水化产物）对钙矾石都能起到良好的胶结与衬垫作用，所以不但能使水泥石结构很快密实，达到早强效果，而且后期强度还能有所增长。

硫铝酸盐型快硬水泥的凝结时间比较快，初凝一般早于 15min，终凝早于 20min。这类水泥除了快硬早强的特点外，对硫酸盐的耐蚀能力强，抗渗性很好，又由于水化放热量大，宜于冬季施工。

3. 氟铝酸盐快硬水泥

氟铝酸盐快硬水泥是以铝质原料、石灰质原料、萤石或再加石膏，经过适当配合，烧制成以氟铝酸钙（$C_{11}A_7 \cdot CaF_2$）起主导作用的熟料，再与适量石膏一起磨细而成。经拌水后，氟铝酸钙与掺入的石膏很快生成较多数量的水化铝酸钙，因此，在数小时内就能达到较高的早期强度。至于后期强度的增长，则依靠 C_3S 或 C_2S 等熟料矿物的水化。这种水泥凝结迅速，硬化很快。

水泥生产所需要的铝质原料主要用矾土、粉煤灰及煤矸石等代替。石灰石原则上要求较纯。氟铝酸盐快硬水泥水化时，$C_{11}A_7 \cdot CaF_2$ 的水化产物为氟化钙和铝胶（氢氧化铝），而 C_3S 和 C_2S 的水化反应则与硅酸盐水泥相同，水化产物同样是硅酸钙凝胶和 $Ca(OH)_2$，只是反应速度有所增加。因此，其水泥石结构也是以钙矾石晶体为骨架，但其中填充以水化硅酸钙凝胶和铝胶，能迅速达到很高的致密程度。

用氟铝酸盐快硬水泥配制的混凝土，除了快硬早强外，其抗拉及抗弯强度、弹性模量等力学性能与普通水泥混凝土相差不大，而且其结构致密，孔隙细小，所以抗渗性好，干缩小。

思考与练习

1. 简述无机非金属材料的定义、特点和研究内容。
2. 简述陶瓷的概念和分类。传统陶瓷材料有哪些类型？简要说明其性能特点和应用领域。
3. 陶瓷的制备包括哪些工序？陶瓷在烧结过程中会发生哪些物理化学变化？
4. 与传统陶瓷相比，新型陶瓷在组成和制备工艺上有何特点？
5. 陶瓷粉末成型体随烘烤与烧结温度的提高和时间的延长而发生的致密化过程是怎样的？
6. 简要说明陶瓷材料实际强度比理论强度低很多的原因，并讨论提高陶瓷强度的途径。
7. 多数陶瓷与金属一样是晶态物质，金属材料具有高韧性，而陶瓷材料通常表现为脆性，其原因何在？
8. 碳化硅、氮化硅及赛伦在组成、结构和性能方面各有什么特点？
9. 简述玻璃的定义和通性。如何理解玻璃是一种介稳态物质？
10. 形成玻璃的方法有哪些？常规的熔体冷却法可制备哪些玻璃？

11. 简述形成玻璃的热力学条件、动力学条件和结晶化学条件。

12. 简述玻璃结构理论中的无规则网络学说和晶子学说的主要观点。

13. 简要说明通过传统熔体冷却法制备玻璃的工艺过程。

14. 有哪些方法可以提高玻璃液的澄清和均化效果？

15. 溶胶-凝胶法在制备无机非金属材料方面有什么优势？

16. 试分析通过常规熔体冷却法获得非晶态金属材料的可能途径。

17. 简要说明硅酸盐水泥的生产工艺过程。在水泥熟料的烧成过程中通常发生哪些物理和化学反应？

18. 硅酸盐水泥的矿物组成主要是 C_3S、C_2S、C_3A、C_4AF，各符号分别表示什么物质？

19. 简述 C_3S 水化过程的五个阶段，并比较 C_3S 与 C_2S 的水化速率大小，说明其不同的原因。

20. 简述硅酸盐水泥的水化、凝结和硬化过程及机理。

21. 硅酸盐水泥的主要性能有哪些？各性能对施工使用的影响是怎样的？

22. 简述铝酸盐水泥在化学组成、矿物组成、水化及硬化过程方面的特点。

23. 硅酸盐水泥、普通（硅酸盐）水泥及矿渣（硅酸盐）水泥三者之间有何联系与区别？

参 考 文 献

[1]　王高潮. 材料科学与工程导论 ［M］. 北京：机械工业出版社，2006.

[2]　戴金辉，葛兆明. 无机非金属材料概论 ［M］. 哈尔滨：哈尔滨工业大学出版社，1999.

[3]　殷凤仕，姜学波. 非金属材料学 ［M］. 北京：机械工业出版社，2001.

[4]　王培铭. 无机非金属材料学 ［M］. 上海：同济大学出版社，1999.

[5]　卢安贤. 无机非金属材料导论 ［M］. 长沙：中南大学出版社，2004.

[6]　Kingery W D，Bowen H K，Unlmann D R. Introduction to Ceramics ［M］. New York：John Wiley and Sons Inc.，1976.

[7]　曹文聪，杨树森. 普通硅酸盐工艺学 ［M］. 武汉：武汉工业大学出版社，1997.

[8]　沈威. 水泥工艺学 ［M］. 武汉：武汉理工大学出版社，2005.

[9]　陈贻瑞，王建. 基础材料与新材料 ［M］. 天津：天津大学出版社，2003.

[10]　许并社. 材料科学概论 ［M］. 北京：北京工业大学出版社，2002.

第5章 高分子材料

5.1 高分子材料概述

5.1.1 高分子材料的基本概念

高分子是高分子化合物的简称,又称为聚合物(Polymer)。高分子化合物的最大特点是相对分子质量巨大,其相对分子质量(物质的分子质量与一个碳原子的 1/12 的比值)通常在 10000 以上。高分子的分子结构是由许多重复单元通过共价键的有规律连接而成的,其形状主要为链状高分子或网状高分子。

可与同种或其他分子聚合而生成高分子物质的那些小分子原料统称为单体,生成一种聚合物的可能是一种单体,也可能是多种单体。结构单元(或称为链节)是组成高分子链的那些最简单的反复出现的结构式,这些结构式通常与合成它们的单体相似或有关。重复单元是高分子链中反复出现的原子集合结构(重复出现的最小单元)。

例如,聚乙烯高分子是由小分子乙烯单体"$CH_2\!=\!CH_2$"通过聚合反应连接而成的,聚乙烯高分子的一种结构表示式为

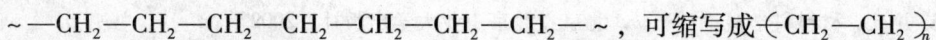

式中,"$-CH_2-CH_2-$"为结构单元;"$-CH_2-$"为重复单元;下标 n 为聚合度。

又例如,由己二胺 $NH_2(CH_2)_6NH_2$ 单体和己二酸 $HOOC(CH_2)_4COOH$ 单体经缩合反应失水后生成尼龙 66,其结构表示式为

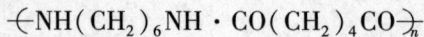

式中,括号内的部分为重复单元,它由结构单元"$-NH(CH_2)_6NH-$"和"$-CO(CH_2)_4CO-$"组成。

高分子材料(Polymer Materials)是以高分子化合物为基材的一大类材料的总称。虽然有极少数高分子材料(如聚四氟乙烯是单组分塑料,加工时不加任何添加剂)仅由聚合物构成,但大多数高分子材料除了基本组分的聚合物之外,为了获得具有各种实用性能或改善其成型加工性能,一般还加有各种添加剂(如颜料、稳定剂、填料、增塑剂、润滑剂等)。因此,严格地讲,高分子(聚合物)与高分子材料的含义是不同的,但工业上并未将两者严格区分。

5.1.2 高分子材料的命名

1. 结构系统命名法

结构系统命名法是高分子最常用的命名法。对于由一种单体经加聚反应制成的聚合物，常以单体名称前面加以"聚"字作为聚合物的名称。例如，氯乙烯的聚合物称为聚氯乙烯；苯乙烯的聚合物称为聚苯乙烯；还有如聚乙烯、聚丙烯等。

由两种或多种不同单体聚合而成的产物，通常摘取这两种或多种单体的简名，后缀"树脂"两字来命名。例如，苯酚和甲醛缩聚产物称为酚醛树脂；尿素和甲醛的缩聚产物称为脲醛树脂；ABS 树脂的 A、B、S 三字母分别取自其共聚单体丙烯腈、丁二烯、苯乙烯英文名称的头一个字母。

对于共聚物合成的橡胶，从其共聚单体中各取一字，后缀"橡胶"二字来命名。例如，丁丙橡胶取自共聚单体丁二烯、丙烯；丁苯橡胶取自共聚单体丁二烯、苯乙烯等。

有些高分子材料是以这类材料中所有品种共有的特征化学单元名称来命名的。例如，环氧树脂是一大类材料的统称，该类材料都具有特征化学单元环氧基；聚酰胺含有特征化学单元酰胺基。各类材料中的某一具体品种往往还有更具体的名称以示区别，如聚酰胺中有尼龙66、尼龙6等品种。

2. 商品名称命名法

除了化学结构名称外，许多高分子材料还有专利商标名称、商品名称及习惯名称等。商品名称、专利商标名称多由材料制造商自行命名，许多厂家制定了自家的企业标准，由其商品名称能了解到主要的高分子材料基材品质，有些还包括了配方、添加剂、工艺及材料性能等信息。例如，对合成纤维的命名常在合成纤维商品名称的后面加"纶"字，像涤纶（聚对苯二甲酸乙二（醇）酯）、锦纶（尼龙6）等。

3. 英文缩写名称

高分子材料化学名称的标准英文名称缩写简捷方便，因此在国内外被广泛采用。英文名称缩写采用印刷体、大写、不加标点。常见高分子材料的名称及所对应的英文缩写名称见表5-1。

表 5-1　常见高分子材料的名称及所对应的英文缩写名称

高分子材料（热塑性）	缩写名称	高分子材料（热固性）	缩写名称	高分子材料（橡胶）	缩写名称
聚乙烯	PE	酚醛树脂	PF	天然橡胶	NR
聚丙烯	PP	聚氨酯	PUR	顺丁橡胶	BR
聚苯乙烯	PS	氨基塑料（脲醛）	UF	丁苯橡胶	SBR
		氨基塑料（三聚氰胺/甲醛）	MF		
聚氯乙烯	PVC	环氧树脂	EP	氯丁橡胶	CR
聚甲醛	POM	聚酰亚胺	PI	丁基橡胶	IIR
聚碳酸酯	PC	不饱和聚酯树脂	UPR	乙丙橡胶	EPR
聚酰胺（尼龙）	PA	硅树脂	SI	丁腈橡胶	NBR
ABS 树脂	ABS	聚醚砜	PES	硅橡胶	SI
聚甲基丙烯酸甲酯	PMMA	聚酰胺-酰亚胺	PBI	氟橡胶	FPM
聚砜	PSU	聚丙烯酸甲酯	PMA		

5.1.3　高分子材料的分类

高分子材料有各种不同的分类方法。例如，按来源可分为天然高分子材料及合成高分子材料；按大分子链结构可分为碳链高分子、杂链高分子及元素有机高分子材料。最常用的分类方法是按性能和用途来分类，可分为塑料、橡胶、纤维、粘合剂、涂料。近年的研究发现有些高分子材料还具有一些特殊功能，如导电、导磁、光学性能等，这些高分子材料被称为功能高分子材料。

5.2 高分子的合成

高分子的合成是指由已知的小分子原料（单体）出发，通过一定的聚合反应得到所需的高分子化合物。本节介绍人工合成高分子材料的原理，包括聚合反应的基本类型和特点、聚合反应机理及聚合过程的实施方法，以及高分子材料的组成。

5.2.1 高分子的合成原理

由小分子原料（单体）生成高分子化合物的各种化学反应称为高分子的聚合反应。聚合反应只有在满足一定的化学、热力学和动力学等条件下才能进行。按单体和所生成高分子化合物在组成和结构上发生的变化来分类，聚合反应可分为加聚反应和缩聚反应两大类。

1. 加聚反应

由单体加成而聚合起来的反应称为加聚反应。加聚反应的单体含有双键，其反应产物称为加聚物。加聚物的化学组成与单体相同，仅仅是电子结构有所改变，其相对分子质量是单体相对分子质量的整数倍。烯类单体的加聚反应多按链式聚合反应的机理进行，链式聚合的特征是整个聚合过程由链引发、链增长、链终止等几步基元反应组成。其体系始终由单体、相对分子质量高的高分子和微量引发剂组成，没有相对分子质量递增的中间产物。随着聚合时间的延长，高分子物质的生成量（转化率）逐渐增加，而单体则逐渐减少。下面以聚乙烯为例说明加聚反应过程。

（1）链引发反应　含有未成对电子的原子、分子或离子叫做自由基。用引发剂引发反应分为两步：形成初级自由基和初级自由基与单体反应形成单体自由基。

第一步，引发剂 R··R 分解，形成初级自由基（·），这里 R 为任意化学单元

$$R··R(引发剂) \rightarrow 2R·（两个初级自由基）$$

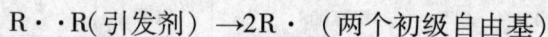

第二步，初级自由基与乙烯单体 $CH_2 =CH_2$ 加成，即乙烯单体双键打开并与初级自由基加成，形成单体自由基

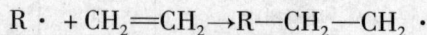

$$R· + CH_2=CH_2 \rightarrow R—CH_2—CH_2·$$

（2）链增长反应　链引发反应形成的单体自由基可与第二个单体发生加聚反应，形成新的自由基（也称为链自由基）。这种加聚反应可以一直进行下去，形成越来越长的链自由基。这一过程称为链增长反应，即

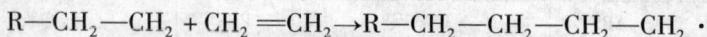

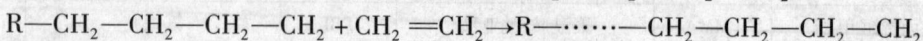

$$R—CH_2—CH_2 + CH_2=CH_2 \rightarrow R—CH_2—CH_2—CH_2—CH_2·$$

$$R—CH_2—CH_2—CH_2—CH_2 + CH_2=CH_2 \rightarrow R—\cdots\cdots—CH_2—CH_2—CH_2—CH_2$$

（3）链终止反应　自由基活性中心消失，生成稳定大分子的过程称为链终止反应。绝大多数终止反应为两个链自由基之间的反应，也称为双基终止

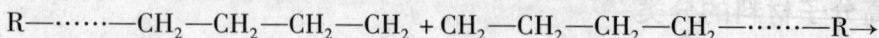

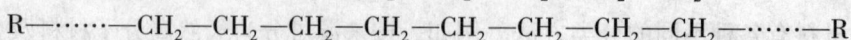

$$R—\cdots\cdots—CH_2—CH_2—CH_2—CH_2 + CH_2—CH_2—CH_2—CH_2—\cdots\cdots—R \rightarrow$$

$$R—\cdots\cdots—CH_2—CH_2—CH_2—CH_2—CH_2—CH_2—CH_2—CH_2—\cdots\cdots—R$$

链终止反应非常迅速，结果是两个链自由基同时消失，体系自由基浓度降低。

加聚物可分为均聚物和共聚物，由一种单体聚合而成的高分子材料称为均聚物，由两种或两种以上单体聚合而成的高分子材料称为共聚物。

2. 缩聚反应

缩聚反应为另一类聚合反应，其反应产物被称为缩聚物。缩聚反应往往是官能团之间的反应，除了形成缩聚物外，根据不同种类的官能团，还产生水、醇、氨或氯化氢等低分子副产物。由于低分子物的析出，缩聚物结构单元要比单体少若干个原子，其相对分子质量不再是单体相对分子质量的整数倍。绝大多数缩聚反应遵循逐步聚合机理，逐步聚合反应的特征是反应逐步进行。在反应初期，大部分单体很快聚合成二聚体、三聚体、四聚体等低聚物（链式聚合反应则是单体在极短的时间内形成相对分子质量高的聚合物），短期内转化率很高。随后低聚物间继续反应，当转化率很高时（如大于98%），逐渐变成高聚物。

己二酸和己二胺反应生成尼龙 66 就是缩聚反应的典型例子，反应产生了水低分子副产物，其反应式为

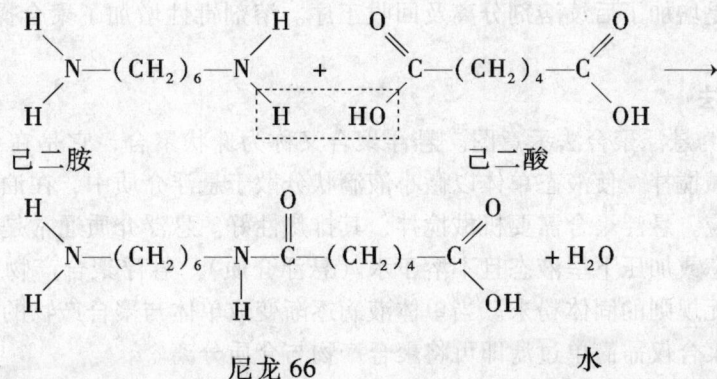

3. 共混态高分子

两种或两种以上高分子材料经物理混合后被称为共混态高分子材料，又称为高分子合金。它可粗略地分为塑料并用（如 PS 塑料/PE 塑料）、橡胶并用（如 NR 橡胶/SBR 橡胶）及塑橡共混（如 PVC 塑料/NBR 橡胶）等几类。共混的目的包括增强、增韧，提高耐寒性、耐热性，提高加工流动性及使材料具有某些特殊性能和功能等。利用共混的方法，可综合不同材料的优点，取长补短，制造出性能优良的新型高分子合金材料。

5.2.2　高分子的合成方法

高分子的合成方法或聚合实施方法是实现聚合反应的重要因素。如图 5-1 所示，链式聚合反应采用的方法主要有本体聚合、悬浮聚合、乳液聚合和溶液聚合。逐步聚合采用的主要方法有熔融缩聚、溶液缩聚、界面缩聚和固相缩聚。本节仅介绍链式聚合的实施方法。

1. 本体聚合法

图 5-1a 所示为本体聚合法示意图。在本体聚合法中，只有单体、引发剂或催化剂参加的聚合反应过程。反应过程的关键参数是控制温度，本体聚合的特点是后处理简单，不需要溶剂回收和精制工序，产品纯净，适合于制作型材、板材等透明制品。

2. 溶液聚合法

图 5-1b 所示为溶液聚合法示意图。单体需溶解在溶剂中进行聚合，若聚合产物能溶解

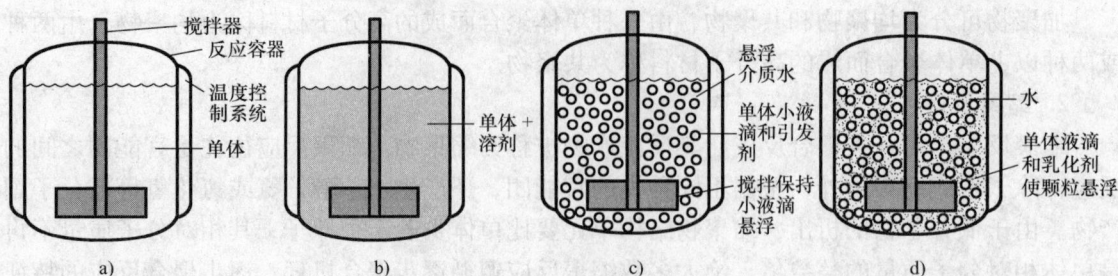

图 5-1　高分子材料的合成方法示意图
a）本体聚合法　b）溶液聚合法　c）悬浮聚合法　d）乳液聚合法

在溶剂中时称为均相溶液聚合，若聚合产物不能溶解在溶剂中时称为非均相溶液聚合。由于溶剂的存在，溶液聚合的反应热能够被及时排除，减少了局部过热现象，反应易控制。溶液聚合最大的弊端是增加了后续溶剂分离及回收工序。溶剂毒性增加了聚合操作的不安全性、增大了生产成本。

3. 悬浮聚合法

图 5-1c 所示为悬浮聚合法示意图。悬浮聚合又称为珠状聚合，它是在分散剂存在的条件下，经强烈机械搅拌，使液态单体以微小液滴状分散于悬浮介质中，在油溶性引发剂引发下进行的聚合反应。悬浮聚合需要机械搅拌，其排热性好。悬浮介质通常是水，进行悬浮聚合的单体应呈液态或加压下呈液态且不溶于水（悬浮介质）。悬浮聚合产物可以是透明的小圆珠、也可以是无规则的固体粉末。当单体液滴逐渐变成单体与聚合产物的混合物时，粘度不断增加。悬浮聚合仅需简单过滤即可将聚合产物与介质分离。

4. 乳液聚合法

图 5-1d 所示为乳液聚合法示意图。单体在乳化剂作用下，在水中分散形成乳状液，然后进行聚合。分散成乳状液的单体液滴直径在 $1 \sim 10 \mu m$ 范围，比悬浮聚合的单体液滴小很多。单体聚合后形成的聚合物则以乳胶粒的状态存在。乳液体系比悬浮体系稳定，因此，乳液聚合后需进行破乳，才能将聚合产物与水分离。

5.2.3　高分子材料的组成

虽然某些高分子材料由纯聚合物构成，但大多数高分子材料除了基本组分聚合物之外，还有一些辅助组分以获得具有实用价值和经济价值的材料。不同类型的高分子材料需要添加的成分类型也不同，有些是为了改善制品的性能，有些是为了改善成型加工工艺。不同类型的高分子材料，除了基础组分聚合物外，其他成分举例如下：

（1）塑料　含增塑剂、稳定剂、增强剂、填料、颜料、润滑剂、增韧剂等。

（2）橡胶　含硫化剂、促进剂、补强剂、防老剂、填料、软化剂等。

（3）涂料　含颜料、催干剂、润湿剂、增塑剂、悬浮剂、稳定剂等。

可见，高分子材料体系的组成相当复杂，每种组分都有其特定的作用。所以，要全面了解一种高分子材料，除了需要研究其基础组分聚合物外，还需了解其他组分的性能及作用。

5.3 高分子材料的结构与性能

聚合物的相对分子质量巨大，分子形状特殊，又具有分散性，故其结构比低分子材料复杂得多，其材料性能也具有独自的规律。

5.3.1 高分子材料的结构

聚合物材料结构的最大特点是具有多层次性，其结构可以分为三个层次：一是聚合物链的近程结构（又称为化学结构），表示单个聚合物分子链结构单元的化学组成及立体结构；二是聚合物分子链的远程结构（又称为构象结构），主要是指聚合物分子的大小和大分子链在空间呈现的各种几何构象；三是聚合物凝聚态结构，表示均相体系的凝聚态结构（如结晶态、非晶态、高弹态、粘流态等）和多相体系的组态结构（共混态等）。不同的结构层次具有不同的运动特征，它们将对聚合物的性能产生不同的影响。

1. 聚合物分子链的近程结构

（1）结构单元的化学组成 聚合物分子链结构单元的化学组成是由参与聚合的单体化学组成和聚合方式来决定的。按化学组成的不同，聚合物的结构可分为以下几大类型：

1）碳链高分子。高分子主链全部由碳原子构成，碳原子间以共价键连接。如聚苯乙烯、聚乙烯、聚丙烯等，它们大多由加聚反应制得，具有良好的可塑性，容易加工成型。但因 C—C 键的键能较低（$347kJ \cdot mol^{-1}$），故耐热性差，容易燃烧，易老化，不宜在苛刻条件下使用。

2）杂链高分子。高分子主链除了碳原子外，还有硫、氧、氮等其他原子，原子间均以共价键相连接。如聚酯、聚酰胺、聚醚、聚硫橡胶、酚醛树脂等。杂链高分子多是通过缩聚反应制得的，其强度和耐热性都比碳链高分子高，但因其主链带有极性，故较易水解、醇解或酸解。

3）元素有机高分子。元素有机高分子主链由 Si、Al、Ti、B、P、As、O 等元素组成，但不含 C 原子，侧基为有机取代基团，这类高分子被称为元素有机高分子，它兼有无机物的热稳定性和有机物的弹塑性。其典型代表是聚二甲基硅氧烷，也称为硅橡胶，它既具有橡胶的高弹性，硅氧键又赋予其优异的高低温使用性能。

4）无机高分子。无机高分子是指主链和侧基都不含碳原子的高分子。具有代表性的例子是聚氯化磷腈（聚二氯氮化磷），其结构单元式为

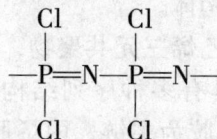

$$\begin{array}{cccc} Cl & & Cl & \\ | & & | & \\ -P & = N - P & = N- \\ | & & | & \\ Cl & & Cl & \end{array}$$

该材料因富有高弹性而被称为膦腈橡胶。无机高分子的最大特点是耐高温性能好，但化学稳定性较差，力学强度也较低。

5）梯形高分子和双螺旋高分子。梯形高分子和双螺旋高分子的主链不是一条单链，而是以双链形成的主链，具有"梯子"或"双螺线"结构。在这类结构中，如果一根链断裂，还有一根可继续保持相对分子质量而不降解。对于梯形结构高分子，若两根链同时各有一处

断裂，但只要不是在同一个梯格里，仍然不会降低相对分子质量。

（2）结构单元的键接方式　键接方式可分为均聚物（由一种单体构成）的键接方式和共聚物（由两种或两种以上的单体构成）的键接方式。

1）均聚物的键接方式是指结构单元在分子链中的连接形式。结构单元对称的高分子，如聚乙烯 $\left(\!-CH_2-CH_2-\right)_n$，其结构单元的键接方式只有一种。带有不对称取代基的单烯类单体（$CH_2\!=\!CHR$）聚合生成高分子时，其结构单元的键接方式则可能有头-头、头-尾、尾-尾三种不同方式。

头-头键接

$$-CH_2\overset{\text{尾}}{-}CH\overset{\text{头}}{-}CH\overset{\text{头}}{-}CH_2\overset{\text{尾}}{-}CH_2-CH-$$
$$\qquad\quad\ \ \underset{R}{|}\qquad\underset{R}{|}\qquad\qquad\ \underset{R}{|}$$

头-尾键接

$$-CH_2\overset{\text{头}}{-}CH\overset{\text{尾}}{-}CH_2\overset{\text{头}}{-}CH\overset{\text{尾}}{-}CH_2\overset{}{-}CH-$$
$$\qquad\quad\ \ \underset{R}{|}\qquad\qquad\underset{R}{|}\qquad\qquad\underset{R}{|}$$

尾-尾键接

$$-CH\overset{\text{头}}{-}CH_2\overset{\text{尾}}{-}CH\overset{\text{尾}}{-}CH_2\overset{\text{头}}{-}CH_2\overset{}{-}CH-$$
$$\ \underset{R}{|}\qquad\qquad\ \underset{R}{|}\qquad\qquad\qquad\underset{R}{|}$$

这种由键接方式不同而产生的异构体称为顺序异构体。由于 R 取代基比 H 原子的体积大，头-头键接的空间阻碍较大，结构不稳定，故多数自由基聚合生成的高分子采取头-尾键接方式，其中夹杂有少量（约1%）头-头或尾-尾键接方式。有些高分子形成头-头键接方式的位阻比形成头-尾键接方式的要低，则头-头键接方式的含量较高，如聚偏氟乙烯中，头-头键接方式的含量可达8%。

2）共聚物包含两种或两种以上不同结构的单元，其排布序列方式称为序列结构异构体。如图 5-2 所示，某二元共聚物由图中空心圆和实心圆所示的两种单体单元生成，按序列排布方式可分为无规共聚物、交替共聚物、嵌段共聚物和接枝共聚物四种结构的异构体。

ABS 树脂是丙烯腈、丁二烯、苯乙烯三元共聚物，其中既有无规共聚，又有接枝共聚，具有多种序列结构形式。其结构可以是无规共聚的丁苯橡胶为主链，丙烯腈、苯乙烯接在支链上；也可以是丙烯腈-苯乙烯共聚物为主链，丙烯腈、丁二烯接在支链上；还可以是丁腈橡胶为主链，苯乙烯接在支链上。三者统称为 ABS 树脂，但分子结构不同，材料性能也有差别。

（3）结构单元的立体构型　结构单元的立体构型是

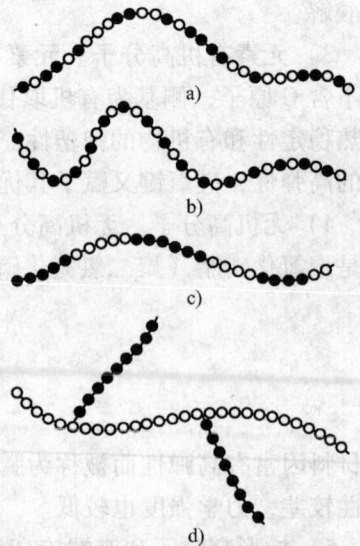

图 5-2　共聚物的键

a）无规共聚物　b）交替共聚物
c）嵌段共聚物　d）接枝共聚物

指分子链中由化学键所固定的原子在空间的几何排列。这种排列是化学稳定的，要改变分子的构型必须经过化学键的断裂和重建。如图 5-3 所示为高分子链的立体构型示意图，其分子链中结构单元的空间排列分别是全同立构结构、间同立构结构和无规立构结构。

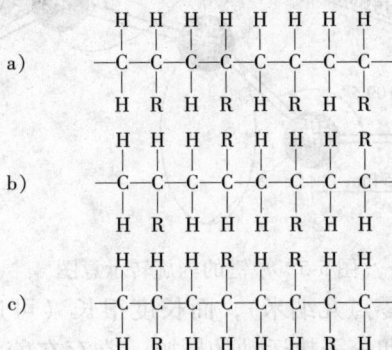

图 5-3　高分子链的立体构型
a）全同立构结构　b）间同立构结构　c）无规立构结构

大分子链的立构规整性对高分子材料的性能有很大影响。例如，有规立构聚丙烯容易结晶，熔融温度达 175℃，可以被纺丝或成膜，也可用做塑料；而无规立构聚丙烯呈稀软的橡胶态，其力学性能差，是生产聚丙烯的副产物，多用于作无机填料的改性剂。

（4）分子链支化与交联　大分子除了线型链状结构外，还存在分子链支化、交联及网络等结构。支化与交联是由于在聚合反应过程中发生了链转移，或在缩聚过程中有三官能度（官能团数目）以上的单体存在，或由双烯类单体中第二双键的活化引起的。图 5-4 所示为高分子链形态的几种模型。

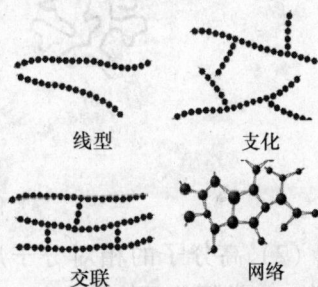

图 5-4　高分子链形态的几种模型

热塑性塑料常为线型和支化结构，由于线型和支化结构有利于高分子结晶，所以热塑性塑料常为晶体结构。天然橡胶是聚异戊二烯分子链通过硫化形成交联结构的硫化橡胶，它在未经交联前能溶于溶剂，受热、受力后又变软发粘，塑性形变大，无多大使用价值。经过交联（硫化）以后，其分子链形成具有一定强度的交联结构，不仅具有良好的耐热和耐溶剂性能，还具有高弹性和相当的强度，成为性能优良的弹性体材料。热固性塑料具有网络结构，这种结构使得热固性塑料比热塑性塑料具有更高的强度。网络高分子的最大特点是既不能熔融也不能溶解，这与支化结构有本质的区别。

2. 高分子链的远程结构

高分子链的远程结构主要是指高分子的大小（相对分子质量及相对分子质量分布）和整链在空间呈现的各种几何构象。

（1）高分子链的内旋转构象　高分子链的内旋转构象是指分子链中由单键内旋转所形成的原子（或基团）在空间的几何排列图像。如图 5-5 所示，已知两个相邻 C_1—C_2 键和 C_2—C_3 键的键角为 109.5°，假设碳原子上不带任何其他原子或基团，则 C_2—C_3 单键可以在固定键角不变的情况下，绕 C_2—C_1 单键自由旋转，其轨迹是一个圆锥面。在分子运动时，C—C 单键能够绕着轴线相对自由旋转，称为内旋转。

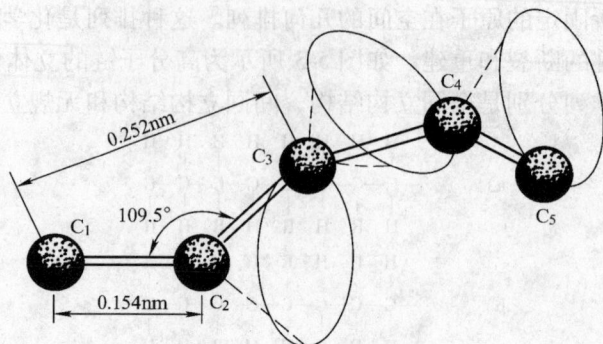

图 5-5　单键的内旋转示意图

大分子链的直径极细（约零点几纳米），而长度很长（可达几百至几千纳米不等）。一个高分子链因为单键的内旋转和分子热运动的影响，常存在着一系列不同的形状，如图 5-6 所示，图 a 为一根完全伸直的高分子链；图 b 为一个卷曲的无规线团；图 c 为一个有周期性的折叠链；图 d 为有规律的螺旋链构象。

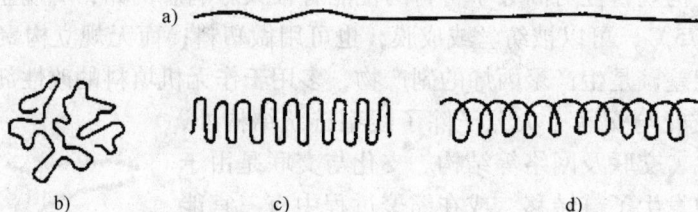

图 5-6　单个高分子的几种构象示意图
a）伸展链　b）无视线团　c）折叠链　d）螺旋链

（2）高分子的相对分子质量　高分子材料的力学、热学、电学等物理性能和加工性能都与其相对分子质量的大小及分布密切相关。由于聚合反应过程的统计特性，所有合成高分子及大多数天然高分子都是具有不同分子链长的同系物的混合物，即存在相对分子质量分布。典型的高分子尺寸分布如图 5-7 所示，在尺寸为某一相对分子质量时，分子数目最多；在尺寸高于或低于这一值时，相对分子质量数目减少。

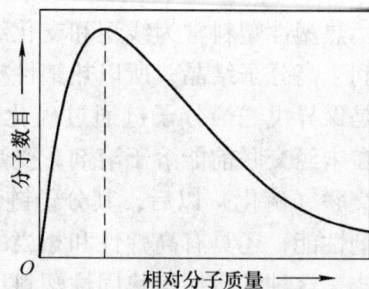

图 5-7　典型的高分子尺寸分布

3. 高分子材料的凝聚态结构

凝聚态是指大量原子或分子以某种方式（结合力）聚集在一起，能够在自然界相对稳定存在的物质形态。普通物质在标准条件下存在气、液、固（晶）三态，而高分子材料只有固、液态而无气态（未加热到汽化温度，材料已分解）。在不同的环境条件（温度、压力等）下，不同高分子材料可以表现出不同的聚集态。

（1）聚合物分子间的相互作用力　大分子内的原子依靠化学键（主要是共价键）结合形成长链结构，这种化学键为分子内作用力，也称为主价键力。主价键的化学键能为 200 ~ 600kJ/mol，作用范围为 200pm。另外，大分子与大分子之间存在着范德华（Van de Waals）力和氢键作用力等，这些力为分子间作用力，也称为次价键力。次价键力比主价键力弱得多, 其键能强度为几个至几十个 kJ/mol。其作用范围大于主价键力, 所以又称为长程力。次价键是形成高分子材料不同凝聚态的原因, 由于次价键形式多样, 各类次价键又具有不同的强度和方向性, 造成聚合物多姿多彩的凝聚状态。

固态高分子材料按其分子链排列的有序性, 可分成非晶态 (无定形) 和结晶态结构。若高分子链为无规线团状, 杂乱无序地交叠在一起, 其形态被称为非晶态结构。具有非晶态结构的高分子材料称为非晶高分子材料, 如热固性塑料 (玻璃态) 和橡胶 (高弹态) 均为非晶态结构, 它们为非晶高分子材料。若分子链三维有序则可形成结晶态结构。高分子材料结晶时, 其分子链按一定规则排列成三维长程有序的点阵结构, 即晶胞。然而, 高分子材料的大分子结晶有其自身特点: ①由于分子链很长, 一个晶胞无法容纳整条分子链, 一条分子链可以穿过几个晶胞; ②一个晶胞中可能容纳多根分子链的局部段落, 共同形成有序的点阵结构。这种结构特点使得高分子材料晶体具有多种晶区缺陷, 因而熔点不确定, 并且结晶速度慢等。图 5-8 所示为聚乙烯的晶胞, 每个晶胞中含有两个结构单元, 为正交晶系, 晶胞参数如图中所示。

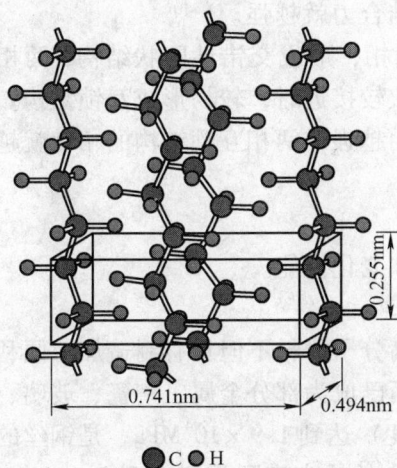

图 5-8　聚乙烯的晶胞

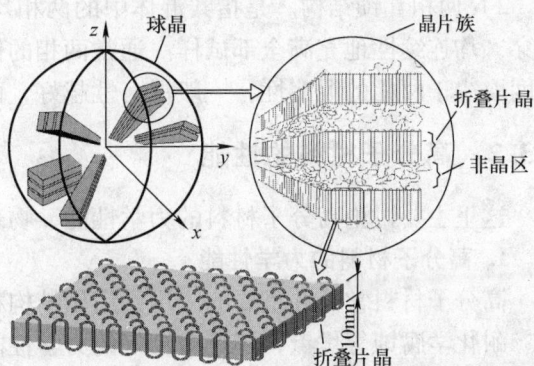

图 5-9　高分子材料的三维晶体模型

通常高分子材料的晶态是不完整的, 即晶态与非晶态结构是共存的。以晶态结构为主的高分子材料称为结晶高分子材料, 热塑性塑料通常是晶态结构。结晶高分子材料在高温下 (超过熔点) 也会熔融。常见结晶高分子材料为球状多晶体, 其结构模型如图 5-9 所示。结晶高分子材料的单晶通常是大分子链折叠形成了折叠片晶, 这些折叠片晶呈四方、菱形或六角形片状, 厚度在 10nm 左右。折叠片晶与折叠片晶之间为非晶区, 多个折叠片晶相互平行的层状结构构成晶片族。许多晶片族又构成三维立体球状多晶体, 称为球晶。球晶是高分子材料在无应力状态下, 在溶液或熔体结晶时得到的一种最为普遍的结晶形态, 在正交偏光显微镜下球晶呈现特有的黑十字消光图 (图 5-10)。

影响高分子材料结晶过程的因素主要有两类: 一类是结构因素; 另一类是外部环境条件。分子链对称性高、化学结构简单的线性大分子链容易结晶; 而结构复杂、对称性差的不易结晶。结晶时大分子通过链段运动排列到晶格中去, 因此, 运动能力强的柔顺分子链较易结晶。例如, 线性高分子容易结晶, 而网状高分子不易结晶; 共聚物的结晶能力一般比均聚物差, 因为第二种及第三种单体的加入往往会破坏分子链结构的规整性和对称性。共聚物结晶能力与各组分的序列长度有关，完全无规共聚物不能结晶。

（2）高分子材料的共混态结构　两种或两种以上高分子材料的物理混合物状态称为高分子材料的共混态。对高分子共混材料的研究主要集中在共混物的结构和形态、两相表面和界面的性质，以及两相的相容性上。

两相高分子材料共混体系按分散形态主要分为以下两种类型：

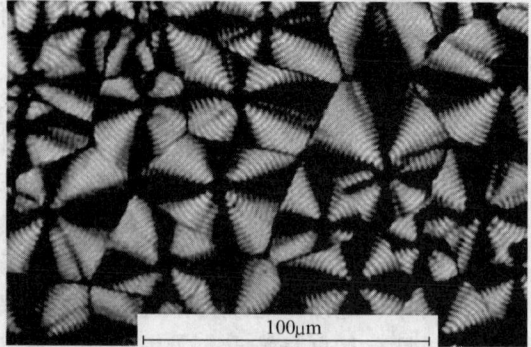

图5-10　球晶的偏光显微镜照片

1）岛状结构。两相中的一相为连续相，另一相为分散相（也被称为岛相），分散相以不同的形状、大小散布在连续相之中。通常两相的体积分数相差较大时，较易形成岛状结构。分散相的尺寸、形状、分布及相界面厚度主要取决于两相的混溶性。通常混溶性越好，分散越均匀，分散相的相畴就越小，两相界面越模糊，表明两相之间形成了较稳定的界面层，两相的结合力就越强。

2）两相互锁结构。是指共混体中的两相均为连续相，形成交错性网状结构，两相互相贯穿，均连续性地充满全部试样。通常两相的体积分数较接近时，较易形成互锁结构。互锁程度取决于两相的混溶性，一般混溶性越好，两相作用越强，两相互锁结构的相畴就越小。

5.3.2　高分子材料的性能

这里主要讨论高分子材料的力学性能、物理性能和老化性能。

1. 高分子材料的力学性能

高分子材料常见并重要的应用是用做结构材料。高分子材料不但具有制造加工便利、质轻、耐化学腐蚀等优点，还具有良好的力学性能，因而已成为部分金属、陶瓷、玻璃、木材等材料的代用品。聚乙烯的最高理论强度（共价键强度）达到 1.9×10^4 MPa，是钢丝的几十倍。在实验室中，已经获得高拉伸聚酰胺纤维在液氮中的最高实际强度达到 2.3×10^3 MPa。为了评价高分子材料的使用价值，控制其强度和破坏规律，有目的地改善和利用材料，需要掌握高分子材料力学强度变化的宏观规律和微观机理。

（1）高分子材料的拉伸应力-应变曲线　高分子材料的种类庞大，即使是同种高分子材料，其相对分子质量也不同，因此表现出不同的力学性能，其拉伸应力-应变曲线也各不相同。但通常情况下高分子材料的常温拉伸应力-应变曲线可大致分为三种类型，如图5-11所示。第一种类型如曲线1所示，此类材料的弹性模量高，而断裂伸长率很小。在很小的应变下，材料尚未出现明显屈服即已经断裂，其拉伸强度较高。热固性塑料即属于这种类型，如酚醛塑料（PF）因具有很高的交联密度，表现出硬而脆的拉伸行为，所以，热固性塑料又被称为脆性高分子材料。第二种类型如曲线2所示，此类材料的弹性模量、屈服强度及拉伸强度都较高，断裂伸长率也较大，其应力-应变曲线下的面积大，说明材料韧性好。这类材料在拉伸过程中显示出明显的屈服和缩颈现象，但缩颈的规律与金属材料截然不同。金属材料缩颈后，随着外力的增大，塑性变形继续集中在试样的缩颈位置，直到试样断裂。而对于这种类型的高分子材料，当试样出现缩颈后，随着外力的增大，缩颈部分向试样两端扩展，结果全部试样在测试区都发生均匀塑性变形，其断裂伸长率要比金属材料大得多。工程塑料

如聚氯乙烯（PVC）、聚酰胺（PA）等热塑
性塑料属于这种类型，这些热塑性塑料又被
称为塑性高分子材料。第三种材料的应力-应
变类型如曲线 3 所示，此类材料的弹性模量和
屈服强度低，断裂伸长率大（可达 1000%）。
各种橡胶具有这种应力-应变特征，所以橡胶
又被称为高弹性高分子材料。实际高分子材
料的拉伸行为非常复杂，有时可能是几种类
型的组合。

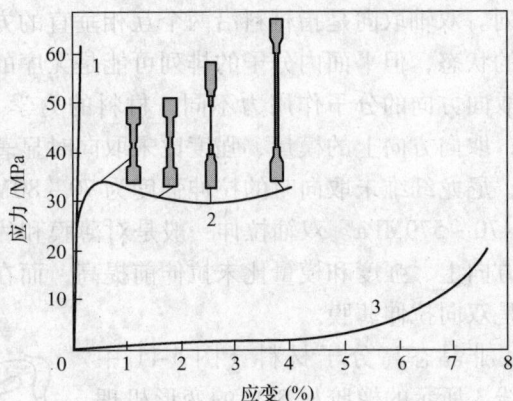

图 5-11　高分子材料的应力-应变曲线类型
1—脆性高分子材料（热固性塑料）　2—塑性高分子材料
（热塑性塑料）　3—高弹性高分子材料（橡胶）

（2）高分子材料的变形机理　不同类型
的高分子材料具有不同的结构，因而表现出
不同的力学性能规律。下面讨论不同高分子
材料的变形机理。

　　图 5-11 中曲线 1 所示的热固性塑料具有很高的密度交联（网状结构），材料在外力作用
下很难变形，表现出高的弹性模量，随着外力的增大，材料中的交联共价键断开，表现出类
似玻璃的硬而脆的拉伸行为。

　　图 5-11 中曲线 2 所示的热塑性
塑料为结晶高分子材料，其变形机
理示意图如图 5-12 所示。图 5-12a
表示受力前材料中晶体和非晶体部
分的相貌示意图；图 5-12b 表示材料
受力时，晶体和非晶体部分的变形
示意图。如图 5-12b 中 1 所示，在拉
伸应力作用下，变形首先从材料强
度最弱的非晶区部位开始，在晶片
之间的最弱非晶区发生倾斜、转动
甚至滑移，造成非晶区的分子链段
取向，即分子链沿外应力场方向平

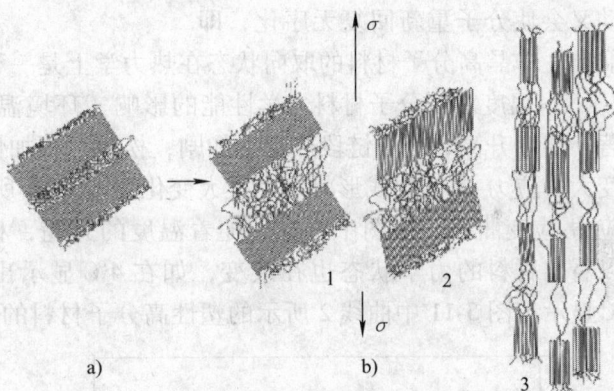

图 5-12　热塑性塑料晶态高分子材料变形机理示意图
a）受力前　b）受力时

行排列。随着外应力场的增大，晶区部分晶片中的折叠链被拉伸成直链，使原有的晶片结构
部分或全部破坏而形成新的取向折叠链晶片，如图 5-12b 中 2 所示。最后，随着外应力场的
进一步增大，非晶区分子链段沿着外应力场进一步取向，晶区内形成进一步碎化取向的折叠
链晶片，如图 5-12b 中 3 所示，形成贯穿在晶片之间的伸直链组成的微丝结构，称为晶区取
向。在材料最弱处的宏观部位表现出缩颈现象。由于高分子材料在拉伸应力作用下，其分子
链、链段或晶粒沿应力方向择优取向排列，使缩颈部位处的材料在拉应力方向强度增高，塑
形变形困难，结果使缩颈位置转移，由于缩颈的不断转移而使样品均匀塑性变形。这种晶区
在取向时伴随着晶粒聚集态的变化，在热力学上是稳定的。当应力去除时，新晶格不会发生
解取向，即试样不会回复到原来的形状。

　　高分子材料在拉伸过程中能产生取向的特性被广泛应用于工程中，按取向方向不同，可
分为单轴取向和双轴取向。单轴取向是指材料只沿一个方向拉伸，分子链或链段沿拉伸方向

排列。双轴取向是指材料沿两个互相垂直的方向拉伸，分子链或链段处于与拉伸平面平行排列的状态，但平面内分子的排列可能是无序的。高分子材料取向后，由于沿取向方向和垂直于取向方向的分子作用力不同，材料的力学、光学和热学性能呈现各向异性。在力学性能上，取向方向上的模量、强度比未取向时显著增大，而在与取向垂直的方向上强度降低。例如，尼龙纤维未取向时的拉伸强度为 70～80MPa，经过拉伸取向的复丝在拉伸方向上的强度达 470～570MPa。双轴拉伸一般是对薄膜和片材而言的，材料经双向拉伸以后，在材料的平面方向上，强度和模量比未拉伸前提高，而在厚度方向上强度下降。电影胶卷、录像磁带等都是双向拉伸薄膜。

非晶态高分子材料（图 5-11 中曲线 3 所示的橡胶材料）的变形机理可用图 5-13 来解释。在受力前，分子链链段杂乱排列，如图 5-13a 所示。受力时，整个分子链沿外力方向平行排列，又称为取向，取向过程可看成分子在外场作用下的有序化过程，如图 5-13b 所示。外场除去后，分子热运动又会使分子重新回复无序化，即

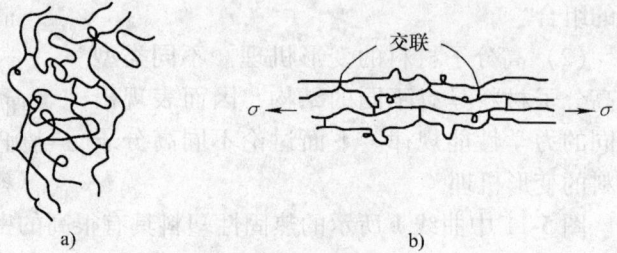

图 5-13　橡胶非晶态高分子材料变形机理示意图
a）受力前　b）受力时

解取向。非晶高分子材料的取向状态在热力学上是一种非平衡态。

（3）温度对高分子材料力学性能的影响　环境温度对高分子材料拉伸行为的影响十分显著，温度升高，分子链段热运动加剧，松弛过程加快，表现出材料模量和强度下降，伸长率变大，应力-应变曲线形状发生很大变化。图 5-14 所示为聚甲基丙烯酸甲酯在不同温度下的应力-应变曲线。由图中可见，随着温度的升高，材料的强度降低，而塑性增加。同时，可以看出材料的力学状态也在改变，如在 4℃显示出图 5-11 中曲线 1 所示的脆性态，在50℃显示出图 5-11 中曲线 2 所示的塑性高分子材料的力学状态。

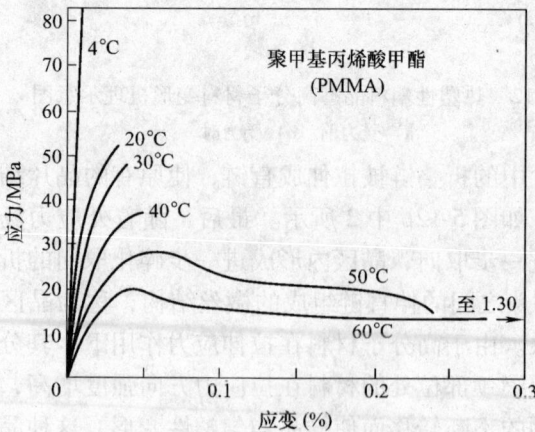

图 5-14　聚甲基丙烯酸甲酯在不同
温度下的应力-应变曲线

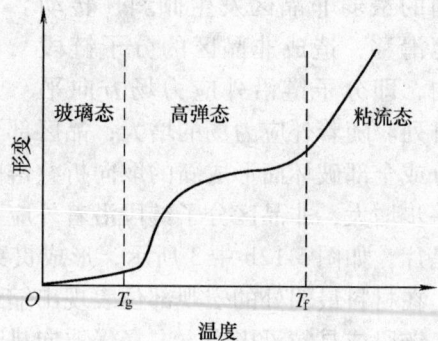

图 5-15　典型非晶态高分子材料的
形变-温度曲线

为了更好地说明高分子材料在不同温度下的力学形变特性，在恒定应力下，测量不同温度下材料的应变量，绘制成在恒定外力作用下的形变-温度曲线。温度对不同晶态的高分子

材料的力学状态影响不同。图 5-15 所示为典型非晶态高分子材料的形变-温度曲线。非晶态高分子材料在不同温度呈现出三种不同的力学状态，即玻璃态、高弹态和粘流态。在低温下变形，材料的应变量很小，表现出硬而脆的性能（玻璃态）。当玻璃态高分子材料的温度升高到某一温度时，材料的应变量变得很大，称为高弹态，从玻璃态到高弹态的转变温度称为玻璃化转变温度，用 T_g 表示。随着变形温度的继续升高，形变量又显现出大幅增大，材料表现出粘性流动。材料从高弹态到粘流态的转变温度称为粘流温度，用 T_f 表示。非晶态高分子材料在不同温度呈现出三种不同的力学状态，这是高分子微观运动特征的宏观表现。在玻璃态，聚合物分子运动的能量很低，不足以克服分子内的旋转势垒，大分子链段（由 40 ~50 个链节组成）和整个分子链是冻结的，不能运动，只有小的运动单元可以运动，此时，高分子的力学性能为硬而脆。在外力的作用下，形变很小，且形变与外力的大小成正比，符合胡克定律。除去外力后，形变能立即回复。在高弹态，大分子具有足够高的能量，虽然整个大分子不能运动，但大分子中的链段已开始蠕动。这时，高分子材料在受外力拉伸时，通过大分子链中链段的运动，使大分子从卷曲的线团状态变为伸展的状态，表现出很大的形变（可达 1000%）。当外力去除后，大分子链又可通过链段的运动回复到最初的卷曲线团状态。在外力作用下有大的变形，且能回复原状的形变特征称为高弹性。高分子材料具有高弹态是它区别于低分子材料的重要标志。在粘流态，分子具有很高的能量，这时不仅链段能够运动，而且整个大分子链都能运动。聚合物在外力作用下呈现粘性流动，分子间发生相对滑移。这种形变和低分子液体的粘性流动相似，是不可逆的。当外力去除后，形变不能回复。

不同结构的高分子材料具有不同的玻璃化转变温度和粘流温度，因而不同高分子材料出现三种力学状态的温度区域是不相同的。在常温下，塑料或纤维处于玻璃态；橡胶处于高弹态；涂料和胶粘剂处于粘流态。非晶态高分子材料虽然可以具有三种力学状态，但并不是每一种非晶态聚合物都一定具有三种力学状态。分解温度低于粘流温度的聚合物如纤维素等显然不存在粘流态，因为还未到粘流态温度，这种材料已经分解。而那些热固性塑料，如酚醛塑料，具有很高的交联密度，就只有玻璃态一种力学状态。

结晶性高分子材料如聚乙烯、聚丙烯、聚甲醛等的力学状态与非晶态高分子材料不同。结晶性高分子材料存在着结晶区和非晶区，它的力学状态不仅与高分子材料的相对分子质量有关，而且与结晶度（结晶区的多少）有关。结晶性聚合物的形变-温度曲线如图 5-16 所示。低于玻璃化转变温度 T_g 时，结晶性聚合物呈现玻璃态的力学行为，结晶部分起着类似交联的作用。当温度高于 T_g 而低于结晶区的熔点 T_m 时（$T_g < T < T_m$），非晶区发生从玻璃态到高弹态的转变。由于结晶区的存在，产生的高弹形变较小，这种影响与材

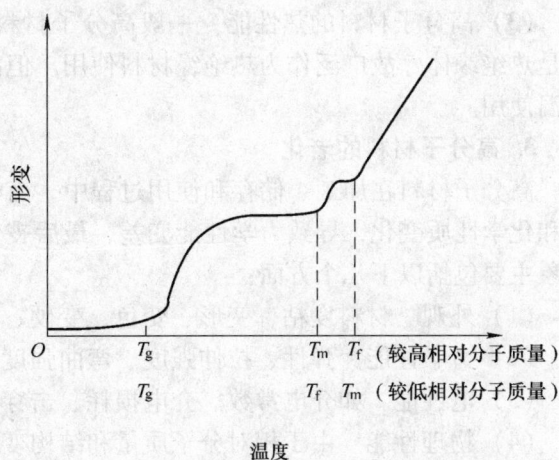

图 5-16　结晶性聚合物的形变-温度曲线

料的结晶度有关。随着结晶度的增加，高弹性形变不断变小，试样变得坚硬，以致最后观察不到明显的玻璃化转变。结晶性聚合物发生粘流的温度与聚合物的相对分子质量有关，当相

对分子质量较低时，非晶区的粘流温度 T_f 低于结晶区的熔点 T_m；而当相对分子质量较高时，非晶区的粘流温度 T_f 高于结晶区的熔点 T_m。当实际温度只高于 T_m（或 T_g）时，晶区（或非晶区）熔融，虽然分子整链能相对移动，但变形仍然很小。只有当实际温度同时高于 T_m 和 T_f 时，材料才进入粘流态。

2. 高分子材料的物理性能

（1）高分子材料的电学性能　电学性能是指高分子材料在外电场作用下的导电性能和介电性能。

大多数高分子材料的电阻率为（$10^{10} \sim 10^{20}$）$\Omega \cdot cm$，属于绝缘体。在高分子材料中，原子的最外层电子以共价键与相邻原子相连接。在外电场作用时，没有自由电子和可移动的离子，其微弱的电流来自于材料中的杂质，如微量固化剂、水汽等为高分子绝缘体提供了载流子。因此，高分子材料在电工工业中主要用做电绝缘材料，它表现出非常宽的电学性能指标，在 $-269 \sim 300℃$ 的温度范围内，耐高压可达 $5.0 \times 10^4 V$。高分子材料在加工和使用过程中，相同或不同材料的接触和摩擦会产生静电问题。例如，在聚丙烯腈纺丝过程中，纤维与导辊摩擦产生的静电压可达 15kV，使纤维的梳理、纺纱、牵伸、加捻、织布和打包等工序变得难以进行；在生产绝缘材料时，由于静电吸附尘粒和其他有害杂质大大降低了产品的性能；输送易燃液体的塑料管道、矿井橡胶运输带等都可能因摩擦而产生火花放电，导致事故发生。解决静电问题的方法有在高分子材料表面喷涂抗静电剂，从而提高材料的表面电导率；或在高分子材料内添加抗静电剂，以提高材料的体积电导率，加速电荷的传导。

高分子材料的介电性能研究的是高分子材料在外加交流电压时电能的储存和损耗，它反映了在交变电场作用下，材料中偶极的运动。

（2）高分子材料的光学性能　光学性能反映了光和物质的相互作用。通常，当光线照射到物体表面时，一部分被反射，其余部分经折射进入到物体中。进入到物体内部的光，一部分被吸收变为热能，剩下的部分被透过。高分子材料通常具有良好的透明性，加之密度小、耐冲击、加工方便，容易制成软质和硬质制品，故在光学领域也有广泛应用。

（3）高分子材料的热性能　一般高分子材料的导电性差，热量不能通过电子传递，因而是热绝缘体，故广泛作为热绝缘材料使用。但高分子材料在高温会发生软化，因此不能在高温使用。

3. 高分子材料的老化

高分子材料在加工、储存和使用过程中，由于内外因素的综合影响，使材料逐步发生物理和化学性质变化，导致力学性能变差，最后丧失其使用价值，这一过程被称为老化。老化现象主要包括以下几个方面：

（1）外观　材料发粘、变形、变色、变硬、变脆、出现银纹或斑点等。

（2）力学性能　弹性、拉伸强度、弯曲强度、硬度和耐磨性等降低。

（3）电性能　如介电常数、介电损耗、击穿电压等的变化。

（4）物理性能　由于相对分子质量和结构变化，引起溶解、溶胀和流变性能的变化。

引起高分子材料老化的内在因素包括高分子的化学结构、聚集态结构等，如材料内存在可能引起老化的弱点（如不饱和双键、支链、羰基、末端上的羟基等）。外在因素有物理因素（如热、光、高能辐射和机械应力等）、化学因素（如氧、臭氧、水、酸、碱等的作用）、生物因素（如微生物、昆虫的作用等）。高分子材料的老化是通过外在因素，使材料内存在的弱点发生和发展引起的。外在因素中太阳光、氧、热是引起高分子材料老化的重要因素。

5.4 高分子材料的种类

高分子材料目前已经能够大规模地生产，并已普遍应用于建筑、交通运输、农业、电气电子工业等国民经济主要领域和人们的日常生活中。高分子材料包括塑料、橡胶、纤维、粘合剂、涂料等，其主要原料是合成树脂。合成树脂是指由单体合成或将某些天然高分子经化学改性所得到的高聚物。

5.4.1 塑料

塑料（Plastics）是指以聚合物为主要成分，加入适量添加剂，在一定条件（温度、压力等）下可塑化成型，在常温下能保持既定形状的有机高分子材料。目前，世界上塑料的品种达 15000 多种，其中大批量生产的塑料已有 20 多种。

根据受热后材料的形态、性能不同，塑料可分为热塑性塑料和热固性塑料两大类。热塑性塑料受热后软化、冷却后变硬，这种软化和变硬可重复循环，因此可以反复成型。热固性塑料的配料在第一次加热时可以软化流动，加热到一定温度时分子链间起化学反应，使分子链间产生交联，形成网状三维体型结构，从而使材料变硬。再加热时，由于交联网状结构使单个分子链间不能再互相滑移，宏观上材料不能再软化流动。因此，对热固性塑料而言，聚合过程（最后的固化阶段）和成型过程是同时进行的，所得制品是不熔的。图 5-17 所示为2007 年热塑性及热固性塑料的相对使用量。热塑性塑料约占全部塑料产量的 75% 以上，其中产量较大、应用广泛的是聚乙烯、聚丙烯、聚氯乙烯和聚苯乙烯，这四种产品被称为通用热塑性塑料，占热塑性塑料总产量的 80% 以上。

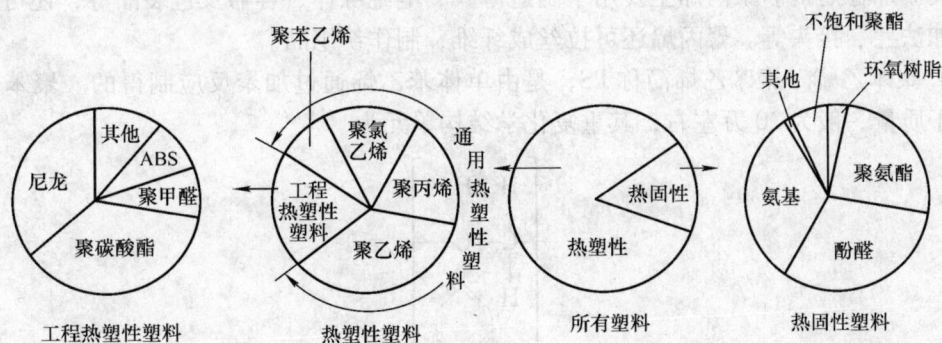

图 5-17 热塑性及热固性塑料的相对使用量

塑料按使用范围可分为通用塑料和工程塑料两大类。通用塑料的产量大、价格低、力学性能一般，主要用做非结构材料使用的塑料。工程塑料一般是指可作为结构材料使用，能经受较宽温度变化和较苛刻的环境条件，具有优异的力学性能及耐热、耐磨性能和良好的尺寸稳定性的塑料。工程塑料的大规模发展仅有近三十年的历史。

1. 通用热塑性塑料

如上所述，热塑性塑料包括通用热塑性塑料和工程热塑性塑料，其中通用热塑性塑料包括聚乙烯、聚丙烯、聚氯乙烯和聚苯乙烯，这四种产品占热塑性塑料总产量的 80% 以上

（图 5-17）。

（1）聚乙烯　聚乙烯简称 PE，是乙烯聚合而成的结晶性聚合物，其分子式为

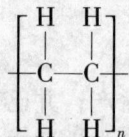

$$
\left[\begin{array}{c} H \; H \\ | \; | \\ -C-C- \\ | \; | \\ H \; H \end{array}\right]_n
$$

聚乙烯是塑料中产量最大的品种，作为塑料使用时，其相对分子质量需高于 1 万。聚乙烯分为高密度（HDPE）、中密度（MDPE）和低密度（LDPE）三种类型。聚乙烯为白色蜡状半透明材料，柔而韧，无毒，其本身的无极性决定了它具有优异的介电性能。聚乙烯具有优异的化学稳定性，室温下耐盐酸、氢氟酸及各种碱类。聚乙烯还具有较好的力学性能，其力学性能指标随相对分子质量的增大而提高，相对分子质量超过 150 万的超高分子聚乙烯是很坚韧的材料，可作为性能优异的工程塑料使用。聚乙烯的缺点是易燃。聚乙烯塑料主要用于电缆、管材、薄膜（农膜、包装膜等）、容器、板材等。

（2）聚丙烯　聚丙烯简称 PP，其相对分子质量一般为 10 万 ~ 50 万，分子式为

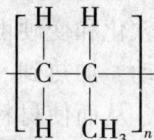

$$
\left[\begin{array}{c} H \; H \\ | \; | \\ -C-C- \\ | \; | \\ H \; CH_3 \end{array}\right]_n
$$

聚丙烯为白色蜡状材料，外观与聚乙烯相近，但密度比聚乙烯小，在塑料中它是密度最小的品种（密度为 $0.90 \sim 0.91 g/cm^3$）。聚丙烯具有优异的介电性能。聚丙烯的力学强度高，其拉伸强度大于聚乙烯，且热强度高。在塑料中聚丙烯的一个极突出特点是具有优异的抗弯曲疲劳性。聚丙烯耐酸、碱腐蚀，但在使用中易受光、热、氧的作用而发生降解和老化，所以一般要添加稳定剂。聚丙烯主要用于制造薄膜、电绝缘体、容器及包装品等，还可用做机械零件如法兰、接头等。聚丙烯还可拉丝成纤维，制作纺织品。

（3）聚苯乙烯　聚苯乙烯简称 PS，是由单体苯乙烯通过加聚反应制得的。聚苯乙烯的相对分子质量一般为 20 万左右，其重复化学结构单元为

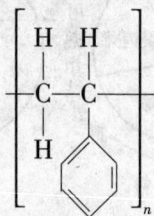

$$
\left[\begin{array}{c} H \; H \\ | \; | \\ -C-C- \\ | \; | \\ H \quad \bigcirc \end{array}\right]_n
$$

聚苯乙烯是透明材料，其透明度达 $88\% \sim 92\%$，折射率为 $1.59 \sim 1.60$，由于折射率高而具有良好的光泽。聚苯乙烯的热变形温度为 $60 \sim 80℃$，至 $300℃$ 以上解聚，易燃烧。聚苯乙烯的热导率不随温度而改变，因此是良好的绝热材料。聚苯乙烯具有优异的电绝缘性，其体积电阻和表面电阻高，功率因数接近于 0，是良好的高频绝缘材料。聚苯乙烯能耐某些矿物油、有机酸、盐、碱及其水溶液，能溶于苯、甲苯及苯乙烯。聚苯乙烯具有较优良的耐辐射性能，但大剂量辐射会释放 H_2 而发生交联使其性能变脆。聚苯乙烯的主要缺点是脆性。由于聚苯乙烯具有透明、价廉、刚性高、电绝缘性好、印刷性能好等优点，所以广泛应用于工业装饰、照明指示、电绝缘材料，以及光学仪器零件、玩具、透明模型及日用品等。它的

另一类重要用途是制备泡沫塑料，聚苯乙烯泡沫塑料是重要的绝热和包装材料。

（4）聚氯乙烯 聚氯乙烯简称 PVC，是氯乙烯的均聚物，其分子式为

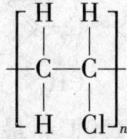

$$\begin{bmatrix} \overset{\displaystyle H}{\underset{\displaystyle H}{\overset{|}{\underset{|}{C}}}} - \overset{\displaystyle H}{\underset{\displaystyle Cl}{\overset{|}{\underset{|}{C}}}} \end{bmatrix}_n$$

聚氯乙烯是第二大吨位的塑料品种，仅次于聚乙烯。聚氯乙烯难燃，离火即熄。纯聚氯乙烯无色透明，硬而脆，应用不多。聚氯乙烯塑料是一种典型的多组分塑料，根据用途和性能的要求可加入不同的添加剂。例如，软质聚氯乙烯制品要加入 30% ~ 50% 的增塑剂；硬质聚氯乙烯制品则要加入稳定剂、外润滑剂、改性剂及填料等。聚氯乙烯塑料主要用于制成薄膜、人造革、防雨材料、台布、管道、门窗及电缆等。

2. 工程热塑性塑料

工程塑料的大规模发展仅有近三十年的历史，其增长速度远远超过通用热塑性塑料。由于工程塑料的综合性能优异，其使用价值远远超过通用塑料。当前，热塑性工程塑料的主要品种有聚酰胺、聚碳酸酯、聚甲醛、聚酯、聚苯硫醚、聚砜、聚苯醚、ABS 等。

（1）聚酰胺 聚酰胺俗称尼龙（Nylon），简记为 PA，是指大分子主链上含有酰胺基团（CO—NH）的聚合物，可由二元酸和二元胺缩聚而得，也可由内酰胺自聚制得。尼龙首先是作为最重要的合成纤维原料，而后又扩展到工程塑料应用领域。它是开发最早的工程塑料，产量为工程塑料中的首位，约占工程塑料总产量的 1/3。聚酰胺的主要品种有尼龙 66，其产量最大；其次是尼龙 6；再次是尼龙 610 和尼龙 1010。尼龙 6 和尼龙 66 的结构式为

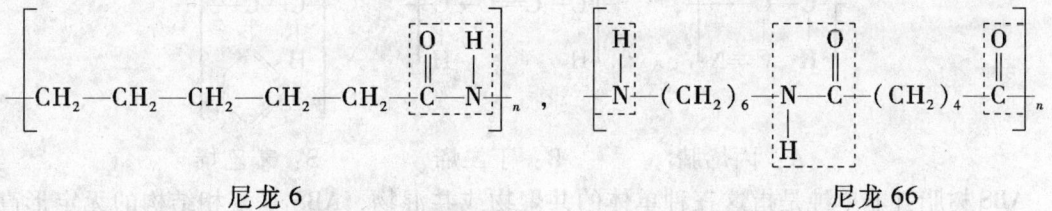

尼龙 6   尼龙 66

结构式中的虚线框内为酰胺基团（CO—NH）。尼龙是结晶性聚合物，因酰胺基中存在牢固的氢键，因而具有良好的力学性能。与金属材料相比，虽然尼龙的刚性逊于金属，但其比拉伸强度高于金属，比压缩强度与金属相近，因此可作为金属材料的代替材料。尼龙具有优良的耐摩擦性和耐磨耗性，其摩擦因数为 0.1 ~ 0.3，约为酚醛塑料的 1/4、巴比合金的 1/3。尼龙对钢的摩擦因数在油润滑条件下大幅度下降，但在水条件润湿下反而上升。添加二硫化钼、石墨或聚乙烯、聚四氟乙烯粉末可使摩擦因数下降、耐磨耗性提高。在各种尼龙中，尼龙 1010 的耐磨耗性最佳，约为铜的 8 倍。尼龙的使用温度一般为 - 40 ~ 100℃，在湿度较高的条件下也具有良好的电绝缘性，且耐溶剂性好。尼龙塑料广泛用于制造各种机械及电气部件，如轴承、齿轮、滚子、滑轮、辊轴、风扇叶片、高压密封扣卷、垫片、储油容器及绳索等。

（2）聚碳酸酯 聚碳酸酯简称 PC，是指分子主链中含有 $\left(O R O - \overset{\displaystyle O}{\overset{\|}{C}} \right)$ 基团的线型聚合物。根据 R 基种类的不同，可分为脂肪族、脂环族、芳香族及脂肪-芳香族聚碳酸酯等多

种类型。目前作为工程塑料的只有双酚 A 型的芳香族聚碳酸酯，其结构式为

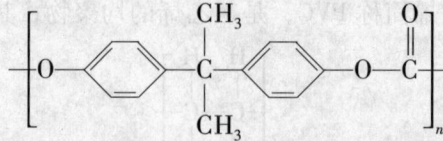

$$\left[O- \bigcirc -\underset{\underset{CH_3}{|}}{\overset{\overset{CH_3}{|}}{C}}- \bigcirc -O-\overset{\overset{O}{\|}}{C} \right]_n$$

聚碳酸酯的玻璃化转变温度为 145~150℃，最高使用温度可达 135℃。聚碳酸酯呈微黄色，刚硬而韧，具有良好的尺寸稳定性，耐蠕变及电绝缘性好；缺点是制品容易产生应力开裂，耐溶剂及耐碱性差。聚碳酸酯在电气、机械、光学、医药等工业部门都有广泛应用。

（3）聚甲醛 聚甲醛简称 POM，学名为聚氧化次甲基。聚甲醛的大分子链由 $\{CH_2-O\}$ 构成，为结晶性聚合物，外观呈乳白色。聚甲醛具有优良的综合性能：①强度和刚度高；②耐疲劳，是热塑性塑料中耐疲劳性最好的；③耐磨，自润滑；④吸水性小，尺寸稳定性好；⑤耐腐蚀性及电绝缘性好。其主要缺点是热稳定性差，高温下易分解。为了改善均聚甲醛的热稳定性，发展了共聚甲醛，其结构式为

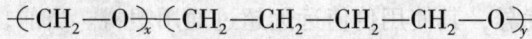

$$\{CH_2-O\}_x \{CH_2-CH_2-CH_2-CH_2-O\}_y$$

目前工业上以生产共聚甲醛为主。聚甲醛可用来代替一部分有色金属和合金，在汽车、机床、化工、仪表等工业领域中用以制造某些齿轮、凸轮轴承、塑料弹簧等部件。

（4）ABS ABS 是由丙烯腈、丁二烯、苯乙烯三种单体组成的热塑性塑料，其名称来源于这三个单体的英文名称的第一个字母。丙烯腈、丁二烯、苯乙烯的结构式为

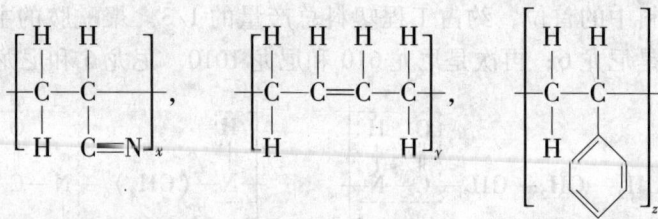

$$\left[\underset{\underset{H}{|}}{\overset{\overset{H}{|}}{C}} - \underset{\underset{C\equiv N}{|}}{\overset{\overset{H}{|}}{C}} \right]_x , \quad \left[\underset{\underset{H}{|}}{\overset{\overset{H}{|}}{C}} - \overset{\overset{H}{|}}{C} = \overset{\overset{H}{|}}{C} - \underset{\underset{H}{|}}{\overset{\overset{H}{|}}{C}} \right]_y , \quad \left[\underset{\underset{H}{|}}{\overset{\overset{H}{|}}{C}} - \underset{\underset{\bigcirc}{|}}{\overset{\overset{H}{|}}{C}} \right]_z$$

A：丙烯腈   B：丁二烯   S：苯乙烯

ABS 树脂并非单纯是指这三种单体的共聚物或共混物，ABS 是复相结构的无定形高分子材料，是在玻璃态聚合物连续相中分散着橡胶相的高分子相。ABS 树脂的性能与其制备方法及树脂相/橡胶相的组成等密切相关。总的力学性能特征是坚韧、质硬、刚性大，使用温度范围为 -40~100℃。具有良好的电绝缘性。其缺点是受到阳光照射、温度变化及风吹雨淋等，易出现褪色、变色、龟裂、粉化和强度下降等老化现象。ABS 的应用范围甚广，可用于制造齿轮、泵叶轮、把手、轴承、管道、电机外壳、汽车零部件、仪表壳、冰箱衬里、电气零件、纺织器材、容器及家具等，也可用做聚氯乙烯等聚合物的增韧改性剂。

（5）聚甲基丙烯酸甲酯 其缩写代码为 PMMA，俗称有机玻璃，结构式为

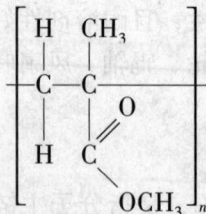

$$\left[\underset{\underset{H}{|}}{\overset{\overset{H}{|}}{C}} - \underset{\underset{\underset{OCH_3}{|}}{\overset{\overset{O}{\|}}{C}}}{\overset{\overset{CH_3}{|}}{C}} \right]_n$$

聚甲基丙烯酸甲酯是由甲基丙烯酸甲酯单体通过引发剂引发，按加聚反应聚合而成的。

PMMA 的优点是具有优异的光学性能，它是至今为止所有塑料中透光性最好的一种。其可见光透过率达 92%，比无机硅酸盐玻璃还高；紫外线透过率达 73.5%，而无机玻璃仅为 0.6%。这种优良的透光率，即使在热带气候曝晒多年也保持完好。PMMA 在室外使用 10 年后透光率还有 89%，说明其耐老化性能好。PMMA 的密度较小，为 $1.18g/cm^3$，抗冲强度比无机玻璃大 7~18 倍。其电学性能与温度和气候的关系不大，因此适宜做室外使用的电器设备。它仅耐无机酸、弱碱和油，不耐醇、酮、氯化烃等有机溶剂，弱碱可迅速破坏它。PMMA 用于飞机玻璃窗，汽车玻璃窗、罩盖和车灯，采光天窗及防震玻璃，电子仪器的表盘及零部件，医学上的镶牙、牙托和假肢等材料，日用品中的各种灯具、五光十色的纽扣、玩具、笔杆和许多装饰品等。表 5-2 列出了几种通用热塑性塑料和工程热塑性塑料的性能。

表 5-2　几种通用热塑性塑料和工程热塑性塑料的性能

塑料名称	密度/$g \cdot cm^{-3}$	拉伸强度/MPa	冲击强度/$J \cdot m^{-1}$	介电强度/$V \cdot mm^{-1}$	最高使用温度/℃
聚乙烯（低密度）	0.92~0.93	6.21~17.25		19000	82~100
聚乙烯（高密度）	0.95~0.96	20.01~37.26	21~747	19000	80~120
硬聚氯乙烯	1.49~1.58	51.75~62.10	53~833	26000	110
聚丙烯	0.90~0.91	33.12~37.95	21~117	70000	107~150
聚四氟乙烯	2.10~2.30	6.90~27.60	133~214	16000~20000	288
尼龙 66	1.13~1.15	82.80	107	15000	82~150
聚甲醛（均聚）	1.42	69	75	12600	90
ABS	1.05~1.07	40.70	320	15200	71~93
聚酯（PBT）	1.31	55.20~56.58	64~69	23000~27600	120
聚苯醚	1.06~1.10	53.82~66.24	267	16000~20000	80~105
聚砜	1.24	70.83	64	17000	150
聚苯硫醚	1.34	69	16	23000	260
聚碳酸酯	1.20	62.10	640~854	15000	120

3. 通用热固性塑料

热固性塑料是指高分子材料在加热固化时形成了体型网状分子，再加热时材料不能再软化的高分子材料。热固性塑料可分为通用热固性塑料和工程热固性塑料两种类型。通用热固性塑料包括酚醛树脂、氨基树脂和聚氨酯，这三种产品占热固性塑料总产量的 90% 以上。工程热固性塑料包括不饱和聚酯（UP）、环氧树脂（EP）、硅树脂、聚酰亚胺（PI）、聚酰胺-酰亚胺（PAI）、聚苯硫醚（PPS）、聚苯并咪唑（PBI）、全芳香族聚酯等。

一般热固性塑料的化学式比起热塑性塑料更为复杂。热固性塑料的固化（即交联）反应有两种基本类型：①固化过程是由缩合反应进行的，固化过程中有小分子如 NH_3 或 H_2O 析出；②固化反应是根据聚合机理进行的，固化过程中无小分子物析出。

（1）酚醛塑料　以酚类化合物和醛类化合物缩聚而得的树脂称为酚醛树脂，其中主要是苯酚与甲醛缩聚物（PF），其基本化学式为

$$\left[\begin{array}{c} \text{H—C—} \\ \text{H} \end{array} \underset{\text{（苯环，OH）}}{\bigcirc} \begin{array}{c} \text{—C—H} \\ \text{H} \end{array} \\ \text{H—C—H} \end{array} \right]_n$$

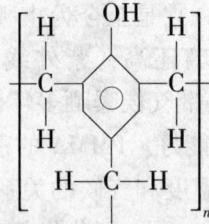

生产酚醛塑料的主要原料是酚类化合物和醛类化合物，同时还要加入填料、润滑剂、着色剂及固化剂等添加剂，填料的用量很大，可达 50% 以上。合成酚醛塑料时，需要用酸或碱作催化剂。根据催化剂的酸碱度及苯酚/甲醛的比例不同，可制得热塑性或热固性树脂。以酸为催化剂，同时酚与醛的比例大于 1，即酚过量的情况下生成热塑性酚醛塑料；若酚与醛的比例小于 1，即醛过量则生成热固性酚醛塑料。以酸或碱为催化剂，或甲醛虽不过量，但以碱为催化剂时，任何酚与醛的比例都生成热固性酚醛树脂。

当前，酚醛树脂的世界总产量占合成聚合物的 4% ~ 6 %，居第六位。酚醛塑料主要用做电绝缘材料，故有"电木"之称；在宇航中可作为烧蚀材料以隔绝热量，防止金属壳层熔化。

（2）氨基塑料 以氨基树脂为基本组分的塑料称为氨基塑料。氨基树脂是一种具有氨基官能团的原料（脲、三聚氰胺、苯胺等）与醛类（主要是甲醛）经缩聚反应而制得的聚合物，主要包括脲-甲醛树脂和三聚氰胺-甲醛树脂。

脲-甲醛树脂（UF）的单体是脲（尿素）NH_2CONH_2 和甲醛 CH_2O。脲与甲醛在稀溶液中由酸或碱催化下缩合形成线型树脂，水是缩合反应的副产品，其缩合反应式为

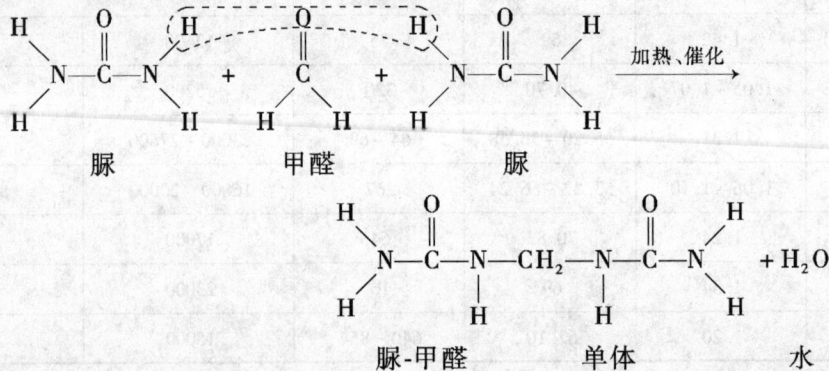

$$\underset{\text{脲}}{\left.\begin{array}{c}\text{脲结构}\end{array}\right.} + \underset{\text{甲醛}}{\left.\begin{array}{c}\text{甲醛结构}\end{array}\right.} + \underset{\text{脲}}{\left.\begin{array}{c}\text{脲结构}\end{array}\right.} \xrightarrow{\text{加热、催化}}$$

$$\underset{\text{脲-甲醛}}{\left.\begin{array}{c}\text{脲-甲醛单体结构}\end{array}\right.} + H_2O$$

上式产物在固化剂（如草酸、邻苯二甲酸等）存在的情况下，在 100℃ 左右可交联固化成体型结构。

三聚氰胺（蜜胺）-甲醛树脂（MF）是三聚氰胺与甲醛的缩聚物，水是缩合反应的副产品，初聚物是线型或分支结构。进一步反应是羟甲基之间的缩合反应，以及羟甲基和氨基的缩合反应，生成体型结构产物。

氨基树脂加填料、固化剂、着色剂、润滑剂等可制得层压料或模塑料，经成型、固化即可得到氨基塑料制品。氨基树脂的特点是无色，以纸浆为填料的压塑粉是无色半透明粉末物，可以加入各种色料，制得不同鲜艳色彩的制品。氨基塑料制品表面光洁、硬度高，具有良好的耐电弧性，可用来作绝缘材料。氨基塑料主要用做各种颜色鲜艳的日用品、装饰品及电器设备等。

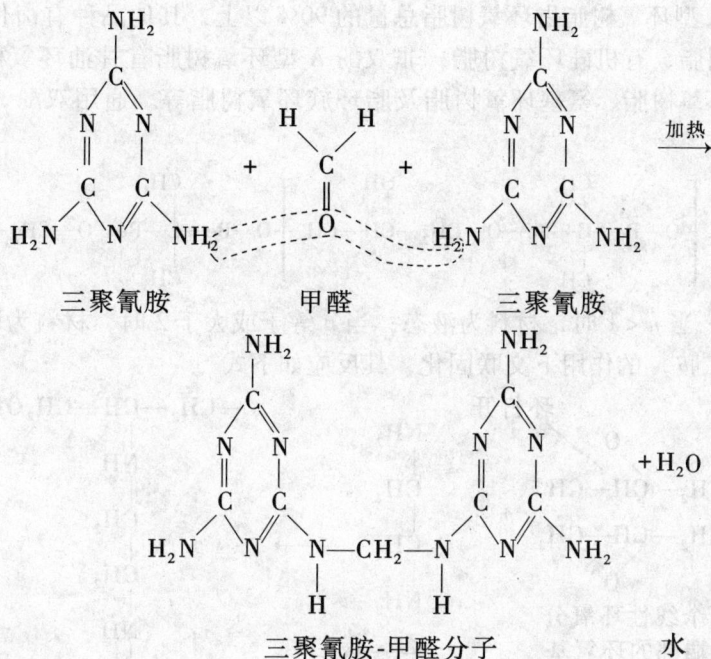

$$\text{三聚氰胺} + \text{甲醛} + \text{三聚氰胺} \xrightarrow{\text{加热}}$$

$$\text{三聚氰胺-甲醛分子} \quad\quad +H_2O \quad\quad \text{水}$$

（3）聚氨酯 PUR 是指分子主链上含重复单元氨基甲酸酯基团 $\left[-\overset{H}{\underset{}{N}}-\overset{O}{\underset{}{C}}-\right]$ 的聚合物。聚氨酯的原料为异氰酸酯和其他含有活泼 H 基团的有机物，如多元醇。异氰酸酯和不同含有活泼 H 基团的有机物反应，可制成线型热塑性塑料或网状结构的热固性塑料。异氰酸酯和多元醇的反应式为

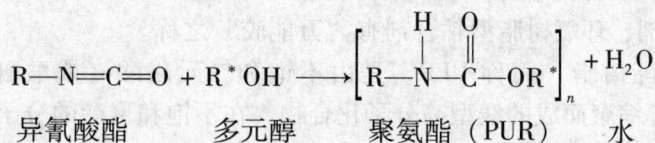

$$R-N=C=O + R^*OH \longrightarrow \left[R-\overset{H}{\underset{}{N}}-\overset{O}{\underset{}{C}}-OR^*\right]_n + H_2O$$

$$\text{异氰酸酯} \quad\quad \text{多元醇} \quad\quad \text{聚氨酯（PUR）} \quad\quad \text{水}$$

从 20 世纪 70 年代起，聚氨酯材料发展迅速，其制品在美国的产量占各种塑料的第七位，其中 90% 的聚氨酯被用来做泡沫塑料。聚氨酯泡沫分为软泡沫和硬泡沫。软泡沫主要用于织物衬里、家用品及包装等；硬泡沫具有较高的交联度，主要用于建筑、冰箱运输、工业绝热材料和包装业。聚氨酯也被用来做弹性体，聚氨酯弹性体特别适合热密封和高韧件应用，如制铲车的实心轮胎、电子器件的封装材料、液压胶管、运输带及体育场的铺装材料等。

4. 工程热固性塑料

工程热固性塑料包括环氧树脂、不饱和聚酯、硅树脂、聚酰亚胺（PI）、聚酰胺-酰亚胺（PAI）、聚醚砜（PES）、聚苯并咪唑（PBI）、全芳香族聚酯等。以下介绍几种工程热固性塑料。

（1）环氧树脂塑料 分子中含有环氧 $CH_2\overset{O}{\overbrace{}}CH-$ 基团的聚合物称为环氧树脂（EP）。环氧树脂自 1947 年首先在美国投产以来，其世界年产量已达十几万吨。环氧树脂的品种很

多，通用的双酚 A 型环氧树脂占环氧树脂总量的 90% 以上，其他品种有卤代双酚 A 环氧树脂、有机钛环氧树脂、有机硅环氧树脂；非双酚 A 型环氧树脂有甘油环氧树脂、酚醛环氧树脂、三聚氰胺环氧树脂、氨基环氧树脂及脂环族环氧树脂等。通用双酚 A 型环氧树脂的化学结构式为

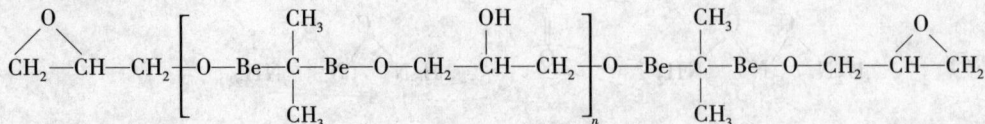

式中，Be 表示苯，当 $n < 1$ 时，材料为液态；当 n 等于或大于 2 时，材料为固态。线性分子在固化剂（如乙二胺）的作用下交联固化，其反应如下式

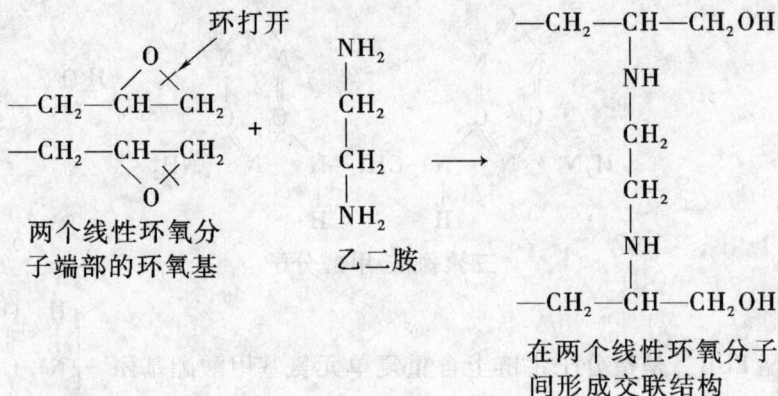

环氧树脂固化后具有坚韧、收缩率小、耐水、耐化学腐蚀和优异的介电性能。环氧塑料分为增强塑料、泡沫塑料及浇铸塑料。增强塑料主要是用玻璃纤维增强，俗称环氧玻璃钢，是一种性能优异的工程材料（详见第 6 章：复合材料）。环氧树脂除了用做塑料外，另外的重要应用是作粘合剂，环氧树脂型粘合剂有"万能胶"之称。

（2）不饱和聚酯树脂　简称 UPR，是由不饱和二元羧酸（或酸酐）、饱和二元羧酸（或酸酐）与多元醇缩聚而成的线型高分子化合物。在不饱和聚酯的分子主链上同时含有酯键 $\left(O{-}C\right)$ 及不饱和双键 $\left(C{=}C\right)$。典型不饱和聚酯具有下列结构

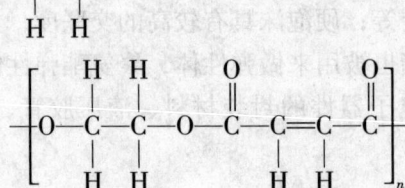

由于不饱和聚酯链中含有不饱和双键，因此可以在加热、光照、高能辐射以及引发剂作用下与交联单体（苯乙烯 CH=CH ）进行共聚，并联固化成具有三维网络的体型结构。不

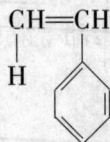

饱和聚酯树脂在热固性树脂中是工业化较早、产量较多的一类，主要应用于玻璃纤维复合材料。不饱和聚酯树脂的主要优点是：①工艺性能良好，如室温下粘度低，可以在室温下交联

固化，在常压下成型，颜色浅，可以制作彩色制品，有多种措施来调节其工艺性能等；②固化后树脂的综合性能良好，并有多种专用树脂适应不同用途的需要；③价格低廉，其价格远低于环氧树脂，略高于酚醛树脂。其主要缺点是：固化时体积收缩率较大（4% ~8%），耐热性、强度和模量都较低，易变形，因此很少用于较强受力的制品。

（3）有机硅塑料 简称 SI，有机硅即聚有机硅氧烷，其主链由硅氧键构成，侧基为有机基团，与硅原子相连的侧基主要有—CH$_3$、—C$_6$H$_5$、CH$_2$＝CH—及其他有机基团。硅树脂是具有反应活性支链的低聚物，呈流体状。以硅树脂为基本组分，受热产生交联固化的塑料称为有机硅塑料。有机硅塑料的主要特点是不燃、介电性能优异、耐高温，可在 300℃ 以下长期使用。

（4）呋喃塑料 呋喃塑料是以呋喃树脂为基本组分的塑料。呋喃树脂是指分子链中含有呋喃环结构的聚合物，它主要包括由糠醛自缩聚而成的糠醛树脂、糠醛与丙酮缩聚而成的糠醛-丙酮树脂以及由糠醛、甲醛和丙酮共缩聚而成的糠醛-丙酮-甲醛树脂。呋喃树脂在固化过程中基本上无低分子物放出，故可用低压成型法制备呋喃塑料。呋喃塑料的主要特点是能耐强酸和强碱，且耐热性好，可达 150 ~200℃。呋喃树脂加固化剂及填料后可制得浇铸塑料、模压塑料及层压塑料，用于制备耐腐蚀化工设备和容器、管件等。表 5-3 列出了几种通用热固性塑料和工程热固性塑料的性能。

表 5-3　几种通用热固性塑料和工程热固性塑料的性能

塑料名称		密度/g·cm^{-3}	拉伸强度/MPa	冲击强度/J·m^{-1}	介电强度/V·mm^{-1}	最高使用温度/℃
酚醛	木粉填充	1.34 ~1.45	35 ~62	11 ~32	10000 ~16000	170
	云母填充	1.65 ~1.92	38 ~48	16 ~21	14000 ~16000	120 ~150
	玻璃填充	1.69 ~1.95	35 ~124	16 ~960	5500 ~1600	177 ~288
聚酯	玻璃填充（片材模塑料）	1.70 ~2.10	55 ~276	427 ~1174	12500 ~16000	150 ~177
三聚氰胺甲醛	纤维素填充	1.45 ~1.52	35 ~62	11 ~21	12500 ~16000	120
	玻璃填充	1.80 ~2.00	35 ~69	32 ~960	7000 ~12000	150 ~200
脲醛	纤维素增强	1.47 ~1.52	38 ~90	32 ~535	12000 ~16000	77
环氧（双酚 A）	无填料	1.06 ~1.40	28 ~90	11 ~534	16000 ~26000	120 ~160
	矿物填料	1.60 ~2.00	35 ~104	16 ~21	12000 ~16000	150 ~250
	玻璃填充	1.70 ~2.00	69 ~207	534 ~1600	12000 ~16000	150 ~260

5. 塑料的组分及其作用

简单组分的塑料基本上是由聚合物组成的，典型的是聚四氟乙烯，不加任何添加剂。聚乙烯、聚丙烯等只加少量添加剂，但多数塑料制品都是一个多组分体系，除了基本组分树脂外，其余为添加剂，添加剂含量为 0 ~60%，用以改善材料的使用性能和加工性能。塑料材料所用的主要添加剂及其作用简单介绍如下。

（1）填料及增强剂 填料的主要功能是降低成本和收缩率，也有改善塑料某些性能的作用。为了提高塑料制品的强度和刚性，可加入各种纤维状材料作为增强剂，最常用的是玻璃纤维、石棉纤维、碳纤维、石墨纤维和硼纤维。增强剂和填料的增强效果取决于它们和聚合物界面分子间的相互作用状况。采用偶联剂处理填料及增强剂，可增加其与聚合物之间的作用力，通过化学键偶联起来，能更好地发挥增强效果，详细分析见第6章：复合材料。

(2) 增塑剂　对一些玻璃化温度较高的聚合物，为了制得室温下的软质制品、改善加工时熔体的流动性能，就需加入增塑剂。常用的增塑剂是碳原子数为6~11的脂肪醇与邻苯二甲酸类合成的酯类等。增塑剂沸点较高，不易挥发，是与聚合物有良好混溶性的低分子油状物。增塑剂能分布在大分子链之间，从而降低分子之间的作用力，降低聚合物的玻璃化转变温度和成型温度。同时，增塑剂也能使制品的模量降低，刚性和脆性减小。工业上80%左右的增塑剂是用于聚氯乙烯塑料、聚醋酸乙烯及纤维素基塑料。

(3) 抗静电剂　抗静电剂的作用是通过降低塑料制品的表面电阻，防止电荷累积从而减少或消除制品表面静电荷的形成。大多数抗静电剂含有亲水基团，能增加制品表面的吸水性，以形成水溶性表面导电膜来增加导电性。其次，离子型抗静电剂可以增加制品表面的离子浓度，从而增加表面导电性。按化学结构抗静电剂可分为离子型和非离子型两种类型。

(4) 润滑剂　加入润滑剂有助于防止塑料在成型加工过程中发生粘模。润滑剂分为内润滑剂和外润滑剂两种。外润滑剂的主要作用是使聚合物熔体能够顺利离开加工设备的热金属表面，有利于塑料的流动和脱模。外润滑剂一般不溶于聚合物，只是在聚合物与金属的界面处形成薄薄的润滑层。最常用的外润滑剂是硬脂酸及其金属盐类。内润滑剂与聚合物有良好的相溶性，能降低聚合物分子间的内聚力，从而有助于聚合物流动。最常用的内润滑剂是低相对分子质量的聚乙烯等。

(5) 发泡剂　发泡剂是一类受热会分解并放出气体的有机化合物，它是制备泡沫塑料的重要助剂之一。发泡剂应具备以下条件：①加热后短时间内可放出气体，放气速度可以调节；②分解出的气体无毒、无害；③分解温度适当，分解时发热量不大，并在塑料中容易分散。最常用的发泡剂是偶氮二甲酰胺。

(6) 阻燃剂　阻燃剂是一类能改进塑料的耐燃性能，用以减缓塑料燃烧性能的助剂。阻燃剂的阻燃机理包括：①材料燃烧时阻燃剂分解放出较重的不燃性高沸点液体或受热融化产生耐火涂层，隔断燃烧物与氧的接触；②材料燃烧时阻燃剂受热分解放出大量不燃性气体，覆盖燃烧物，阻碍氧接触燃烧物。常用阻燃剂是元素周期表中第V、Ⅶ族元素的化合物，如磷酸三甲酯、六溴化苯。

(7) 着色剂　着色剂赋予塑料制品各种色泽，它可分为染料和颜料。染料能溶于水、油或有机溶剂中，一般为有机化合物，主要用在光学塑料制品中，增加透明塑料的透明度。颜料不能溶于水、油或有机溶剂中，因此只能以细粉状掺混到材料中。颜料可分为有机和无机化合物两类，是塑料制品中的主要着色剂。无机颜料的耐热性、耐溶性好，价格也较低；而有机颜料在塑料中的分散性较好，制品色泽鲜艳。

(8) 抗老化添加剂　为了防止塑料在热、光、氧等条件下过早老化，延长制品的使用寿命，常加入稳定剂，它包括热稳定剂、光稳定剂及抗氧化剂。

热稳定剂能阻止塑料因受热而发生的降解作用。由于聚氯乙烯的热敏性突出，所以热稳定剂多用于聚氯乙烯类塑料的配混中。根据化学结构不同，热稳定剂可分为铅盐、混合金属盐、有机锡和特定用途四大类。

光稳定剂能抑制或减弱塑料因吸收紫外光而导致的光降解或光老化作用，是延长塑料制品使用及贮存寿命的添加剂。其机理在于屏蔽光辐射源，吸收并消散能引发塑料降解的紫外光辐射，或消散塑料分子上的激发态能量。光稳定剂可在塑料配混中混入，常用的有水杨酸酯类、二苯甲酮类、苯并三唑类、取代丙烯腈类、三嗪类和有机络合物类。

抗氧化剂能抑制或延缓塑料在制造、加工、应用和贮存中,因受热、光、机械应力、电场、辐射及添加剂中所含重金属离子等因素所引起的塑料及制品外观和内在性能的劣化作用。按化学结构可分为酚类、胺类、含磷化合物、含硫化合物和有机金属盐五大类。根据不同的作用机理,酚类和胺类又称为主抗氧剂,含磷、硫的化合物又称为辅抗氧剂。主抗氧剂的作用是捕获氧化降解中产生的活泼自由基,从而中断链式降解反应,达到抗氧化目的。辅抗氧剂的作用是将氧化降解的中间产物分解为非自由基产物。通常主、辅抗氧剂并用,通过相互的协同效应达到最佳的抗氧化效果。

(9) 固化剂　加入固化剂可使高分子聚合物线型大分子交联而变成体型大分子,从而获得耐热、坚硬的塑料制品。固化剂主要用于热固性塑料中,不同品种和不同用途的塑料应选用不同的固化剂。

5.4.2　橡胶

橡胶(Rubber)是指在常温下呈高弹性的高分子材料。橡胶材料的高弹性源自于橡胶大分子链的长链特征、柔顺性和高缠结性。橡胶材料的相对分子质量普遍较大,为几十万到上百万。橡胶在很宽的温度($-50 \sim 150℃$)范围内具有优异的弹性,所以又称为高弹体。橡胶还具有良好的疲劳强度、电绝缘性、耐化学腐蚀性及耐磨性等,它是国民经济中不可缺少且难以代替的重要材料。近二十年来,每年全世界各种橡胶的消耗量如图5-18所示。

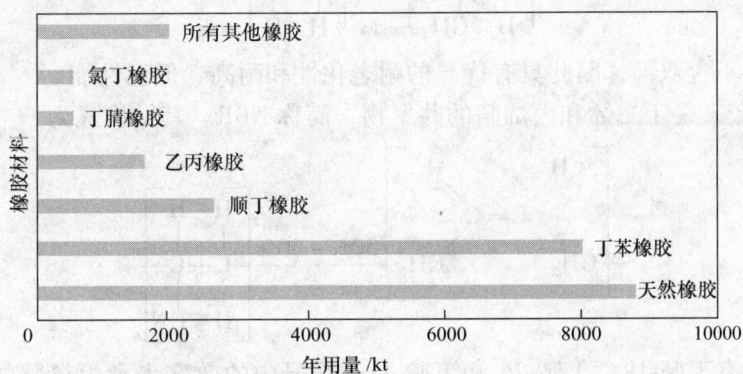

图 5-18　全世界在 2010 年橡胶的消耗量

1. 橡胶的分类

按生胶来源不同,橡胶可分为天然橡胶和合成橡胶两大类。

(1) 天然橡胶　天然橡胶从自然界含胶植物中提取,简称 NB。天然橡胶的基本成分是顺-1、4-聚异戊二烯,其相对分子质量在 3×10^5 左右,结构式为

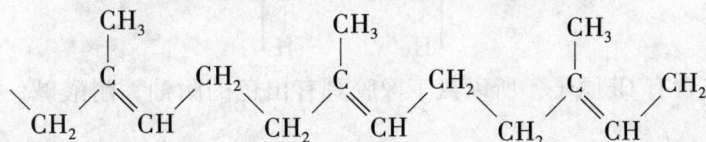

(2) 合成橡胶　合成橡胶的品种很多,按其性能和用途可分为通用合成橡胶和特种合成橡胶。凡是性能与天然橡胶相同或相近,广泛用于制造轮胎及其他大量橡胶制品的橡胶,均称为工程(通用)合成橡胶,如丁苯橡胶、顺丁橡胶、氯丁橡胶、丁基橡胶、丁腈橡胶

等。凡是具有耐寒、耐热、耐油、耐臭氧等特殊性能，用于制造特定条件下使用的橡胶制品的橡胶，均称为特种合成橡胶，如硅橡胶、氟橡胶等。几种常见的合成橡胶简介如下：

1）丁苯橡胶。是丁二烯和苯乙烯的无规共聚物，简称 SBR。目前是合成橡胶中产量最大、应用最广的品种。其结构式为

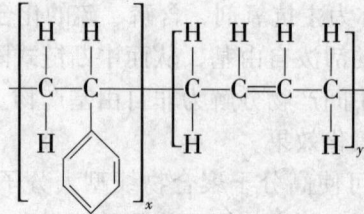

与天然橡胶相比，丁苯橡胶的最大特点是高的耐磨性。随着橡胶中乙烯含量的增大，丁苯橡胶的耐磨性增高，但耐寒性下降。在各种应用中，丁苯橡胶可代替天然橡胶。

2）顺丁橡胶。即顺-1、4-聚丁二烯，其结构式为 $\left(CH_2—CH=CH—CH_2\right)_n$，简称 BR。与天然橡胶相比，其最大特点是弹性高、耐寒性和耐磨性好，但其抗撕裂强度差、加工性能不好，一般与天然橡胶或其他合成橡胶混合并用。

3）乙丙橡胶。是乙烯和丙烯的共聚物，简称 EPR。其结构式为

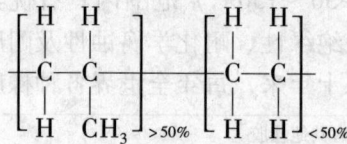

因其主链上不含双键，因此具有优异的耐老化性和耐高、低温性能。

4）丁腈橡胶。是丁二烯和丙烯腈的共聚物，简称 NBR。其结构式为

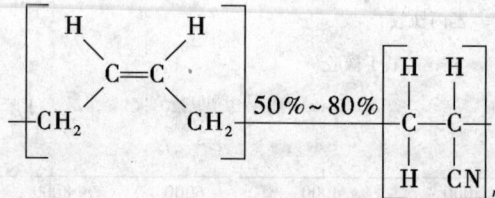

常用的牌号有丁腈-18、丁腈-26 和丁腈-41，牌号中的数字表示丙烯腈的百分含量。因橡胶分子链中含有腈基（—CN），故丁腈橡胶的耐油性好。橡胶中丙烯腈的含量越高，耐油性越好，但耐寒性越差。丁腈橡胶常用于制作机器中的密封圈。

5）氯丁橡胶。是-1、4-聚氯丁二烯，简称 CR。其结构式为

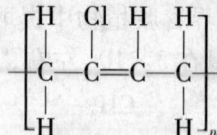

由于主链侧基含有 Cl 原子，所以氯丁橡胶具有出色的耐油、耐酸碱、耐热及耐燃等特点。

6）氟橡胶。是大分子主链上含有氟原子的特种合成橡胶的总称，简称 FPM。这类橡胶的最大特点是耐酸碱和各种化学试剂的腐蚀，同时还具有优异的耐油、耐高温性能，是尖端科技中的重要材料。

7）硅橡胶。是硅氧烷类线性聚合物，简称 SI。其分子链结构为

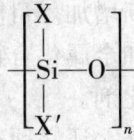

$$\left[\begin{matrix} & X & \\ -Si & - & O \\ & X' & \end{matrix}\right]_n$$

式中，X 及 X′ 为烷基，如甲基、乙基等。

硅橡胶具有优异的耐高低温性能，是橡胶中使用温度最宽的品种，是重要的特种橡胶。

其他的合成橡胶还有聚异戊二烯橡胶、聚异丁烯橡胶、丁基橡胶、聚氨基甲酸酯橡胶、聚硫橡胶等。表 5-4 列出了几种较重要橡胶的特性及典型应用。

表 5-4　几种橡胶的主要特性和应用

橡胶名称	橡胶简称	使用范围/℃	主要特征	主要应用
天然橡胶	NR	−50~120	高温、绝缘、防振、耐磨、耐切割；但不耐热、油和臭氧	充气轮胎，管道；鞋跟，鞋底；垫片
丁苯橡胶	SBR	−50~140	优良的耐磨性；但不耐油、臭氧和大气老化	与天然橡胶类似
丁腈橡胶	NBR	−50~150	耐油、耐水、气密；但低温性能差，电性能不够好	耐油垫圈，油管，油箱；鞋跟，鞋底
顺丁橡胶	BR	−110~120	耐磨、耐寒，弹性好	轮胎，耐寒运输带
氯丁橡胶	CR	−50~105	耐酸、耐碱、耐油、耐燃，耐臭氧和大气老化；但电性能不够好	化工设备内衬，管道，胶带
硅橡胶	SI	−90~250	耐热，耐寒，绝缘；但强度低	耐高低温绝缘件，密封件，食品和医药导管

2. 主要橡胶添加剂及其特性

为了得到需要的橡胶制品，要对生胶（天然橡胶和合成橡胶）及各种添加剂的类型和用量进行配方设计。通常橡胶配合体系除了生胶外，还包括：①使橡胶分子链发生交联反应的硫化体系（包括硫化剂、促进剂、活性剂、防焦烧剂等）；②提高橡胶制品力学强度的补强和填充体系（补强剂、填充剂）；③防止橡胶制品老化，延长使用寿命的防护体系（各种类型的防老剂）；④提高橡胶加工性能的增塑体系（各种类型的增塑剂）。

（1）硫化体系　硫化是橡胶制品生产过程中最重要的环节，生胶大分子只有经过硫化、交联，形成具有三维网状结构的体型大分子，才会获得优异的高弹性和高强度，成为有实际使用价值的材料。图 5-19 所示为聚异戊二烯硫化原理示意图，图 a 中的聚异戊二烯线性大分子，通过图 b 硫化，在聚异戊二烯双键处交联，形成三维网状结构的体型大分子。

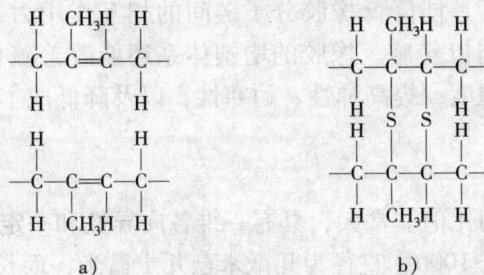

a)　　　　　　　　b)

图 5-19　聚异戊二烯硫化过程示意图

a）聚异戊二烯线性大分子　b）硫与聚异戊二烯交联形成三维网状结构

天然橡胶最早是用'硫黄'交联的，因而，橡胶交联过程通常称为"硫化"。随着合成橡胶的大量出现，硫化交联剂的品种不断增加。目前使用的硫化剂有：硫黄、碲、硒、含硫化合物、过氧化物、胺类化合物、树脂和金属化合物等。硫黄资源丰富，价廉易得，硫化橡胶性能优异，因而硫黄仍然是最佳的硫化剂。

一个完整的硫化体系除了有硫化剂外，还必须有能缩短硫化时间、加快硫化速度的硫化促进剂。常用的硫化促进剂为硫醇基苯并噻唑，商业名称为促进剂 M。此外还应有活性剂，活性剂的作用是提高促进剂的活性。几乎所有促进剂都必须在活性剂存在的情况下，才能充分发挥其促进效能。常用的活性剂是氧化锌。硫化体系中有时还包括能防止胶料在加工过程中不发生早期硫化（焦烧）的防焦剂。

（2）补强与填充体系　补强是橡胶工业的专有名词，是指提高橡胶的拉伸强度、撕裂强度及耐磨耗性能。补强在橡胶制品加工中十分重要，许多生胶和非自补强性的合成橡胶，如果不通过填充炭黑、白炭黑等补强措施，便没有实用价值。炭黑是重要的补强剂，常用的补强剂还有白炭黑（水合二氧化硅 $SiO_2 \cdot nH_2O$、硅酸盐类）。白炭黑的补强效果仅次于炭黑，故称为白炭黑。因为白炭黑具有色泽浅的特点，因而被广泛用于白色和浅色橡胶制品中。凡是在胶料中主要起增加容积、降低成本作用的材料称为填充剂。橡胶制品中常用的填充剂有碳酸钙、陶土、滑石粉、硅铝炭黑等。有时补强剂与填充剂无明显界限，一种材料可以既是补强剂又是填充剂。炭黑是橡胶工业中最重要的补强性填充剂，补强效果极佳。炭黑耗量占橡胶耗量的 50% 左右。

（3）防老化体系　橡胶在贮存、加工和长期的使用过程中，受氧、臭氧、光、热、高能辐射及应力作用，会逐渐发粘、变硬、弹性降低、龟裂、发霉、粉化，这种现象称为老化。在老化的过程中，橡胶分子结构可发生分子链降解，或分子链间产生交联，或主链、侧基改性等变化，从而使橡胶制品的物理性能改变，如电绝缘性变差、力学性能降低（强度降低、弹性消失、耐磨性变劣等）。凡是能防止和延缓橡胶老化的化学物质均被称为防老化剂。由于橡胶老化的原因复杂，有热降解老化、热氧老化、臭氧老化、金属离子催化老化、疲劳老化等，因此，防老剂的品种很多。根据防老剂的作用可分为抗氧剂、抗臭氧剂、抗紫外线辐射剂、有害金属离子作用抑制剂、抗疲劳老化剂等。

（4）增塑体系　橡胶材料最宝贵、最重要的性质是高弹性。橡胶大分子链的长链特征、柔顺性和高缠结性导致橡胶材料的高弹性。橡胶材料的相对分子质量普遍较大，为几十万到上百万。如此巨大的分子链缠结在一起，使材料的粘度大、弹性高，难以塑性变形、加工。为此，要使生橡胶易于加工成型，必须使用增塑剂。橡胶增塑剂是一类相对分子质量较低的化合物，增塑剂加入橡胶后，能降低橡胶分子链间的相互作用力，使橡胶的制备（见橡胶的成型加工）和成型工艺得以实施。橡胶的增塑体系还能改善硫化橡胶的某些物理和力学性能，如降低硫化橡胶的硬度，提高弹性、耐寒性，以及降低成本等。

5.4.3　纤维

纤维是指长度与直径的比值非常大，具有一维各向异性和一定柔韧性的纤细材料。常用的纺织纤维长径比一般大于 1000，直径为几微米至几十微米，而长度超过 25mm。纺织纤维可分为两大类，即天然纤维和化学纤维。

1. 天然纤维

天然纤维包括羊毛、蚕丝、棉、麻等，其中棉纤维和麻纤维属于植物性纤维，而羊毛和蚕丝属于动物性纤维。棉纤维和麻纤维的主要成分是纤维素，其成分占 90% ~ 94%，其余是水分、脂肪、蜡质及灰分等。棉纤维的外观呈有些扭曲的空心纤维状，纤维长径比为 1000 ~ 3000，其保暖性、吸湿性和染色性好。麻纤维（苎麻纤维）的断面形状有扁圆形、椭圆形、多角形等。毛纤维和蚕丝的主要成分是蛋白质，其中羊毛的主要成分是角朊（蛋白质）；而生蚕丝是由丝纤朊（蛋白质）和丝胶朊（蛋白质）粘合而成的，两者的质量分数之比为 0.75∶0.25 到 0.82∶0.18。

2. 化学纤维

化学纤维是指以天然或合成高分子化合物为原料制得的纤维。化学纤维分为两大类，即人造纤维和合成纤维。化学纤维的主要类型如图 5-20 所示。

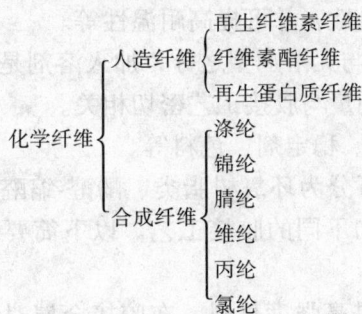

$$
\text{化学纤维} \begin{cases} \text{人造纤维} \begin{cases} \text{再生纤维素纤维} \\ \text{纤维素酯纤维} \\ \text{再生蛋白质纤维} \end{cases} \\ \text{合成纤维} \begin{cases} \text{涤纶} \\ \text{锦纶} \\ \text{腈纶} \\ \text{维纶} \\ \text{丙纶} \\ \text{氯纶} \end{cases} \end{cases}
$$

图 5-20 化学纤维的分类

（1）人造纤维 人造纤维是以天然高分子材料为原料，经化学处理与机械加工而制得的纤维。人造纤维具有与天然纤维相似的性能，如良好的吸湿性、透气性和染色性，富有光泽，手感柔软，为重要的纺织材料。人造纤维按化学组成可分为再生纤维素纤维、纤维素酯纤维和再生蛋白质纤维三大类。再生纤维是以含纤维素的农林产品，如木材、棉短绒等为原料制得的，其纤维的化学组成与原料相同，但发生了物理结构的变化。纤维素酯纤维是以纤维素为原料，经酯化后纺丝制得的纤维，其纤维的化学组成与原料不同。再生蛋白质纤维的原料是玉米、大豆、花生以及牛乳酪素等蛋白质。在人造纤维中，再生纤维素纤维的产量最大，应用最广，其中产量最大的品种是粘胶纤维。

（2）合成纤维 以合成高分子材料为原料制得的纤维称为合成纤维。合成纤维工业是 20 世纪 40 年代才发展起来的，由于其性能优异、用途广泛、原料来源丰富且不受自然条件限制，所以合成纤维工业发展迅速。

合成纤维最主要的品种有：涤纶（又称为聚酯纤维，化学组成为聚对苯二甲酸乙二醇酯）、锦纶（又称为尼龙，化学组成为聚酰胺）、腈纶（聚丙烯腈）、维纶（聚乙烯醇缩甲醛）、丙纶（聚丙烯）和氯纶（聚氯乙烯），其中前三种的产量占世界合成纤维总产量的 90% 以上。

合成纤维具有优良的物理性能、力学性能和化学性能，如密度小、强度高、弹性高、耐磨性好、保暖性好、吸水性低、耐酸碱性好、不会发霉或虫蛀等。某些特种合成纤维还具有耐高温、耐辐射、高强力、高模量等特殊性能。合成纤维的应用包括航空航天、交通运输、纺织、医疗卫生、海洋水产、通信等领域，已成为国民经济发展不可缺少的重要材料。

5.4.4 粘合剂及涂料

1. 粘合剂

粘合剂又称为胶粘剂或胶，是指能把两个固体粘接在一起，并在结合处有足够强度的物质。由于粘接工艺操作简单、适用广泛，有时可部分代替铆接和焊接工艺。

粘合剂一般是以高分子为基本组分的多组分体系。在粘合剂中，除了高分子（即粘料）外，根据配方及不同的用途，还包括以下一种或几种辅料：

1）增塑剂及增韧剂。其作用是提高粘合剂的韧性。

2）固化剂（硬化剂）。其作用是使粘合剂交联、固化。

3）填料。用以降低固化时的收缩率，提高抗冲强度、胶接强度及耐热性，降低成本。用特殊填料可使粘合剂具有导电性，并可提高耐温性等。

4）溶剂。粘合剂有溶剂型与无溶剂型之分，加入溶剂是为了溶解粘料并调节粘度，以便更好地粘接。溶剂的种类及用量与胶接工艺密切相关。

5）其他辅料。包括稀释剂、稳定剂、色料等。

合成粘合剂的聚合物种类可分为环氧树脂类、酚醛-缩醛类、聚氨酯类等。粘接不同的固体材料需选择不同的粘合剂和不同的胶接工艺。以下简要介绍粘接各类材料适用的粘合剂。

（1）金属材料　金属材料是高强度材料，在胶接金属时，要考虑载荷及工作环境等条件来选择适当的粘合剂。胶接金属的粘合剂主要有改性环氧胶、丙烯酸酯胶、改性酚醛胶及聚氨酯胶等。杂环化合物胶种及聚苯硫醚也是较好的金属粘合剂。大多数混合型粘合剂都适用于铁和铝，可用于铜、锌、镁的粘合剂次之，而适用于银、铂、金的粘合剂甚少。胶接金属时，表面处理至关重要。由于金属是致密材料，不能吸收水分和溶剂，所以一般不宜采用溶剂型或乳液型粘合剂。

（2）塑料、橡胶　胶接塑料常用的粘合剂见表5-5。橡胶与橡胶胶接可用橡胶泥、氯丁粘合剂等。橡胶与其他非金属的胶接，一般可视另一材料的情况来选择胶种。橡胶与皮革胶接可用氯丁胶及聚氨酯胶。橡胶-塑料、橡胶-玻璃及橡胶-陶瓷胶接可用硅橡胶胶种。橡胶-玻璃钢、橡胶-酚醛塑料胶接可用氰基丙烯酸酯和丙烯酸酯等胶种。橡胶-混凝土、橡胶-石材胶接可用氯丁胶、环氧胶、氰基丙烯酸酯胶等。

表 5-5　塑料材料常用粘合剂

塑料	粘合剂
PMMA	不饱和聚酯、聚氨酯胶
醋酸纤维素、醋酸丁酸纤维素、硝酸纤维素	溶液胶、聚氨酯胶、膦干胶
乙基纤维素	环氧胶、溶液胶、酚醛-丁腈胶
聚乙烯	热熔胶
聚乙烯（经表面处理）	环氧胶、酚醛-丁腈胶
聚丙烯	热熔胶
聚丙烯（经表面处理）	环氧胶、酚醛-丁腈胶
聚四氟乙烯	氟塑料胶

（续）

塑料	粘合剂
聚四氟乙烯（经表面处理）	环氧胶、酚醛胶
聚碳酸酯	不饱和聚酯、膦干胶、环氧胶
硬聚氯乙烯	环氧胶、聚氨酯胶
软PVC	溶液胶、氯丁胶
聚偏氯乙烯	酚醛-丁腈胶
聚苯乙烯、聚氨酯	膦干胶、环氧胶、聚氨酯胶
聚缩醛	氯丁胶、聚氨酯胶、环氧胶
尼龙	聚乙烯醇缩醛、改性环氧胶、溶液胶
邻苯二甲酸烯丙酯	环氧胶、不饱和聚酯
环氧树脂、聚酯	环氧胶、酚醛胶不饱和聚酯胶
呋喃树脂	呋喃胶、环氧胶
三聚氰胺树脂	环氧-酚醛胶、聚氨酯胶
酚醛树脂	环氧胶、酚醛胶、聚氨酯、酚醛-缩醛

（3）玻璃 用于粘接玻璃的粘合剂，需要考虑强度、透明性以及与玻璃热胀系数的匹配。作为胶接玻璃的粘合剂，应含有—OH、—C＝O、—COOH等极性基团并与玻璃有良好的浸润性，常用的有环氧树脂胶、聚醋酸乙烯酯胶、聚乙烯醇缩丁醛、氰基丙烯酸酯胶、有机硅胶及天然的加拿大香脂等。

（4）混凝土 胶接混凝土一般采用环氧树脂粘合剂，对载荷不大的非结构也可采用聚氯酯胶。混凝土与其他材料胶接时常用的粘合剂见表5-6。

表5-6 混凝土与其他材料胶接时常用的粘合剂

粘接材料	常用粘合剂
混凝土-木材	环氧胶、聚醋酸乙烯酯胶、聚乙烯醇缩醛、氯丁胶
混凝土-塑料	聚氨酯胶、氯丁胶、丙烯酸酯胶
混凝土-橡胶	氰基丙烯酸酯胶、氯丁胶
混凝土-石材	环氧树脂胶、聚醋酸乙烯酯胶
混凝土-陶瓷	环氧树脂酸、聚醋酸乙烯酯胶
混凝土-织物	氯丁胶

（5）金属与非金属 金属与不同非金属材料的胶接所选用的粘合剂不同，如橡胶-金属的胶接一般可选用改性的橡胶粘合剂，如氯丁酚醛胶、氰基丙烯酸酯胶等。金属与非金属胶接时常选用的粘合剂见表5-7。

表5-7 金属与非金属胶接用粘合剂

粘接材料	常用粘合剂
金属-木材	环氧胶、氯丁胶、聚醋酸乙烯酯胶
金属-织物	氯丁胶

（续）

粘接材料	常用粘合剂
金属-纸张	聚醋酸乙烯酯胶
金属-皮革	氯丁胶、聚氨酯胶
金属-玻璃	环氧胶、氰基丙烯酸酯胶、第二代丙烯酸酯胶
金属-混凝土	环氧胶、聚酯胶、氯丁胶
金属-橡皮	氯丁胶、氰基丙烯酸酯胶
金属-PVC	聚氨酯胶、丙烯酸酯胶、氯丁胶

2. 涂料

涂料是指涂于物体表面，并形成具有保护或装饰作用的膜层材料。最早的涂料是用植物油和天然树脂熬炼而成的，故称为"油漆"。随着石油化工和合成聚合物工业的发展，植物油和天然树脂已逐渐被合成聚合物取代。当前，涂料的品种有上千种，按成膜物质中所包含的树脂类型可分为：①油性涂料，即油基树脂漆，这是一种低档漆，包括油脂类漆、天然树脂类漆、沥青漆等；②合成树脂类漆，属于高档漆，包括酚醛树脂漆、纤维素漆、氨基树脂漆、过氯乙烯漆、乙烯树脂漆、聚酯树脂漆、丙烯酸酯树脂漆、环氧树脂漆、聚氨基甲酸酯漆及元素有机聚合物漆等。

涂料为多组分体系，它是由成膜物质（亦称为粘料）和颜料、溶剂、催干剂（催化剂）、增塑剂等组分构成的。成膜物质为聚合物或者能形成聚合物的物质，它是涂料的基本组分，决定了涂料的基本性能。根据不同的聚合物品种和使用要求需添加各种不同的添加剂，如颜料、溶剂等。涂料的多组分包括以下物质：

（1）成膜物质　成膜物质必须与物体表面具有良好的结合力（附着力）。为了增加涂料的流动性，涂料中所用聚合物的平均分子量一般较低。各种天然聚合物和合成聚合物都可作为成膜物质。

成膜物质可分为转化型（反应性）及非转化型（非反应性）两种类型。由植物油或具有反应活性的低聚物、单体等构成的成膜物质称为反应性成膜物质，将其涂于物体表面后，在一定条件下进行聚合或缩聚反应从而形成坚韧的膜层。反应性成膜物质有天然树脂、环氧树脂、醇酸树脂、氨基树脂等。非反应性成膜物质由溶解或分散于液体介质中的线型聚合物构成，将其涂于物体表面后，由于液体介质的挥发而形成聚合物膜层。非反应性成膜物质有纤维素衍生物、氯化橡胶、乙烯基聚合物、丙烯酸树脂等。

（2）颜料　涂料中加入颜料可起装饰作用，并对物体表面起到耐腐蚀保护作用。常用的颜料有：①无机颜料，如铬黄、铁黄、铁红、镉黄、钛白粉、氧化锌、铁黑等；②防锈颜料，如红丹、铝粉、锌铬黄、磷酸锌等；③金属颜料，如铝粉、铜粉等；④有机颜料，如炭黑、大红粉、耐光黄等；⑤特种颜料，如夜光粉、荧光颜料等。

（3）填充剂　填充剂又称为填料，在涂料工业中亦称为体质颜料，它们不具有遮盖力和着色力，而是可以改进涂料的流动性能，提高膜层的耐久性、力学性能和光泽，并可降低涂料的成本。常用的填充剂为加重晶石粉、碳酸钙、滑石粉、云母粉、石棉粉、石英粉等。

（4）溶剂　溶剂是用来溶解成膜物质的易挥发性有机液体，常用的有甲苯、二甲苯、丁醇、丁酮、醋酸乙酯等。

（5）增塑剂　增塑剂是为了提高漆膜柔性而加入的有机添加剂。常用的有邻苯二甲酸二丁酯（DBP）、氯化石蜡及邻苯二甲酸二辛酯（DOP）等。

（6）催干剂（催化剂）　催干剂就是促使聚合或交联的催化剂。催化剂促进聚合物膜层的聚合或交联，使漆膜固化（称为干燥）。常用的催化剂有环烷酸、松香酸、辛酸及亚油酸的铝盐、钴盐和锰盐，其次是有机酸的铅盐和锆盐。

（7）增稠剂及稀释剂　增稠剂及稀释剂是为了改善涂料的粘度而加入的添加剂。根据实际需要，来选择使用增稠剂或稀释剂。增稠剂是为了提高涂料的粘度而加入的添加剂，常用的有纤维素醚类、细分散的二氧化硅以及粘土等。稀释剂则是为了降低涂料的粘度，便于施工而加入的添加剂，常用的有乙醇、丙酮等。

（8）其他添加剂　涂料中的其他添加成分还有杀菌剂、颜料分散剂，以及为了延长储存期而加入的阻聚剂、防结皮剂等。

5.5　高分子材料的成型加工

本节主要介绍塑料、橡胶、纤维高分子材料的主要加工成型方法及相关设备。

5.5.1　塑料的成型加工

塑料制品是将聚合物（单组分塑料）和混合好的多组分粒料或粉料加热后在一定条件下塑制成一定形状，并经冷却定型、修整而成的。塑料的成型加工方法有十多种，其中主要的是挤出成型、注射模塑法成型、压延成型、吹塑成型及模压成型。这五种方法所加工的塑料制品质量约占全部塑料制品的 80% 以上。前四种方法是热塑性塑料的主要成型加工方法，热固性塑料则主要采用模压及传递模塑成型方法。

1. 挤出成型

热塑性塑料最主要的成型加工方法是挤出成型，其生产率高、适应性强、用途广泛。挤出成型法几乎能加工所有热塑性塑料，也可用于制备像酚醛等少数几种热固性塑料的简单制品。有一半左右的塑料制品或半成品是用挤出成型工艺成型的。成型制品包括连续生产的等截面管材、型材、板材、薄膜、电线电缆包覆以及各种异型制品等。挤出成型还可用于热塑性塑

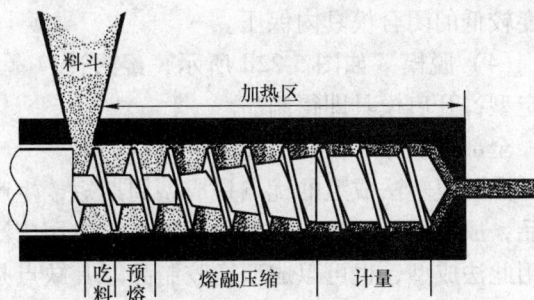

图 5-21　螺杆挤出机结构示意图

料的塑化、造粒、着色和共混改性等。挤出成型设备主要包括挤压部分和机头口型部分。挤压部分主要为螺杆挤出机，根据螺杆结构不同分为单螺杆挤出机及双螺杆挤出机等，用以塑化、输送、计量物料；机头口型部分主要是指机头、口型及定型、牵引机构，借以将物料制成规定形状和尺寸的制品。图 5-21 所示为典型螺杆挤出机的挤压部分结构示意图。根据供热系统与物料在挤出过程的状态变化，可将螺杆工作区分为吃料段、预熔段、熔融压缩段和匀化计量段四部分。螺杆是挤出机的核心，在螺杆的挤压推送下，机筒内的物料从吃料段，经预熔、熔融压缩和计量段，被送出机筒。热塑性高分子与各种添加剂混合均匀后，经加料斗进入机筒的吃料段；吃料段的物料在螺杆的挤压推送下进到预熔段，在预熔段物料虽然被

加热，但依然为固体状态，因此预熔段又称为固体输送段；在熔融压缩段的物料在机械剪切力、摩擦热和供热系统的共同作用下开始熔融、塑化，由固态逐渐转变为粘流态，因此，熔融压缩段又称为塑化段；从压缩段来的粘流状物料在计量段被进一步压紧、塑化、拌匀，并以一定流量和压力从机头口型流道均匀挤出，计量段又称为挤出段，位于计量段的螺槽截面是均匀的。机头口型部分的核心是口模，它是制品横截面的成型部件，相当于一个长径比很小的管状口模。螺杆挤出机要稳定工作，必须使口模的输送能力与计量段的输送能力相匹配，而且要兼顾吃料、送料段的吃料能力及熔融压缩段的塑化、熔融情况。

2. 注射模塑法成型

注射模塑法成型是一种生产形状结构复杂、尺寸精确的塑料制品的成型方法，注射模塑制品产量占塑料制品总量的 20% 以上。如图 5-22 所示，注射模塑法成型的主要设备是螺杆式往复注射机和注射模。注射模塑成型过程由送料、塑化、充模、脱模四个阶段组成。

（1）送料　如图 5-22a 所示，粒状物料经加料漏斗加入机筒，在螺杆推压下将粒状物料推至机筒前端。

（2）塑化　如图 5-22b 所示，物料在注射机的机筒前端内加热熔化。

（3）充模　如图 5-22c 所示，在螺杆的前进推力下物料经前端的喷嘴快速注入温度较低的闭合模具内保压。

（4）脱模　如图 5-22d 所示，经过冷却定型，开启模具即得制品。

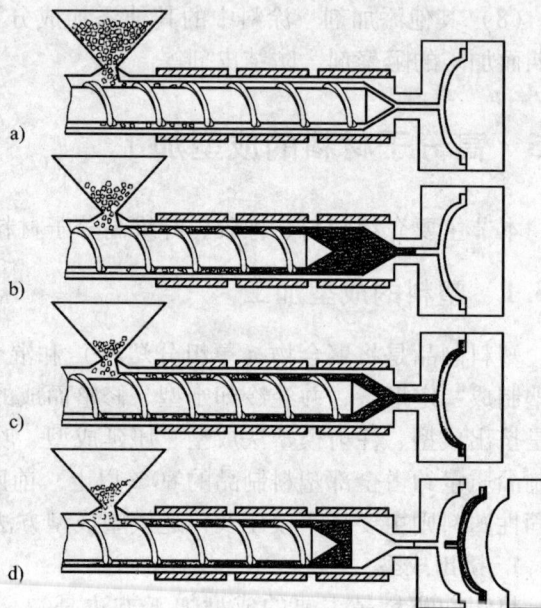

图 5-22　注射模塑法成型过程示意图
a）送料　b）塑化　c）充模　d）脱模

全部过程循环往复、连续进行。

注射模塑法成型的优点是成型周期短，生产效率高，能一次成型外形复杂、尺寸精确的制品，成型适应性强，制品种类繁多，应用广泛。几乎所有热塑性塑料及多种热固性塑料都可用此法成型，也可以成型橡胶制品。其缺点是模具制备昂贵，并且由于注射模塑法成型的生产过程是间歇式的，大尺寸的管、棒、板等型材不能用此法生产。

3. 压延成型

压延成型是将加热塑化的热塑性塑料通过两个以上相向旋转的热辊筒间隙，使其成为规定尺寸的连续均匀片（膜）材的成型方法。压延成型主要用于生产聚氯乙烯、纤维素、聚苯乙烯片材、薄膜、人造革及其他涂层制品。压延成型的生产特点是加工能力强，生产速度快，产品质量好，生产连续。其缺点是设备庞大，投资高，维修保养复杂，制品宽度受限于机器尺寸。大型压延机往往有三对以上辊筒，辊筒越多，压制的薄膜厚度越小，可完成的贴胶工艺越多。图 5-23 所示为压延法生产软聚氯乙烯薄膜工艺流程示意图。

4. 吹塑成型

吹塑成型只限用于热塑性塑料中空制品的成型，其产品包括塑料瓶、水壶及大型容器

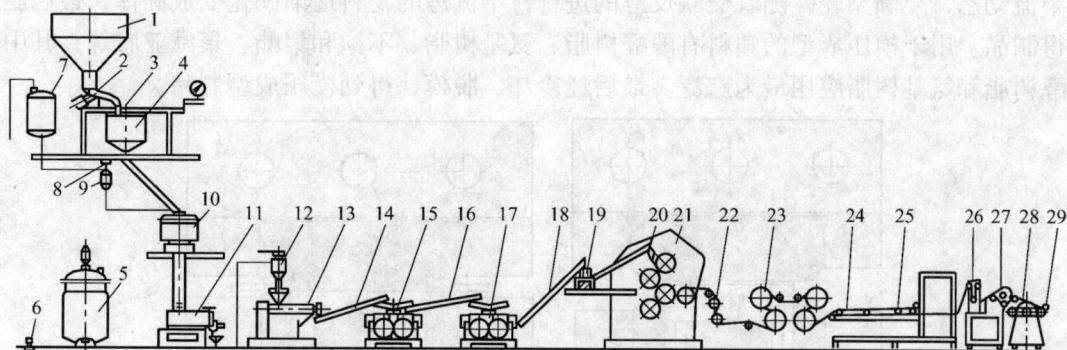

图 5-23 压延法生产软聚氯乙烯薄膜工艺流程示意图

1—树脂料仓 2—电磁振动加料斗 3—自动磅秤 4—称量计 5—大混合器 6—齿轮泵 7—大混合中
间贮槽 8—传感器 9—电子秤料斗 10—高速热机 11—高速冷机 12—集尘器 13—塑化机
14、16、18、24—输送带 15、17—辊压机 19—金属检测器 20—摆斗 21—四辊压延机
22—冷却导辊 23—冷却辊 25—运输辊 26—张力装置 27—切割装置
28—复卷装置 29—压力辊

等。吹塑成型塑料瓶的过程如图 5-24 所示，吹塑设备包括进气管 1、压模头 2 和模具 3。吹塑成型是塑料材料的二次成型。首先，将用挤出机或注射机预先制备的一次成型热管状塑料型坯 4 放入模具 3 内，如图 5-24a 所示；经合模、管状塑料型坯底部合拢，如图 5-24b 所示；用压缩空气加压使塑料型坯紧贴于模具表面冷却定型后，开模取出成品，如图 5-24c 所示。

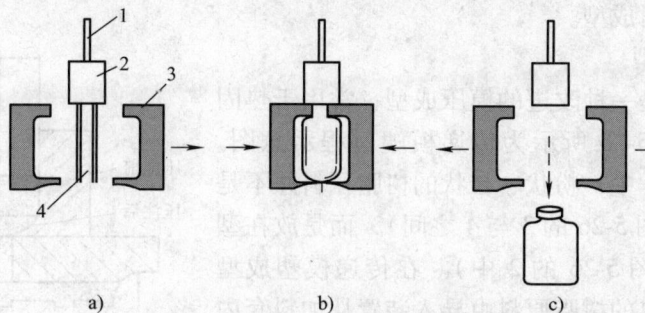

图 5-24 吹塑成型塑料瓶示意图
a）将管状塑料预制品放入模具内 b）合模、管状塑料预制品底部合拢
c）空气压制预制品到成品
1—进气管 2—压模头 3—模具 4—型坯

5. 模压成型

模压成型是将一定量的粉状及粒状树脂原料置于金属对模的模具型腔内，在一定的温度和压力下成型制品的方法。模压成型可兼用于热塑性塑料和热固性塑料，其成型热固性塑料制品的示意图如图 5-25 所示。将粉状、粒状的树脂原料置于由上下对模组成的模具型腔内，如图 5-25a 所示，对物料进行预压和预热。预压可以将松散的粉料或纤维状物料在冷压下压成形样规整的密实体（型坯）；预热一方面去除水分和其他挥发物，另一方面为模压准备热料，缩短模压周期。预压和预热不但可以提高模压效率，而且对提高制品质量十分重要。然后在成型温度下闭模加压，如图 5-25b 所示，型腔内的物料在高温高压作用下，先由固态变

为半流动态,充满型腔,随着交联反应的进行,半流态的物料逐渐固化变成固体,最后脱模获得制品。用于模压成型的塑料有酚醛树脂、氨基树脂、不饱和聚酯、聚酰亚胺等,其中以酚醛树脂和氨基树脂应用最为广泛。最后经冷却、脱模,得到模压成型制品。

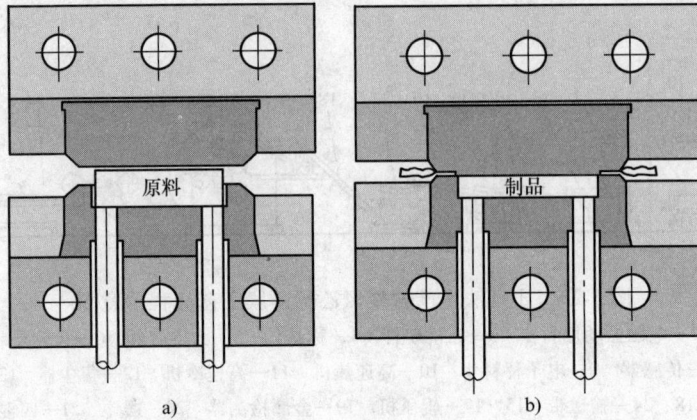

图 5-25 模压成型热固性塑料制品示意图
a) 原料置于上下模板型腔内 b) 闭模加压成型制品

热塑性塑料的模压过程基本与上述相同,但是由于不存在交联反应,在熔体充满型腔后应强制制冷,使其凝固,然后脱模获得制品。由于热塑性塑料模压时模具需要交替地加热和冷却,因此生产周期长、成本高,一般只是在生产较大平面制品时才选用模压成型,普通中小制品生产多用注射成型。

6. 传递模塑成型

传递模塑成型是一种改进的模压成型,常用于热固性塑料的成型。图 5-26 所示为传递模塑过程示意图。在传递模塑成型过程中,粉状、粒状的树脂原料并不是直接放在型腔中(图 5-26 的 3 与 4 之间),而是放在型腔外的加料套内(图 5-26 的 2 中)。在传递模塑成型时,合模后,被预热的树脂原料由导入装置从加料套内导入到型腔内。型腔内的物料在高温高压作用下进行交联反应,逐渐固化变成固体,最后脱模获得制品。

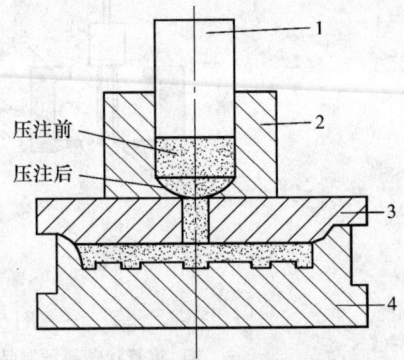

图 5-26 传递模塑过程示意图
1—注压活塞 2—加料套
3—凸模 4—凹模

5.5.2 橡胶的成型加工

橡胶制品的成型过程包括塑炼、混炼、成型、硫化这四个加工工序,其工艺流程图如图 5-27 所示。天然液态橡胶通过用醋酸凝聚、脱水、干燥后可得天然生橡胶,橡胶单体通过聚合反应生成生橡胶。这些生橡胶通过塑炼、混炼、成型、硫化四个加工工序后得到所需要的橡胶制品。

(1)塑炼 将处于高弹性态的强韧性生胶转变为柔软而具有可塑性胶料的工艺过程称为塑炼。橡胶材料的相对分子质量为几十万到上百万,如此巨大的分子链缠结在一起,使材料粘度变大,弹性变高,难以塑性变形、加工。因此,要使生橡胶易于加工成型,首先要对其进行塑炼,切断分子链,使粘度下降,改善生橡胶的可塑性和加工流动性。常用的塑炼机有开炼机、密炼机、螺杆式塑炼机。

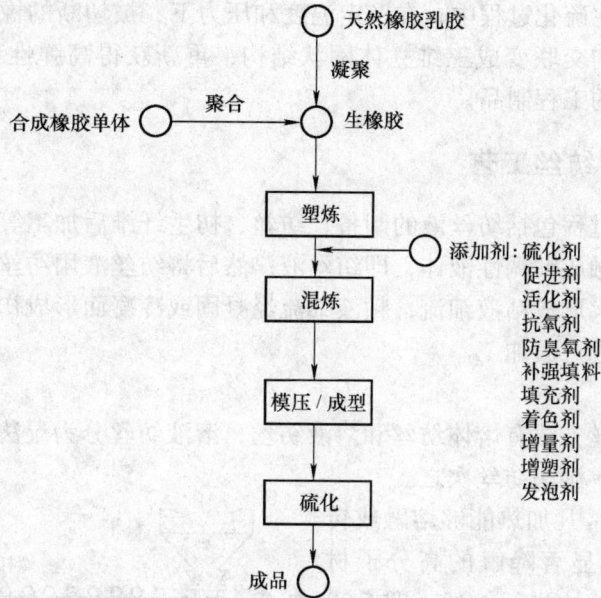

图 5-27　橡胶制品的生产工艺过程流程图

（2）混炼　将添加剂和塑炼胶按照配比制成质量均一混炼胶的工艺过程称为混炼。混炼工艺是橡胶加工中重要的基本工艺过程之一。混炼的目的是将添加剂均匀混合并分散到塑炼胶中，达到一定分散度；同时要求补强剂与胶料在相界面上产生结合，得到均匀的可塑度适当的胶料；另外还要求能耗低，混炼速度快，生产效率高。混炼胶的质量对胶料的后续加工性能、半成品质量和成品性能具有决定性影响。目前采用的混炼工艺有两种：一是间歇式混炼；二是连续式混炼。采用较多的工艺是间歇式混炼，设备为开炼机和（或）密炼机。在连续式混炼中采用特殊的螺杆挤出机，其特点是连续加料、连续排料，生产机械化自动化程度高，生产效率高，混炼胶质量稳定，但其称量加料系统复杂，要求较高的维护技术水平。

（3）橡胶制品的模压成型

1）与热塑性塑料加工类似，压延也是橡胶加工的重要基本工艺之一。对橡胶加工而言，压延是利用压延机辊筒的挤压力使胶料发生塑性流动和变形，将胶料制成具有一定断面形状和规格的胶片，或将胶料覆盖于纺织物表面，制成具有一定断面厚度的胶布的工艺过程。压延工艺是在以压延机为中心的联动流水作业生产线上完成的，压延操作速度较快，生产效率高。压延得到的半成品要求其内部密实无气泡，表面花纹清晰、无杂物，厚度精确，厚度误差在 0.1~0.01mm 之间，断面几何形状正确。

2）用于塑料成型的挤出工艺也可用于橡胶的成型。由于橡胶材料的粘度大、流动性差，与塑料挤出机相比，橡胶挤出机的螺杆长径比较小。热喂料挤出机的螺杆长径比一般在 3~8 之间，冷喂料挤出机的螺杆长径比达到 8~20。橡胶挤出工艺是利用挤出机连续制备各种不同形状的橡胶半成品的工艺过程，该工艺广泛地用于制造轮胎胎面、内胎、胶管以及各种断面形状复杂的或空心、或实心的半成品。橡胶挤出工艺还可用于对胶料进行过滤、造粒、生胶塑炼，以及对密炼机排料的补充混炼和为压延机供应热炼胶等。

（4）硫化工艺　硫化是橡胶生产加工中的最后一道工艺过程，其温度、压力、时间称为硫化工艺三要素。在硫化过程中，在一定温度和压力下，被切断的橡胶分子链发生一系列化学反应，由线型结构交联变成三维立体网状结构，重新获得高弹性和优良的物理力学性能，成为有使用价值的工程制品。

5.5.3　合成纤维的纺丝工艺

合成纤维的纺丝过程包括纺丝液的制备、纺丝、初生纤维后加工等。首先将制备纤维的高分子材料溶解或熔融成粘稠性液体，即纺丝液；然后将纺丝液用纺丝泵连续、定量而均匀地从喷丝头小孔压出，形成粘液细流，粘液细流经凝固或冷凝而形成初生纤维；最后根据不同的要求对初生纤维进行后加工。

1. 纺丝

工业上常规的纺丝方法有熔体纺丝和溶液纺丝，溶液纺丝分为湿法纺丝和干法纺丝。其中熔体纺丝用得最多，湿法纺丝次之。

（1）熔体纺丝法　凡加热能够熔融或转变成粘流态而不发生显著降解的高分子材料，均可采用熔体纺丝法进行纺丝。图5-28所示为熔体纺丝工艺示意图。由图可见，聚合物粒料经漏斗进入螺杆挤出机，物料在螺杆挤出机中熔融后被压至纺丝箱内，熔体在纺丝箱中被过滤后，由计量泵压出喷丝孔，依聚合物种类不同，熔体离开喷丝孔时的温度可在220～300℃之间，所喷出的原液细流在纺丝甬道中被空气冷却而形成初生纤维，最后，初生纤维经上油，在卷丝筒上收集成卷。涤纶（聚酯纤维）、锦纶（尼龙）和聚烯烃纤维（如丙纶）均是用熔体纺丝成型

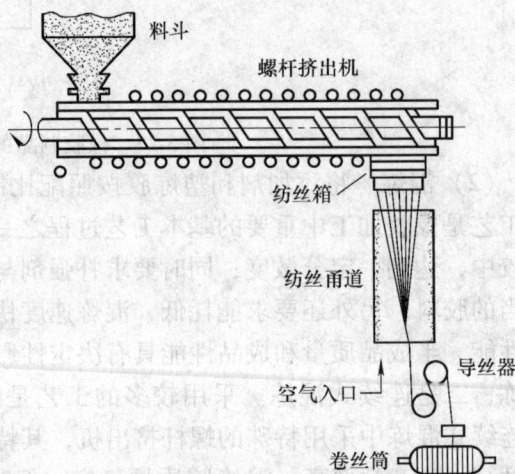

图5-28　熔体纺丝工艺示意图

的。涤纶短纤用的一个喷丝板通常有1120个孔，孔径为0.28mm。由于熔体纺丝不需要溶剂，可以直接纺丝，因此工艺简单，成本较低，无溶剂回收问题。

（2）溶液纺丝　若高分子材料的熔点高于分解温度，如聚丙烯腈，则不能采用熔体纺丝，这时要选溶液纺丝。按从喷丝孔挤出的纺丝液细流的凝固方式不同，溶液纺丝又分为湿法纺丝和干法纺丝两种。

在湿法纺丝中，首先将纺丝高分子材料溶于适当的溶剂中，配成纺丝溶液，然后，丝溶液通过纺丝泵计量和过滤器进入喷丝头，形成原液细流。原液细流经过装有液体介质（水、硫酸、硫酸锌、硫酸钠和少量表面活性剂等）的凝固浴液。在凝固浴中，原液细流中的溶剂向凝固浴液扩散，凝固浴液中的沉淀剂向细流扩散，通过扩散使原液细流达到临界浓度，聚合物析出而形成纤维。有时为了除去溶剂往往需要不止一个凝固浴，同时还需要洗涤和干溶等工序。采用湿法纺丝的材料有粘胶纤维、腈纶（聚丙烯腈纤维）和维纶（聚乙烯醇缩甲醛纤维）。

干法纺丝与湿法纺丝类似，不同之处是在干法纺丝中，凝固介质为干态的气相介质

（而不是湿法纺丝中的凝固浴）。在干法纺丝中，从喷丝头小孔喷出的粘液细流，被引入到通有热空气流的密闭室中，热空气使粘液细流中的溶剂快速挥发，而粘液细流脱去溶剂后很快转变成细丝。干法纺丝要求溶剂的沸点和汽化热较低，以便在干溶室中迅速汽化。此外，溶剂还应当满足易回收、热稳定性好、惰性、无毒、不易起静电和无爆炸危险等要求。腈纶、维纶和氯纶（聚氯乙烯纤维）是干纺纤维的例子。

随着航空、空间技术和国防等工业的发展，对合成纤维的性能提出了若干新的要求。同时，合成出新的高分子材料可用于制备纤维，它们往往不能用常规方法纺丝。因此，又出现了一系列新的纺丝方法，如干湿纺丝法、液晶纺丝法、冻胶纺丝法、相分离纺丝法、乳液或悬浮液纺丝法、反应纺丝法等。

2. 纺丝后加工

采用上述方法纺制出的初生纤维，其分子链排列不规整，力学及物理性能差，发脆，手感粗硬，还不能直接用于制成织物，必须经过一系列后加工，才能得到结构稳定、性能优良的纤维。目前化学纤维还大量与天然纤维混纺，在后加工过程中有时需将连续不断的长丝条切断，得到与棉花、羊毛等天然纤维相似的、具有一定长度和卷曲度的纤维，以适应纺织加工的要求。后加工一般包括上油、拉伸、卷曲、热定型、切断、加捻和络丝等工序。其中，拉伸和热定形是后处理各种流程中的主要工序。

（1）短纤维的后加工　长度在几厘米到十几厘米的化学纤维称为短纤维。短纤维的后加工通常在流水线上完成，包括集束、拉伸、上油、热定型、切断、打包等一系列工序。集束是将纺丝工艺制出的若干初生纤维丝束合并成一定粗细的大股丝束，然后导入拉伸机进行拉伸；拉伸要在 $T_g \sim T_f$ 温度范围内进行，拉伸使大分子沿纤维轴向取向排列，同时发生结晶，以进一步提高初生纤维的结晶度，或改变晶型结构，从而显著提高纤维强度；上油是使纤维表面覆上一层油脂，赋予纤维平滑柔软的手感，改善纤维的抗静电性能，上油后可降低纤维与纤维之间及纤维与金属之间的摩擦，使加工过程顺利进行；热定型是为了进一步调整已拉伸纤维的内部结构，消除纤维的内应力，提高纤维的尺寸稳定性，降低纤维的沸水收缩率，以改善纤维的使用性能，热定型常在 $T_g \sim T_m$ 温度范围内进行。

（2）长丝的后加工　由纺丝工艺获得的长度以千米计的光滑初生纤维称为长丝。长丝后加工过程包括拉伸、加捻、复捻、热定型、分级、包装等工序，其中拉伸和热定型的目的与短纤维后加工基本相同。加捻是长丝后加工的特有工序，其目的是增加单根纤维间的抱合力，避免在纺织加工时发生断头或紊乱现象，同时提高纤维的断裂强度。纤维的捻度以每米长度的捻回次数表示，通常经拉伸—加捻后得到的捻度为 $10 \sim 40$ 捻/m。如需要更高捻度，则再进行复捻。

（3）弹性丝的加工　热塑性高分子材料制得的合成纤维长丝经过特殊的变形热处理，可制得富有弹性的弹力丝。弹力丝在长度上的伸缩性可达原丝的数倍，而在蓬松性方面可相当原纤维的数十倍。目前世界上约有 80% 的弹力丝用假捻法生产，如图 5-29 所示。高捻度的原丝纤维在定型器中进行热定型，以消除内应力，固定加捻变形。热定型的高捻度纤维经加捻器退捻至零，但纤维仍保留已定型的卷曲状态，因而形成了蓬松柔软并富有弹性的弹力丝。

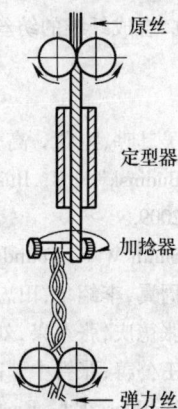

图 5-29　假捻法生产弹力丝示意图

（4）膨体纱的加工　膨体纱以腈纶为主，是利用其热塑性制得的具有蓬松性的纱线。其制法是将经过一般后加工的腈纶长丝在牵伸机上进行热拉伸，然后骤冷，使拉伸形变冻结，再将纤维切断，取其中一部分（50%～60%）在一定温度下进行松弛热定型，使其收缩性减小。将这样得到的两种分别具有高收缩性和低收缩性的不同纤维进行混纺，再将纺出来的纱线在一定温度下进行热处理，这时，高收缩性纤维收缩成芯子，而低收缩性纤维浮在表面，就得到蓬松柔软、保暖性好的膨体纱。

思考与练习

1. 名称解释：单体、结构单元、重复单元、聚合度。

2. 高分子材料根据性能和用途是如何分类的？

3. 什么叫加聚反应？什么叫缩聚反应？各有何特征？

4. 用示意图表示高分子链形态的线型结构、支链结构、交联结构及网络结构。

5. 举例说明高分子链的线型和交联结构、热塑性和热固性聚合物、非晶态和结晶态聚合物。

6. 简述三种类型的高分子材料的拉伸应力-应变曲线。这三类曲线分别对应哪种类型的高分子材料？解释三类拉伸应力-应变曲线的变形机理。

7. 温度对聚甲基丙烯酸甲酯的应力-应变曲线有何影响？

8. 什么是高分子材料的老化？引起高分子材料老化的主要因素是什么？

9. 什么是塑料？分别给出通用热塑性塑料、工程热塑性塑料、通用热固性塑料及工程热固性塑料的例子，并简述其应用。

10. 在热塑性和热固性两类塑料中，哪类塑料可回收再加工？为什么？

11. 塑料材料所用主要的添加剂有哪些？其作用如何？

12. 何为橡胶？它是怎样分类的？

13. 何为纤维？它是怎样分类的？合成纤维有哪些特性？合成纤维主要的品种有哪些？

14. 粘合剂有哪些作用？涂料有哪些用途？

15. 热固性塑料有哪些主要加工方法？各有何主要特点？

16. 热塑性塑料有哪些主要加工方法？各有何主要特点？

17. 概述塑料的挤出成型过程。

18. 概述塑料的注射模塑法成型过程。

19. 简述橡胶制品生产工艺过程的四个主要步骤。

20. 合成纤维的纺丝方法主要有哪几种？每种方法适用于哪些聚合物？

参 考 文 献

[1] 吴其晔,冯莺. 高分子材料概论[M]. 北京：机械工业出版社,2004.

[2] Budinski K G, Businski M K. Engineering Materials Properties and Selection[M]. Pearson Education Inc, 2009.

[3] Smith W F. Foundations of Materials Science and Engineering[M]. McGraw-Hill Inc, 1993.

[4] 周翼,李绍华,田忠利,等. 高分子材料基础[M]. 北京：国防工业出版社, 2007.

[5] 张德庆,张东兴,刘立柱,等. 高分子材料科学导论[M]. 哈尔滨：哈尔滨工业大学出版社, 1999.

[6] 王公善,张智中. 高分子材料学[M]. 上海：同济大学出版社,1995.

[7] Matthews F L. Rawlings R D. Composite Materials: Engineering and Science[M]. CRC Woodhead Publishing Limited, 2008.

[8] Ehrenstein G W. 聚合物材料:结构、性能及应用[M]. 张萍,赵树高,译. 北京：化学工业出版社,2007.

[9]　张联盟,程晓敏,陈文. 材料学[M]. 北京：高等教育出版社,2005.

[10]　范群成,田民波. 材料科学基础学习辅导[M]. 北京：机械工业出版社,2005.

[11]　Woodruff M A, Hutmacher D W. The return of a forgotten polymer—Polycaprolactone in the 21st century [J]. Progress in Polymer Science, 2010, 35：1217-1256.

[12]　Bárány T, Czigány T, Karger-Kocsis J. Application of the essential work of fracture (EWF) concept for polymers, related blends and composites：A review [J]. Progress in Polymer Science, 2010, 35：1257-1287.

[13]　Gelinck G, Heremans P, Nomoto K, et al. Anthopoulos, Organic Transistors in Optical Displays and Micro-electronic Applications [J]. Advance Materials, 2010, 22：3778-3798.

[14]　杨卫海,吴瑶,张轶,等. 磁性分子印迹聚合物核壳微球的制备及应用[J]. 化学进展, 2010, 22(9)：1819-1825.

第**6**章 复合材料

6.1 复合材料概述

复合材料的历史一般可以分为两个阶段，即早期复合材料和现代复合材料。早期复合材料的历史较长，如古人将稻草加入泥中建造房屋，已具有现代复合材料的思想萌芽。现代复合材料大约始于20世纪40年代，当时出现了玻璃纤维增强不饱和聚酯树脂，开辟了现代复合材料的新纪元。特别是近40年来，随着人类社会的发展，尖端科学技术迅速发展，突飞猛进，对材料性能的要求越来越高，传统的单一金属材料、陶瓷材料及高分子材料已不能满足人们对材料的要求。由于复合材料各组分之间"取长补短"、"协同作用"，极大地弥补了单一材料的缺点，可以产生单一材料所不具有的新性能。促进复合材料发展的另一个原因是大多数复合材料具有高的比强度和比模量。比强度的定义是材料强度与材料密度的比值，即比强度＝强度/密度，而比模量＝弹性模量/密度。如果拿聚合物基复合材料与金属材料相比，即使它们的强度和弹性模量相等，但由于聚合物的密度小、质量轻，聚合物基复合材料的比强度和比模量比金属材料的比强度和比模量要高得多，这对航天航空、航海及汽车等工业领域尤为重要。采用高的比强度、比模量的复合材料制备的产品可大大减轻产品的自重，节省燃油。复合材料的出现和发展，是现代科学技术不断进步的结果，也是材料设计方面的一个新突破。复合材料综合了各种材料如纤维、树脂、橡胶、金属、陶瓷等的优点，可以按需要设计，最终复合成为综合性能优异的新型材料。有学者认为，21世纪是复合材料的时代。

6.1.1 复合材料的定义

复合材料是由两种或两种以上物理和化学性质不同的材料，通过一定的方式组合而成的一种多相固体材料。复合材料的组成材料保持其相对独立性，其性能不是各种组成材料性能的简单加和，而是有着重要的改进。在复合材料中，通常有一相为连续相，称为基体；而另一相以独立的形态分布在整个连续相中，称为分散相。连续相与分散相之间存在着相界面。与连续相相比，分散相的性能优越，会使材料的性能显著增强，故常称为增强材料。

从上述的定义中可以看出，复合材料可以是一个连续相与一个分散相的复合，也可以是两个或者多个连续相与一个或多个分散相在连续相中的复合，复合后的产物为固体材料才称得上复合材料，若复合产物为液体或气体时就不称为复合材料。

（1）复合材料的特性　复合材料是由多种物质复合而成的，其共同的特点如下：

1）可综合发挥各种组成材料的优点，使一种材料具有单一材料所没有的性能。例如，玻璃纤维增强环氧基复合材料既具有类似钢材的强度，又具有环氧基塑料的介电性能和耐腐蚀性能。

2）可针对材料性能的需要进行材料的设计和制造。例如，针对各向异性材料的强度设计，和针对某种介质耐腐蚀性能的设计等。性能的可设计性是复合材料的最大特点，影响复合材料性能的因素有很多，主要取决于增强材料的性能、含量及分布状况，基体材料的性能、含量，以及它们之间的界面结合情况。

3）可制成所需的任意形状的产品，省掉材料的多次加工工序。例如，可省掉金属产品的浇铸、切削、磨光等工序。

（2）基体的作用 复合材料中的基体有以下三种主要作用：

1）可把分散的增强相（如纤维）粘接在一起。制造基体的理想材料，其原始状态应该是低粘度的液体，并能变成坚固耐久的固体，在基体从液体变成固体的过程中把增强相粘住。

2）可分配纤维间的载荷。纤维增强材料的作用是承受复合材料的载荷，当基体本身具有高的剪切强度和模量，同时纤维和基体之间有高的胶接强度时，基体能够保证载荷在纤维间的分配。在没有基体的纤维束中，大部分载荷由最直的纤维承受。而在复合材料中，由于基体的存在，使得所有纤维经受同样的应变，基体使得应力通过剪切过程较均匀地分配给所有纤维。

3）保护纤维不受环境影响。

（3）增强材料的作用 复合材料中的增强材料有以下两种主要作用：

1）承受载荷。在复合材料中，纤维材料承受的载荷可高达 70% ~ 90%。

2）纤维材料为复合材料提供刚度、强度和热稳定性。

6.1.2 复合材料的命名与分类

复合材料可以根据增强材料与基体材料的名称来命名，将增强材料的名称放在前面，基体材料的名称放在后面，再加上"复合材料"即为材料名称。例如，玻璃纤维和环氧树脂构成的复合材料称为"玻璃纤维环氧树脂复合材料"。为了书写简便，也可仅用增强材料和基体材料的缩写名称，中间加一斜线隔开，后面再加"复合材料"。例如上述玻璃纤维和环氧树脂构成的复合材料，也可写做"玻璃/环氧复合材料"。有时为了突出增强材料和基体材料，根据强调的组成不同，也简称为"玻璃纤维复合材料"或"环氧树脂复合材料"。碳纤维和金属基体构成的复合材料，可以写为"碳/金属复合材料"；碳纤维和碳构成的复合材料，可以写为"碳/碳复合材料"。

复合材料的分类方法很多，常见的分类方法有以下几种。

1. 按增强材料的几何形态分类

根据增强材料的几何形态可以将复合材料按图 6-1 所示进行分类，主要分为颗粒增强复合材料、纤维增强复合材料和编织增强复合材料。图 6-2 所示为几种复合材料的结构示意图。

（1）颗粒增强复合材料 颗粒状增强材料分散在基体材料中的复合材料称为颗粒增强复合材料。按增强颗粒的尺寸又可进一步分为弥散增强复合材料（颗粒等效直径为 0.01 ~ 0.1μm，颗粒间距为 0.01 ~ 0.3μm）和粒子增强复合材料（颗粒等效直径为 1 ~ 50μm，颗粒间距为 1 ~ 25μm）。

（2）纤维增强复合材料　增强材料的形貌为纤维状的复合材料称为纤维增强复合材料。纤维增强复合材料又可进一步分为连续纤维（长纤维沿相同方向分散在基体材料中）复合材料和不连续纤维（短纤维）复合材料。短纤维可定向或无规则地分散在基体材料中。

（3）编织增强复合材料　增强材料为平面二维或立体三维编织物形态的复合材料称为编织增强复合材料。

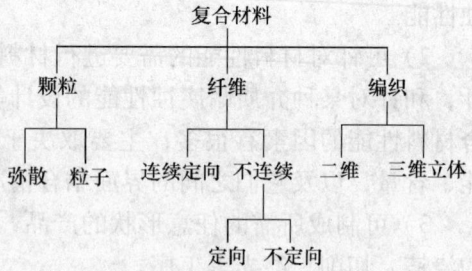

图 6-1　复合材料按增强材料的几何形态分类

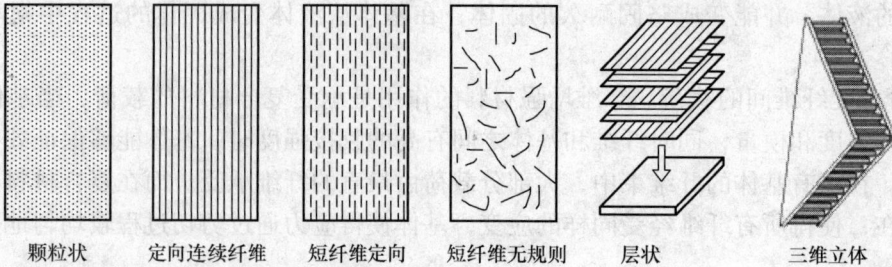

颗粒状　　定向连续纤维　　短纤维定向　　短纤维无规则　　层状　　三维立体

图 6-2　几种复合材料的结构示意图

2. 按基体材料的种类分类

按基体材料的种类不同，复合材料可以分为以下几类：

（1）聚合物基复合材料　是指以有机聚合物（主要为热固性树脂、热塑性树脂及橡胶）为基体制成的复合材料，如玻璃纤维/环氧树脂复合材料等。

（2）金属基复合材料　是指以金属为基体制成的复合材料，如铝基复合材料等。

（3）陶瓷基复合材料　是指以陶瓷材料为基体制成的复合材料。为了讨论方便，将碳基复合材料也列入陶瓷基复合材料。碳基复合材料是指基体为碳、石墨化的树脂碳或化学气相沉积碳的复合材料，通常其增强相为碳纤维，即碳/碳复合材料。

3. 按材料作用分类

（1）结构复合材料　结构复合材料用来制作承受载荷的结构部件，要求它质量轻，强度和刚度高，且能承受一定温度；有时还要求材料的热膨胀系数小、绝热性能好等其他性能。

（2）功能复合材料　具有各种特殊性能（如阻尼、导电、导磁、换能、摩擦、屏蔽等）的复合材料称为功能复合材料。

6.2　增强材料及其界面

复合材料是非均质材料，它由基体和增强材料构成。本节将介绍增强材料以及基体材料与增强材料结合的界面理论。

6.2.1　复合材料的增强材料

如前所述，在复合材料中，增强体可以分为颗粒状、纤维状、二维和立体三维编织体。

其中，纤维状增强材料应用最为广泛。纤维在复合材料中起增强作用，是主要承力组分，它不仅能使材料显示出较高的抗张强度和刚度，而且能减少收缩，提高材料的热变形温度和低温冲击强度等。复合材料的性能在很大程度上取决于纤维材料，纤维材料主要包括玻璃纤维、碳纤维、芳纶纤维和其他纤维。

1. 玻璃纤维

玻璃的主要成分是 SiO_2，也含有其他氧化物。加入其他氧化物如 B_2O_3、CaO、Al_2O_3 等的作用是：①降低熔点、改善制备玻璃纤维的生产工艺，但要以降低玻璃纤维的性能为代价；②使玻璃纤维具有一定的特性，如改善电绝缘性能、化学稳定性等。总之，玻璃纤维化学成分的制订一方面要满足玻璃纤维物理和化学性能的要求，另一方面要满足制造工艺的要求。

（1）玻璃纤维的分类　玻璃纤维的分类方法有很多，一般从原料成分和以单丝直径来分类。

1）以玻璃原料成分分类，这种分类方法主要是以玻璃中的不同含碱量来区分。

① 无碱玻璃纤维（通称 E 玻璃纤维）。是由钙铝硼硅酸盐组成的玻璃纤维，国内规定其碱金属氧化物的质量分数不大于 0.5%，国外一般为 1% 左右。这种纤维的强度较高，耐热性和电性能优良，能耐大气侵蚀，不耐酸但耐其他化学物质。其最大的特点是电性能好，因此也将它称为电气玻璃。国内外大多数厂家都用无碱玻璃纤维作为复合材料的原材料。

② 中碱玻璃纤维。其碱金属氧化物的质量分数在 11.5% ~ 12.5% 之间。这种玻璃纤维的主要特点是耐酸性好，但强度不如无碱玻璃纤维高。它的价格较便宜，主要用于耐腐蚀领域，国外没有这种玻璃纤维。

③ 有碱玻璃纤维。又称为 A 玻璃。此种玻璃由于含碱量高，强度低，对潮气侵蚀极为敏感，因而很少作为增强材料。

④ 特种玻璃纤维。如由纯镁铝硅三元组成的高强度玻璃纤维。镁铝硅系玻璃纤维具有高的强度和弹性；硅铝钙镁系是耐化学介质腐蚀的玻璃纤维。

2）以玻璃纤维单丝圆柱直径的不同来分类，可分成粗纤维（直径在 30 μm 以上）、初级纤维（直径为 20 ~ 30μm）、中级纤维（直径为 10 ~ 20μm）、高级纤维（直径为 3 ~ 10μm）、超细纤维（直径小于 4μm）。一般 5 ~ 10μm 的纤维作为纺织原料使用，10 ~ 20μm 的纤维用做无捻粗纱、无纺布、短切纤维毡等。

（2）玻璃纤维及其制品的生产工艺　连续（无碱）玻璃纤维及其制品的制造，一般由制球、拉丝和纺织三个部分组成。

1）制球部分的主要设备是玻璃熔窑和制球机。将原料按比例计量、调配、混合后送入熔窑内制成玻璃液，玻璃液从熔窑中缓慢流出，并经制球机制成直径约 1.8cm 的玻璃球。玻璃球经质量检查后，可作为拉丝的原料。

2）拉丝部分的主要设备是铂金坩埚和拉丝机，以及温度控制系统。如图 6-3 所示，玻璃球经加料斗在铂金坩埚中熔化成玻璃液，然后从铂金坩埚底部漏板的小漏孔流出，得到单丝。铂金坩埚底部的小漏孔数目决定了单丝的多少。电动机带动控丝机头上的卷筒转动，将玻璃纤维端头缠在卷筒上后，由于卷筒的高速转动把玻璃液从铂金坩埚底部的小漏孔中高速拉出，经速冷而成玻璃纤维。拉丝时，单丝经过浸润剂槽。使用浸润剂的作用是：①使原丝中的纤维不散乱，且能相互粘附在一起；②防止纤维间的磨损；③原丝相互间不粘接在一起；④便于后序纺织加工。常用的浸润剂有石蜡乳剂和聚醋酸乙烯酯两种，前者属于纺织型、后者属于增强型。石蜡乳剂中主要含有石蜡、凡士林、硬脂酸等矿物脂类的组分，这些组分有利于纺织加工，但严重阻碍聚合物树脂对玻璃布的浸润，影响树脂与纤维的结合。因此，采用含石蜡乳剂的玻璃纤维及其制品，必须在浸胶前除去。

3）玻璃纤维经质检合格后可送到纺织工段作进一步加工。玻璃纤维经纺织工序可制成各种产品，如玻璃纤维纱、玻璃纤维布、纤维毡等。

（3）玻璃纤维的性能　玻璃纤维具有一系列优良性能，如拉伸强度高，防火、防霉、防蛀，耐高温和电绝缘性能好等。它的缺点是具有脆性，不耐腐蚀，对人的皮肤有刺激性等。与玻璃相比，玻璃纤维的主要物理、化学及力学性能如下：

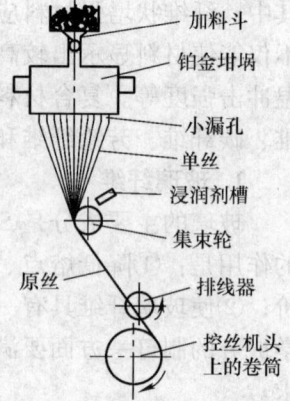

图 6-3　拉制玻璃纤维示意图

1）玻璃的热导率为 0.7 ~ 1.3W/(m·℃)，将玻璃拉制成纤维后，其热导率只有 0.04W/(m·℃)。产生这种现象的原因，主要是因为纤维间的空气热导率低所致。玻璃纤维的热导率对温度的变化不敏感，因此，玻璃纤维是一种优良的绝热材料。玻璃是优良的透光材料，但制成玻璃纤维制品后，其透光性远不如玻璃。

2）除了氢氟酸、浓碱、浓磷酸外，玻璃纤维对其他化学药品和有机溶剂都有良好的化学稳定性。玻璃纤维的性能一般认为与水及空气的湿度有关，在相对湿度为80%以上的环境中存放，玻璃纤维的强度就有所下降；在100%的相对湿度下，其强度能下降50%左右。

3）玻璃纤维与玻璃及金属材料的弹性模量和强度的对比见表6-1。玻璃纤维的弹性模量与纤维的直径无关，它与玻璃具有相同的弹性模量，其原因是玻璃与玻璃纤维分子结构近似。玻璃纤维的最大特点是拉伸强度高，一般玻璃制品的拉伸强度只有40 ~ 100 MPa，而直径为 3 ~ 9μm 的玻璃纤维的拉伸强度则高达 1500 ~ 4000MPa。玻璃纤维的强度比玻璃高近20倍，与高强结构钢相当，比铝合金高 6 ~ 20 倍。玻璃纤维比玻璃强度高的原因是玻璃纤维在高温成型时减少了玻璃溶液的不均匀性，使微裂纹产生的机会减少。此外，随着玻璃纤维的截面减小，微裂纹存在的几率减少，从而使纤维强度增高。

表 6-1　玻璃纤维与玻璃及金属材料的性能对比

性能 ＼ 材料	高强合金钢（块状）	铝合金（块状）	玻璃（块状）	玻璃纤维（直径5 ~ 8μm）
拉伸强度/ MPa	1600	40 ~ 460	40 ~ 120	1000 ~ 3000
弹性模量/GPa			76	76

2. 碳纤维

碳有多种异构体，包括金刚石晶体结构、石墨晶体结构、亚稳态晶体结构和非晶结构。石墨的晶体结构如图 6-4 所示。石墨具有各向异性的特性，其在 a 轴或 b 轴方向的理论弹性模量达 1000GPa，而在 c 轴只有 35GPa，密度为 2Mg/m³。石墨没有液态，在 3700℃升华直接变为气态。在氧化环境下，其工作温度小于 500℃；而在无氧环境下，其工作温度可高达 2500℃。石墨也具有良好的导电性。

碳纤维（Carbon Fibre）是由有机纤维经固相反应转变而成的纤维状碳。碳纤维性能优异，不仅质量轻、比强度高、比模量大，而且其耐热性高、化学稳定性好（不耐硝酸及少数强酸）。碳纤维制品具有非常优良的 X 射线透过性及阻止中子透过性，还可赋予复合材料导电性和导热性。以碳纤维为增强材料的复合材料具有比钢强、比铝轻的特性，是目前最受重视的高性能材料之一。它在航空航天、军事、工业、体育器材等许多方面有着广泛的用途。

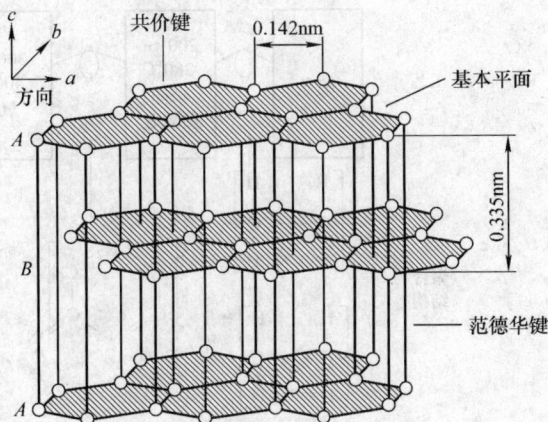

图 6-4　石墨的晶体结构

（1）碳纤维的分类　当前国内外已经商品化的碳纤维种类很多，一般根据碳纤维的性能和原丝原料来分类。

1）根据碳纤维的性能可分为：①高性能碳纤维，包括高强度碳纤维、高模量碳纤维、中模量碳纤维等；②低性能碳纤维，包括耐火纤维、碳质纤维、石墨纤维等。

2）根据碳纤维的原丝原料可分为：①聚丙烯腈基纤维；②粘胶基碳纤维；③沥青基碳纤维；④木质素纤维基碳纤维。

（2）碳纤维的制造　目前，制作碳纤维的主要原材料有三种，即人造丝（粘胶纤维）、聚丙烯腈（PAN）及沥青。其中，用聚丙烯腈制造碳纤维工艺用得较多。该工艺主要包括五个阶段，如图 6-5 所示。

1）喷丝。聚丙烯腈的分子式如图 6-5a 所示，将聚丙烯腈溶液在水中挤压得到原丝。

2）预氧化。原丝在张力的作用下，并在 200～280℃ 温度范围内的空气中氧化。聚丙烯腈的分子环化形成带有六元共轭环的梯形结构聚合物，如图 6-5b 所示。预氧化阶段施加张力的目的是使纤维中形成梯形结构取向。

3）氧化。在 300～400℃ 加热氧化，梯形结构聚合物变成预氧化 PAN，其结构如图 6-5c 所示。

4）碳化。反应温度范围为 900～1200℃，在氮气中进行热裂解反应，将结构中的不稳定部分与非碳原子（N、H、O）裂解出去。同时进行分子间缩合（横向交联反应），最后得到碳的质量分数达 92% 以上的碳纤维，其结构如图 6-5d 所示。

5）石墨化。石墨化在氩气中进行，反应温度为 1500～2800℃ 范围内，碳纤维变成石墨碳，其结构如图 6-5e 所示。实验结果表明，碳纤维的真实结构并非完整的石墨点阵结构，而是属于乱层石墨点阵结构。高模量碳纤维中碳分子的基本平面（图 6-4）总是平行于碳纤维轴。

最后，对碳纤维进行上浆和表面处理。碳纤维的表面活性低，必须进行氧化、上浆等表面处理，以提高纤维的表面活性，从而提高复合材料的性能。

（3）碳纤维的性能　碳纤维的性能取决于碳纤维的物理及化学结构，由于碳纤维中的碳分子基本平面总是平行于碳纤维轴，因此其性能具有各向异性的特点。

1）物理性能。碳纤维的密度在 $1.5～2.3g/cm^3$ 之间，其密度主要取决于碳化处理的温度和原丝结构。碳纤维的热膨胀系数在平行于纤维方向是负值 $[-(0.72～0.90)\times$

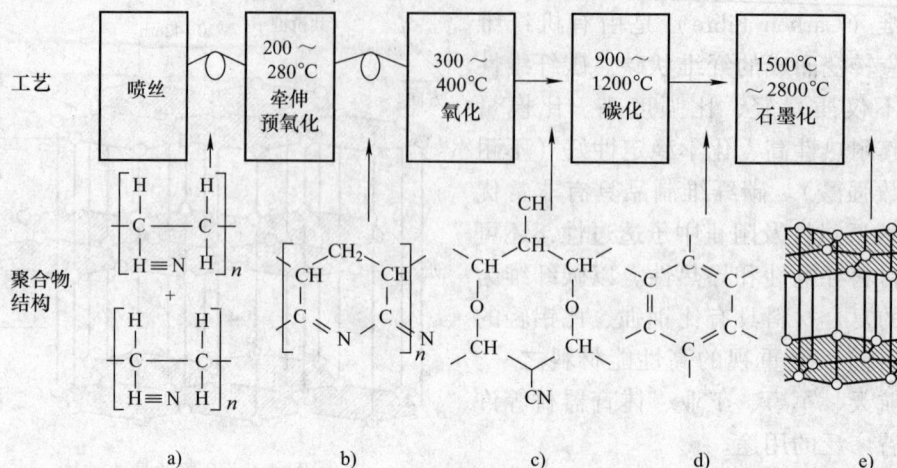

图 6-5　用聚丙烯腈（PAN）制造碳纤维的工艺过程及材料结构的变化

a）PAN　b）梯形聚合物　c）oxyPAN　d）碳　e）石墨

$10^{-6}/℃$)]，而在垂直于纤维方向是正值[$(32 \sim 22) \times 10^{-6}/℃$]。碳纤维的热导率在平行于纤维轴方向为 16.7W/($m \cdot ℃$)，而在垂直于纤维轴方向为 0.837W/($m \cdot ℃$)，热导率随温度的升高而下降。碳纤维的比电阻与纤维的类型有关，在 25℃ 时，高模量纤维为 775$\mu\Omega \cdot$ cm，高强度碳纤维为 1500$\mu\Omega \cdot$ cm。

2）化学性能。碳纤维的化学性能与碳相似，它除了能被强氧化剂氧化外，对一般酸碱是惰性的。碳纤维在空气中的使用温度低于 500℃。在不接触空气或氧化气氛时，碳纤维具有突出的耐热性，在高于 1500℃ 时其强度才开始下降。另外，碳纤维还有良好的耐低温性能，如在液氮温度下也不脆化，它还有耐油、抗放射、抗辐射、能吸收有毒气体等特征。

3）力学性能。碳纤维的应力 - 应变曲线为一直线，其伸长率小，断裂过程在瞬间完成，不发生屈服。碳纤维轴向分子间的结合力比石墨大，所以它的抗张强度和模量都明显高于石墨，而径向分子间的作用力弱，抗压性能较差，其轴向抗压强度仅为抗张强度的 10%~30%。表 6-2 列出了日本东邦人造丝公司用聚丙烯腈生产的商品碳纤维的主要性能。

表 6-2　碳纤维的主要性能

类型	牌号	单丝数	密度/$g \cdot cm^{-3}$	抗张强度/MPa	弹性模量/GPa	断裂伸长率（%）
高强度	HTA	1，3，6，12	1.77	3650	235	1.5
高伸长	ST - 3	3，6，12	1.77	4350	235	1.8
中模量	IM - 400	3，6，12	1.75	4320	295	1.5
	IM - 500	6，12	1.76	5000	300	1.7
	IM - 600	12	1.81	5600	290	1.9
高模量	HM - 35	3，6，12	1.79	2750	348	0.8
	HM - 40	6，12	1.83	2650	387	0.7
高强度、高模量	HMS - 35	6，12	1.78	3500	350	1.0
	HMS - 40	6，12	1.84	3300	400	0.8
	HMS - 45	6	1.87	3250	430	0.7
	HMS - 50X	12	1.92	3100	490	0.6

3. 芳纶纤维

芳纶纤维是指聚芳酰胺纤维，国外商品牌号叫做凯芙拉（Kevlar）纤维，我国称为芳纶纤维。目前，芳纶纤维总产量的43%用于轮胎的帘子线，31%用于复合材料，17.5%用于绳索类和防弹衣，8.5%用于其他。

（1）芳纶纤维的制备 将芳纶溶于硫酸溶液，形成纺丝原液。纺丝原液在高温被挤压，冷却后凝成纤维，此时其强度大约为850MPa，弹性模量大约为5GPa。该纤维被进一步冷拔，使分子呈极高的定向排列，其强度大于2500MPa，弹性模量大于60GPa。

芳纶的化学结构式如图6-6a所示，其分子结构是长链状。在芳纶纤维中刚硬的直线状分子高度定向排列，沿纤维方向为强的共价键，而横向为弱的氢键，如图6-6b所示。图6-6c所示为芳纶纤维的结构示意图，这种在沿纤维方向的强共价键造成芳纶纤维力学性能的各向异性。

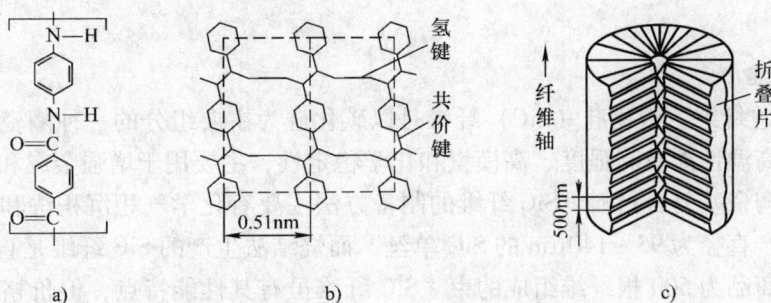

图6-6 芳纶纤维的结构
a）化学结构式 b）分子排列 c）纤维三维取向

（2）芳纶纤维的性能特点 由于在芳纶纤维中分子定向排列，沿纤维方向为强的共价键，而横向为弱的氢键，故其性能有各向异性的特点。

1）物理性能。芳纶纤维的密度小，为 $1.44 \sim 1.45 \text{g/cm}^3$，只有铝的一半，因此它有高的比强度与比模量。芳纶纤维具有良好的热稳定性，耐火而不熔，当温度达487℃时尚不熔化，但开始碳化，能在180℃以下长期使用，而在低温（-60℃）不发生脆化亦不降解。芳纶纤维的热膨胀系数和碳纤维一样具有各向异性的特点，其纵向热膨胀系数在 $0 \sim 100$℃时为 -2×10^{-6}/℃，横向热膨胀系数为 59×10^{-6}/℃。

2）化学性能。芳纶纤维具有良好的耐介质性能，对中性化学药品的抵抗力一般很强，但易受各种酸碱的侵蚀，尤其是强酸的侵蚀；它的耐水性也不好，在低湿度（20%相对湿度）下芳纶纤维的吸湿率为1%，但在高湿度（85%相对湿度）下可达到7%。

3）力学性能。芳纶纤维的特点是拉伸强度高，254mm长的纤维束的拉伸强度为2744MPa，大约为铝的5倍。芳纶纤维的冲击性能好，大约为石墨纤维的6倍，为硼纤维的3倍。芳纶纤维与其他各种纤维的性能比较见表6-3。芳纶纤维的弹性模量高，比玻璃纤维高一倍，为碳纤维的0.8倍。芳纶纤维的断裂伸长率为3%左右，接近玻璃纤维，高于其他纤维。用它与碳纤维混杂将能大大提高纤维复合材料的冲击性能。

表 6-3　芳纶纤维与其他各种纤维的性能比较

纤维名称	密度/g·m⁻³	拉伸强度/GPa	初始拉伸模量/GPa	伸长率（%）
芳纶Ⅱ	1.44	2.6~3.3	9~12	2.0~3.2
芳纶Ⅰ	1.46	2.8~3.4	15~16	1.8~2.2
尼龙6	1.14	0.66~0.97	0.28~0.51	16~25
尼龙66	1.14	0.61~0.97	0.22~0.60	16~28
碳纤维 M40	1.81	2.1	40	0.5
碳纤维 T500	1.74	3.2	25	1.3
碳纤维 T300	1.75	2.8	23	1.2
E 玻璃纤维	2.54	1.0~3.0	7	2.5~4.0
硼纤维	3.90	3.5	38~40	0.5~0.8
氧化铝纤维		1.4~1.8	38	0.4

4. 其他纤维

（1）碳化硅纤维　碳化硅（SiC）纤维是以碳化硅为主要组分的一种陶瓷纤维，这种纤维具有良好的高温性能及高强度、高模量和化学稳定性，主要用于增强金属和陶瓷，制备耐高温的金属或陶瓷基复合材料。SiC 纤维的制备方法主要有化学气相沉积法和烧结法。化学气相沉积法生产直径为 95~140μm 的 SiC 单丝，而烧结法生产的 SiC 纤维是直径为 10μm 的细纤维，一般商品为 500 根纤维组成的束。SiC 纤维虽有其性能特点，但价格昂贵，应用尚未广泛。

（2）硼纤维　硼纤维是一种将硼元素通过高温化学气相沉积法沉积在钨丝表面制成的高性能增强纤维。硼纤维具有良好的力学性能，强度高、模量高、密度小，平均拉伸强度为 310MPa、拉伸模量为 420GPa。硼纤维在空气中的拉伸强度随温度升高而降低，在空气中的最高使用温度为 200℃。在室温下，硼纤维的化学稳定性好，表面具有活性，不需要处理就能与树脂进行复合，在高温下易与大多数金属发生反应。硼纤维的密度为 2.50~2.65g/cm³，热膨胀系数为（4.68~5.04）×10⁻⁶/℃。硼纤维也是制造金属复合材料最早采用的高性能纤维，用硼纤维/铝复合材料制成的航天飞机主舱框架强度高、刚性好，取得了十分显著的效果，也有力地促进了硼纤维金属基复合材料的发展。

（3）氧化铝纤维　氧化铝纤维是指以 Al_2O_3 为主要成分的陶瓷纤维，一般氧化铝的质量分数大于70%。氧化铝纤维具有以下特点：①耐热性好，在空气中加热到1250℃还能保持室温强度的90%；②不被熔融金属侵蚀，可与金属很好地复合；③表面活性好，不需要进行表面处理即能与树脂复合；④具有极佳的耐化学腐蚀和抗氧化性，尤其在高温条件下这些性能更为突出；⑤电气绝缘性及电波透过性好；⑥密度比较大，约为 3.2g/cm³，特别适合制造既需要轻质高强又需要耐热的结构件。氧化铝纤维的用途正处于开发阶段，不久的将来将在航空航天、卫星和能源等部门得到广泛应用。

（4）晶须　晶须尺寸很小，其直径只有几个微米，长度一般为几厘米，为单晶体。很多陶瓷材料都可以制成晶须，晶须是目前已知纤维材料中强度最高的一种，其机械强度几乎等于相邻原子间的作用力。晶须高强度的原因是由于它是单晶体，它的直径非常小，因此空隙、位错和不完整等缺陷少。晶须兼有玻璃纤维和硼纤维的优良性能,它具有玻璃纤维的伸长率(3%~4%)和硼纤维的弹性模量[(4.2~7.0)×10^5 MPa]。氧化铝晶须在2070℃高温下,仍能保持7000MPa的拉伸强度。晶须没有显著的疲劳效应,切断、磨粉或其他施工操作都不会降低其强度。晶须在复合材料中的增强效果与其品种、用量关系极大。晶须复合材料价格昂贵,目前主要用于空间和尖端技术,在民用方面主要用于合成牙齿、骨骼及直升机的旋翼等。

图 6-7 所示为各类增强纤维的比强度与比模量的关系。从图中可以看出,各类增强纤维的比强度-比模量明显高于金属钢和铝。在三类主要的增强纤维中,芳纶纤维的比拉伸强度高;碳纤维的比模量高;玻璃纤维的比强度、比模量较低,但因其价格低廉,被广泛应用于民用产品中。

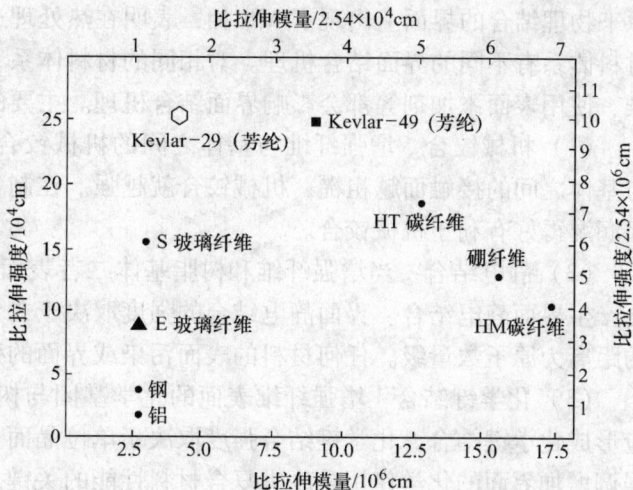

图 6-7 各类增强纤维的比强度与比模量

6.2.2 复合材料的界面

复合材料的界面是指基体与增强物之间化学成分有显著变化的、构成彼此结合的、能起载荷传递作用的微小区域。界面是一个区域或一个带或一层,其厚度不均匀,尺寸从几个纳米到几个微米。它包含了基体和增强物的部分原始接触面、基体与增强物相互作用生成的反应产物、此产物与基体及增强物的接触面、基体和增强物的互扩散层、增强物上的表面涂层、基体和增强物上的氧化物及它们的反应产物等。在化学成分上,除了基体、增强物及涂层中的元素外,还有基体中的合金元素和杂质,及由环境带来的杂质,这些成分或以原始状态存在或重新组合成新的化合物。因此,界面上的化学成分和相结构是非常复杂的。

1. 浸润

在许多复合材料成型时,基体材料为液态,而增强材料为固相。要使基体与增强体很好地结合,液体在固体表面应有好的浸润。根据热力学平衡条件,固-液-气之间的平衡如图 6-8 所示,可用式(6-1)来表示

$$\cos\theta = \frac{\gamma_{SG} - \gamma_{SL}}{\gamma_{LG}} \quad (6-1)$$

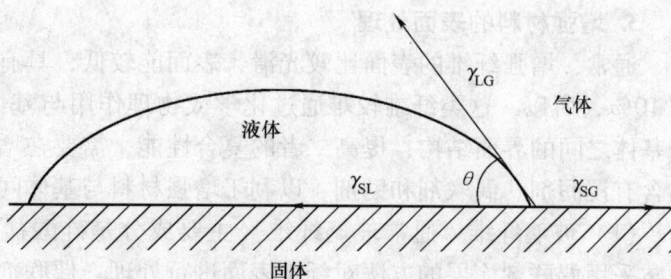

图 6-8 液体在固体表面的平衡

式中,γ_{SG}、γ_{SL}、γ_{LG} 分别表示固气、固液和液气之间的界面张力;θ 为接触角。当 $\theta > 90°$ 时,液体不能润湿固体;当 $\theta = 180°$ 时,固体表面完全不能被液体润湿,液体呈球状;当 $\theta < 90°$ 时,液体能润湿固体;当 $\theta = 0°$ 时,液体能完全润湿固体。

2. 界面结合

当液体基体能够润湿增强固体时，它们之间就会形成最初的界面结合，有许多不同类型的界面结合。界面发挥作用的微观机理称为界面结合机理。对一个给定的体系，可能有一种或一种以上的界面结合机理在起作用，同时，给定体系的界面结合机理在其加工过程和使用过程中也会产生变化。例如，将硼纤维增强铝复合材料于500℃进行热处理，可以发现，在原来物理结合的界面上出现了AlB相，表明在热处理过程中界面上发生了化学反应。不同的材料体系有不同的界面结合机理。对相同的材料体系，其具体的制备过程，如材料的表面污染、使用表面添加剂等都会影响界面结合机理。主要的界面结合机理有以下几种：

（1）机械铰合　增强纤维与基体之间的机械铰合可形成界面结合。很明显，增强纤维与基体之间的接触面越粗糙，机械铰合就越强。在制备复合材料时，液体基体在增强固体表面润湿得好有利于机械铰合。

（2）静电结合　当增强纤维和树脂基体二者表面带不同的电荷时，正电荷-负电荷之间会产生界面静电结合。界面静电结合的强度取决于二者表面所带电荷的多少。界面静电结合的距离为原子数量级。任何材料的表面污染或界面的残留气体都会不利于静电结合。

（3）化学键结合　增强纤维表面的化学基团与树脂基体表面的化学基团之间靠化学反应形成化学键结合。化学键结合强度取决于单位晶面上键的数目和化学键的类型。这种机理强调增加界面的化学作用是改进复合材料性能的关键。能够同时与基体和增强体形成共价键的物质称为偶联剂，化学键机理对偶联剂的选择有一定指导意义。

（4）分子缠结结合　当基体与增强体都是聚合物材料时，增强纤维表面的长链高分子与树脂基体表面的长链高分子相互缠结结合。

（5）扩散反应结合　扩散反应结合发生在金属基与陶瓷基复合材料中。由于金属基与陶瓷基复合材料的成型温度高，原子扩散明显，其特征是在纤维与基体表面之间原子互相扩散形成扩散层。在有些材料体系中，还会在界面间形成新的化合物层，即界面反应层。界面反应层往往不是单一的化合物，如硼纤维增强钛铝合金，在其界面反应层内有多种反应产物。一般情况下，随着反应程度的增加，界面结合强度亦增大，但由于界面反应产物多为脆性物质，所以当界面层达到一定厚度时，界面上的残余应力可使界面破坏，反而降低界面结合强度。

3. 增强材料的表面处理

通常，增强纤维的表面比较光滑，表面能较低，具有活性的表面一般不超过总表面面积的10%，所以，这类纤维较难通过化学或物理作用与基体形成牢固的结合。为了改进纤维与基体之间的界面结构，提高二者的复合性能，需要在增强材料表面涂覆一种物质，这种物质含有浸润剂、偶联剂和助剂，以利于增强材料与基体间形成一个良好的粘接界面。

（1）玻璃纤维　通常玻璃纤维（主要成分是硅酸盐）与树脂基体的界面粘接性不好，故常采用偶联剂涂层的方法对纤维表面进行处理。偶联剂上的不同功能基团分别与玻璃纤维和树脂基体发生化学反应，形成共价键，使玻璃纤维与树脂结合起来。通常对于不同的树脂基体采用不同的偶联剂。

（2）碳纤维　碳纤维（主要为石墨结构）轴平行于石墨结构的基本平面（图6-4），使其与树脂基体的界面粘接力不大，因此，用未经表面处理的碳纤维制成的复合材料其层间剪切强度低。用于碳纤维表面处理的方法较多，如氧化、沉积、电聚合、电沉积、等离子休处理等，其目的在于增加纤维表面的粗糙度并在纤维表面形成一种物质，使其与树脂基体很好地结合。

（3）芳纶纤维 与碳纤维相比，适于芳纶纤维表面处理的方法不多，目前主要是基于化学键理论，通过有机化学反应和等离子体处理，在纤维表面引进或产生活性基团，从而改善纤维与基体之间的界面粘接性能。

（4）其他纤维 对于用于制备金属基复合材料的纤维，表面处理的目的主要是改善纤维的浸润性和抑制纤维与金属基体之间生成界面反应层。氧化铝纤维常用来制备铝合金基复合材料，但它与液态铝合金的浸润性差，为使铝合金能够浸润氧化铝纤维，可采用 CVD 技术在氧化铝纤维表面涂覆镍或镍合金层以增加润湿性。为了减小金属与纤维间的界面反应，可在纤维表面制备能减小反应活性的涂层。如利用 CVD 技术在硼纤维表面形成碳化硅或碳化硼涂层，可以抑制热压成型时硼与钛之间的界面反应。

6.3 常用复合材料及其性能

本节分别介绍聚合物基复合材料、金属基复合材料和陶瓷基复合材料的基本概况、成型方法、设备及应用概况。

6.3.1 聚合物基复合材料

目前，聚合物基复合材料已经形成一个庞大的体系，具备完善的成型技术和生产工艺，是所有复合材料中研究成熟、应用广泛的类型。随着聚合物基复合材料性能的不断提高，其应用领域日益扩大，在国民经济中发挥着越来越重要的作用。

1. 聚合物基复合材料的基体与增强体

（1）基体 聚合物基复合材料的基体可分为热固性树脂和热塑性树脂两大类。

1）热固性树脂基体是发展较早、应用广泛的树脂基体，在聚合物基复合材料中，热固性树脂占75%。热固性树脂在产品形成过程中可形成高密度的交联结构，因而使产品具有较高的强度。常用的热固性树脂基体有不饱和聚酯树脂、环氧树脂和酚醛树脂等。

不饱和聚酯树脂在热固性树脂中是工业化较早、产量较多的一类，主要应用于玻璃纤维复合材料。在国外，不饱和聚酯树脂占玻璃纤维复合材料用树脂总量的80%以上。不饱和聚酯树脂的主要优点是：①工艺性能良好，如室温下粘度低，可以在室温下交联固化，在常压下成型，颜色浅，可以制作彩色制品，有多种措施来调节其工艺性能等；②固化后树脂的综合性能良好，并有多种专用树脂适应不同用途的需要；③价格低廉，其价格远低于环氧树脂，略高于酚醛树脂。其主要缺点是固化时体积收缩率较大（4%~8%），耐热性、强度和模量都较低，易变形，因此很少用于较强受力的制品。

环氧树脂分子结构中含有活性环氧基团，它们可与多种类型的固化剂发生交联反应而形成不溶、不熔的三维网状高分子聚合物。环氧树脂的主要优点是：①固化方便，可选用各种不同的固化剂，可以在 0~180℃ 范围内分别在不同温度实现分步固化，如在室温制作复合材料半成品（预浸料坯），最后在较高温度制成成品；②固化后树脂的综合性能比不饱和聚酯树脂好；③固化时体积收缩率较小，小于2%，尺寸及化学稳定性高。环氧树脂广泛用做碳纤维复合材料及绝缘复合材料。

酚醛树脂少量地应用于玻璃纤维复合材料，在碳纤维和有机纤维复合材料中很少使用。

酚醛树脂的含碳量高，因此用它制作耐烧蚀材料，做宇宙飞行器的载人大气防护制件。它还被用做碳/碳复合材料的碳基体原料，近年来新研制的酚改性二甲苯树脂已被用来制造耐高温的玻璃纤维复合材料。

2）热塑性聚合物基体可以反复受热软化（或熔化），而冷却后变硬。通用热塑性塑料的使用温度低、刚性差，较少用于复合材料的基体。近年来，随着能源矛盾的加剧，以工程热塑性聚合物为基体的复合材料得到很大的发展。下面介绍几种用做复合材料基体的热塑性聚合物。

聚醚醚酮（PEEK）树脂是高塑性树脂，它是聚芳酮的一种，又称为聚芳醚酮。PEEK树脂的熔点为334℃，热变形温度在160℃左右，具有相当好的热稳定性，最高长期使用温度可达200℃，在200℃以下使用寿命可达 5×10^4 h 左右。若加入质量分数为30%的玻璃纤维，其连续使用温度可达310℃。PEEK树脂还具有优良的抗蠕变及抗疲劳性能、优良的化学稳定性和抗辐射性，以及良好的阻燃性。PEEK树脂与碳纤维有较好的粘接性能。PEEK树脂纤维复合材料用来制作雷达罩及电机部件等。

聚醚酮酮（PEKK）树脂是继PEEK之后开发出的又一种热塑性塑料，特别适合作为高性能树脂基复合材料的基体。PEKK的应用与PEEK类似，因PEKK的熔点高、粘度低、成型工艺好，所以其应用比PEEK更广泛。

（2）增强体　在聚合物基复合材料中，常用的增强体形状为颗粒状、短纤维和长纤维，其中长纤维应用最多。常用长纤维材料包括玻璃纤维、碳纤维、芳纶纤维和其他纤维。在复合材料的制备工艺中，有时把聚合物材料与增强体材料制备成不同的半成品，然后用这些半成品制备复合材料产品。半成品主要包括预浸料坯和模压料。

1）预浸料坯。环氧树脂具有高粘度，因此，很难使环氧树脂基体完全浸透纤维织物增强体，制备预浸料坯可以解决这一问题。制备预浸料坯是用液体树脂基体浸透增强材料后得到半固化产品，只有经过最终固化，才能得到最终的复合材料。通常，预浸料坯作为一类产品由专门的厂家生产供应市场，也有许多大型的复合材料厂家自己生产预浸料坯带。预浸料坯带可在冷冻柜里保存，根据树脂的种类其保存期有所不同，为几个月至半年或一年。在制备复合材料最终产品时，用预浸料坯省去了树脂的配备工艺，既可提高产品质量，又可改善工作环境。图6-9所示为用热固性树脂制备预浸料坯带的示意图，其中，图a是络纱机上的纤维，为增强材料；图b为被加热而具有低粘度的树脂，在脱离纸上被制成薄膜；图c为增强纤维，它被夹在预浸料坯收集纸与树脂膜之间，通过热滚轮把纤维与树脂压在一起；图d为移去脱离纸；图e为收集预浸料坯带。由于环氧

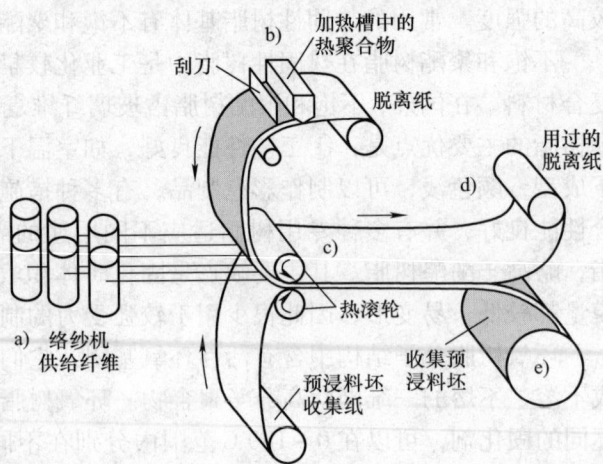

图6-9　用热固性树脂制备预浸料坯带示意图

树脂体系可以在 0～180℃ 范围内分别在不同温度实现分步固化，这些预浸料坯带只需经过半固化。预浸料坯中的树脂还有一定的粘度，可用于复合材料最终成品的制备。最后，复合

材料制品还需在较高温度进一步固化。

2）模压料。模压料是模压成型工艺所用的原料。模压料包括片状模塑料、团状模塑料和散状模塑料。片状模塑料（SMC）是用不饱和聚酯树脂及增稠剂、引发剂、交联剂、低收缩添加剂、填料、内脱模剂、着色剂等混合成树脂糊浸渍短切玻璃纤维粗纱或玻璃纤维毡，并在两面用聚乙烯或聚膜包覆起来形成的片状模压成型材料。使用时只需将两面的薄膜撕去，按制品的尺寸裁切、叠层，放入模具中加温加压，即得所需制品。SMC 是干法成型模压制品的原料（模塑料）。团状模塑料（DMC）和散状模塑料（BMC）一般含有聚酯树脂（包括引发剂）、填料、增稠剂和增强材料等主要成分，其形状为团状或散状，是用于模压成型复合材料的原料。

2. 聚合物基复合材料的成型加工技术

目前，有十几种聚合物基复合材料的成型技术，它们之间存在着共性，从原材料到成品的过程主要包括以下四个步骤：

1）浸渍。使纤维与液体树脂充分浸渍。

2）铺层。将液体树脂浸渍的纤维铺到所需要的位置和所要求的厚度。

3）合并。加压排除制品中的空气并成型制品。

4）固化。可加热、加压，保持一定的时间使制品固化，得到产品。

下面介绍几种常用的成型技术。

（1）手糊成型 手糊成型是早期采用的简单聚合物基复合材料的制备方法，可以用图6-10 所示的生产流程图来表示。首先准备干净的模具，按配方称重树脂胶液原料（树脂 +固化剂等），均匀混合后得到树脂胶液，同时准备增强材料；然后在模具上涂刷一层脱模剂，便于成型固化后脱模，在手糊成型过程中，先涂刷一层树脂胶，再在其上铺贴一层按要求剪裁好的纤维织物，用刷子、压辊或刮刀压挤织物，使其均匀浸胶并排除气泡后，再涂刷树脂胶并铺贴第二层纤维织物，反复上述过程直至达到所需厚度为止；下一步是固化，可在一定压力和（或）一定的加热温度下固化成型（热压成型），或者利用树脂体系固化时放出的热量固化成型（冷成型）；最后脱模，得到复合材料制品。

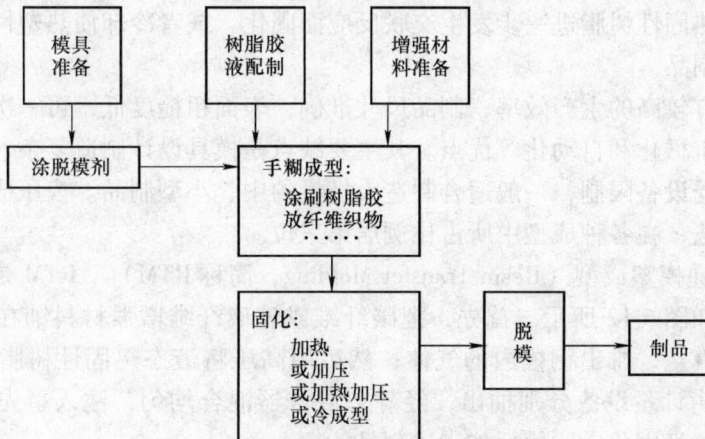

图6-10 手糊成型生产流程图

手糊成型工艺的优点包括：①不受产品尺寸和形状限制，适宜尺寸大、批量小、形状复杂产品的生产；②设备简单，投资少，折旧费低；③工艺简便，易于满足产品设计要求，可以在产品不同部位任意增补增强材料。

手糊成型工艺的缺点包括：①生产效率低，劳动强度大，劳动卫生条件差；②产品质量不易控制，性能稳定性不高，产品力学性能较低。

手糊成型工艺采用的树脂基体材料类型有不饱和聚酯树脂和环氧树脂。不饱和聚酯树脂容易在室温固化，其用量约占各类树脂的80%。常用的增强材料是玻璃纤维及其织物。

（2）喷射成型　图6-11所示为喷射成型示意图。首先在模具表面涂上一层脱模剂；然后将催化剂（促进剂和引发剂）和不饱和聚酯树脂用压缩空气从喷枪内混合喷出，同时将玻璃纤维和无捻粗纱用喷枪内的切割器切断并由喷枪中心喷出，与树脂一起均匀沉积到模具上；沉积到一定厚度，用手辊滚压，使纤维浸透树脂、压实并除去气泡；最后固化成制品。

图6-11　喷射成型示意图

喷射成型对原材料有一定要求，例如，树脂体系的粘度应适中，容易喷射雾化、脱除气泡和浸润纤维，以及不带静电等。喷射成型使用的模具与手糊成型类似，而生产效率可以提高数倍，劳动强度降低，能够制作大尺寸制品。用该方法虽然可以成型比较复杂形状的制品，但其厚度和纤维含量都较难精确控制，树脂的质量分数一般在60%以上，孔隙率较高，制品强度较低，只能制备短纤维复合材料等。

喷射成型常用在室温或稍高温度下即可固化的不饱和聚酯树脂基体材料和玻璃纤维增强材料上。在各种成型工艺中，手糊/喷射成型所占比例居第一位。

（3）模压成型　模压成型是一种对热固性树脂和热塑性树脂都适用的纤维复合材料成型方法，其设备与塑料成型设备类似。模压原料可以是前面介绍的片状模压塑料半成品SMC（即用聚乙烯膜包覆起来的不饱和聚酯树脂浸渍短切玻璃纤维粗纱或玻璃纤维毡）。使用时，只需将两面的薄膜撕去，按制品的尺寸裁切模压塑料半成品，叠层并放入模具中加温加压，即得所需制品。也可将定量的团状模塑料（DMC）或散状模塑料（BMC）放入敞开的金属对模中，闭模后加热使其熔化并在压力作用下充满型腔，形成与型腔相同形状的模制品，再经加热使热固性树脂进一步发生交联反应而固化，或者冷却使热塑性树脂硬化，脱模后得到复合材料制品。

模压成型具有较高的生产效率，制品尺寸准确，表面粗糙度低，可一次成型结构复杂的制品，容易实现机械化和自动化等优点。其主要缺点是模具设计制造复杂，压力机及模具投资高，制品尺寸受设备限制，一般适合制造大批量的中、小型制品。模压成型已成为复合材料的重要成型方法，在各种成型中所占比例居第三位。

（4）树脂传递模塑成型（Resin Transfer Molding，简称RTM）　RTM是一种闭模成型方法，其基本过程如图6-12所示。首先，把碳纤维或玻璃纤维增强材料铺在钢模内，密封钢模；用真空泵抽真空，排出钢模内的气体；然后用高压将液态热固性树脂（通常为不饱和聚酯）及固化剂由计量设备分别抽出，经静态混合器混合均匀，注入事先有玻璃纤维增强材料的密封模内，经固化、脱模后加工成制品。

RTM具有以下特点：①主要设备（如模具和模压设备等）投资少；②生产的制品表面光滑、尺寸稳定；③允许制品带有加强筋、镶嵌件和附着物，可将制品制成泡沫夹层结构；④对树脂和填料的适用性广泛；⑤生产周期短，原材料损耗少；⑥产品后加工量少；⑦RTM

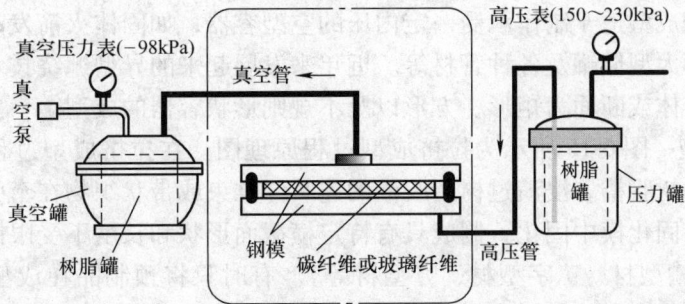

图 6-12 树脂传递模塑成型

是闭模成型工艺，因而聚酯挥发少、环境污染小。

　　用于 RTM 的树脂系统主要是通用型不饱和聚酯树脂，其增强材料一般以玻璃纤维为主，质量分数为 25% ~ 40%。常用的有玻璃纤维毡、无捻粗纱布、预成型坯和表面毡等。RTM 与其他成型的对比如图 6-13 所示，在图的中间和右上部位是 RTM，表明 RTM 可以生产高性能、尺寸较大、高综合度、数量中等到大量的产品。

　　（5）连续缠绕成型　连续纤维缠绕成型如图 6-14 所示。缠绕机类似一部机床，连续纤维或布带通过树脂槽后，用张紧辊除去纤维中多余的树脂。为了改善工艺性能和避免损伤纤维，可预先在纤维表面覆一层半固化的基体树脂，或者直接使用预浸料坯带（前面介绍的半成品）。纤维缠绕方式和角度可以通过移动车架的速度和芯轴转动速率来控制，通常由计算机来控制移动车架移动和芯轴转动。缠绕达到要求厚度后，根据所选用的树脂类型，在室温或加热箱内固化、脱模便得到复合材料制品。

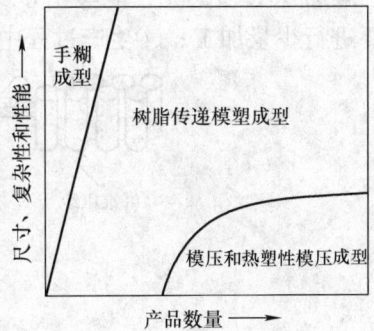

图 6-13 几种聚合物基复合材料的成型对比

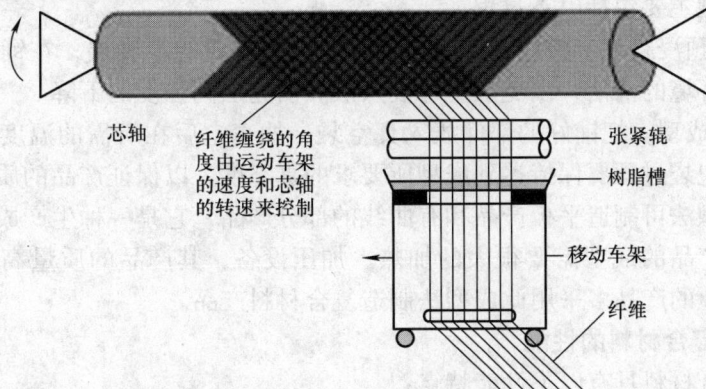

图 6-14 连续纤维缠绕成型示意图

　　用连续纤维缠绕成型制造复合材料制品的优点包括：①纤维可按预定要求排列，规整度和精度高；②通过改变纤维的排布方式、数量，可以实现等强度设计，能在较大程度上发挥增强纤维抗张性能优异的特点；③制品结构合理，比强度和比模量高，质量比较稳定，生产效率较高。其主要缺点是设备投资费用高，只有大批量生产时才可能降低成本，不能制备横截面为凹型的制品。

连续纤维缠绕成型适于制作承受一定内压的空型容器，如固体火箭发动机壳体、导弹发射筒、压力容器、大型储罐及各种管材等。近年来发展起来的异型缠绕技术，可以实现复杂横截面形状的回转体或断面为矩形、方形以及不规则形状容器的成型。

（6）拉挤成型 图 6-15 所示为拉挤成型过程原理图。在拉挤成型过程中，连续纤维粗纱或带状织物通过树脂槽，浸渍过树脂胶液的连续纤维束或带状织物在牵引装置作用下通过预成型模定型，在固化模中固化，制成具有特定横截面形状和长度不受限制的复合材料型材（如管材、棒材、槽型材、工字型材、方型材等）。有时只将预制品在成型模中加热到预固化的程度，最后固化在加热箱中完成。

拉挤成型的优点包括：①生产效率高，便于实现自动化；②制品中增强材料的质量分数一般为 40% ~ 80%，能够充分发挥增强材料的作用；③制品性能稳定可靠，不需要或仅需要进行少量加工；④生产过程中树脂损耗少。其缺点是设备昂贵，制品截面形状恒定。

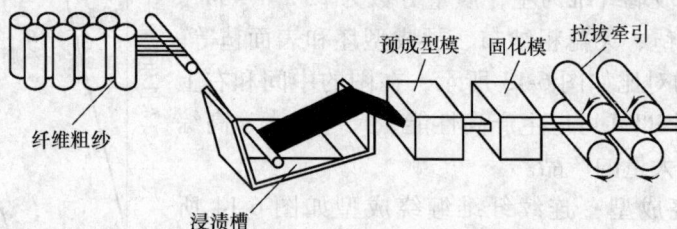

图 6-15 拉挤成型过程原理图

拉挤成型中要求增强纤维的强度高而不发生悬垂、集束性好和容易被树脂胶液浸润。常用纤维材料包括玻璃纤维、芳香族聚酰胺纤维、碳纤维及金属纤维等。基体材料多为低粘度的不饱和聚酯树脂和环氧树脂等热固性树脂。

（7）真空压力成型 真空热压成型以预浸料坯带为原材料，经过铺层，将铺层件用真空袋包装，抽真空及加热加压等过程使产品固化成型。

真空压力成型主要包括以下过程：

1）铺层。把预浸料坯带剪成所需的尺寸，铺至所需要的厚度层，在铺层的过程中，应尽可能保持周围环境的清洁，以免灰尘等混入层间引起层间强度的下降。

2）真空压力成型。把铺好的部件放入真空袋，抽真空后在所需的温度和压力下使产品固化成型。真空包袋过程要保持达到成型所要求的真空度，以保证产品的质量。

真空热压成型法可制造平板产品和有曲线的部分产品，它是一种生产成本较高的复合材料制造法。大型产品的成型需要很大的加热、加压设备，其产品的质量高，空孔率低。因此，航空航天工业的产品多采用此成型法制造复合材料产品。

3. 聚合物基复合材料的性能

聚合物基复合材料具有以下性能特点：

（1）具有较高的比强度和比模量 纤维聚合物复合材料的强度及模量与常用的金属材料，如钢、铝、钛相当。材料的比强度定义为材料强度与材料密度的比值，而材料的比模量为材料模量与材料密度的比值。比强度和比模量表示在质量相当情况下材料的承载能力和刚度，其值越大，表示性能越好。由于聚合物基复合材料的密度比较小，其比强度和比模量可以比金属材料高。从表 6-4 可以看出，玻璃钢（玻璃纤维/热固性聚合物基复合材料）的抗拉强度（1.06GPa）与钢的抗拉强度（1.03GPa）相当，但玻璃钢的比强度 ［0.53GPa/

（Mg/m³）]比钢的比强度[0.13GPa/（Mg/m³）]高3倍。虽然玻璃钢的弹性模量（40GPa）比钢的弹性模量（210GPa）低很多，但玻璃钢的比模量[21GPa/（Mg/m³）]与钢的比模量[27GPa/（Mg/m³）]相当。

表6-4 金属与聚合物基复合材料的比强度和比模量对比

材料　　　　性能	密度/（Mg/m³）	抗拉强度/GPa	弹性模量/100GPa	比强度/[GPa/（Mg/m³）]	比模量/[100GPa/（Mg/m³）]
钢	7.60	1.03	2.10	0.13	0.27
铝	2.80	0.47	0.75	0.17	0.26
钛	4.50	0.96	1.14	0.21	0.25
玻璃钢	2.00	1.06	0.40	0.53	0.21
碳纤维Ⅰ/环氧	1.45	1.50	1.40	1.03	0.21
碳纤维Ⅱ/环氧	1.60	1.07	2.40	0.07	1.50
硼纤维/环氧	2.10	1.38	2.10	0.66	1.00
硼纤维/金属	2.61	1.00	2.00	0.38	0.95

注：密度单位 Mg/m³ = 1000kg/m³ = g/cm³。

（2）抗疲劳性能好 金属材料的疲劳破坏是由里向外发展的，断裂突然发生，事前没有任何预兆。而聚合物基复合材料的疲劳破坏总是从纤维的薄弱环节开始。在聚合物基复合材料中，疲劳裂纹产生后，裂纹逐渐扩展到结合面，纤维与基体的界面能阻止裂纹的扩展，破坏前有明显的预兆。金属材料的疲劳极限为抗拉强度的40%~50%，而碳纤维复合材料可达到70%~80%。

（3）减振性能好 具有较高自振频率的受力部件会避免工作状态下引起的早期破坏。受力部件的自振频率除了与部件本身的形状有关外，还与材料的比模量的平方根成正比。聚合物基复合材料的比模量高，具有较高的自振频率。另外，在聚合物基复合材料中，纤维与基体界面具有吸振的能力，其振动阻尼很高，减振效果佳。

（4）安全可靠性高 聚合物基复合材料中有大量的独立纤维，每平方厘米的复合材料上有几千根甚至上万根纤维，当材料超载时，即使有少量纤维断裂，但其载荷会重新分配到未断裂的纤维上，在短期内不至于使整个构件失去承载的能力。

（5）可设计性强、成型工艺简单 通过改变纤维、基体的种类和相对含量，以及纤维集合形式和排列铺层方式等可以满足对复合材料结构与性能的各种设计要求。复合材料制品多为整体成型，一般不需焊、铆、切割等二次加工，其工艺过程比较简单。由于是一次成型，不仅减少了加工时间，而且零部件、紧固件和接头的数目也随之减少，使结构更加轻量化。

目前，聚合物基复合材料还存在一些不足的地方，如断裂伸长率小、抗冲击强度差、横向强度和层间剪切强度低等。另外，手工加工制品的性能波动较大。

4. 常用聚合物基复合材料

（1）玻璃纤维增强热固性塑料（代号 GFRP） 玻璃纤维增强热固性塑料是指玻璃纤维（包括长纤维、布、带、毡等）为增强材料，热固性塑料为基体的纤维增强塑料。根据基体种类不同，可将 GFRP 分成三类，即玻璃纤维增强环氧树脂、玻璃纤维增强酚醛树脂和玻璃纤维增强聚酯树脂。表6-5列出了各种玻璃钢与钢、铝的一些物理与力学性能。

GFRP 的突出特点是密度小，为 $1.6 \sim 2.0 \, \text{g/cm}^3$，比金属铝还要轻；而其比强度比高级合金钢还高，故俗称"玻璃钢"。GFRP 也是一种良好的电绝缘材料，可用做耐高压的电器零件；它不受电磁作用的影响，不反射无线电波，微波透过性好，可用来制造扫雷艇和雷达罩。GFRP 还具有保温、隔热、隔声、减振及耐腐蚀等性能。

GFRP 的缺点是刚性差，它的弯曲弹性模量比钢材小 10 倍，仅为 $0.2 \times 10^3 \, \text{GPa}$；它的耐热性低于金属和陶瓷，导热性也很差，在日光照射、空气中的氧化作用及有机溶剂的作用下会产生老化现象。虽然 GFRP 存在上述缺点，但它仍然是一种比较理想的结构材料。

表 6-5　各种玻璃钢与金属性能的比较

性能 ＼ 材料	聚酯玻璃钢	环氧玻璃钢	酚醛玻璃钢	钢	铝	高级合金
密度/$Mg \cdot m^{-3}$	$1.7 \sim 1.9$	$1.8 \sim 2.0$	$1.60 \sim 1.85$	7.8	2.7	8.0
抗拉强度/MPa	$180 \sim 350$	$70.3 \sim 298.5$	$70 \sim 280$	$700 \sim 840$	$70 \sim 250$	12.8
压缩强度/MPa	$210 \sim 350$	$180 \sim 300$	$100 \sim 270$	$350 \sim 420$	$30 \sim 100$	
弯曲强度/MPa	$210 \sim 350$	$70.3 \sim 470$	1100	$420 \sim 460$	$70 \sim 100$	
吸水率（%）	$0.2 \sim 0.5$	$0.05 \sim 0.20$	$1.5 \sim 5.0$			
热导率/$J \cdot m^{-1} \cdot h^{-1} \cdot K^{-1}$	1038	$630 \sim 1507$		$155 \sim 748$	$726 \sim 828$	
线膨胀系数/$\times 10^{-6}℃^{-1}$		$1.1 \sim 3.5$	$0.35 \sim 1.07$	0.012	0.023	
比强度/$MPa \cdot (Mg/m^3)^{-1}$	1600	2800	1150	500		1600

（2）玻璃纤维增强热塑性塑料（代号 FR-TP）玻璃纤维增强热塑性塑料是指玻璃纤维（包括长纤维或短切纤维）为增强材料，热塑性塑料（包括聚酰胺、聚丙烯、低压聚乙烯、ABS 树脂、聚甲醛、聚碳酸酯、聚苯醚等工程塑料）为基体的纤维增强塑料。各种玻璃纤维增强热塑性塑料与热塑性塑料的性能见表 6-6。复合材料的力学性能，如拉伸强度、冲击强度、弹性模量、热变形温度等比热固性塑料提高了 $2 \sim 8$ 倍，而伸长率大大降低。玻璃纤维增强热塑性塑料的密度一般在 $1.1 \sim 1.6 \, \text{g/cm}^3$ 之间，比玻璃纤维增强热固性塑料轻，为钢材的 $1/5 \sim 1/6$。

表 6-6　玻璃纤维增强热塑性塑料与热塑性塑料的性能对比

材料 ＼ 性能		拉伸强度/MPa	伸长率（%）	冲击强度（缺口）/$J \cdot m^{-2}$	弹性模量/MPa	热变形温度/℃（1.85MPa）
聚乙烯	未增强	23	60	78.5	840	48
	增强	77	3.8	23.6	6300	126
聚苯乙烯	未增强	59	2.0	15.7	2800	85
	增强	98	1.1	131	8500	104
聚碳酸酯	未增强	63	$60 \sim 100$	628	2200	$132 \sim 138$
	增强	140	1.7	$196 \sim 471$	11900	$147 \sim 149$
尼龙 66	未增强	70	60	53.9	2800	$66 \sim 85$
	增强	210	2.2	199	$6100 \sim 12600$	>200
聚甲醛	未增强	70	60	74.5	2800	110
	增强	84	1.5	42.2	6700	168

（3）碳纤维增强塑料 碳纤维增强塑料主要是指以环氧树脂为基体，以碳纤维为增强材料的塑料。碳纤维增强环氧塑料是一种强度、刚度及耐热性均好的复合材料，见表6-7，这种优良的综合性能是其他材料所无法相比的。它的密度小，耐疲劳强度很高，摩擦因数却很小，这方面的性能均超过了钢材。碳纤维增强塑料的不足之处是碳纤维与塑料的粘接性差，且价格昂贵，虽然其性能优良，但还只是应用于宇航工业，其他领域应用较少。

（4）芳纶纤维增强塑料 芳纶纤维增强塑料的基体材料主要是环氧树脂，其次是聚乙烯、聚碳酸酯聚酯等。芳纶纤维增强塑料最突出的特点是与金属相似，有压延性，其耐冲击性超过了碳纤维增强塑料。芳纶纤维增强环氧树脂的拉伸强度与碳纤维增强环氧树脂相似（表6-7），而高于玻璃纤维增强热固性塑料（GFRP）。芳纶纤维增强塑料的耐疲劳性比GFRP及铝还好，其振动衰减性为GFRP的4～5倍。

（5）硼纤维增强塑料 硼纤维增强塑料是指硼纤维增强环氧树脂。该种材料突出的优点是刚度好，它的强度和弹性模量均高于碳纤维增强环氧树脂，是最高强度的聚合物基复合材料（表6-7）。

（6）碳化硅纤维增强塑料 碳化硅纤维增强塑料主要是指碳化硅纤维增强环氧树脂。碳化硅纤维与环氧树脂复合时不需要表面处理，粘接力就很强，材料间的剪切强度可达1.2MPa，它的抗弯强度和抗冲击强度为碳纤维增强环氧树脂的两倍。

表6-7 几种纤维增强环氧树脂复合材料的性能

性能 材料	密度/g·cm^{-3}	拉伸强度/MPa	拉伸弹性模量/MPa	热膨胀系数/10^{-6}℃$^{-1}$	
				平行方向	垂直方向
碳纤维/环氧树脂	1.6	1500	12000	-0.7	30
芳纶纤维/环氧树脂	1.4	1400	76000	-4.0	60
硼纤维/环氧树脂	2.0	1750	120000	-5.0	30

5. 聚合物基复合材料的应用

复合材料范围广、产品多，在国防工业和国民经济各部门中都有广泛的应用。目前在三个大类的复合材料中，金属基、陶瓷基复合材料由于价格昂贵，主要用于宇航及航空工业部门；聚合物基复合材料的应用发展也最快，主要用于汽车、船舶、飞机、通信、建筑、电子电气、机械设备及体育用品等各个领域。

（1）在航空航天方面的应用 航空航天工程对材料的首要要求是高的比强度、比模量和耐烧蚀性能。聚合物基复合材料符合这些要求，是理想的航空航天材料，并且已经取得了很好的应用效果。使用聚合物基复合材料可减小航天器自重，航天器的质量减轻1kg，运载它的火箭质量可减轻1000kg。

碳纤维增强塑料是制造火箭和人造卫星最好的结构材料，因为它不但比强度高，而且具有良好的减振性，用它制造火箭和人造卫星的机架、壳体，可大大减轻自重。碳纤维增强塑料也是制造飞机的理想材料，近年来大型客机采用该种材料制造的部件越来越多，如用它制造飞机发动机的叶轮、定子叶片、压气机机匣、轴承及风扇叶片等。硼纤维增强塑料的价格比碳纤维增强塑料还要昂贵，主要用于制造飞机上的方向舵、翼端、起落架、襟翼、机缆箱及襟翼前缘等。芳纶增强塑料被用于飞机内部装修及外部整形等方面。玻璃钢用于宇航工业方面是比较早的，20世纪40年代初，英国首先利用GFRP透波性好的特点，用它来制造飞机上的雷达罩；后来有更多的金属部件被 GFRP 所代替，如飞机的机身、螺旋桨、起落架、尾舵及门窗等。在各种型号的民用飞机上，聚合物基复合材料也有较多的应用。

（2）在交通运输方面的应用　聚合物基复合材料在交通运输方面的应用已有几十年的历史，主要包括车辆制造及造船工业。由于聚合物基复合材料的比强度及比刚度高，同时又具有隔声、隔热、减振、阻燃等性能，因此，非常适合在车辆上使用。发达国家复合材料产量的 30% 以上用于交通工具的制造，最多使用的聚合物基复合材料包括玻璃钢和芳纶增强塑料。

铁路车辆中的许多部件可以用玻璃钢制造，如内燃机车的驾驶室、车窗、车门、行李架、座椅、漱洗设备及整体厕所等。我国用 GFRP 代替钢来制造机车窗框，使机车质量减轻了 20%，窗框寿命提高了 70%，每辆机车每年省去 1400 元维修窗框费用，同时更有效地解决了钢窗在使用过程中，由于受温度变化的影响而变形所造成的开关不便的问题，而 GFRP 不易变形，开关很方便。GFRP 还可用于制造货车的活动顶篷，以方便起重机装卸货物，为集装箱运输提供了必要条件。

在汽车制造方面，采用复合材料制成的汽车质量轻，在相同条件下的耗油量只有钢制汽车的 1/4，而且在受到撞击时复合材料能大幅度吸收冲击能量，保护人员的安全。现在已用聚合物基复合材料制造出大型客车、各种轿车、拖车、载重汽车及油槽车等。许多厂家用复合材料制造车辆的车身和各种配件，包括车门、座椅、仪表盘、油箱、挡泥板及发动机罩等。另外，由于芳纶纤维增强聚合物基复合材料具有较好的耐磨耗性、耐热性和耐油性，而且在比较高的温度和速度下，其摩擦性能变化较小，也不会产生刺耳的噪声，已作为摩擦材料广泛地用来制造汽车的制动片和离合器片。

玻璃纤维增强复合材料还是造船工业的理想材料，由于其比强度高、耐海水腐蚀、抗微生物附着性能好、能吸收撞击能量、设计和成型自由度大等优点，已在造船业得到广泛应用。玻璃纤维增强复合材料主要用于中小型船体（如游艇、汽艇）和小型舰艇（如消防艇、巡逻艇、登陆艇、扫雷艇、潜水艇等）及深水探测器。玻璃钢用于舰船上的配件及各种组装件，包括甲板、风斗、油箱、方向舵、仪表盘、推进器、气缸罩及蓄电池箱等。

（3）在石油化工方面的应用　纤维增强聚合物基复合材料具有突出的耐酸、耐碱和耐其他介质腐蚀等特点，因而，在化学防腐工程上和石油化工设备方面获得了广泛应用。

采用玻璃纤维增强聚合物基复合材料代替不锈钢、铜、铅、钛、镍合金制造的各种储罐、容器、酸洗槽、冷却塔、高位槽液体输送管道、烟囱等化工设备，取得了明显的经济效益。与不锈钢及铝合金相比，纤维增强聚合物基复合材料制成的储罐质量轻、强度高、耐腐蚀、使用寿命长、维修方便。纤维增强聚合物基复合材料制备的管材，可代替传统的钢管、铝合金管、不锈钢管及塑料管，主要用于输送石油、天然气及各种化工液气介质。同时，由于聚合物基复合材料便于现场施工，已广泛用于防腐工程，如用于各种金属及混凝土槽的防腐衬里。

（4）在建筑工程方面的应用　玻璃纤维增强聚合物基复合材料具有透光、隔热、隔音、耐腐蚀及成本较低等特点，因而在建筑工业上得到了广泛应用。在工业发达国家，消耗 GFRP 最多的部门是建筑行业，其原因是建筑构件大，使用 GFRP 量大，用途也比较广泛。建筑业使用 GFRP，主要是代替钢筋、水泥、砖、木材等，并已占有相当的地位。其中应用最多的是 GFRP 波形透明瓦，主要用于工厂采光；其次是做街道、植物园、温泉、商亭等的顶篷。GFRP 板也用于货栈的屋顶、建筑物的天花板及墙板、太阳能集水器等，还可用 GFRP 制成装饰面板、卫生间、浴室、建筑门板及窗框等。

（5）在电气和机械方面的应用　聚合物基复合材料具有优异的介电性能，又有耐蚀、耐磨、隔声、隔热等性能，在电工器材制造方面得到了广泛应用。它可用来制作发电机和重型发电机的护环、端盖、定子槽楔，大型变压器上的线圈绝缘筒和衬套，各种绝缘板、整流子滑环、集电环、继电器绝缘垫、绝缘操作杆，各种开关装置、印制电路板、插座、接线盒、电器输送管道及计算机部件等。

在机械工业中，由于聚合物基复合材料具有轻质高强、耐腐蚀、耐热及电绝缘性，可广泛用于各种护罩、部件及机械零件，如洗衣机的洗衣缸、储水槽及管内衬。聚合物基复合材料也可用于军械工业，如制造弹药箱、枪托、炮弹防潮筒、枪管、炮弹护环、火箭发射筒、火焰喷射筒、穿甲弹和破甲弹的零件以及坦克零部件及装甲等。此外，还可用于制造头盔、防弹衣、军用担架、野战用手术床、单兵掩体、军用营房及浮桥等。

（6）在体育及医疗卫生方面的应用　体育器材往往在使用时变形较大，并反复承受无规则的交变振动和冲击力。以往主要采用竹、木等材料，材料利用率低，使用寿命短。用聚合物基复合材料制造的体育用具包括：复合材料夹层结构滑雪板、撑杆及弓、高尔夫球棒、网球拍、跳板、钓鱼竿、体育赛艇等，其中不少制品是用碳纤维和芳纶纤维复合材料制造的。使用聚合物基复合材料制造体育用具，可充分发挥其高强度、耐疲劳和高弹性等特点，从而为运动员创造新纪录提供了条件。

在医学方面，复合材料用于制造假肢、人造关节、颅骨缺损修补材料等，这些材料应与人体有很好的相容性，能够较好地适应人体的生理环境。

6.3.2　金属基复合材料

金属基复合材料学是一门相对较新的材料学科，仅有 30 余年的发展历史。金属基复合材料的发展与现代科学技术和高科学技术产业的发展密切相关，特别是航空航天、电子、汽车以及先进武器系统的发展，对材料提出了更高的性能要求，有力地促进了金属基复合材料的迅速发展。金属基复合材料与聚合物基复合材料相比，具有工作温度高、横向力学性能好、层间剪切强度高、耐磨损及导电和导热性好、不吸湿、不老化、尺寸稳定等优点。金属基复合材料的加工方法比聚合物基复合材料的难度大、工艺复杂，因而价格较高。

1. 金属基复合材料的基体

金属基复合材料可分为结构用金属基复合材料和功能用金属基复合材料。结构用金属基复合材料根据使用的温度范围又可分为低温、中温和高温三类。铝（合金）及镁（合金）基复合材料适合于较低温度使用，可稳定工作的最高温度为 350℃。钛（合金）基复合材料可长期使用的温度范围在 600～650℃ 以下，属于中温用金属基复合材料。镍（合金）基复合材料可在 1000℃ 以上长期工作，是典型的高温用复合材料。

功能用金属基复合材料的基体不但应具有好的力学性能，同时还应具有优良的综合物理性能，如高的导热性、低的热膨胀系数、高的电导率、高的抗电弧烧蚀性、高的摩擦因数和耐磨性等。金属与合金难以具有这些优良的综合物理性能，而要靠优化设计和先进制造技术将金属与增强物做成复合材料来满足需求。例如，电子领域集成工业制备的集成电路需要具有高导热、低膨胀的金属基复合材料作为散热元件和基板，可选用具有高的热导率的银、铜、铝等金属作为复合材料的基体。

在选择基体金属时除了要考虑金属基复合材料的使用要求外，还要考虑在制备过程中基体金属与增强物的相容性。金属基复合材料需要在高温下成型，金属基体与增强物在高温复合过程中处于高温热力学不平衡状态，增强物与金属之间很容易发生化学反应，在界面形成反应层。这种界面反应层大多是脆性的，如果反应层达到一定厚度，材料受力时会因界面层的断裂伸长小而产生裂纹，裂纹会向周围纤维扩展，引起纤维断裂，最终导致复合材料的整体破坏。再者，基体金属中不同类型的合金元素也可能与增强物反应而生成不同类型的反应产物。在选用基体合金时这些问题都要充分考虑，尽可能选用既有利于金属与增强物润湿复合，又有利于形成合适稳定界面的合金元素的金属。

2. 金属基复合材料的制造技术

金属基复合材料的制造方法归纳起来有固态法、液态法和沉积法三大类。

（1）固态法　固态法是指由固态颗粒状或薄板状金属基体与固态增强材料复合形成金属基复合材料的方法。为了促进复合，其制备过程需要在热压下进行。由于基体金属为颗粒状或薄板状，大的表面积使体系处于高的能量状态，在热压下，通过基体与增强相的结合降低体系能量。其中，基体金属为颗粒状的制备工艺被称为粉末冶金，而基体金属为薄板状的制备工艺被称为扩散连接。与液体法相比，固态法的成型温度低，可以忽略基体与增强材料间的界面反应。

粉末冶金法适用于制备短纤维、晶须或颗粒状增强体金属基复合材料。首先，将粉末金属与增强材料混合均匀，压制成预制品，然后在保护气氛中烧制（扩散）成型。由于原材料的表面积大，制备过程要小心各种污染。增强材料的质量分数一般控制在 20% ~ 50% 之间。烧制成型的产品随后可进行不同的压力加工，经压力加工后的制品可能存在明显的各向异性。

在扩散连接工艺中，首先制备初步粘合体。制备初步粘合体的材料包括成卷的纤维、合金箔、汽化后不留残渣的易挥发树脂及树脂溶剂。图 6-16 所示为纤维滚筒缠绕制造初步粘合体的示意图。纤维通过排纤维导轮与滚筒上涂有粘接树脂的合金箔粘合，形成初步粘合体。再将初步粘合体剪成所要求的形状，铺成所要的厚度形成预制品。将预制品放

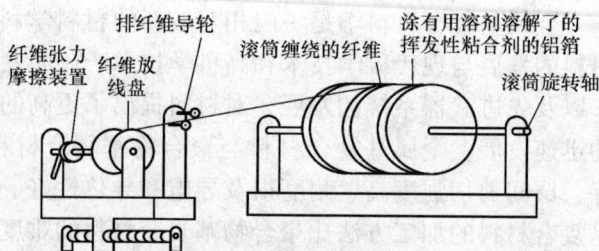

图 6-16　纤维滚筒缠绕制造
初步粘合体示意图

在模具中，在合适的温度及压力下热压扩散连接成型。扩散连接工艺价格昂贵，只限于简单形状制品的制备。扩散连接工艺已成功用于钛、镍、铜，特别是铝合金基体与硼增强体复合材料的制备。

（2）液态法　液态法是基体为液态下制造金属基复合材料的方法，主要包括液态金属搅拌铸造法和真空压力浸渍法。

1）液态金属搅拌铸造法适合于工业规模生产颗粒增强金属基复合材料，其工艺简单，制造成本低廉。它的基本原理是将增强相颗粒直接加入到基体金属熔体中，由于基体材料与增强材料的密度不同，所以，要通过搅拌使增强相颗粒均匀地分散在金属熔体中，有效的搅

拌方法有高速旋转机械搅拌或超声波搅拌。为了防止复合过程中气体进入熔体与熔体金属发生氧化反应，一般在搅拌过程中采用真空或惰性气体保护，最后浇注成锭坯、铸件等。常压铸造虽然设备和工艺都较简单，但产品中孔隙多、质量差。

2）真空压力浸渍法是在真空中和高压惰性气体的共同作用下，将液态金属压入增强材料预制件中制备金属基复合材料制品。图 6-17 所示为真空压力浸渍法示意图，首先将增强材料预制件放入模具中，合模，如图 6-17a 所示；然后抽真空，这时，液态金属从管中上升如图 6-17b 所示；充入惰性气体，加压，使液态金属浸渍预制件中的增强材料，并保持一定时间使液态金属固化，如图 6-17c 所示。真空压力浸渍法的优点有：①适用面广，可用于多种金属基体和连续纤维、短纤维、晶须和颗粒等增强材料的复合；②增强材料的形状、尺寸、含量基本上不受限制，也可用来制造混杂复合材料；③产品的气孔、疏松、缩孔等铸造缺陷少，组织致密，材料性能好。其主要缺点是设备比较复杂，工艺周期长，制造大尺寸的零件时要求大型设备。该工艺适于制造 C/Al、C/Cu、C/Mg 等复合材料零部件及板材、锭坯等。

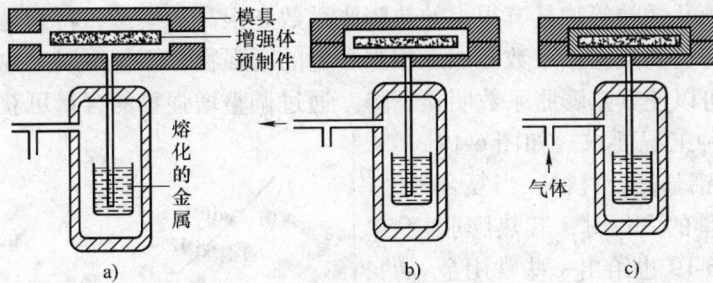

图 6-17　真空压力浸渍法示意图
a）纤维预制件放在模具中　b）排出气体　c）高压气体使液态金属渗进纤维预制件

（3）沉积法　沉积法是将基体金属与增强颗粒同时沉积制备金属基复合材料的一种方法。沉积法装置主要由熔炼室、雾化沉积室及颗粒加入器组成。如图 6-18 所示，金属在熔炼室熔化，液态金属经雾化室雾化，气态的液体金属会形成断续的细小金属液滴，持续时间大约几毫秒，这时，把粒状增强体喷溅到细小金属液滴中，由于这一过程时间极短，可避免金属与增强体之间形成反应层。然后，含有粒状增强体的金属液在沉积衬底上沉积，得到金属基复合材料。这种方法已被用来制备 SiC 颗粒-铝基复合材料。

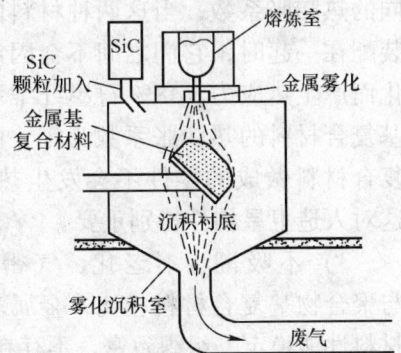

图 6-18　沉积法工艺原理示意图

沉积法是制造各种增强金属基复合材料的有效方法，其优点有：①适用面广，适用于各种基体，如铝、铜、镍、铁、金属间化合物和多种颗粒增强材料；②生产工艺简单，沉积凝固迅速，能快速成型，效率高；③因复合材料的基体金属组织与快速凝固相近，晶粒细，无宏观偏析，组织均匀。其缺点是复合材料中的气孔率较高，为 2% ~ 5%。

3. 金属基复合材料的基本性能

金属基复合材料的性能取决于所选用的基体金属与合金和增强物的特性、含量及分布等。通过优化组合可以获得既具有金属特性，又有高的比强度和比模量，且具有耐热、耐磨等综合性能的材料。

（1）物理及化学性能　物理及化学性能包括导热和导电性能、热膨胀性能和气体吸附性能。

1）导热和导电性能。金属基复合材料中金属基体占有高的体积百分比，一般在 60% 以上，因此仍保持金属的良好导热和导电性。对于尺寸稳定性要求高的构件和高集成度的电子器件，其良好的导热性可有效地传热，减少构件受热后产生的温度梯度；良好的导电性可以防止飞行器构件产生静电聚集。在金属基复合材料中采用高导热性的增强物，还可以进一步提高金属基复合材料的热导率，使复合材料的热导率高于纯金属。例如，为了解决高集成度电子器件的散热问题，现已研制成功了超高模量石墨纤维、金刚石纤维、金刚石颗粒增强铝基及铜基复合材料，这些材料的热导率比纯铝和钢还高，用它们制成的集成电路底板和封装件可有效迅速地把热量散去，提高集成电路的可靠性。

2）热膨胀系数小、尺寸稳定性好。金属基复合材料中所用的增强物碳纤维、碳化硅纤维、硼纤维、晶须及颗粒等均具有很小的热膨胀系数和很高的模量，特别是高模量、超高模量的石墨纤维具有负的热膨胀系数。加入相当含量的增强物，不仅可以大幅度地提高材料的强度和模量，也可以使其热膨胀系数明显下降。通过调整增强物的含量可获得不同的热膨胀系数，以满足各种工况要求。如图 6-19 所示的 SiC 颗粒/铝基复合材料，当复合材料具有不同含量的 SiC 时，其热膨胀系数亦不同。图 6-19 也给出一些常用金属与合金所对应的热膨胀系数，如含有 10% SiC 的铝基复合材料和黄铜具有相同的热膨胀系数，当这两种材料的零件装配在一起时，它们之间不会因温度变化而产生热应力。48% 石墨纤维增强镁基复合材料的热膨胀系数为零，由这种复合材料做成的零件不会发生热变形，这对人造卫星构件特别重要。

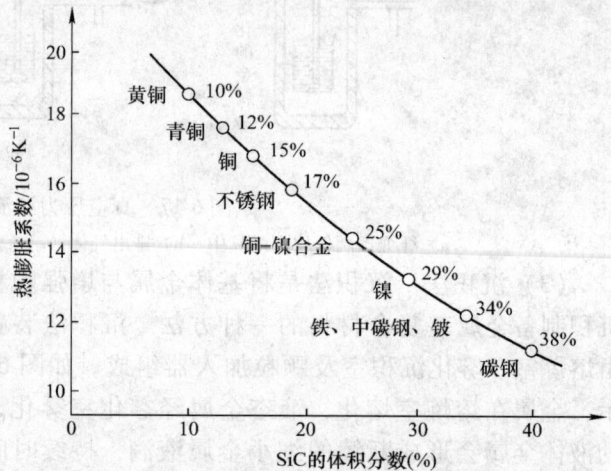

图 6-19　热膨胀系数随 SiC 颗粒/Al 复合材料中 SiC 含量变化的关系

3）不吸潮、不老化、气密性好。与聚合物基复合材料相比，金属基复合材料性能稳定、组织致密，不存在老化、分解、吸潮等问题。这样就不会发生性能的自然退化，使用时不会分解出低分子物质污染仪器和太空环境。

（2）力学性能　包括室温与高温力学性能。

1）高的比强度和比模量。金属基复合材料含有适量的高强度及高模量的纤维、晶须、颗粒等增强物，能明显提高复合材料的强度和模量。如碳纤维的强度可高达 7000MPa，碳纤维/铝合金复合材料比铝合金强度高出 10 倍以上。图 6-20 所示为几种铝基复合材料比强度与比模量的关系。由于增强物的密度通常比金属低，金属基复合材料的比强度和比模量大大高于基体金属。高性能连续纤维，如硼纤维、碳纤维等增强物对金属基复合材料的比强度和比模量的提高更为显著。通常金属及合金具有好的延性，如铝的延展性可达 40%，即使是铸态铝其延展性也可达 10%。不过，金属基复合材料的延展性却大大降低，从表 6-8 可知，SiC 或 Al_2O_3 铝合金基复合材料的延展性在 0.6% ~ 7% 之间。

表 6-8　铝及铝基复合材料（增强材料体积分数为 20%）的室温伸长率

基体	增强相	伸长率（%）
Al	Al_2O_3	4.0
Al-2.5% Mg	Al_2O_3	3.3
Al-10% Mg	Al_2O_3	1.3
Al-12% Si-1% Cu-1% Ni	Al_2O_3	<1
Al 合金	SiC	7.0
Al 合金	SiC	4.2
Al 合金	SiC	4.0
Al 合金	SiC	0.6

2）陶瓷纤维、晶须、颗粒增强金属基复合材料具有很好的耐磨性。这是因为在基体金属中加入了大量的陶瓷增强物，特别是细小的陶瓷颗粒。陶瓷材料具有硬度高、耐磨、化学性能稳定的优点，用它们来增强金属，不仅提高了材料的强度和刚度，也提高了复合材料的硬度和耐磨性。用 SiC/Al 复合材料可制作汽车制动盘、活塞等重要零件。

3）金属基复合材料具有良好的高温性能。由于金属基体的高温性能比聚合物高很多，而增强纤维、晶须、颗粒在高温下又都具有很高的高温强度和模量，因此，金属基复合材料具有比金属基体更高的高温性能和高温抗蠕变性能。特别是连续纤维增强的金属基复合材料，其中纤维起着主要的承载作用，纤维强度在高温基本不下降。

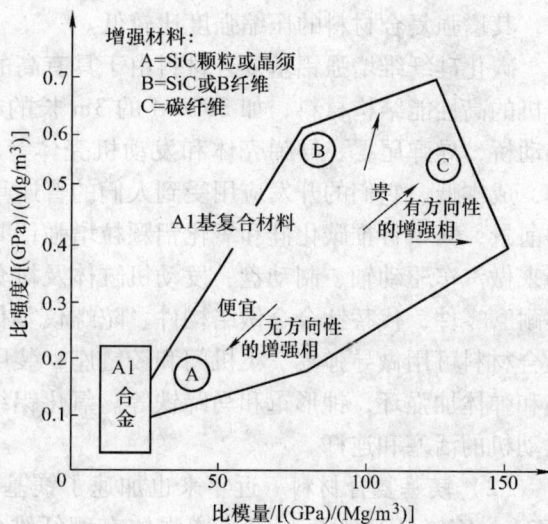

图 6-20　铝基复合材料比强度与比模量的关系

4. 常用金属基复合材料及其应用

航天航空工业的发展促进了金属基复合材料的研发。研究较多、较成熟的是铝基复合材料，其他金属基复合材料包括镁基、钛基、镍基、铜基复合材料。

（1）铝基复合材料　铝具有良好的塑性和韧性、易加工、可靠性高、价格低廉，所以，铝基复合材料的研究较多。对增强纤维的要求包括：比模量高、比强度高、性能重复性好、价格低、与基体金属的相容性好以及易于制造成复合材料等。用于铝（合金）基复合材料的主要增强材料包括硼纤维、碳纤维，其他增强材料如 SiC、Al_2O_3 也被用于制作铝基复合材料。铝基复合材料在航空航天工业中主要用来代替中等温度下使用的昂贵的钛合金零件。

硼纤维增强铝基复合材料综合了硼纤维优越的强度、刚度、低密度和铝合金的优点，具有比其他金属基复合材料更高的比模量。同时，高模量的硼纤维增强铝基材料可以防止复合材料承受压力时纤维发生微观曲折。硼/铝复合材料的其他重要物理性能与力学性能包括高的导电性和导热性，良好的塑性和韧性，高的耐磨性，好的可涂覆性，易连接成型性，可热处理性及不可燃性。硼/铝复合材料是最先应用的纤维增强金属基复合材料，它首先用做管状结构支柱，如航天飞机上的机身框架和桁架肋、起落架转向拉杆等；其次，它可用做多层微芯片支架的散热-冷却板材料，利用它的良好的导热性以及与半导体芯片接近的热膨胀系数，可以大大减轻接头的疲劳损伤，提高接头寿命。硼/铝复合材料也是有前景的中子屏蔽材料，可用来制作核废料的运输容器和储存器。硼/铝复合材料也可用来制作自行车身、高尔夫球棒等。

碳/铝复合材料的比强度和比模量高，尺寸稳定性好。它的另一优点是能经受住宇宙航天过程中严酷的环境条件，是航天构件的理想材料，在航天飞机和人造卫星上可用做主要结构的外壳、构架、仪器支架、下桁条、天线和天线肋、太阳能电池的面板、哈勃望远镜天线及望远镜扇形反射面等；在导弹和运载火箭上可用做重返大气的防护罩、加强杆和发射管、大直径圆柱体段、接合器、油箱的加强材料及设备的支撑结构。但石墨纤维结构具有各向异性，其增强复合材料的压缩强度比较低。

碳化硅纤维增强铝基复合材料由于具有高的比强度和比模量，首先用做飞机、导弹和发动机的高性能结构材料，如 SiC/Al 的 3m 长的 "Z" 形加强筋，上压气管，中柱、下翼弦、移动桥，导弹尾翼、导弹壳体和发动机壳体等。非连续增强金属基复合材料的制备工艺简单，成本低，它们的开发应用受到人们的普遍重视，特别是在民用工业部门的应用有着广阔的前景，其中首推碳化硅和氧化铝颗粒增强铝基复合材料。碳化硅颗粒增强铝基复合材料可用来做汽车驱动轴、制动盘、发动机缸体及衬套、连杆及活塞，还可用做电子封装材料及各类耐磨零件，代替钛合金做结构件、陀螺仪零件、坦克反射镜及仪器盖等。碳化硅晶须/铝复合材料可用做导弹翼、飞机门和铰链座，装甲车和坦克履带，竞赛用发动机活塞，导弹导座和弹体加强环，钟形罩和马蹄铁等。氧化铝纤维/铝、不锈钢丝/铝复合材料现已用做汽车发动机的活塞和连杆。

(2) 镁基复合材料   近年来也加速了镁基复合材料的研制步伐。用做基体的镁合金有 AZ31、AZ6 (Mg-6% Zn) 等，增强体有硼纤维、碳 (石墨) 纤维、SiC 和 Al_2O_3 陶瓷颗粒。这种材料的密度低、刚性好，已成功应用于航空航天领域。例如，石墨/镁复合材料用于人造卫星的抛物面天线骨架，使天线效率提高了 539%；碳化硅晶须/镁复合材料可用做齿轮。目前，正在探索新的制备方法来改进其性能并降低成本。

(3) 钛基复合材料   钛比其他任何普通的结构材料具有更高的比强度。钛基复合材料的主要优点是：①工作温度较高；②不需交叉叠层就可获得较高的非轴向强度；③高的抗损伤性和耐腐蚀性；④较小的残余应力。由于钛合金的热膨胀系数接近于硼，硼/钛基复合材料已被大量研究，其主要问题是硼钛之间具有严重的界面反应。随着人们对界面反应的认识，以及对界面反应控制手段的提高，近年来硼/钛复合材料在制备工艺方面有了较大进展。

另一种钛基复合材料是碳化硅纤维增强钛合金 (Ti-6% Al-4% V) 复合材料，其典型的抗拉强度为 900MPa。与 SiC 纤维增强钛基复合材料相比，颗粒增强钛基复合材料的制备成本大大降低，取得了更快的发展。钛基复合材料的缺点包括密度较高、制造困难和制造成本高。SiC/Ti 复合材料主要用于高温火箭部件及海军舰艇的螺旋桨。

(4) 镍基复合材料   研究镍基复合材料的应用目的是将其用做燃气涡轮发动机的叶片，

这类零件可在高温和接近现有合金所能承受的最高应力下工作。由于制造和使用镍基复合材料的温度高，要求增强纤维在高温下具有足够高的强度和稳定性。符合这些要求的纤维有氧化物、碳化物、硼化物和难熔金属。目前，研究较多的增强物为氧化铝晶须，它的优点是低密度、高强度、高弹性模量、高熔点、良好的高温强度和抗氧化性。纤维和镍在高温下会发生反应，使纤维表面产生大量缺陷，降低纤维强度。为了保护纤维表面，用钨作纤维表面涂层。制造镍基复合氧化铝晶须复合材料的主要方法是将纤维夹在金属板之间进行扩散结合。

（5）铜基复合材料　近年来，铜基复合材料也受到人们极大的重视。现在有许多关于碳/铜复合材料的报道，其优异性能包括低的膨胀系数，优良的导电导热性、延展性和耐磨性，以及优良的高温力学性能。根据增强体的体积，可将其热膨胀系数减到接近于零。铜基复合材料的成本比钛低，密度比钢小，且易加工，因此，碳/铜复合材料受到人们的广泛关注。铜基复合材料已经用来制作功能结构元件，大功率晶闸管支撑电极，大规模集成电路基板、电刷、触头及其他导电滑块，以及耐磨自润滑轴承和其他耐磨件等。但是，由于铜的熔点较高，制造较其他低熔点金属困难，且铜基体与增强体的润湿性较差，使其应用受到限制。随着人们对界面结构认识的提高及对改善润湿性方法的采用，铜基复合材料的开发和应用应该具有广阔的发展前景。

6.3.3 陶瓷基复合材料

陶瓷材料包括传统陶瓷、工程陶瓷和碳。与金属不同，陶瓷的化学键为共价键或离子键，因而，陶瓷具有比金属更高的熔点和硬度，其化学性质非常稳定，耐热、抗老化。通常陶瓷是绝缘体，在高温下也可以导电，但比金属导电性差得多。陶瓷致命的弱点是脆性强、韧性差，可因存在裂纹、空洞、杂质等细微缺陷而破碎，引起不可预测的灾难性断裂，从而大大限制了陶瓷作为承载结构材料的应用。研究陶瓷基复合材料的主要目的是提高材料的韧性。

1. 陶瓷基与碳基复合材料

工程陶瓷材料具有耐高温、耐磨损、耐腐蚀及质量轻等优点，其弱点是脆性大。在陶瓷材料中加入起增韧作用的第二相，可以改善陶瓷材料脆性大的问题。制备聚合物基、金属基复合材料的目的之一是增加材料的强度，而制备陶瓷基复合材料是为了增加材料的韧性。陶瓷基体材料应具有优异的耐高温性能，与纤维或晶须之间应有良好的界面相存性及较好的加工工艺性能等。

（1）陶瓷基复合材料的基体与增强体　常用陶瓷基复合材料的基体包括氧化物（Al_2O_3、ZrO_2）、氮化物（Si_3N_4、BN、AlN、TiN）、碳化物（SiC、ZrC、Cr_3C_2、WC）、硼化物（ZrB_2、TiB_2、HfB_2、LaB_6）、硅化物（$MoSi_2$、$TaSi_2$、$NbSi_2$）和玻璃陶瓷。

陶瓷基复合材料中的增强体通常也称为增韧体。常用的纤维增强材料有氧化铝纤维、碳化硅纤维、氮化硅纤维及碳纤维等。使用得较为普遍的晶须是 SiC、Al_2O_3 和 Si_3N_4。陶瓷材料中另一种增强体为颗粒状，颗粒的增韧效果虽不如纤维和晶须，但用颗粒增强的陶瓷基复合材料具有各向同性的特点，而且制作成本低。

（2）陶瓷基复合材料的成型加工技术　长纤维增韧陶瓷基复合材料的性能好，但加工成本高。近年来发展的短纤维、晶须及颗粒增韧陶瓷基复合材料大大降低了加工成本，但其性能不如长纤维增韧陶瓷基复合材料好。目前采用的纤维增强陶瓷基复合材料的成型方法主要有以下几种：

1）料浆浸渍与热压烧结工艺。料浆浸渍与热压烧结是制备连续纤维增韧陶瓷基复合材料的工艺，其流程如图 6-21 所示。料浆浸渍法是使纤维增强材料经过盛有料浆的泥浆池，浸渍料浆后，再缠绕到卷筒上，经过烘干，制成连续的单层带。再将这种单层带剪裁成所要求的尺寸，将其叠放至所需要的厚度，放入模具内，去湿、合模加压，制成坯体，然后再经高温去胶和烧结制得复合材料。采用料浆浸渍及热压烧结法制备的 SiC 纤维复合材料，其弯曲强度和断裂韧度分别达到 700MPa 和

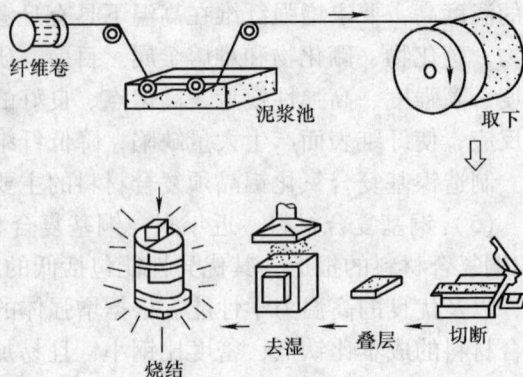

图 6-21　料浆浸渍-热压烧结工艺流程

17MPa·$m^{1/2}$。这种方法的优点是纤维取向可以自由调节，缺点是不能制造大尺寸的制品，而且所得制品的致密度较低。

2）化学气相沉积法（CVD）。这种方法是在具有贯通间隙的增强体坯件或纤维编织骨架中沉积陶瓷基体，制备陶瓷基复合材料的方法。其工艺为将纤维编织骨架坯件置于化学气相沉积炉内，通入沉积反应的气源，在沉积温度下热解或发生反应，生成所需的陶瓷基材料，沉积在坯件的孔隙中，并逐步填满。化学气相沉积的温度为 1100～1500℃，可用于制备 C/BN、Si_3N_4/B_4C 等体系的复合材料。与热压法相比，化学气相沉积法的优点是：在制备过程中纤维受到的机械损伤及化学损伤小，可以制备组成可调的梯度功能复合材料。它的缺点是：效率低，成本高，坯件的间隙在化学气相沉积法过程中易堵塞或形成闭孔，难以制成高致密度的复合材料。

3）直接反应沉积法。此法适用于熔融金属直接与反应气体发生化学反应来制备陶瓷基复合材料。图 6-22 所示为直接反应沉积法示意图，首先将纤维增强材料预成型坯体置于熔融金属上面，然后熔融金属，在反应气氛中，不断地浸渍预成型坯体；在浸渍过程中，熔融金属与气相气体发生化学反应，生成陶瓷基体。随着时间的延长，边浸渍边反应，最后制得纤维增强陶瓷基复合材料。如以碳化硅纤维为预成型坯，以铝为母体金属（镁和硅为添加剂），铝在 1200～1400℃

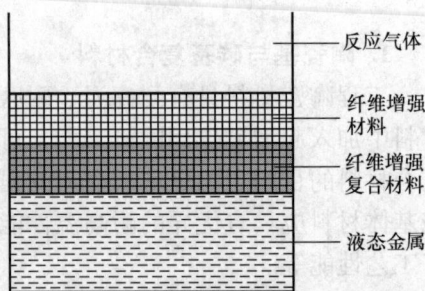

图 6-22　直接反应沉积法示意图

下与空气中的氧反应生成氧化铝基体。用此工艺制造的碳化硅纤维增强氧化铝复合材料，在1200℃的弯曲强度和断裂韧度分别达到 350MPa 和 18MPa·$m^{1/2}$，而室温弯曲强度和断裂韧度分别达到 450MPa 和 21MPa·$m^{1/2}$。直接反应沉积法工艺简单、生产效率高、成本低，且纤维无损伤，所制备的复合材料性能优良，具有高强、高韧和耐高温等特性。

4）热压烧结法。此法适于制作短纤维、晶须、颗粒增强陶瓷基复合材料。这种方法纤维与基体之间的结合较好，是目前采用较多的方法。首先，将短纤维分散并与基体粉末混合，然后冷压成型，再用热压烧结的方法即可制得高性能的复合材料。这种短纤维增强体与基体粉末混合时的取向是无序的，但在冷压成型及热压烧结的过程中，短纤维由于在压实与

致密化过程中沿压力方向转动，导致最终材料短纤维沿加压面择优取向，使材料在性能上产生了一定程度的各向异性。

（3）陶瓷基复合材料的性能 陶瓷基复合材料保留了陶瓷基体材料的绝大多数优良性能，如高强度、高模量、耐高温、耐磨损、高硬度等。增强相的加入，使复合材料的韧性较基体材料有了大幅度提高。图 6-23 所示为不同形貌增强体陶瓷基复合材料的位移-载荷曲线示意图。陶瓷基复合材料增强体的形貌可为颗粒状、晶须或纤维，它们都能提高材料的强度，不过，对复合材料韧性的提高程度却是不同的。颗粒状、晶须增强陶瓷基复合材料的韧性比单一陶瓷有所改善。连续纤维增强陶瓷基复合材料是目前断裂韧度最佳的一种复合材料，该材料具有以下优点：①高的强度和断裂韧度，且强度均匀；②断裂能大时，不发生突然性断裂；③高温下仍能保持常温机械特性；④抗静态和动态疲劳性优异。

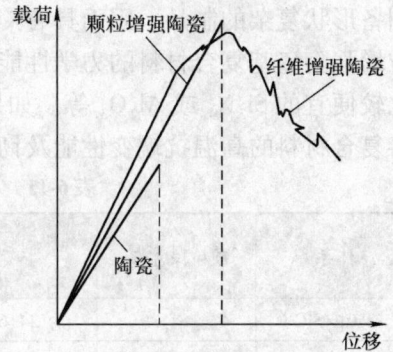

图 6-23　不同形貌增强体陶瓷基复合材料的位移-载荷曲线示意图

1）纤维增强微晶玻璃复合材料的性能。表 6-9 列出了一些典型的碳纤维增强微晶玻璃基复合材料的性能。由表中可见，微晶玻璃经单向碳纤维增强后，除了弯曲强度和弹性模量显著提高以外，最突出的是断裂功提高了三个数量级，如硼硅微晶玻璃的断裂功为 $0.004kJ/m^2$，而碳/硼硅微晶玻璃的断裂功为 $5.0kJ/m^2$。

表 6-9　单向碳纤维增强玻璃基复合材料及其基体材料的性能

体系	纤维体积分数（%）	弯曲强度/MPa	弹性模量/GPa	断裂功/kJ·m^{-2}
碳/硼硅微晶玻璃	50	700	193	5.0
硼硅微晶玻璃	0	100	60	0.004
碳/石英玻璃	30	600		7.9
石英玻璃	0	51.5		0.009

2）晶须增强陶瓷基复合材料的性能比短纤维增强陶瓷基复合材料的性能优越，它具有较好的断裂韧性、优异的耐高温蠕变性能、均一的强度以及较高的耐磨损性和耐腐蚀性。但这类材料的断裂韧性往往低于连续纤维增强的陶瓷基复合材料。表 6-10 列出了经不同工艺制备的 SiC 晶须增强的 Si_3N_4 陶瓷基复合材料的性能。

表 6-10　SiC（晶须）/ Si_3N_4 复合材料的性能

烧结助剂	编号	密度/g·cm^{-3}	温室弯曲强度/MPa	1350℃弯曲强度/MPa	断裂韧度/MPa·m$^{1/2}$
Y_2O_3-Al_2O_3	1	3.26	750.2	200.0	8.05
	2	3.28	869.5	464.2	8.77
	3	3.28	805.1	271.4	9.45
Y_2O_3-La_2O_3	4	3.43	598.1	488.5	5.52
	5	3.48	720.5	612.1	6.60
	6	3.54	804.3	662.6	10.47

3）颗粒增强陶瓷基复合材料体系的基体主要有碳化硅、氮化硅及氧化铝，用做增强颗

粒的主要是碳化硅、氮化钛及氧化铝等颗粒。颗粒增强的效果虽然不及纤维和晶须，但由于其原料混合的均匀化以及烧结的致密化，都比短纤维及晶须增强复合材料更为简便，且易于制备形状复杂的制品，因而具有广泛的应用价值和良好的发展前景。表 6-11 列出了一些颗粒增强陶瓷基复合材料的力学性能。当增强颗粒采用 SiC 或 TiN 时，基体材料一般选用价格比较便宜的 Si_3N_4 或 Al_2O_3 等。如果颗粒的种类、粒径、含量与基体材料匹配得当，可以改善复合材料的高温抗蠕变性能及韧性。

表 6-11　颗粒增强陶瓷基复合材料的力学性能

体系	颗粒尺寸/m	颗粒体积分数（%）	弯曲强度		断裂韧度	
			/MPa	增量（%）	/MPa·m$^{1/2}$	增量（%）
TiCp/SiC		24.6	470~680	45	3.8~6.0	58
TiB$_{2p}$/SiC	1.0	15	379~485	28	3.1~4.5	45
		16	360~478	30	4.6~8.9	90
		10	—	—	6.5~7.3	12
TiN$_p$/Si$_3$N$_4$	4.0	10			6.5~7.8	20
	13.6	10			6.5~7.2	11
SiC$_p$/Al$_2$O$_3$	2.0	5.1	370~490	32	3.2~4.5	41
	8.0	5.1	370~370	0	3.2~3.9	22

除了增强体的形貌外，陶瓷基复合材料的性能也取决于其他多种因素，如基体中气孔的尺寸、数量及分布，裂纹的大小及各种缺陷；也与纤维中的杂质，纤维的氧化程度、损伤及其他缺陷有关；同时，基体与纤维的结合效果，如纤维在基体中的取向与基体和纤维热膨胀系数的不同有关。

下面以单向排布长纤维复合材料为例，说明陶瓷基复合材料的增韧机理。图 6-24a 所示为陶瓷基复合材料的断口形貌，从图中可以看到许多平行的纤维，纤维的断口面与基体的断口不在同一平面上。图 6-24b 所示为裂纹扩展示意图，当裂纹扩展遇到纤维时会受阻，要使裂纹进一步扩展就必须提高外加应力。当外加应力进一步提高时，由于基体与纤维间界面的分裂，同时又由于纤维的强度高于基体的强度，从而使纤维可以从基体中拔出。当拔出的长度达到某一临界值时，会使纤维发生断裂。因此，裂纹的扩展必须克服由于纤维的加入而产生的拔出功和纤维断裂功，这使得材料的断裂更为困难，从而起到了增韧的作用。实际材料在断裂过程中，纤维的断裂并非发生在同一裂纹平面，这样主裂纹还会沿纤维断裂位置的不同而发生裂纹转向。这也同样会使裂纹的扩展阻力增加，从而使韧性进一步提高。

上面介绍的各种陶瓷基复合材料均属于结构材料。下面简单介绍一种功能陶瓷基复合材料：固体电阻。把碳等导电性粒子分散在陶瓷等绝缘基体中制成的电阻称为固体电阻，它具有耐热、坚硬、稳定等特点，但材料的电阻值也受杂质和工艺条件的影响而有差异。固体电阻一般是以炭黑和瓷土作为原料，为了烧结方便也加入一些硼酸和碱土金属、玻璃等辅助材料。但为了防止发生电解和极化现象，瓷土中不能存在碱性物质。炭黑的种类以及瓷土和辅助材料的种类、粒度、配方、成型方法及烧结条件等对制品的电阻值均有较大影响。在制造时，要按所需的电阻值对原料进行配比，为了防止氧化，还需在非氧化气氛中烧结。另外，炭黑粒子之间的接触情况和在烧结体中的分布情况也是影响电阻值的重要因素。

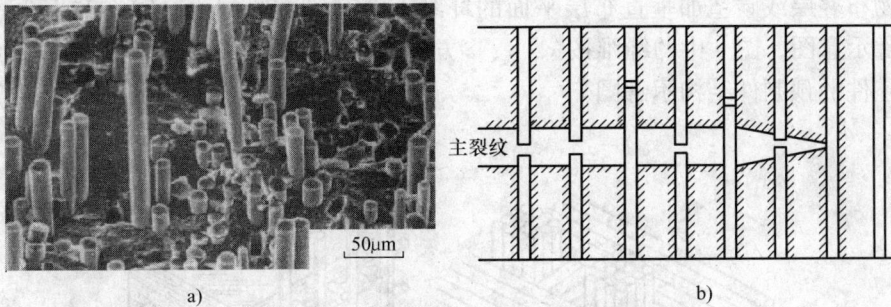

图 6-24　陶瓷基复合材料的增韧机理
a) 陶瓷基复合材料的断口形貌　b) 裂纹扩展示意图

（4）陶瓷基复合材料的实用化　陶瓷基复合材料已经实用化或即将实用的领域包括切削刀具、滑动构件、航空航天构件及发动机制件等。

在纤维增强陶瓷基复合材料中，C/SiC、SiC/SiC 复合材料主要用于航空航天发动机构件和原子反应堆等领域。

在晶须增强的结构陶瓷材料中，SiC/Si$_3$N$_4$ 是最好的结构材料体系。利用它的耐高温和耐磨损性能，在陶瓷发动机中可用做燃气轮机的定子、转子；无水冷陶瓷发动机中的活塞顶杆和燃烧器；柴油机的气缸套、火花塞、活塞罩等的材料。利用它的抗热震性、耐腐蚀性、摩擦因数低、热膨胀系数小等特点，在热加工和冶金工业中广泛用于测温热电偶套管、铸型、烧舟、马弗炉炉膛、发热体夹具、燃烧嘴、炼铝炉炉衬、铝液导管、铝包内衬、热辐射管、铝电解槽衬里、传送辊、高温鼓风机零部件和阀门等。利用它的耐腐蚀、耐磨损及良好的导热性等特点，在化工工业上用于球阀、密封环、过滤器和热交换器部件等。而 SiC/Al$_2$O$_3$ 作为结构材料也具有广阔的应用前景，如做磨料、磨具、刀具和造纸工业用的刮刀；耐磨的球阀、轴承以及内燃机的喷嘴、缸套和各种内衬等。

颗粒增强陶瓷基复合材料主要用做高温材料和超硬高强材料。在高温领域可用做陶瓷发动机中燃气轮机的转子、定子，无水冷陶瓷发动机中的活塞顶杆，也可制作燃烧器、柴油机的火花塞、活塞罩、气缸套、副燃烧室以及活塞-涡轮组合式航空发动机的零件等。在超硬、高强材料方面，SiC/Si$_3$N$_4$ 复合材料已用来制作陶瓷刀具、轴承滚珠、工模具及柱塞泵等。

2. 碳/碳复合材料

碳/碳复合材料是以碳纤维或石墨纤维为增强体，碳或石墨为基体的一类复合材料。这类材料的优点包括：①密度低（1.7g/cm^3），有较高的断裂韧度、抗疲劳性能和抗蠕变性能；②热膨胀系数小、热导率低；③抗热冲击性、耐烧蚀性和耐高速摩擦性能优异；④高温强度好，在无氧的环境下，2200℃时可保持室温强度，当温度超过 1000℃时，其比强度、比模量在所有材料中是最高的。因此，碳/碳部件已应用于许多国家的宇航航空及国防工业。

（1）碳/碳复合材料的制备方法　碳/碳复合材料的制造工艺主要包括以下几个步骤：①制备碳纤维预制件；②制备碳基体（致密化处理）；③石墨化处理和抗氧化处理，这两个步骤可以根据使用需要进行选择。

1）制造碳纤维预制件是碳/碳复合材料生产过程中的第一个步骤，它构成碳/碳复合材料的骨架，决定了碳纤维的方向、体积分数、弯扭程度以及孔隙分布和几何形状。碳纤维预制件可用不连续或连续碳纤维制作。碳纤维增强坯件包括碳毡、碳布、碳纤维缠绕、碳纤维多向编织物布叠层或碳毡加垂直布层平面的纤维束穿刺等方法制成。图 6-25 所示为两种碳纤维预制件示意图，图 a 中的纤维按 x、y、z 方向成束构成三维结构；图 b 为碳纤维束穿刺增强碳毡坯件的预制件结构示意图。

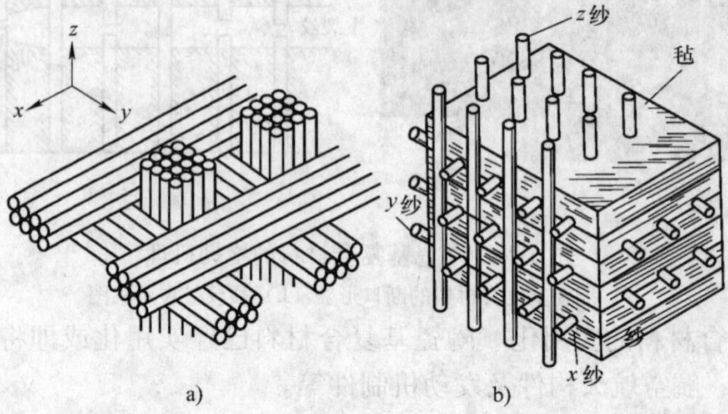

图 6-25　两种碳纤维预制件示意图
a）碳纤维多向编织物　b）碳纤维束穿刺增强碳毡坯件的结构

2）致密化处理，即形成碳基体。致密化处理的目的是填充碳纤维预制件中的孔隙。在碳纤维坯件的间隙中导入碳源物质，如液态或气态有机物，通过加温使其热解碳化，在碳纤维周围即形成碳基体。碳源物质是气态时，采用化学气相沉积（CVD）法生成的碳基体为沉积碳；碳源物质是液态时，如沥青、酚醛树脂，通过压力使其渗入增强材料坯件的孔隙，然后通过加温热解碳化，生成的碳基体称为沥青碳；碳源物质是固态（用有机粘合剂预先固定碳纤维，经过固化粘合剂成为不熔的固态）时，通过加温使固化的有机粘合剂热解碳化，生成的碳基体称为树脂碳。通常，为了简化碳/碳复合材料的致密化工艺，也可在沥青中掺入炭粉（石墨粉或焦炭粉）。在上述碳基体形成方法中，有的需要重复进行多次，并且可以几种方法联合使用，以达到要求的复合材料密度。

3）石墨化处理。石墨化处理是把经过致密化处理的碳/碳复合材料，在高于碳/碳复合材料的使用温度进行热处理。热处理的目的是使材料基体中所含不同数量的亚稳态晶体结构碳和非晶结构碳转变成结构稳定的石墨碳。

4）抗氧化处理。碳/碳复合材料是全碳质材料，它在氧化性气氛中，温度为 400℃ 或以上即开始氧化。因此，必须对碳/碳复合材料进行抗氧化处理。常用的抗氧化处理方法可分为两类：

①　在复合材料内部引入抗氧化物质，以改善复合材料基体的组成，此法的抗氧化处理过程是在碳/碳复合材料成型前进行的。碳/碳复合材料抗氧化处理的措施有两种：一是在基体中散布抗氧化微粒或加入反应物；二是在基体形成的同时产生抗氧化微粒。

②　在复合材料表面处理，堵塞氧化性气体进入材料内部的通道，以隔绝氧化性气体与碳元素的接触。例如，用形成抗氧化物的溶剂或胶质悬浮物渗透碳/碳复合材料，并经处理使之形成具有一定厚度和密度渐变的抗氧化层；在碳/碳复合材料表面用固体渗方法渗入抗氧化物质，形成一定厚度的抗氧化保护层；或者在碳/碳复合材料表面涂刷抗氧化粉料淤浆，经热处理形成抗氧化涂层；也可在经过涂层或其他抗氧化处理的碳/碳复合材料表面涂玻璃密封剂，形成阻塞氧气通道的密封涂层（又称为外釉层）。

（2）碳/碳复合材料的性能　碳/碳复合材料的性能与纤维的类型、增强方向、制造条件以及基体碳的微观结构等诸多因素密切相关。由于复合材料结构复杂，制备工艺差异大，所以实验数据具有较大的分散性。

1）力学性能。碳/碳复合材料的密度小，其拉伸强度和弹性模量高于一般碳素材料。如图 6-26 所示，碳/碳复合材料的拉伸强度和弹性模量介于增强材料碳纤维与基体碳材料之间，这就是说碳纤维的增强效果十分显著。碳/碳复合材料属于脆性材料，其断裂应变较小，仅为 0.12% ~ 2.4%。但是，碳/碳复合材料的负荷-变形呈现出"假塑性效应"。如图 6-27 所示，曲线在施加负荷初期呈现出线性关系，由于有增强体，使裂纹不能进一步扩展；在负荷卸掉后，可再加负荷至原来的水平。这种假塑性效应使碳/碳复合材料在使用过程中有更高的可靠性，避免了目前宇航工业中常用的 ATJ – S 石墨的脆性断裂。碳/碳复合材料在无氧气氛中表现出高的高温强度。

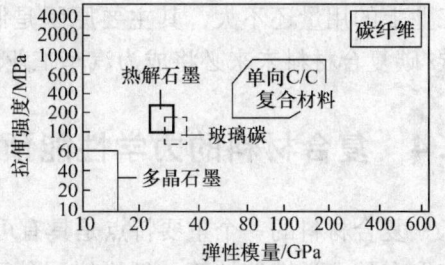

图 6-26 几种碳素材料的强度与模量的关系

2）物理性能。碳/碳复合材料具有良好的尺寸稳定性，其热膨胀系数小（仅为金属材料的 1/5 ~ 1/10），热导率高，室温时为 574.6 ~ 680.4kW/(m·℃)。

3）碳/碳复合材料暴露于高温和快速加热环境中，由于蒸发升华和可能的热化学氧化，使其部分表面可以被烧蚀。但其表面的凹陷浅，可良好地保持外形，且烧蚀均匀和对称，因此，广泛用做耐烧蚀材料。碳/碳复合材料具有和碳一样的化学稳定性，其最大缺点是抗氧化性能差。为了提高其抗氧化性，在制备碳/碳复合材料的最后一道工序，增加抗氧化处理。

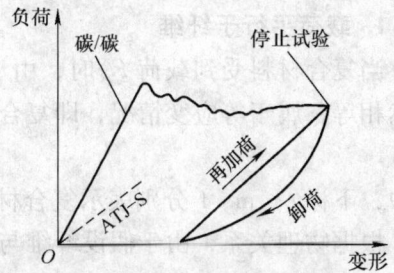

图 6-27 碳/碳复合材料的负荷-变形曲线

（3）碳/碳复合材料的应用 碳/碳复合材料具有一系列优良特性，主要用于制作先进飞行器高温区的结构件，其次是作为飞机和汽车等的刹车构件，在一般工业中很少使用。

战略导弹、载人飞船高速返回地球时要通过大气层，由于绝热压缩空气的阻力产生冲击波，使飞行器表面温度急剧升高，最苛刻的部位温度高达 2760℃。极高的环境温度能使空气中的分子部分解离、离子化，或与飞船头部材料发生氧化还原等化学作用。除了热作用外，飞行器在高速飞行时还可能受到离子撞击、声振荡和惯性力等。碳/碳复合材料具有良好的耐烧蚀性，当材料发生分解、解聚、蒸发、汽化及离子化等物理和化学过程会带走大量热能，使物体内部温度不致升高，而且它们还具有吸波能力、抗核爆辐射性能和在全天候（所有复杂气象在内的各种天气的总称）使用的性能。因此，碳/碳复合材料是制造飞行器的最佳材料。

碳/碳复合材料不仅具有良好的耐高温性，而且还具有优异的耐磨损性。国外一些公司将碳/碳复合材料大量用做生产飞机、汽车和高速火车的制动片已有十多年历史；用做民用飞机制动片，可使飞机质量减小 450 kg；用做 F—1 型赛车制动片，可使其质量减小 11kg。

汽车质量与其燃料消耗有着密切关系，车越轻，消耗每升汽油行驶的里程就越远。美国福特汽车公司以石墨纤维增强复合材料为主制成的 LTD 实验车，其质量仅为 1130 kg，而同类金属材料车的质量为 1690 kg，减小了 560 kg。同类车每升汽油只能行驶 1.9 km，而 LTD 实验车为 2.6 km，达到了美国政府规定的汽车燃料消耗标准。目前，碳/碳复合材料在汽车工业上的用量还不大，其主要原因是制备成本太高。随着制备碳/碳复合材料工艺的进步，碳/碳复合材料未来必将成为汽车工业的新型材料。

6.4 复合材料的力学性能预测

复合材料的一个重要特点是具有可设计性。这里介绍最简单的纤维增强型复合材料在特定取向的力学性能计算。纤维增强体可分为定向连续纤维、定向短纤维和无规则分布短纤维，它们对力学性能的影响是不一样的。在考虑复合材料的力学性能时，需作以下假设：①纤维均匀分布；②纤维与基体界面有好的结合；③材料内没有残余应力；④纤维与基体小变形时可看成是线弹性材料。

6.4.1 定向连续长纤维复合材料的力学性能

这里首先讨论定向连续长纤维复合材料（图 6-1、图 6-2）的力学性能。

1. 载荷平行于纤维

当复合材料受到载荷 F_c 时，由于纤维与基体界面有很好的结合，纤维与基体的伸长量必然相等，属于等应变情况，即复合材料的应变 ε_c 为

$$\varepsilon_c = \varepsilon_m = \varepsilon_f \tag{6-2}$$

式中，下标 c、m、f 分别表示复合材料、基体和纤维。

根据物理关系，由于假设纤维与基体变形时为弹性材料，因而服从胡克定律，即有

$$\left.\begin{aligned} \sigma_c &= E_c\varepsilon_c \\ \sigma_m &= E_m\varepsilon_m \\ \sigma_f &= E_f\varepsilon_f \end{aligned}\right\} \tag{6-3}$$

式中，σ 为应力；E 为弹性模量。

复合材料所受的外载荷 F_c 分别由基体和纤维承担，即 $F_c = F_m + F_f$。

由于载荷等于应力（σ）乘以试样的横截面积（A），即

$$\sigma_c A_c = \sigma_m A_m + \sigma_f A_f \tag{6-4}$$

综合式（6-2）、式（6-3）和式（6-4）可得

$$E_c = E_m V_m + E_f V_f \tag{6-5}$$

式中，V_m 为基体的体积分数，$V_m = A_m/A_c$；V_f 为纤维的体积分数，$V_f = A_f/A_c$。式（6-5）被称为复合材料模量的混合定则。

2. 载荷垂直于纤维

当载荷垂直于纤维时，纤维与基体的应力相等，属于等应力情况，即

$$\sigma_c = \sigma_m = \sigma_f \tag{6-6}$$

而纤维与基体的应变不等，复合材料的总应变等于纤维与基体各自产生的应变之和，即

$$\varepsilon_c = \varepsilon_m V_m + \varepsilon_f V_f \tag{6-7}$$

综合式（6-3）、式（6-6）和式（6-7）可得

$$\frac{1}{E_c} = \frac{V_m}{E_m} + \frac{V_f}{E_f} \qquad (6-8)$$

式（6-8）也被称为复合材料模量的混合定则。

从以上讨论的两种情况可知，连续长纤维复合材料的力学性能存在明显的各向异性。当载荷平行于纤维时复合材料的弹性模量最高，当载荷垂直于纤维时复合材料的弹性模量最低，而在其他取向上复合材料的弹性模量介于最大弹性模量与最小弹性模量之间。这种复合材料力学性能的计算规律被称为复合材料性能的混合定则。同时，式（6-5）和式（6-8）不仅限于弹性模量，其他力学参数，如强度等，也有类似的计算公式。

6.4.2 随机取向短纤维复合材料的力学性能

对于随机取向的短纤维复合材料，其性能混合定则，如弹性模量变为

$$E_c = KE_f V_f + E_m V_m \qquad (6-9)$$

式中，K 为纤维系数，它与纤维的体积分数 V_f 和纤维与基体材料的弹性模量的比值 E_f/E_m 有关，通常，$K = 0.1 \sim 0.6$。由于短纤维的取向是随机的，复合材料在各个取向具有相同的力学性能。

例题 连续单一取向的玻璃纤维增强聚酯树脂复合材料，含有体积分数为 40% 的玻璃纤维，其弹性模量为 69GPa；含有体积分数为 60% 聚酯树脂，其弹性模量为 3.4GPa。

1）计算复合材料在纤维方向的弹性模量。

2）计算复合材料在垂直纤维方向的弹性模量。

3）假设玻璃纤维和聚酯树脂的拉伸强度分别为 3500MPa 和 69MPa，计算复合材料在纤维方向的拉伸强度。

解：1）根据复合材料的性能混合定则，在纤维方向的弹性模量可用式（6-5）计算

$$E_c = E_m V_m + E_f V_f = 3.4GPa \times 0.6 + 69GPa \times 0.4 = 29.64GPa$$

2）在垂直纤维方向的弹性模量可用式（6-8）计算

$$\frac{1}{E_c} = \frac{V_m}{E_m} + \frac{V_f}{E_f} = \frac{0.6}{3.4GPa} + \frac{0.4}{69GPa} = \frac{0.1823}{GPa}$$

$$E_c = 5.5GPa$$

从计算结果可以看出，复合材料沿纤维方向的弹性模量比垂直纤维方向的弹性模量大近五倍。

3）如用（TS）表示拉伸强度，复合材料在纤维方向的拉伸强度可用下式计算

$$(TS)_c = (TS)_m V_m + (TS)_f V_f = 69MPa \times 0.6 + 3500MPa \times 0.4 = 1440MPa$$

思考与练习

1. 名词解释：复合材料、比强度、比模量、晶须、玻璃钢、预浸料坯。

2. 复合材料是怎样分类的？

3. 复合材料如何命名？并举出一些实例。

4. 最常见的纤维材料有哪三种？简述它们的制备过程，比较它们的主要力学性能。

5. 在复合材料制备过程中，为什么要对玻璃纤维进行表面处理？

6. 碳纤维表面处理的目的是什么？

7. 常用聚合物基复合材料的基体材料有哪些？

8. 聚合物基复合材料成型技术的四个主要步骤是什么？

9. 简述聚合物基复合材料喷射成型方法，这种方法有何优缺点？

10. 简述聚合物基复合材料连续缠绕成型工艺，这种工艺有何优缺点？

11. 简述聚合物基复合材料手糊法成型工艺，这种工艺有何优缺点？

12. 聚合物基复合材料的基本性能有哪些？并举例说明其应用。

13. 金属基复合材料的金属基体材料有哪些？它们的使用温度有何不同？

14. 金属基复合材料有哪三类制备方法？各有何优缺点？

15. 金属基复合材料的应用范围是什么？举例说明。

16. 陶瓷基复合材料中增强相的主要作用是什么？解释陶瓷基复合材料的增韧机制。

17. 简述直接反应沉积法制备陶瓷基复合材料的过程。这种方法有何优点？

18. 简述陶瓷基复合材料的性能和应用。

19. 简述碳/碳复合材料的制备。碳/碳复合材料的主要性能如何？

20. 什么是复合材料力学参数的混合定则？

参 考 文 献

［1］ 王高潮，蔡璐，翟红雁，等. 材料科学与工程导论［M］. 北京：机械工业出版社，2006.

［2］ Budinski K G, Businski M K, Engineering Materials Properties and Selection［M］. Pearson Education Inc, 2005.

［3］ Smith W F. Foundations of Materials Science and Engineering［M］. McGraw-Hill Inc, 1993.

［4］ Matthews F L, Rawlings R D. Composite Materials：Engineering and Science［M］. CRC Woodhead Publishing Limited, 2008.

［5］ 王荣国，武卫莉，谷万里，等. 复合材料概论［M］. 哈尔滨：哈尔滨工业大学出版社，2001.

［6］ 胡保全，牛晋川. 先进复合材料［M］. 北京：国防工业出版社，2006.

［7］ 车剑飞，黄洁雯，杨娟. 复合材料及其工程应用［M］. 北京：机械工业出版社，2006.

［8］ 张晓燕. 材料科学基础［M］. 北京：北京大学出版社，2009.

［9］ 张钧林，严彪，王德平，等. 材料科学基础［M］. 北京：化学工业出版社，2006.

［10］ Sarkisov P D, Popovich N V, Orlova L A, et al. Ananeva, Barrier Coatings for Type C/SiC Ceramic – Matrix Composites：Review［J］. Glass and Ceramics, 2008, 65 (9-10)：366-371.

［11］ Namuddin I, Alam M M. Studies on the Preparation and Analytical Applications of Various Metal Ion-Selective Membrane Electrodes Based on Polymeric, Inorganic and Composite Materials：A Review［J］. Journal of Macromolecular Science Part A：Pure and Applied Chemistry, 2008, 45：1086-1103.

［12］ Liu P F, Zheng J Y. Recent developments on damage modeling and finite element analysis for composite laminates：A Review［J］. Materials and Design, 2010, 31：3825-3834.

［13］ Jones F R. A Review of Interphase Formation and Design in Fibre – Reinforced Composites［J］. Journal of Adhesion Science and Technology, 2010, 24：171-202.

第 **7** 章 新 材 料

7.1 电性材料

7.1.1 电子功能陶瓷

随着陶瓷材料学的发展，近年来，具有优良性能的陶瓷陆续出现，特别是随着电子技术的发展，用做电子材料的陶瓷的研究和开发十分引人注目。许多研究人员正在研究和制备电子陶瓷新材料、新工艺和新器件，以满足电子科学技术对高性能陶瓷的要求。这些材料包括了从简单氧化物、氮化物、碳化物到复杂化合物的广泛范围，其应用也从绝缘体、衬底材料拓展到集成电路元件、铁电和压电陶瓷器件等方面。近年来，超导陶瓷呈现出强劲的发展势头。从产业化角度来看，电子陶瓷的销售额在逐年增加，成为精细陶瓷市场中的重要组成部分。

1. 绝缘陶瓷材料

绝缘陶瓷主要用做集成电路基片，要求材料具有高的电阻率、绝缘性好、不具有化学活性、导热性好、热膨胀系数小、可耐热处理等。Al_2O_3 陶瓷是广泛使用的主要基片材料，目前占世界销售市场的 90% ~95%，在性能要求不很高的家用计算机及高级计算机应用方面，这种陶瓷仍将作为绝缘基片材料继续发挥作用。

大规模集成电路的集成度高，体积小，要求制成多层的配线基片。氧化铝多层配线基片常采用流延法制备出生坯片，然后，薄片经打孔、印刷导体和氧化铝浆糊，多层放在一起加热压合，经外形修整后进行烧结、电镀，最后连接接头引线。现在，许多加工制造单位也能制备用于传统及微波集成电路的带激光钻通孔或印刷金属导线的 Al_2O_3 基片材料。带通道的激光钻孔基片也已问世，这些通道由钨铜复合材料填充密封。由于采用先将氧化铝烧成的制备工艺，后续工艺中因单层陶瓷片没有收缩而能获得高密度的引线数。由于 Al_2O_3 和 GaAs 的热膨胀系数相近，这种陶瓷也可以用做 GaAs 大规模集成电路的基片。例如，日本的 Sumitomo 电子公司已利用 Au-Sn 共晶合金成功地将 GaAs 集成电路芯片粘合到 Al_2O_3 陶瓷基片上，这些芯片被磨成 450μm 厚的薄片，在 -65 ~150℃温度区抗热震循环 1000 次而不破裂。

BeO 也是一种绝缘材料，虽然其使用没有 Al_2O_3 陶瓷普遍，但在美国和欧洲市场上 BeO 陶瓷基片的销售增长速度比 Al_2O_3 陶瓷高。为了改善 BeO 陶瓷的强度，可添加少量 MgO 和 ZrO_2，使获得材料的断裂强度约提高 100MPa。这种材料被用做薄膜（小于 1μm）和厚膜（大于 1μm）基片。其他正在开发的绝缘基片材料有氮化物、碳化物、富铝红柱石、玻璃及微晶玻璃等。

金刚石因具有高热导率而成为很有吸引力的绝缘基片材料，但这种材料难以加工，成本也高。现已开发出制备低成本金刚石薄膜的工艺，该技术是先将传统金刚石磨料与粘接料混合，制成泥浆并注入模具，然后放到化学气相沉积反应器内加热到 700℃ 以上，在加热过程中，粘接料被燃烧掉，金刚石薄膜从沉积气相（如甲烷）中形成。虽然获得的产品是廉价的，但其密度只有理论值的 90%，因此热导率仅为 6W/（cm·℃）。这两项性能都有待改善，期望热导率达到 10~12W/（cm·℃）。

2. 介电陶瓷材料

介电陶瓷材料主要用做电容器的介电质，要求电阻率高、介电常数大、介电损耗小。介电材料的发展与电容器的发展密切相关。

陶瓷电容器是目前飞速发展的电子技术的基础之一，集成电路、大规模集成电路的发展对陶瓷电容器将有更高的要求。随着电容器在小型化、大容量化方面的发展，多层陶瓷芯片电容器受到广泛重视，这种电容器由多层厚度为 20~50μm 的陶瓷介电质和薄膜电极组成，介电层间由薄膜电极分隔。

以钛酸钡为基础的高介电常数材料常被选做多层陶瓷电容器的介电层。在 $BaTiO_3$ 中添加一定量的 $MgTiO_3$、$CaTiO_3$、$CaZrO_3$ 等物质，可使居里温度移到室温附近，介电常数可以提高到 5000~20000F/m，但介电常数随温度和压力的变化也较大。近年来，具有 $Pb(B_1、B_2)O_3$ 化学式的钙钛矿型材料（又叫做张弛振荡器铁氧体），因其高的介电常数（ >20000F/m ）、低的电场依赖性和低的烧成温度而受到重视。其缺点是介电性能与频率有强的依赖关系，在低于居里温度范围内有高的介电损耗及在宽温度范围内的介电稳定性差，不适合于 XR7 型电容器。Toshiba 公司已开发了一种用于多层陶瓷电容器的张弛振荡器陶瓷复合材料 $[PbSr(Zn_{1/3}Nb_{2/3})TiO_3/Ba(Ti, Zr)O_3]$。这种材料能在低于 1050℃ 温度下烧成，其介电常数随组成不同可达到 5000F/m、4000F/m 和 3200F/m，能满足 XR7 型电容器的要求。日本的 NEC 公司利用金属醇盐作先驱体，通过化学途径和热处理制备 $Pb(Mg_{1/3}Nb_{2/3})O_3$-$Pb(Ni_{1/3}Nb_{2/3})O_3$-$PbTiO_3$ 系介电性粉末，材料的烧成温度降低到 1000℃ 以下，从而可使 Ag/Pb 电极与介电层一起烧成。其他用做电容器介电层的类似组成的材料有反铁电体 PMW$[Pb(Mg_{1/2}W_{1/2})O_3]$、张弛振荡器铁电体 PN$[Pb(Ni_{1/3}Nb_{2/3})O_3]$ 和常见铁电体 $PbTiO_3$。

通常 $SrTiO_3$ 基材需要高的烧成温度，不适合于使用在多层陶瓷电容器上。加填充剂可能是降低烧成温度的途径之一，如在 $Sr_{0.2}Bi_{0.3}·TiO_3$ 中加入少量 $Nb_2O_{5.3}$、$Li_2O·2SiO_2$ 和 Bi_2O_3 后，可使烧成温度降低到 1100℃，介电常数达 25000F/m，介电损耗为 2%，绝缘电阻率为 $10^{10}Ω·cm$，介电性能随温度的变化也小。降低烧成温度的其他途径是基于化学方法，如使用柠檬酸先驱体的溶胶-凝胶法（Sol-Gel）和熔盐方法。日本已开发出制备 $BaTiO_3$、$SrTiO_3$ 或两者固溶体的球形粉末，平均粒径 0.12~0.30μm。宾夕法尼亚州立大学最近用 Sol-Gel 法制备出一种 PMN 基介电材料，其组成为 $0.9Pb(Mg_{1/3}Nb_{2/3})O_3$-$0.1PbTiO_3$，介电常数高达 25035F/m。

除了开发低烧成温度的介电质外，对宽温度范围使用的介电质的研究也在进行，希望开发出介电性不随温度变化的高介电常数材料。这种材料是在 $K_{0.2}Sr_{0.4}NbO_3$ 中添加 PMN 作为获得稳定温度系数的辅助组分、添加 Li^+ 盐作为烧成助剂而制成的。日本也开发出两相混合烧成工艺的介电材料，这些材料能满足电容器要求的高介电性及介电性随温度变化小的要求，其制备是将微米级 $(Pb, Sr)(Zn_{1/3}Nb_{2/3})TiO_3$ 和 $Ba(Ti, Zr)O_3$ 粉末混合，在 1100~1400℃ 温度下烧成，其介电常数为 5000F/m、4000F/m 和 3200F/m。另一种途径是使用具有不同的 Zr、Ti 比例的 PZT 陶瓷的夹心结构，通过优化 Zr、Ti 比例来调节温度系数。

3. 压电陶瓷材料

某些电介质晶体材料可以通过纯粹的机械作用发生极化，导致介质两端表面出现符号相反的束缚电荷，这种效应称为压电效应，具有压电效应的陶瓷称为压电陶瓷。

$PbTiO_3$ 是具有钙钛矿结构的材料，其中铁电相在 490℃下发生转变。这种材料因具有高的居里温度以及小的介电常数，是一种可用于高温、高频场合的有希望的压电材料。同时，这种陶瓷表现出径、轴向电机匹配各向异性的特点，这使它适于用做高频（大于 5MHz）操作的传感器材料。

用传统方法制备这种材料时，在冷却过程中不可避免地产生因热应力而出现的微裂纹。因此，必须对材料的微结构进行控制，可借助于化学方法（如 Sol-Gel、共沉淀法）而实现。例如，用 Sol-Gel 方法可由乙醇草酸溶液制备出 Ca^{2+}、La^{3+} 改性的 $PbTiO_3$ 陶瓷，通过这个途径可使烧成温度大大降低，从而减少冷却过程中的热应力及 PbO 的挥发。采用共沉淀与冷冻干燥相结合的方法也能产生相同或相近的结果。日本已开发出一种部分化学工艺处理的方法，其中目标化合物中的一部分由化学方法合成，其他部分由传统方法及水热合成方法合成。这个方法已应用到合成 $Pb(Zr_{0.53}Ti_{0.47})O_3$ 和 $Pb(Zr_{0.53}Ti_{0.47})Ni_{0.01}O_3$（PZTN）介电材料，$Zr_{0.53}Ti_{0.47}Ni_{0.01}O_3$ 由传统方法制备，其他成分由化学方法制备。

$PbTiO_3$ 的性能也可通过添加稀土类元素（如 La、Ce、Pr、Nd、Sm、Gd 等）而改善。如采用 Nd 部分替代 Pb 的(Pb, Nd)(Ti, Zn, Mn)O_3 材料具有最小的表面声波延迟时间温度系数，(Pb, Nd)(Ti, Zn, Mn)O_3 系材料的稳定系数为零。此外，(Pb, Sm 或 Gd)(Ti, Mn)O_3 材料具有大的电机匹配各向异性，适合于高频超声波探测器的使用。沿 C 轴定向排列的 $PbTiO_3$ 薄膜也已开发成功，这种薄膜可用做红外超声波敏感器及记忆或显示装置。

4. 铁电薄膜

永久半导体存储器的开发使人们对铁电薄膜产生兴趣，这种存储器具有高的存取速度和高的密度，抗辐照，操作电压低，可用做微传动器、光学波导装置、立体光学调制器、动态随机存取存储器、薄膜电容器、压电传动器、热电探测器及表面声波装置等。铁电材料在极化强度与施加电场间显示出非线性性能，形成电滞回路。当电场为零时，存在两个符号相反的永久极化强度。永久存储操作正是基于在两个极化强度间开关的原理。

铁电材料包括具有氧八面体结构的钛酸盐、锆酸盐和铌酸盐，最有用的一些材料包括钙钛矿型化合物如 $BaTiO_3$、$PbTiO_3$、$PbZrO_3$、$Pb(Mg, Mo)O_3$、$KNbO_3$ 及它们的固溶体，钨青铜型化合物如(Sr, Ba)Nb_2O_6 和钛铁矿型化合物如 $LiNbO_3$。用做薄膜存储器最重要的一种铁电材料是 PZT[$Pb(Zr, Ti)O_3$]。$PbTiO_3$ 和 PZT 也是用做热电感应方面的铁电薄膜材料，$BaTiO_3$ 和 PMN 正被考虑用做薄膜电容器。目前相当大的努力集中在开发电光应用的薄膜材料，如填充 La 的 $PbTiO_3$ 及 $Pb(Zr, Ti)O_3$。这种用途的其他候选材料包括 PMN、$LiNbO_3$、$KNbO_3$ 和(Ba, Sr)Nb_2O 等。

大量具有四方晶系或正交晶系的钨青铜型铌酸盐因其在电光、非线性光学、光致折射、热电表面声波装置方面的潜在应用而引起注意。虽然这些材料难以长成一定尺寸的单晶，但在某些基片上生长这些晶体的外延薄膜，以及具有极性轴、垂直于基片的薄膜的开发正在进行。

薄膜制备方法包括溅射、化学气相沉积、溶胶-凝胶法等。溅射成膜是普遍使用的方法，用该方法可获得高质量的薄膜，制备的材料包括 PZT、KLN、PBN、PKN 等。化学气相沉积法的优点在于高沉积速度和化学计量可控制。类似的方法有金属有机物化学气相沉积和等离子增强金属有机物化学气相沉积法等。溶胶-凝胶法则是低温制备薄膜的方法，用这种方法可制得各种不同组成和厚度的薄膜。

除了上述材料外，电子陶瓷体系中还包括半导体陶瓷、快离子导体、超导陶瓷及电光陶瓷等。虽然精细陶瓷的应用主要集中在高性能应用领域，但电子陶瓷已形成相当规模的产业（如日本、美国等），并将继续在国际电子陶瓷市场发挥重要作用。随着陶瓷材料成本的降低，其应用领域也将不断扩大，而应用领域的扩大又将为电子陶瓷材料的开发提出新的课题。因此，从研究和应用角度来看，电子陶瓷的前景都是很乐观的。

7.1.2 电致变色玻璃

电致变色玻璃也叫智能玻璃，由玻璃基片和电致变色系统组成。所谓电致变色(Electrochromism)，是指材料在电场作用下的一种颜色变化，这种变化是可逆的并且连续可调。颜色的连续可调意味着通过率、吸收率及反射率三者比例关系的可调。利用电致变色材料的这一特性制造的玻璃窗具有对通过光、热的动态可调性，这种玻璃装置称为智能窗或敏感窗(Smart Window)。

近年来，智能窗的开发研究非常活跃。这种由基础玻璃和电致变色系统组成的装置，利用电致变色材料在电场作用下的透光(或吸收)性能的可调性，可实现由人的意愿调节光照度的目的；同时，电致变色系统通过选择性地吸收或反射外界热辐射和阻止内部热扩散，可减少办公大楼和民用住宅等建筑物在夏季保持凉爽和冬季保持温暖而必须耗费的大量能源。这种装置既可用做建筑物的门窗玻璃，又可作为汽车等交通工具的挡风玻璃，还可用做大面积显示器，在建筑、运输及电子等工业领域有着广泛的应用前景。

通常，电致变色系统由电源、两个透明的导电层、一个电致变色层、一个离子导体(电解质)层和一个离子贮存层(可逆电极)组成。下面分别介绍各层对材料的要求及材料的制备和性能。

1. 电致变色材料

电致变色材料必须具有离子和电子电导的特性，这种材料可分为三大类，即过渡金属氧化物、有机物和插入式化合物。插入式电致变色材料，如插入式石墨材料是通过石墨与碱金属的气相反应而制得的。碱金属插入到石墨晶格的层间，形成插入式化合物如 C_6Li、$C_{12}Li$、C_8M、$C_{24}M$、$C_{36}M$(M 为 K、Rb 和 Cs)。这些化合物具有与金、铜一样的外观特征，虽然这类材料具有电致变色效应(黑到绿或金黄)，但由于石墨是黑色的不透明物质，不可能用于智能窗。当然，其插入式技术和结构对于开发新型电致变色材料是有益的。有机电致变色材料的种类有很多种(如吡唑啉、四硫富瓦烯等有机材料及含镧、钨的有机材料)，但在智能窗的构造中用得极少。在智能窗的构造中，研究和使用最普遍的电致变色材料是过渡金属氧化物。

过渡金属氧化物中金属离子的电子层结构不稳定，在一定条件下离子的价态发生可逆转变，形成混合价态离子。随着离子的价态和浓度的变化，其颜色也发生变化。过渡金属氧化物依据着色机理的不同可分为阴极和阳极两类材料。

(1) 阴极材料 ⅥB 族金属氧化物，如 WO_3、MoO_3 及其复合材料都表现出电致变色效应。研究最多的是 WO_3 膜及其复合物 M_xWO_3（M 为 H^+、Li^+、Na^+ 等）。通常，WO_3 膜可由真空蒸发、化学气相沉积、电子束蒸发、反应性溅射及溶胶-凝胶法制备。溶胶-凝胶法具有许多优点，如可以通过浸涂方法在玻璃基片或聚合物基片上形成大面积薄膜，膜的厚度、微观结构及电致变色性能（光吸收、开关时间及记忆效应等）是可调的。Judeinstein 等人由该法制得 $WO_3 \cdot nH_2O$ 膜，红外及 X 射线吸收实验证明，W^{6+} 由六个 O^{2-} 所包围（含一个短的 W $=$ O 键），形成［WO_6］八面体。［WO_6］以晶态 WO_3 结构中的角与角连接或多钨阴离子结构中的边与边连接方式形成无定形氧化物网络。其中大部分水能经干燥排除（120℃），结合得更紧密的水或 OH^- 基则可经过在更高的温度（320℃）下热处理而排除。将 $WO_3 \cdot nH_2O$ 膜加热到 400℃，可获得 WO_3 晶态膜。晶态和非晶态（无定形态）WO_3 膜都具有电致变色效应。WO_3 的复合物（如 H_xWO_3、Na_xWO_3、Li_xWO_3 等）也具有类似的电致变色效应。金属 Au 和 Pt 添加到 WO_3 膜中也能制成电致变色材料，例如，将粒径为 2～12nm 的 Au 颗粒加入到非晶态 WO_3 膜中，形成 Au-WO_3 复合材料，发生电化学反应后，由蓝色变成红色或粉红色；Pt 加入到晶态 WO_3 中，着色状态呈黑蓝色。其他电致变色材料有经粉末加压成型的含 WO_3 的磷酸盐［$H_3PO_4(WO_3)_{12} \cdot nH_2O$］、经高温溶制的含 WO_3 的氧化物玻璃（如 Li_2O-B_2O_3-WO_3、Na_2O-P_2O_5-WO_3 等）及 ⅤB 族金属氧化物（$Nb_2O_5 \cdot V_2O_5$）等。

(2) 阳极材料 阳极材料包括Ⅷ族及 Pt 族（Pt、Ir、Os、Pd、Ru、Rh）金属的一些氧化物或水合氧化物。例如，IrO_x、$IrO_x \cdot nH_2O$、$Rh_2O_3 \cdot nH_2O$ 以及 $NiO \cdot nH_2O$ 和 $Co_2O_3 \cdot nH_2O$ 等在电化学反应后引起可见光的吸收，产生电致变色效应。阳极电致变色膜的制备方法包括阳极氧化、反应性溅射及真空蒸发等。

2. 电解质（或离子导体）

电解质可以是液体、固体及介于两者之间的粘性有机聚合物质。液体电解质（如 H_2O、H^+、OH^- 等）因离子迁移运动受阻小，有比固体电解质更快的开关响应时间，但这种装置易出现漏液、界面间腐蚀及构造复杂等问题。固体电解质包括快离子导体（如$Na_{1-x}Zr_2Si_xP_{3-x}O_{12}$）及具有隔热性能的离子传导型氧化物（如 SiO_2、MgF_2、CaF_2、Ta_2O_3、ZrO_2 等）。有机聚合物包括聚乙烯氧化物（PEO）及聚丙烯氧化物（PPO）与碱盐［如 $LiClO_4$、$LiCF_3SO_4$ 或 $LiN(SO_2 \cdot CF_3)_2$］的复合物。这种物质是将聚合氧化物粉末与 Li^+ 盐溶解于乙腈中制得的。这类电解质既可保证与电极的良好接触，又可避免漏液问题，因而优于液体电解质；既具有快离子导体特征，又能较容易地制成薄膜而优于固体电解质。

3. 离子贮存层（可逆电极）

电致变色系统要求有一个离子贮存层。这种材料应具有透明性、离子插入反应的可逆性及快的反应速度，目前还没有哪一种材料是理想的。V_2O_5 有快的反应速度和反应可逆性，但透光率太低；In_2O_5 具有良好的透光性能，但与 Li^+ 等碱金属离子的插入反应慢而且反应只是部分可逆的；CeO_2 具有良好的反应可逆性，在氧化、还原状态下无色透明，但反应速度慢。最近，Makishima 等人用溶胶-凝胶法制备出 TiO_2-CeO_2 薄膜，这种薄膜呈淡黄色或黄色，材料结构为非晶态，比纯 CeO_2 膜有较快的 Li^+ 插入反应速度，被认为是制造智能窗的较理想材料。

4. 导电层材料

常见导电层材料有半透明金属材料（如 5～10nm 的金膜）及透明导电材料（如 ITO 膜及含

镉的锡酸盐）。这类材料应具有高的透过率和电导率，而材料的电阻应尽可能低。ITO 被认为是目前最好的一种导体材料，其电阻值约为 $10\Omega/m^2$，比智能窗要求的导电材料的电阻值（$1\Omega/m^2$）高 10 倍。

7.2 磁性材料

7.2.1 磁性陶瓷

磁性陶瓷主要是铁氧体陶瓷，它们是以氧化铁和其他铁族或稀土族氧化物为主要成分的复合氧化物。按铁氧体的晶体结构可分为三大类：尖晶石型（MFe_2O_4）、石榴石型（$R_3Fe_5O_{12}$）和磁铅石型（$MFe_{12}O_{19}$）（M 为铁族元素，R 为稀土元素）。此外，还有钙钛矿、钨-青铜型等。按铁氧体的性质及用途又分为软磁、硬磁、矩磁、压磁、磁泡、磁光及热敏等铁氧体；按其结晶状态可分为单晶和多晶体铁氧体；按其外观形态可分为粉末、薄膜和体材等。

1. 软磁铁氧体

软磁铁氧体容易磁化，也易退磁。其特性要求是起始磁导率 μ_0 要高、磁导率的温度系数 α_μ 要小、矫顽力 H_c 要小、比损耗因素要小、电阻率 β 要高。常用的软磁铁氧体有尖晶石型 Mn-Zn 铁氧体及 Ni-Zn 铁氧体，主要用做各种电感元件，如天线的磁心、变压器磁心、滤波器磁心等，还大量用于制作磁记录元件等。

2. 硬磁铁氧体

硬磁铁氧体又称为永磁铁氧体，是一种磁化后不易退磁，能长期保留磁性的铁氧体，一般作为恒稳磁场源使用。通常要求其具有高的矫顽力 H_c、高的剩余磁感应强度 B_r 的特性。已知的硬磁铁氧体主要有 Ba 铁氧体（$Ba \cdot 6Fe_2O_3$）、Sr 铁氧体（$SrO \cdot 6Fe_2O_3$）及它们的复合铁氧体。

3. 旋磁铁氧体

旋磁铁氧体又称为微波铁氧体，是指在高频磁场作用下，平面偏振的电磁波在铁氧体中按一定方向传播时，偏振面会不断绕传播方向旋转的一种铁氧体。常用的微波铁氧体有尖晶石型和石榴石型两大类，前者价格便宜，后者性能优良。微波铁氧体广泛应用于微波领域，用于制作雷达、电视、卫星、导弹系统方面的微波器件，如振荡器、衰减器、调制器等。

4. 矩磁铁氧体

矩磁铁氧体是指磁滞回线呈矩形且矫顽力较小的铁氧体，其材料有 Mn-Mg 系、Li 系等，主要用做磁放大器和磁光存储器、磁声存储器等磁记忆元件。作为磁性记忆材料使用的还有 γ-Fe_2O_3、Co-Fe_3O_4、Co-γ-Fe_2O_3 及 CrO_2 等铁氧体材料。用这些材料进行磁性涂层，可以制成磁鼓、磁盘、磁卡和各种磁带等，主要用做计算机外存储装置和录音、录像、录码介质及各种信息记录卡。

5. 压磁铁氧体

具有磁致伸缩效应的铁氧体称为压磁铁氧体，主要材料有 Ni-Zn、Ni-Ca、Ni-Mg 铁氧体等。由于其材料具有机电能量转换功能，因此多用做超声波换能器和接收器、机械滤波器和延迟线等。其优点是电阻率高、频率响应好、电声效率高。

6. 磁泡材料

铁氧体中的圆形磁畴从垂直膜面的方向看上去就像是气泡，故称为磁泡。在磁泡材料上加以控制电路或磁路就能控制磁泡的产生、消失、传输、分裂及磁泡间的相互作用，实现信息的存储、记录和逻辑运算等功能。磁泡直径可控制在 $10 \sim 1\mu m$，因而可获得 $10^6 \sim 10^7 bit/cm^2$ 的信息存储密度。磁泡存储器具有容量大、体积小、功耗小、可靠性高等优点。产生磁泡的材料有钙钛矿型的稀土正铁氧体单晶、石榴石型铁氧体和非晶态磁泡材料，其中石榴石型铁氧体的泡径小，迁移率高，是已实用化的磁泡材料。

7. 磁光材料

磁光材料主要用于制作磁光存储器，是利用磁光效应使磁性材料进行存储的一种磁性器件。磁性存储兼有磁存储和光存储的以下优点：①可反复擦除，可再写入；②存储密度高达 $1.8 \times 10^8 bit/cm^2$，一张直径为 30cm 的双面磁光盘，其技术容量达 400Gbit；③非接触的快速随机存储。磁光存储系统的品质因子可达 $10^{12} bit/s$ 以上，超过大容量磁存储器 $2 \sim 4$ 个数量级。

稀土铁石榴石薄膜具有高的矫顽力，良好的热及化学稳定性和强的磁光效应等特点，被认为是最具应用前景的下一代磁光记录材料。日本富士通公司于 1991 年推出以 BIRAG 溅射膜为磁光存储介质的磁光光盘，磁畴尺寸为 $1.4\mu m$，对应于 $2 \times 10^7 bit/cm^2$ 的容量密度，随机存取时间为 $0.2\mu s$。

7.2.2　磁性高分子材料

将铁氧体磁铁混炼于塑料或橡胶中便可制成高分子磁性材料。这种复合型高分子磁性材料的密度低，容易加工成尺寸精度高和形状复杂的制品，还具有与其他元件一体成型等特点，因而越来越受到人们的关注。

制作复合高分子磁性材料的高分子聚合物有天然橡胶、丁腈橡胶、聚丁二烯橡胶；聚乙烯、聚丙烯、聚氯乙烯、乙烯、醋酸乙烯共聚物、氯化聚乙烯、聚酰胺(尼龙)、聚苯硫醚、甲基丙烯酸类树脂等热塑性树脂和环氧树脂、酚醛树脂、三聚氰胺等热固性树脂塑料。将磁粉涂布于高分子带上，即可制造出当今世界风行的录音录像带。

塑料磁体中应用较广泛的是用铁磁性粉末与树脂、助剂混合成型而制成的种类，它兼有塑料与磁铁的特点，可以使用普通塑料成型设备及成型方法制备，成型性能良好，能够获得形状复杂的磁体。塑料磁体与烧结磁体相比具有以下特点：①柔韧而富有可挠性，不易残缺脆裂；②由于成型收缩率低，不必进行二次研磨加工；③成本低廉、运输方便、再生性好，有广泛的用途。

塑料磁体的主要缺点是其磁性能不及烧结磁体，而且耐热性差，使用温度较低。20 世纪 60 年代中期，人们发现稀土类合金具有优异的结晶磁性异向常数，从此各国争相发展稀土磁体。但是，稀土烧结磁体同样具有难以加工的缺点，因此，人们也用塑料制作稀土塑料磁体。稀土塑料磁体的磁特性优异，能够顺应现代电子仪器仪表、通信及办公设备向微型化、轻量化和可靠性方向发展的趋势，可望发挥重要作用。我国是世界上稀土资源最丰富的国家之一，能够为发展稀土塑料磁体提供充足的原料。

由于塑料所占的体积部分不能磁化塑料磁体，磁性能差是不可避免的，但由于相关技术的进步，其磁性能已可与烧结磁体相匹敌。例如，金属粉的高填充混炼技术，由于硅烷和钛酸酯添加剂的应用提高了金属微粒和树脂的亲和性及流动性，使金属填充量接近90%；另外一种技术是注射成型充磁，用这种技术可进行各向异性成型，以改善塑料磁性材料的磁性能。

塑料磁体具有广泛的应用，铁氧体各向同性橡胶磁体主要用做冷藏车、电冰箱门和冷库门的垫圈、密封条，文具和玩具的磁性板、条等；铁氧体塑料磁性体主要用于家用电器和日用品，以及电冰箱、冷藏库的密封件，作为磁性元件用于电机、电子仪器仪表、音响器械以及磁疗等领域；稀土类塑料磁性体可用于小型精密电机、自动控制使用的步进电机、通信设备的传感器以及微型扬声耳机、微量计、行程开关等。

7.3 光学材料

7.3.1 光学纤维材料

从1876年发明电话到20世纪60年代末，通信线路都是铜制导线，并且经历了从架空明线、对称电缆到同轴电缆的过程。到了20世纪70年代，世界上干线通信使用的还是标准同轴管，每管质量达200kg/km。

将光子作为信息载体，即用光纤通信代替电缆和微波通信是20世纪通信技术的重大进步。20世纪70年代，低损耗的熔石英光纤和长寿命半导体激光器的研制成功，使得光纤通信成为可能。1978年开始的第一代光纤通信光缆长10km，最高传输率不到100Mb/s。三年后，第二代光纤通信应用了单模光纤(模是指沿纤维内传输的电磁波形，单模是指只允许传输基模而其他频率的光波被截止)和处于熔石英光纤最低色散波长($\approx 1.3\mu m$)的半导体激光器和探测器，光信号可以在光纤内以匀速传播，传输容量增加近十倍。第三代光纤通信应用熔石英光纤的最低损耗波长($1.55\mu m$)，配上该波长的半导体激光器，使中继传输距离和传输容量又提高了几倍。第四代光纤通信采用波分复技术，即同一路光纤中传输若干个不同波长的光信号，用外调制的分布反馈激光器达到高的信号传输率，用光纤宽带耦合器将几种波长的激光信号耦合入一条公用传输光纤，在信号终端用光纤光栅滤光器分离出几个波长的载波激光，再用检波器将信号分离出来，这种波分复技术使信息传输增加了几倍。在光子集成回路上再加入宽增益频带的掺铒光纤放大器，就可以形成高容量和无中继距离传输的光纤通信系统。

光纤代替电缆从主干线逐步进入通信网络的各个层次，即进入区域(Fiber to the Zone)、进入路边(Fiber to the Curb)、进入家庭(Fiber to the Home)和进入公寓(Fiber to the Apartment)。相干光通信、孤立子光通信和超长波长红外光通信被预见为第五代光通信。

发展新材料始终是光通信中的核心问题，减少材料对光吸收与光漫射的损耗是一大研究内容。近年来，有人研制出有效面积更大的新型光纤，如真波光纤(True Wave Fiber)、叶状光纤(Leaf Fiber)等，试图提高光纤的传光效率。由于光纤中的色散对高速信号有严重影响，色散补偿器也是一个重点研究对象。此外，还有一些辅助器件的研究开发也很活跃，如高稳定波长的半导体激光器、高速光调制器、光滤波器、光耦合器等。

获取信息主要使用探测器和传感器，目前，光电子学技术是获取信息的主要手段。传感器可分为半导体传感器和光纤传感器。光纤传感主要基于外部世界各种物理量和化学量的变化引起光学参数(如相位、极化、波长、幅度、模、功率分布、光程等)的变化。国外对光纤传感器的研究始于20世纪70年代中期,1977年由美国主持,有五个公司参加,主要研究水声器、磁强计等水下检测设备。1980年开始研究现代数字光纤控制系统,用光纤译码的光纤传感器代替直升机驾驶员的控制。1984年进行飞行试验,最终目的是实现用光纤的液压传动系统代替电源。其他研究包括光纤陀螺、核辐射监控、飞行发动机监控等传感器。

英国于1982年以贸易工业部为首成立了英国传感器协会,研制高压光纤电流测量装置、光纤陀螺及水声器等。德国对光纤陀螺的研究规模和水平仅次于美国,居世界第二位。日本于1979~1986年实施"光应用计划控制系统"。此外,法国、瑞士、意大利等国也开展了光纤传感器的研究工作。我国在"七五"期间提出15个项目,主要研究光纤放射线探测仪、光纤位移、位置及角度传感器、光纤压力、光纤振动、加速度计等,目前这方面的研究也开展得很活跃。

光学纤维可分为阶跃型和梯度型两类。阶跃型光学纤维是由芯子和包覆芯子的包层组成,其中芯子是高折射率玻璃,它的直径为$10\sim50\mu m$,包层是低折射率玻璃。光一边在芯子中传输,一边在芯子与包层之间发生界面全反射。梯度型光学纤维的折射率在芯部最高,随着向周围靠近,其折射率呈抛物线形式减小。与纤维轴具有一定角度的入射光在到达光学纤维外面之前就被折射回到内侧,达不到纤维界面,而在光纤内传输。

传统光纤的制备包括两个过程,即制棒和拉丝。为了获得低损耗的光纤,这两个过程都要在超净环境中进行。制造光纤时要先熔制出玻璃棒,玻璃棒的芯和包层材料可以都是石英玻璃的。纯石英玻璃的折射率为1.584,要使光在纤芯中传输,必须使纤芯中的折射率高于包层中的折射率。为此,在制备芯玻璃时,均匀地掺入少量的比石英折射率高的材料,如GeO_2、Be_2O_3等,这样的玻璃棒叫做光纤预制棒。预制棒的预制方法包括化学气相工艺——MCVD(Modified Chemical Vapor Deposition)、PCVD(Plasma Activated Chemical Vapor Deposition)、OVD(Outside Vapor Phase Deposition)、VAD(Vapor Phase Axial Deposition),此外还有多组分玻璃熔融法、溶胶-凝胶法和机械成型法等。

反应生成的GeO_2可以提高纤芯的折射率。普通单模光纤中掺有3%(摩尔分数)的GeO_2,相应的纤芯折射率提高约0.4%。

制备方法1:将内径12mm,长约80mm的石英玻璃管置于气相沉积设备中,使氢氧喷灯沿石英管的长度方向往复移动,温度保持在1400℃左右。首先通入$SiCl_4$、BCl_3和O_2的混合气体,在使沉积物析出于管子内壁上的同时,通过喷灯的移动使此沉积物转化为熔融态玻璃,形成$B_2O_3\cdot SiO_2$玻璃层,或不加BCl_3形成SiO_2玻璃层,但温度要高得多,最后将气体改换成$SiCl_4$、$GeCl_4$和O_2,按同样方法在第一层上生成$GeO_2\cdot SiO_2$玻璃层。然后升温到1900℃,熔缩空腔,获得预制纤维棒。

制备方法2:将纤芯做成棒材,将包层做成管子,将光纤芯棒插入用做包层的管子中,然后进行加热,使两种玻璃软化,并拉成一根玻璃纤维。在玻璃纤维的拉制过程中,掌握玻璃的粘度-温度特征是重要的。由于石英玻璃熔体中的$[SiO_4]$的连接程度很高,导致其熔体粘度很大,因此成型温度也就很高,通常选粘度为$10^3\sim4.5\times10^6Pa\cdot s$对应的温度为作业温度范围。

对石英光纤来说,其内部结构可以认为是由$[SiO_4]$四面体组成的完整的网络结构,因此，不存在网络连接程度对光纤性能的影响问题。影响光纤性能的主要因素如下：

（1）光纤中杂质的影响　如Fe^{3+}、Ni^{2+}、Co^{2+}、Ti^{3+}、Cu^{2+}等过渡金属离子，铂金粒子及OH^-等杂质离子在光的传输过程中会吸收光能，从而使光信号在传输过程中大大减弱。同时，因光纤中存在异种离子，会产生光漫射损耗，解决途径是从原料及制备工艺上着手。

（2）玻璃的不均匀性影响　玻璃总的来说是无定形非晶态物质，其内部质点从宏观上看是统计均匀分布的，但从微观角度来看，往往会存在不均匀现象，这种不均匀性会导致散射损失。

（3）纤维表面擦伤的影响　在拉制纤维时，要充分提高温度，使纤维表面不被划伤，纤维表面的擦伤不仅影响机械性能，同时也会改变内部光线射向表面的角度。

（4）其他影响因素　如表面的油脂能改变内部全反射的临界角，表面的尘埃会引起散射损失等。

7.3.2　非线性光学材料

由于物理等相关科学的发展和实际需要，近年来，光功能材料得到比较深入的研究和开发，主要包括磁光、电光、压光及激光材料。其中，基于电磁场与物质体系中带电粒子相互作用的非线性光学材料因其在光通信、信号处理及计算机科学技术发展中的作用而受到普遍关注。

非线性光学是激光出现后发展起来的新学科，它的很多成果已应用于许多科学和生产领域，而另一些新的现象仍是人们注目的研究课题。非线性科学的发展与非线性材料紧密相关。

光通信、信号处理和计算机科学技术的发展，对光子开发提出了实用化的要求。这种由非线性光学材料所做的开关具有宽带频率范围、不受电磁场感应及开关速度快等优点。玻璃非线性材料因其具有高的透明性、化学稳定性、热稳定性，以及快的响应时间及容易制造等特点而成为光子开关的候选材料之一，吸引着越来越多的玻璃科学工作者。所研制的材料包括均质玻璃、含半导体玻璃及含有机物的玻璃。特别是继半导体量子阱和超晶格材料出现以后，相当大的努力集中到制备含量子点（Duantum Dots，简称QDS）的玻璃复合材料方面。这些电子和空穴在三维方向受到禁阻的"零维"电子-空穴体系非线性材料被预期具有异常的光学性能，可望大大改进光学装置。

在激光出现以前，描述电磁辐射场在介质中传播规律的麦克斯韦方程仅与场强的一次项有关，属于线性光学范畴。激光是强度高、单色性和相干性好的光源，介质在这种强光场作用下产生的极化强度与入射场场强间的关系不再是简单的线性关系，而是与场强的二次、三次以至更高次项有关，因而出现了各种非线性现象。例如，非线性介质中传播的各波长间相互耦合，呈现出倍频、和频、差频及四波混频等现象；介质在光场作用下由于折射率的变化而引起光束的自聚焦、自散焦、光学双稳和感生光栅效应等现象；共振介质在窄的激光脉冲作用下产生类似于磁共振中的光子回波及自由感应衰减等瞬态相干现象。

非线性光学现象的产生是电磁场与物质体系中带电粒子相互作用的结果。在光波场的作用下，介质中粒子的电荷分布将发生畸变，以致电偶极矩随光波场的变化呈现出复杂的非线性关系。由电偶极矩的变化而产生的非线性极化场将辐射出与入射场频率不同的电磁辐射。对于介质而言，尽管所加外场频率可以相同，但由于介质的非线性性质不同，表现出的非线性效应可以各异。

1. 含半导体的玻璃复合材料

半导体中的各种非线性效应引起人们极大的兴趣，这是因为随着全光学信息处理、计算机等研究的发展，要求具有三阶非线性极化率大、阈值功率低、响应速度快的各种非线性材料。现已制成满足上述要求的半导体非线性光学元件。如用分子束气相外延技术支撑的半导体量子阱（MQW）材料，可以制成在室温下运转的激子型光学双稳器件，其阈值功率仅需毫瓦量级。在光学信息处理应用中，半导体材料将是很有实用价值的非线性材料。将半导体超微粒子结合到玻璃基质中形成所谓的半导体玻璃复合材料，当微晶体尺寸小于入射光波波长时，微晶的量子尺寸效应将引起玻璃非线性光学特性明显增强。已经证明，半导体玻璃复合材料具有大的三阶非线性效应。

半导体玻璃的研制开发非常活跃。目前，特别的兴趣集中在制备由玻璃骨架形成势垒，由光子激发载流子的禁阻而产生量子大小效应的半导体玻璃（量子点玻璃）方面。量子点的基本光学性能已在许多理论文献中讨论。载流子的多维禁阻趋向于集中状态密度成一个窄的光谱区，低维结构（因多维禁阻形成）中振子强度的密集应产生具有孤立吸收峰的激子共振，以及由于三维禁阻效应而在吸收谱线边部产生蓝移。这些效应只有当量子点大小接近或小于激子玻尔半径时才发生。除了 CdS、CdSe 外，人们还发现含 CuCl·CuBr 的玻璃也表现出量子大小效应。例如，在含 CuCl 的半导体玻璃中，当微晶体粒径为 2.7nm 和 3.8nm 时，可看到尖吸收峰，两种样品的 n_2 值分别为 $5 \times 10^{-8} cm^2/W$ 和 $3 \times 10^{-7} cm^2/W$。由熔融法经二次热处理而获得 CdSe 玻璃，在热处理温度 600℃、650℃ 和 700℃ 下，析出微晶体尺寸分别为 2.6nm、3.8nm 和 6.1nm。对于 2.6nm 和 3.8nm 微晶玻璃样品，同样可以看到尖锐的吸收峰及由电子-空穴跃迁而引起的蓝移现象，而 6.1nm 样品的吸收谱线没有明显吸收峰。这表明，虽然可由传统熔融方法获得量子点玻璃材料，但用该方法得到的微晶尺寸有时太大，使得量子禁阻效应减弱甚至消失。因此，人们又开始探索新的材料制备技术。

最近几年，用溶胶-凝胶方法制备量子点玻璃材料已经取得一定成功，已将 HgSe、PbS、CdSe、Bi_2S_3 和 AgI 胶粒结合到石英凝胶中。采用溶胶-凝胶法可获得微晶体含量高、大小和分布得到均匀控制的非线性材料。

半导体量子点玻璃的应用研究也开展得很活跃，大的非线性极化率、快速响应（如 CdS 半导体玻璃中晶粒尺寸为 3nm 和 4nm 时，布居弛豫时间为 300fs 和 500fs）以及各向同性等特点使得这些材料成为光学开关合适的候选材料，由这些材料制作的光学开关装置已被成功演示。半导体玻璃的各向同性也使得这些材料成为校偏应用方面最有希望的候选材料。国外最近的研究表明，由 CdS_xSe_{1-x} 微晶玻璃滤光片组合起来可以产生二次谐波。因此，半导体玻璃复合材料不仅是大有应用前景的三阶非线性材料，而且也能成为有用的二阶谐波电光材料。

2. 含有机物的玻璃复合材料

一些有机物有高的二阶非线性及低的介电常数，使它比无机晶体具有更高的指标值，可用于二次谐波产生和电控光学开关装置。而共轭聚合物表现出很高的非共振三阶极化率和超快的响应时间。可是，这些材料难以制成要求的形状，而且在环境中不稳定。显然，这些有机非线性材料的缺点可以通过将有机物结合到无机材料中加以克服。有两种结合方法：一是将有机物溶解到溶胶-凝胶溶液中，当凝胶形成时，有机分子被无机骨架所捕获，从而获得好的稳定性，已将许多有机染料结合到无机骨架；二是将有机物溶解到多孔凝胶中，经干燥和热处理而获得有机-无机复合材料。从理论上讲，Si-Osp^3 轨道比 C-Hsp^3 轨道有更高的透明度。因此，这些复合材料比有机聚合物材料更加优越，而且氧化物的化学稳定性也更好。例如，Knobbe 和 Dann 研究了含 2-乙基聚苯胺的石英凝胶的非线性光学效应，其光学稳定性与聚合物材料相比明显得到改善。Prasad 演示了由溶胶-凝胶法制得的非线性波导材料的性能，这种材料中 π-共轭聚合物的质量分数达 50%。

有机改性硅酸盐也可以作为 CdS 微晶体的框架，形成含微晶体、有机物及无机物的复合材料。现已将质量分数为 20% 的 CdS 结合到 PDMS 和 TEOS 制得的有机改性硅酸盐中，这种复合材料的布居弛豫时间小于 25ps。

Schmidt 等人对有机-无机复合材料进行了光电应用方面的研究。对激光染料有机改性硅酸盐复合材料的研究表明：复合后激光染料的稳定性和发光强度都得到加强。

多组分无机氧化物-有机聚合物非线性光学材料也可由溶胶-凝胶法制得。如果有机物为 A，无机物为 B，那么可以合成大量的 AB 材料。这就是未来科学研究和开发应用中最有希望成功的方面。

7.3.3　光功能高分子材料

光学透明塑料是应用最早、最普通的光功能材料，常用的包括有机玻璃(PMMA)、聚碳酸酯(PC)、聚苯乙烯(PS)、聚氯乙烯(PVC)、有机硅材料、环氧树脂、聚乙烯醇缩丁醛(PVB)等。上述材料的透光率在 88% ~ 92% 之间。可根据要求选择适当的材料，制成各种复杂形状的透镜、棱镜和光学元件。它们的基本功能就是通过透射、折射和反射，米准确传输光线、形成图像等。塑料光学元件可以用注射、挤出、模压等方法成型，工艺简单、成本低。日本用有机玻璃制成大面积菲涅尔透镜(500mm × 1500mm)，用于大屏幕电视和太阳能集热器。

在一个大分子链中同时含有给电子基和受电子基时，高分子就会由于构成了电子转移的通道而具有光导电性。聚乙烯基咔唑(PVK)及其电子络合物就是典型的光导电高分子，应用于电子照相。还有为数不少的高分子及其组合物具有光导电性，如聚乙烯(PE)、聚苯乙烯(PS)、尼龙、聚乙炔、聚乙烯基蒽、聚苊烯等。

近年来在高分子侧链上引入可逐渐变色的基团很受重视，这种光致变色材料是由于光照射时化学结构发生变化，使其对可见光吸收波长变化，因而产生颜色变化，在停止光照后又能回复原来颜色，或者用不同波长的光照射时呈现不同的颜色。例如，在聚丙烯酸类高分子侧链上引入硫代缩氨脲汞的基团，则在光照时由于发生了氢原子转移的互变异构变化，颜色由黄红色变为蓝色，因而呈现光致变色现象。光致变色材料用途极广，可制成各种颜色护目镜以防止阳光、电焊闪光、激光灯对眼睛的损害，作为窗玻璃或窗帘的涂层可以调节室内光线，在军事上可作为伪装隐蔽色。

7.4 其他新材料

7.4.1 纳米材料

纳米材料是指块体中的颗粒、粉体粒度在 $10 \sim 100nm$ 之间，使其某些性能发生突变的材料。微粒可以是晶体，也可以是非晶体。原始制备状态多数为粉体，可压制烧结成块体，也可以直接使用或附着于载体。纳米材料中微粒的界面及微粒表面体积分数几乎占到一半，这种独特的结构使之表现出一系列优异的物理、化学和力学性能。

1. 纳米材料的结构

纳米材料属于原子簇和宏观物体范畴的过渡区域，既非典型的微观系统，亦非典型的宏观系统，具有独特的结构特征。纳米材料的结构研究目前主要集中在界面结构、晶粒结构及结构稳定性等方面。

纳米材料的重要特点之一是其界面占有可与微粒整体相比的体积分数，界面决定了纳米材料的性能。早期的研究表明，纳米晶体的晶界结构既非晶态的长程有序，也不是非晶态的短程有序，而是一种类似于气态的更无序排列的结构。在纳米材料中，人们最关心的是具有纳米尺寸的微粒，由于微粒的尺寸效应和界面效应，纳米材料表现出奇异的性质。纳米尺寸的晶粒结构与完整晶格也有差异。尺寸效应超小的纳米晶粒在一定程度上表现出畸变效应，这与纳米晶粒中的固溶度有关。对 Ni-P 合金中镍固溶体纳米相的研究表明，磷在镍中的浓度远高于在粗晶粒中的平衡浓度。在纳米晶体合金中，溶质原子或杂质晶界的偏聚可使晶界能降低，纳米材料的晶界体积分数大、偏聚位置多，合金元素的总浓度与晶内的浓度相差很大。利用元素在晶界的偏聚，可使晶界迁移受到钉扎，从而控制晶粒长大；纳米材料的界面体积分数大，具有较大的总界面能，使其熔点大大下降，如 2nm 的金微粒熔点由块体金的 $1100℃$ 降为 $320℃$，这为难熔金属的冶炼提供了新工艺。高熔点材料，如纳米 SiC 的烧结温度可从 $2000℃$ 降到 $1300℃$。在纳米晶体中大量存储的自由能，形成了晶粒长大的驱动力。在一些体系中观察到，当加热亚稳的纳米固溶体合金时，晶粒生长往往伴随着溶质原子向晶界偏聚。

2. 纳米材料的特性

(1)力学性能　大量的实验测试和计算模拟及理论分析证明，金属纳米材料具有非常独特的力学性能及结构-性能关系，发现了一些新的现象和规律。

1)强度。由于纳米晶粒的尺寸已接近位错的平衡距离，晶粒内仅可容纳少量（甚至没有）位错，纳米材料的变形过程不再由位错机制主导。

前人进行的金属纳米材料力学性能试验测试主要集中于超细微粉冷压合成法制备的以纳米铜为代表的块状样品。拉伸试验表明，纳米金属的屈服强度和断裂强度均远高于同成分的粗晶材料。例如，纳米铜（晶粒尺寸为 $25 \sim 50nm$）的屈服强度为 350MPa，而冷轧态粗晶铜的屈服强度为 260MPa，退火态粗晶铜的屈服强度仅为 70MPa，但纳米样品的伸长率只有近 2%。用纳米铅、金、镍等样品也得到类似结果。应该指出，金属纳米材料的拉伸试验结果受样品的致密度、纯净度，拉伸样品的尺寸、形状及表面处理抛光状态等因素的影响。大多数试验结果是用微型试样（长度约为 10nm）测得的，存在着与常规宏观样品测试结果的可比性问题。制备方法及热历史将直接影响样品的微观结构及应力。

2)塑性。迄今为止的试验结果表明,绝大多数纳米材料的塑性很低。例如,纳米铜(晶粒尺寸小于25nm)的伸长率低于10%,比粗晶铜的小得多,而且其塑性随晶粒的减小而减小。这种现象与样品中的缺陷密切相关,尤其是在压制纳米粉体时引入的空隙等缺陷会大幅度降低塑性。在保持样品中缺陷不变时,同成分纳米材料的塑性随晶粒的细化而增大。例如,用非晶完全晶化法制备的纳米Ni-P合金,当晶粒尺寸从100nm减小到70nm时,样品的断裂应变提高2倍。全致密、无污染铜(晶粒尺寸为30nm)的伸长率高达30%以上,与粗晶铜的相当(但前者的强度是后者的2倍),这充分说明缺陷与杂质是影响纳米材料塑性的主要因素之一。

3)弹性模量。早期的试验结果显示纳米材料的弹性模量比多晶材料的低15%～50%,后来查明是由样品中的微孔隙造成的。Sanders等的试验结果表明,弹性模量随样品中的微孔隙增多而线性下降。对纳米铁、铜和镍等无微孔隙样品的测试结果显示,其弹性模量比普通多晶材料的略小(<5%),并且随着晶粒的减小,弹性模量降低,这主要是因为其中有大量的晶界造成的。据推算,晶界的弹性模量约为多晶材料的70%～80%,与同成分非晶态固体的弹性模量相当,说明晶界的原子键合状态与非晶态原子相近。另外,金属纳米晶块体材料在超塑性、蠕变、变形机理等方面也都表现出了不同于非纳米材料的特性。

目前,人们对纳米材料力学性能的认识刚刚起步,更深入的研究还需要多学科交叉集成,涉及材料的制备科学、微观结构表征、性能测试、理论及计算模拟等诸多方面。

(2)热学性能 纳米材料的热容和热膨胀与普通多晶或非晶材料差别较大,近年来的一些研究表明,纳米晶体材料的微孔隙及杂质对材料的性能有着显著影响,密度不同的样品表现出不同的性质。实验发现,无微孔纳米晶镍-磷合金样品的热容较同成分普通多晶体的热容仅高2%左右。在无微孔纳米单质硒及镍中也发现了相同的结果,纳米单质硒(10nm)的热容与非晶态固体硒的热容完全相同,比粗晶硒的热容高1%～2%。厄尔布(Erb)等发现,无微孔纳米镍的线膨胀系数与粗晶镍的完全相同,其热容的差别小于5%。这些结果说明,纳米晶体中的微孔对材料的性能影响并不突出。

(3)磁学性能 由于纳米颗粒尺寸超细,一般为单磁畴颗粒,其技术磁化过程由晶粒的磁各向异性和晶粒间的磁相互作用所决定。纳米晶粒的磁各向异性与颗粒形状、晶体结构、内应力以及晶粒表面的原子状态有关,与粗晶粒有显著区别,表现出明显的小尺寸效应。在多晶纳米材料中存在着大量界面。在一些纳米铁磁体中发现其饱和磁化强度比相应的多晶体的低,如纳米晶体铁在4K时的饱和磁化强度比普通多晶体铁低近40%。

3. 纳米材料的制备

(1)球磨法 球磨的主要目的是降低粉粒尺度、固态合金化、混合或融合,以及改变粉粒的形状。材料在球磨的过程中断裂、形变和冷焊。目前有多种球磨方法,包括滚转磨、摩擦磨、振动磨和平面磨等。用球磨法已成功地制备出纳米晶纯金属、不互溶体系固溶体纳米晶、纳米非晶、纳米金属间化合物及纳米金属-陶瓷复合材料等。用这种方法可以使几乎不互溶的元素形成固溶体,如Fe-Cu、Co-Cu。

(2)非晶晶化法 用非晶晶化法制备纳米材料的前提是将原料用急冷技术制成非晶薄带或薄膜,控制晶化退火时间和温度,使非晶全部或部分晶化,生成尺寸为纳米级的粉粒。能否稳定形成纳米粉粒的内在因素是合金成分的选择,这种方法目前大量用于制备纳米铁基、钴基、镍基的多组元合金材料，也可以制备一些单质，如硒、硅等。与其他方法相比，它具有以下优点：①粉粒表面无孔隙及孔洞、气隙等缺陷，致密而洁净；②工艺简单，易于控制，便于大量生产。

近年来对非晶的晶化工艺、晶化动力学进行了大量的研究。晶化退火时采用脉冲电流，一些非晶薄膜可以在极短的时间内获得常规退火不易获得的纳米晶，这种方法对改善合金固有的脆性和抗氧化性都有一定的好处。

（3）溶胶-凝胶法　溶胶-凝胶法是制备材料的一种湿化学方法。将易于水解的金属化合物（无机盐或金属醇盐）在水溶剂中与水发生水解与缩聚反应而逐渐凝胶化，再经过干燥、烧结等后处理，即可制得所需的纳米材料。

溶胶-凝胶法通常是在室温合成无机材料，能从分子水平上设计和控制材料的均匀性及粒度，得到高纯、超细、均匀的纳米材料。例如，以乙醇铝为原料，用溶胶-凝胶法制备出比表面积较高的超细氢氧化铝晶体粉末，在 500℃ 和 1200℃ 下煅烧这种粉末，可制得分散的、呈球形的 Al_2O_3 粉末，平均粒径为 40nm 和 100nm，这种高纯粉末具有良好的压制和烧结特性。

对溶胶-凝胶法干燥后的产物进行还原处理，还可以制备某些纯金属（或合金）及纯金属氧化物纳米粉体。这种纳米粉体可制成新型的人工复合纳米材料，它由金属或合金纳米颗粒镶嵌在非金属或金属母体内组成，如 Fe-SiO_2、Ni-SiO_2、Fe-Cu 和 Co-Cu 等，由于其具有独特的物理性质而引起人们的注意。此外，溶胶-凝胶法还用来制备纳米薄膜。用金属化合物制成溶胶后，将衬底浸入溶胶，以一定的速度进行提拉，在衬底上附着一层溶胶，经一定温度加热即得到纳米微粒的薄膜，膜的厚度可通过提拉次数控制。

除了上述几种方法外，还有高能束照射法、水热合成法和共沉淀法等，这些方法各有其优缺点。值得指出的是，许多合成方法制备出的都是结构松散、易团聚的纳米超细微粒，要获得纳米固体，必须将纳米微粒压实成致密的块体。压制工艺十分重要，许多研究者在探索不同的压制成形技术，采用热（温）压技术对金属粉末压制成形，可以获得几乎完全密实的纳米晶材料，其中包括金属间化合物 Ti-Al、金属复合材料 Fe-Co 以及单质金属钯和铜等。纳米晶体大块材料的直接制备方面已有新的进展，利用电解沉积法可制备出厚度为 $100\mu m$ ~2mm 的均匀致密的纳米晶块体材料。通过液态合金的高压淬火，抑制原子扩散和晶核的长大，也制备出了晶粒尺寸为 30 ~ 40nm 的块状 Pd-Si 合金。纳米晶的制备与合成技术仍然是目前的一个主要研究方向。

4. 纳米材料的应用

（1）在化工产品中的应用　催化是纳米微粒应用的重要领域之一，利用纳米微粒比表面积高与活性高的特点可以显著增进催化效率。国际上已将其作为第四代催化剂进行研究和开发，它在燃料化学及催化化学中占有十分重要的地位。在火箭发射的固体燃料推进剂中添加约 1% 的纳米铝粉或镍粉，燃料的燃烧热可增加一倍。纳米硼粉、高氯酸铵粉可以作为炸药的有效催化剂。纳米微粒用做液体燃料的助燃剂，既可提高燃烧效率，又可减轻污染。纳米铁、镍和 γ-Fe_2O_3 混合烧结体可替代贵金属作为汽车尾气的净化催化剂；纳米银粉可作为乙烯氧化的催化剂。Fe_2O_3 微粒可在低温（270 ~ 300℃）下将 CO_2 分解为 C 和 H_2O；铁的微粒在 C_6H_6 气相热分解（1000 ~ 1100℃）时引发成核作用而生成碳纤维。

（2）在电子工业产品中的应用

1）纳米磁记录介质。磁记录是信息存储与处理的重要手段，随着科学的发展，对记录密度的要求不断提高。20世纪80年代，日本就利用铁、钴、镍等金属纳米微粒制备高密度磁带，微粒尺寸为20~30nm，由它制成的磁带、磁盘已经商品化。另外一些含钴、钛的钡铁氧体微粒作为磁记录介质已趋于商品化，强磁微粒可制成信用卡、票证、磁性钥匙等。

2）纳米敏感材料。利用纳米微粒的高比表面积可制成气敏、湿敏、光敏等多种传感器，只需微量的纳米微粒便可发挥相当大的功能。

3）纳米电磁波、光波吸收材料。纳米微粒对光具有强烈的吸收能力，通常呈黑色，可在电镜-核磁共振波谱仪和太阳能利用中作为光照吸收材料，还可作为防红外线、防雷达的隐身材料。例如，用WCo微粒及铁氧体微粒制成的吸波材料在国防中有重要应用，美国已将其实用化。1991年海湾战争中美国的隐身攻击机F—117A共执行了1270次空袭任务，无一损伤。此外，纳米微粒还可作为磁性液体的原料。

（3）在环保健康及医药卫生领域的应用 ZnO、Fe_2O_3、TiO_2等半导体纳米微粒的光催化作用在环保健康方面有着广阔的用途，国内外许多文献报道了这方面的进展。随着经济的发展，人们越来越重视生活质量和健康水平的提高。抗菌、防腐、除味、净化空气、优化环境将成为人们的追求，纳米材料和纳米技术在这方面将有广阔的应用前景。利用纳米材料和纳米技术还可以对生物大分子进行组装，以获得具有更高性能的生物分子聚合体。

7.4.2 新型碳材料

在18世纪，人们就已确定石墨和金刚石都是单质碳，但由单质碳构成的物质远不止这两种。气相生长碳纤维（VGCFs）、碳微球（CMBs）、碳纳米管（CNTs）、玻璃碳、石墨烯、纳米洋葱状富勒烯（NOLFs）和碳包覆金属等新型碳功能材料具有密度小、强度高、耐高温、耐化学腐蚀、抗疲劳、高导电、高导热、耐烧蚀、热膨胀小、生理相容性好等一系列优异的特性，其发展和应用对提升工业产品的竞争力和推进人类科学技术的进步是全关重要的。1985年，笼型碳分子C_{60}的发现引发了国际性富勒烯的研究热潮，这直接导致了具有独特结构和性质的CNTs和NOLFs等具有特殊结构的新型碳纳米材料的发现，开辟了全新的科学研究领域，在凝聚态物理、材料科学、化学及纳米电子元器件等领域形成了众多有重要科学价值和潜在应用前景的研究热点。富勒烯是笼状碳原子簇的总称，它的特殊结构昭示着其具有奇特的物理和化学性能。因此，富勒烯材料的研究已成为当前世界各国科学家研究的焦点和热点之一，尤以C_{60}、CNTs和NOLFs为主。

纳米洋葱状富勒烯（Nano Onion-like Fullerenes，简称NOLFs）自1992年被Ugarte教授报道后，已引起全世界科学家的广泛关注和极大兴趣。NOLFs是继C_{60}、CNTs之后，富勒烯家族中的又一新成员。其理想模型是由若干碳原子同心壳层组成的较大的原子团簇，最内层由60个碳原子组成，第二层、第三层……以$60n^2$的数量递增，最内层的直径约为0.7nm，接近于C_{60}的直径，层与层间距约为0.34nm，与石墨的层间距接近。实际制得的NOLFs可能并不严格符合理想模型，包括准球体和多面体状同心壳层的富勒烯，还包括内包金属的NOLFs、金属插层的NOLFs、具有不规则结构的各种形状的纳米胶囊以及具有不规则结构的同心壳层的富勒烯。广义上讲，纳米洋葱状富勒烯可以定义为具有同心壳层结构的准球状或多面体状的富勒烯的总称。NOLFs独特的中空笼状及同心壳层结构，使之可以容纳金属原子团簇、纳米颗粒或金属碳化物等，赋予了它许多特殊性能，有望在光电子材料、磁性材料、减摩材料、超导、催化剂等领域被广泛应用。

1. 纳米洋葱状富勒烯的制备

自从 Iijima 教授用直流电弧放电法制备出 NOLFs 以来，电弧放电法制备 NOLFs 的方法就一直备受关注。除此之外，人们还探索了液体放电、化学气相沉积法（CVD）、射频/微波等离子体法和聚合模板等方法。

（1）电弧放电法 电弧放电法采用石墨电极在一定气氛中放电，从阴极沉积物中收集 NOLFs。水下电弧放电法可以说是直流电弧放电法的一个变种。2001 年 Sano 等在《Nature》杂志上发表了水下电弧放电生成 NOLFs 的研究报道。许并社等采用真空和水下电弧放电法，通过在碳源中添加催化剂和改变液体介质，制备出大量的 NOLFs，最近还通过液体放电一步合成了负载纳米 Pt 颗粒的 NOLFs。邱介山等利用水下电弧法以填充 Fe 的煤基碳棒为原料，制备出直径为 40～55nm 的内包 Fe 纳米颗粒的 NOLFs。

（2）电子束辐照法 电子束辐照法原位制备和原位观察 NOLFs 的主要研究手段是 HR-TEM。它易于进行原位组织观察，控制照射电子束密度，进行形成相成分分析和过程记录。自 Ugarte 首先发表研究报道后，许并社等在较低能量电子束辐照和 Pt、Al、Au 等纳米颗粒的催化作用下使非晶碳膜形成 NOLFs，这是世界上首次以非晶碳膜在金属纳米微粒催化和电子束辐照下转变成 NOLFs。此外，他们还发现在电子束辐照下，Al 纳米微粒催化非晶碳膜形成的单核纳米富勒烯可结合成多核 OLFs，Pt 纳米粒子催化活性炭可生成 OLFs。

（3）化学气相沉积法 CVD 法是应用最广泛、最易实现大规模生产的一种制备气相生长碳功能材料的方法。一般来说，CVD 法是利用气态物质在一定的温度和压力条件下于固体表面进行反应，生成固态沉积物的过程。Sano 等在高纯氢气气氛中热解二茂铁，在反应器的低温区域制得大量内包铁 OLFs。许并社等运用 CVD 法，以乙炔、环己烷、重柴油残渣和煤沥青等为碳源，通过合理控制工艺参数得到了大量内包金属颗粒的 OLFs。Zhao 等以甲烷为碳源，Ni/Al、Ni/Y/Cu 为催化剂，采用低温 CVD 法合成了内包金属的 OLFs。

（4）射频/微波等离子体辅助 CVD 法 射频/微波等离子体是一种非平衡态低温等离子体，其电子温度远高于离子温度，这意味着一方面电子具有足够高的能量以使反应物分子激发、离解和电离；另一方面反应物体系又能保持低温，乃至接近室温，因此在新材料制备和材料表面改性等领域得到了非常广泛的应用。刘旭光等利用射频等离子体和微波等离子体分别以煤和乙炔炭黑为原料合成了不同形貌的 OLFs，并认为 OLFs 是由内向外卷曲生长，在其生长过程中，煤中有机大分子结构中的芳核单元之间的桥键较弱，易被高能电子破坏分解成大量的芳核碎片，煤中存在的少量矿物质可能充当了 OLFs 生长的催化剂，为其提供生长的依附体。

（5）其他方法 许并社等提出了由"聚合预成型＋热处理成型"两步反应组成的模板法，以 $FeCl_3$ 和 $FeCl_2$ 制得的 Fe_3O_4 纳米颗粒与苯乙烯、丙烯酸、乙醇和蒸馏水聚合反应后，再进行热处理，制备出内包 Fe 的 OLFs，从而将模板法引入了零维纳米结构的制备中。模板法具有诸多优点，如通过控制反应物活性、加料方式、反应物浓度并采用循环反应法，可以实现结构及尺寸的控制，并可实现多种物质的复合，所得的 OLFs 不仅具有良好的分散性，还具有很好的石墨化程度和尺寸稳定性等优点，显示了宏量制备高纯度 OLFs 的潜力。

王海英等以沥青为原料制备金属/炭复合干凝胶，通过爆炸法形成纳米无定形碳包裹化合物颗粒，在随后的真空热处理过程中转变为 OLFs。卢怡等以苦味酸/二茂铁和苦味酸/乙酸钴为原料，利用爆炸法分别得到了内包金属 Fe 和 Co 颗粒的 OLFs。该法的显著特点是形成包裹条件的高温环境由碳基干凝胶自身提供，无需外部提供能量，只需热引发，但制备过程显然比较复杂，而且过程不易操作和控制，存在较高危险性，其大规模合成受到限制。

Ugarte 将电弧放电产生的炭灰在 500～2400℃ 进行热处理，温度超过 2000℃ 后形成了 OLFs。张艳等在真空烧结炉中放入混合的石墨与催化剂，加热至 2000℃ 并保温，在冷却的粉末中发现了 OLFs。许并社等以重柴油残渣为原料、金属镍为催化剂，用热处理法制备了内包金属镍的 OLFs。

2. 纳米洋葱状富勒烯的修饰

NOLFs 的化学性质非常稳定且不溶于水和有机溶剂，这极大地限制了其在光电材料、生物医学及化学工业等领域的应用。因此，对 NOLFs 进行化学改性，改善其溶解性能，是 NOLFs 应用基础研究中的一个重大课题。

相对于 C_{60} 和 CNTs，目前关于 NOLFs 修饰的研究报道较少。Vasilios 等将 NOLFs 与氨基酸和多聚甲醛的混合溶液在甲苯中回流合成 NOLFs 吡咯烷衍生物。Aron 等对水下放电法制备的 NOLFs 进行了三种功能化的修饰：将水下放电法得到的 NOLFs 先在 400℃ 焙烧 1h，再在 HNO_3 中处理 48h 形成羧基功能化的 NOLFs，然后羧基功能化的 NOLFs 进行以下反应：①与带有二胺终止端的低聚聚乙二醇反应，生成水溶聚乙二醇化 NOLFs；②与 1-18 胺发生低聚烷基酰胺反应，生成可溶的有机物；③合成 NOLFs 的四氢化吡咯衍生物。2007 年他们又将 NOLFs 与共轭聚合物双邻二炔基芳烃发生反应，生成可溶的有机物。许并社等用硝酸回流法对 CVD 法制备的 NOLFs 粗产物进行了提纯处理，然后用甲苯回流法和熔融盐反应法对提纯后的 NOLFs 进行了表面化学修饰，在其表面引入了羟基基团；2007 年又利用氧等离子体对 NOLFs 进行了原位修饰，在 NOLFs 表面引入了羟基和羧基官能团。2008 年 Butenko 等将纳米金刚石退火得到的闭口 NOLFs 经 CO_2 气体处理后，使其呈开口状态，并将 K 插入 NOLFs 中，通过光电子发射光谱学分析了样品的电子结构变化，为制备特殊结构的 NOLFs 组装体和纳米反应器开辟了新的途径。

3. 纳米洋葱状富勒烯的性能

NOLFs 独特的结构赋予了它优异的电、光、磁等物理性能以及吸附、分离、催化等化学性能。

（1）电学特性　Hou 等用超高真空扫描探针显微镜测试了电弧放电法制备的 NOLFs 的电学特性，获得了单个洋葱分子的扫描隧道谱数据。归一化电导率与样品的电子态密度呈比例，而 NOLFs 归一化电导率的所有特征峰都源于 NOLFs 自身。NOLFs 与单壳富勒烯有相似的电子态密度特征峰，表明 NOLFs 是一个大分子。许并社等应用密度泛函理论研究了内含金属氮化物 $Tb_3N@C_{84}$ 的稳定结构和物理性质，结果表明，Tb_3N 与 C_{84} 之间的作用力主要是离子键，并且在费米面上 $Tb_3N@C_{84}$ 较 C_{84} 有大的电子分布，Tb_3N 的嵌入可以增强导电性。

（2）光学性能　碳离子注入到铜和银基底形成 NOLFs 的方法为其进行分光研究开辟了道路，对沉积银中的 NOLFs 进行透射谱测试时发现其吸收最大值出现在 $4.4\mu m^{-1}$ 处，比分散的 NOLFs 低了 $0.5\mu m^{-1}$，这个红移是因其团簇造成的。对碳离子注入法制备的 NOLFs 薄膜进行的反射和透射 EELS 分析表明，它具有石墨的性质，它具有高 π 电子位错。许并社等对 CVD 法制备的内包金属 NOLFs 进行荧光测试，分析表明其在红外光区内有荧光特性。

（3）磁学性能　很多研究发现，内包过渡金属 Fe、Co、Ni 等磁性金属的碳纳米颗粒具有磁性。Lee 等测试了内包金属 Co、Ni 的 NOLFs 的磁性，结果均表明内包金属的 NOLFs 具有磁性。He 等也对 CVD 法制备的内包金属 Ni 的 NOLFs 进行了磁性研究。

（4）电磁性能 许并社等对水下放电法和 CVD 法制备的 NOLFs 的电磁特性的研究表明：NOLFs 的介电损耗较大，而且只有内包金属 Fe 颗粒的 NOLFs 才有磁损耗；磁性金属纳米 Fe 颗粒的嵌入增加了 NOLFs 的介电损耗和磁损耗；带有大量缺陷的 NOLFs 的比表面积大，反应活性高，能在电磁场发挥有效作用。

（5）润滑性能 NOLFs 因具有球形形状和化学惰性，被期望具有好的润滑性能。Hirata 等对热处理金刚石团簇和颗粒得到的 NOLFs 进行了摩擦性能测试，研究表明，在空气和真空状态下，NOLFs 具有较小的摩擦因数和很低的磨损，而且 NOLFs 稳定的闭合结构使其具有高的机械强度，颗粒较大的 NOLFs 的摩擦性能不如小颗粒。Street 等报道，作为航空用油的添加剂时，由热解炭黑得到的 NOLFs 在大气压下的润滑性与石墨相似。许并社等对水下放电所得的 NOLFs 作为润滑添加剂进行了摩擦性能测试，研究表明其具有较小的摩擦因数。

（6）吸附和催化性能 NOLFs 的中空和层状结构表明其具有一定的存储能力，可用来储存氢或其他气体。它具有较高的石墨化程度、良好的耐腐蚀性、高的导电性、较大的比表面积等性能，预计在催化剂载体方面可发挥巨大作用。许并社等采用浸渍还原法在 NOLFs 或炭微球上沉积纳米级的 Pt 微粒，发现在过量 HCHO 条件下可得晶体结构完整、分散良好的 Pt 颗粒，其直径分布在 2.5 ~ 3.5nm 之间。采用循环伏安法分析表明，NOLFs 负载 Pt 材料电极具有高的催化活性，同时 Pt 表面形成氧化物，对甲醇的直接氧化能起到抑制作用。

4. 纳米洋葱状富勒烯的应用

基于 NOLFs 的各种独特性能，可以预料它在工程、电子信息、能源、生物医药、化学化工、国防等众多领域具有广阔的应用前景。

（1）工程领域 NOLFs 因其所具有的独特结构，被期望具有较高的力学性能和好的润滑性能；对于内包金属的 NOLFs，其中心金属能受到外壳碳层的有效保护，从而避免外界环境的不利影响，具有较好的耐蚀性和较高的抗压性。作为基础油的添加剂时，NOLFs 具有较小的摩擦因数，可充当纳米尺度的润滑材料，尺寸约为 10nm 的准球形结构有望作为纳米级轴承。

（2）电子与信息领域 NOLFs 的层与层之间插嵌金属原子、离子或其他分子时，由于混合轨道和 π、σ 电子结构的变化不同于石墨，推测母体材料具有良好的导电性能，有望制作成超导等材料，可在电子材料应用领域发挥重要作用。C_{60} 可被看做是最简单的 NOLFs，许并社等根据理论计算得出，C_{60}/AlN 多层膜可作为紫外线波段一维光子晶体材料，C_{60} 薄膜可以作为可见光波段二维光子晶体材料，且性能优异，显示出 NOLFs 作为光子晶体材料的潜在应用价值。另外，内包金属的 NOLFs 以及 NOLFs 簇物质所制备的薄膜可以用做光电材料、磁记录、磁性记录材料和其他信息材料等。

（3）能源领域 采用浸渍还原法在 NOLFs 上沉积纳米级的 Pt 微粒，对其载 Pt 催化剂的电化学催化行为的研究表明，该类载 Pt 材料可作甲醇燃料电池的催化剂。目前，高分子/富勒烯本体异质结光伏太阳能电池的发展越来越显示出巨大的潜力和重要的研究及应用价值。研究工作者已经合成了多种共轭聚合物/C_{60} 复合材料，实现了在纳米范围内形成电子供体与受体的双连续网络，为富勒烯基光电功能材料在太阳能绿色能源领域的潜在应用提供了很好的理论指导价值。

（4）生物医药领域　一些活性组成通过溶解、包裹作用进入中空的 NOLFs 内部，形成纳米级聚合物粒子，作为药物传递和控释的载体（如药物的定向输送及释放的胶囊、细胞分离等），是一种新的药物控释系统。因此，内包金属 NOLFs 将作为磁性载体在医学细胞分离、细胞染色、靶向用药、定向治疗、肿瘤热疗等方面具有广阔的应用前景。

（5）化学化工领域　NOLFs 的中空结构是极好的微容器，可储存其他物质，作为吸附和分离材料，在废气、废水处理等方面发挥作用。Huang 研究小组首次观察到处于 NOLFs 内的金刚石在高温高压下呈准熔化状态，说明 NOLFs 有望充当纳米级高压容器。将 NOLFs 内外修饰金属纳米微粒，还可以用做化学上稳定的反应团簇及具有特殊性能的催化剂。NOLFs 还可以制成纳米反应器，广泛地应用于纳米化学等方面。

（6）国防领域　利用 NOLFs 壳层的缺陷结构，有望使其及其复合物用做宽带电磁波吸收材料。同时，NOLFs 具有高温抗氧化性和稳定性，是一种有前途的理想微波吸收剂，有可能成为隐形材料和电磁屏蔽材料等。在 NOLFs 表面包覆一层均匀的有机或无机材料，可以得到新的复合纳米材料，有望成为新型的涂覆材料及表面修复材料。由于 NOLFs 在大气压下的润滑性与石墨相似，也可将其作为航空用油的添加剂。总之，利用 NOLFs 的导电性及量子力学效应等重要性能，可将其用做特殊性能要求的电子元件、过滤器件、传感器件等设备器件的材料、超导材料、生物材料、医用材料、新型激光材料、非线性光学材料、信息存储材料、光电材料、催化剂材料、废水和废气净化材料等新型功能材料。

尽管在 NOLFs 的合成、表征、修饰、性能和应用研究方面已经取得了一定的成就，但要使 NOLFs 真正走到应用领域，仍有许多工作需要解决：①实现 NOLFs 类纳米碳材料可控生长以满足工业化生产，目前的制备还多数处于实验室研制阶段，且其生长机理还不很明确，对其结构（如直径、层数、表面晶化度）还不能做到设计和可控；②对这些碳材料结构与性能之间关系的了解还不够系统，尤其是围绕其表面结构与功能化应用还需要进行大量的基础性研究；③深入研究 NOLFs 类纳米碳材料的实际应用问题，这就需要研究人员一方面突破技术关键，进一步研究开发新的、低成本的、适合于规模化生产的技术，另一方面深入研究其应用价值，把 NOLFs 类纳米碳材料与各个领域结合起来。通过对 NOLFs 类新型纳米碳材料在制备、表面修饰、功能化、实际应用等各个环节的物理与化学问题的提炼与探索，可为该类功能材料的实际应用提供参考依据，以指导纳米碳材料在工程、能源、环境、信息、化工、生物医药等领域的具体应用。

7.4.3　梯度功能材料

1987 年，日本科学家为了开发在高温环境下使用的、具有缓和应力功能的超耐热型材料，首先提出了梯度功能材料（FGM）的概念。其设计思想是在材料制备过程中，连续地控制材料的微观要素，使材料内部不存在明显的界面，以消除或降低材料中的残余应力，使之在同一时间内适应不同的使用环境。即在同一材料内，从不同方向上由一种功能逐步连续分布为另一种功能，这种材料称为梯度功能材料，简称梯度材料。

从材料组成的变化来看，梯度材料可分为梯度功能涂覆型（即在基体材料上形成组成渐变的涂层）、梯度功能连接型（粘接在两个基体间的接缝组成的梯度变化）和梯度功能材料本身（组成从一侧到另一侧渐变的结构材料）。从材料的组合方式来看，梯度材料可分为金属/金属、金属/陶瓷及陶瓷/陶瓷等多种组合形式。从应用领域来看，梯度材料可分为耐热梯度材料、生物梯度材料、电子工程梯度材料和光学工程梯度材料。

耐热梯度材料是梯度材料的主要应用领域，以金属/陶瓷组合为主，主要应用于航天工业和核能源等领域，如航天飞机机头尖端和机翼前沿所用的高强超耐热材料。

动物的牙、骨、关节等都是无机材料和有机材料的完美结合，其质量轻、韧性好、强度高，用生物梯度材料制作的牙、骨、关节等可较好地接近上述要求。例如，应用梯度功能材料制成的牙齿，埋入生物体内部的部分由多孔质且和人体有良好相容性的陶瓷组成，由外向里气孔逐步减少；露出的外部是硬度高的陶瓷，为了保持强度，中心的部分由高韧性的陶瓷组成。

梯度制造技术非常适合制造基板一体化、二维及三维复合型电子产品，通过控制基板和电子元件之间的倾斜组成可有效地解决两者易分离的固有缺陷，达到提高电子产品性能的目的。例如，压电双晶片、异质结半导体元件、高温超导体等。

在光学领域，梯度材料的典型例子是梯度折射率光导纤维，较传统的复合光纤具有明显的优越性，它所传输的光频带宽、距离远，适用于大容量、高密度、远距离的光学信号的传输。

梯度材料的制备方法有很多，主要有气相沉积法、电沉积法、自蔓延高温合成法及等离子溅射法等。每种方法都有其自身特点，需视实际情况进行选择。例如，气相合成法通过控制弥散浓度，在厚度方向上实现组分梯度化，适合于制备薄膜型及平板梯度材料。

虽然梯度材料产生的时间并不长，但它却引起各国科学家的关注。1987年，日本制订了一个五年研究计划，即"开发缓和热应力的梯度材料基础技术的研究"，开发用于航天飞机和火箭发动机燃烧室中可缓和热应力的超耐热材料，至1991年成功地开发了热应力缓和型梯度材料，为日本HOPE卫星提供小推力火箭引擎和热遮蔽材料。由于该研究的成功，日本科技厅于1993年再次设立了一个为期五年的研究项目，即"具有梯度功能结构的能量转换材料的研究"，旨在将梯度材料推向实用化，并以开发高效率能量转换材料为主。1993年，美国国家标准技术研究所开展了一个目标为"开发超高温耐氧化保护层的梯度材料"的大型研究项目。我国也将梯度材料的研究与开发列入国家高技术"863"计划。由此可见，梯度材料已成为当今材料科学研究的前沿课题。

7.4.4 智能敏感材料

智能材料(Intelligent Materials 或 Smart Materials)是近几年出现的新材料，最早由日本和美国材料科学家提出。所谓智能材料，是指能够接受外部环境的信息或根据外部环境的变化而自动改变自身状态的一种新型功能材料，它具有类似于生物体组织那样的内病变自诊断、外部伤口自愈合、环境自适应甚至自组装及自恢复等功能效应。而这里所述的敏感材料则主要是指对环境性能敏感的各种传感器。

1. 智能陶瓷

陶瓷材料因其内部结构缺陷的存在，其实际强度比理论强度要低很多，用做结构材料时，不仅要求其高温强度高，还要求有较高的韧性和使用安全可靠性。为此，国内外一些专家开展了陶瓷材料的自诊断、自适应、自愈合等方面的智能化研究工作。

(1)高温抗氧化自适应陶瓷　氮化硅等非氧化物陶瓷材料部件在高温下的破坏机理，是一个氧化与微裂纹相互作用的结果。如在氮化硅陶瓷中加入少量的 NbN 颗粒后，氮化硅材料在 1000℃ 以上的高温下会形成一层自适应的表层，其表层中 Nb 的化合物形式会随环境温度及氧化还原程度不同而自行形成相应的致密保护层，这种保护层能阻止微裂纹的形成及氧气向氮化物陶瓷内部扩散。

（2）自愈合自恢复陶瓷 微波能够加热物质，但其加热效果会因物质种类和结构的不同而有很大差异。一些物质对微波能量吸收大，因而在微波场中升温速度快、加热温度高。利用微波对某些组元的选择性加热这一特点能使陶瓷材料的内部损伤得到愈合。可采用以下方法验证这种效果：将微波吸收性强的 TiC 颗粒加到氮化硅陶瓷中，经过混合并制成致密的块体材料。用压痕法或热震法使材料内部形成裂纹，使材料性能因裂纹的形成而降低，然后对材料进行微波照射，使表面裂纹得到弥合、内部损伤得到愈合、从而大幅度提高材料的强度。

2. 智能混凝土

人们在研究可用于大型混凝土结构安全性诊断的压敏材料，其方法是在混凝土中加入一定量的碳素纤维或碳素纤维和玻璃纤维，一方面增加混凝土的强度，另一方面利用其电阻随压力变化的特点，来判断混凝土材料的安全期、损伤期和破坏期，以达到诊断效果。日本已将这种纤维增强的混凝土智能材料成功地应用于银行等重要结构设施的防盗报警墙体，这种智能材料也可应用于大规模建筑物受力状态的诊断方面。

3. 敏感陶瓷材料

信息技术是信息社会的基础技术，它包括信息的生产技术及应用技术，涉及大规模集成电路技术、通信技术、计算机技术、软件技术及传感器技术等一系列现代科学最先进的技术。通常人们将计算机称为"电脑"，而将传感器称为"电五官"。就世界范围而言，目前"电脑"十分发达，但"电五官"的发展却非常迟缓。因此，传感器技术成为信息技术发展的主要矛盾。

陶瓷敏感材料是适应信息采集的迫切需要而迅速发展起来的一类新型材料，它可以制成多种传感器：有利用其半导体性能、介电性能、磁性能的湿度传感器；有利用其晶界特性的压敏传感器；有利用其热电效应的红外传感器，有利用其压电效应的超声传感器。此外，还有光敏、气敏等传感器。人们可以利用传感器材料在不同环境下的电、磁、声、光、热等性质变化来实现对生活环境和工作环境的检测、监控和工业中的过程控制等。例如，陶瓷气敏元件被广泛用于可燃气体和毒气的检测检漏、报警和监控等方面；湿敏元件被广泛用于食品、粮食、制药、弹药、造纸、建筑、医疗、气象、电子等工业中的过程控制和空调设备中的检测及控制温度。

敏感元件一般由基材和敏感物质通过不同工艺复合而成。在以陶瓷为基础的敏感元件中，敏感物可以是金属、氧化物和有机物。这些敏感物质可以与陶瓷粉末一起成型后烧结成致密体，也可以薄膜形式涂覆于陶瓷表面上，还可以制成多孔陶瓷，再将敏感物通过浸渍方法渗入陶瓷孔隙中。

本章简要介绍了几种功能新材料，这些材料实际上也代表了新材料的几个主要发展方向。新材料的种类是非常多的，既继承了普通材料的特点，又展现出自身的优良性能和独特的功能，从而奠定了它们在国民经济和现代科学技术中的作用和地位。由于制造工艺和技术以及原材料等诸多方面的因素，致使一些品种的新材料价格偏高，难以实现商品化；另一些新材料则存在理论和技术还不成熟、用途尚待开发等问题。但可以肯定的是，随着社会的进步和现代科学技术的发展，新材料的前景是十分乐观的。

思考与练习

1. 解释压电陶瓷的压电机理，举例说明其用途。
2. 什么是智能玻璃？怎样制备智能玻璃？
3. 软磁材料、硬磁材料及矩磁材料之间的区别是什么？举例说明各自的应用。
4. 解释聚合物的磁性来源。何谓顺磁性？
5. 结合实例简要解释下列名词：光纤材料、非线性光学材料、光导电材料、光致变色材料。
6. 纳米材料的结构、性能有何特点？举例说明其用途。
7. 洋葱状富勒烯的性能及应用有哪些？可用哪些方法来制备洋葱状富勒烯？
8. 何谓梯度功能材料？举例说明其优势。
9. 什么是智能敏感材料？举例说明其功能效应。

参 考 文 献

[1] 曾光廷. 现代新型材料[M]. 北京：中国轻工业出版社，2006.

[2] 戴金辉，葛兆明. 无机非金属材料概论[M]. 哈尔滨：哈尔滨工业大学出版社，1999.

[3] 卢安贤. 无机非金属材料导论[M]. 长沙：中南大学出版社，2004.

[4] 许并社. 材料科学概论[M]. 北京：北京工业大学出版社，2002.

[5] 王培铭. 无机非金属材料学[M]. 上海：同济大学出版社，1999.

[6] 许并社. 纳米材料及应用技术[M]. 北京：化学工业出版社，2004.

[7] 张立德，牟季美. 纳米材料学[M]. 沈阳：辽宁科学技术出版社，1994.

[8] 沈曾民. 新型碳材料[M]. 北京：化学工业出版社，2004.

[9] 马如璋，蒋民华，徐祖雄. 功能材料学[M]. 北京：冶金工业出版社，1999.

[10] 贡长生，张克立. 新型功能材料[M]. 北京：化学工业出版社，2001.

[11] 陈贻瑞，王建. 基础材料与新材料[M]. 天津：天津大学出版社，2003.

[12] 许并社，杨永珍，张竹霞，等. 洋葱状富勒烯的研究进展[J]. 材料导报，2009，6(23)：1.

[13] Xu B S. Prospects and research progress in nano onion-like fullerenes[J]. New Carbon Mater，2008，23(4)：289.

[14] Xu B S, Guo J J, Wang X M, et al. Synthesis of carbon nanocapsules containing Fe, Ni or Co by arc discharge in aqueous solution[J]. Carbon，2006，44(13)：2631.

[15] Guo J J, Wang X M, Xu B S. One-step synthesis of carbon-onion-supported platinum nanoparticles by arc discharge in an aqueous solution[J]. Mater Chem Phys，2009，113(1)：179.

[16] Sano N, Akazawa H, Kikuchi T, et al. Separated synthesis of iron-included carbon nanocapsules and nanotubes by pyrolysis of ferrocene in pure hydrogen[J]. Carbon，2003，41(11)：2159.

[17] Yang Y Z, Liu X G, Xu B S. Fe-encapsulating carbon nanoonion-like fullerenes from heavy oil residu[J]. J Mater Res，2008，23(5)：1393.

[18] Liu X G, Wang C J, Yang Y Z, et al. Synthesis of nano onion-like fullerenes by using Fe/Al$_2$O$_3$ as catalyst by chemical vapor deposition[J]. Chinese Sci Bull，2009，54(1)：137.

[19] Du A B, Liu X G, Fu D J, et al. Onion-like fullerenes synthesis from coal[J]. Fuel，2007，86(1-2)：294.

[20] Xu B S, Fan Y T, Liu G H, et al. Controlled growth of en-dohedral-metal carbon onions by pre-molding synthesi[J]. Carbon，2006，44(9)：1845.

[21] Zhang Z X, Chi M, Han P D, et al. What is stable structure about Tb$_3$N@C$_{84}$ IPR of IPR-violating[J]. J

Mol Struct Theochem, 2008, 857(1-3): 1.

[22] 葛爱英, 许并社, 王晓敏, 等. 洋葱状富勒烯电磁特性的研究[J]. 物理化学学报, 2006, 22(2): 203.

[23] Yao Y L, Wang X M, Guo J J, et al. Tribologicalproperty of onion-like fullerenes as lubricant additive [J]. Mater Lett, 2008, 62(16): 2524.

[24] Horsewill A J, Panesar K S, Rols S, et al. Quantum Translator-Rotator: Inelastic Neutron Scattering of Dihydrogen Molecules Trapped inside Anisotropic Fullerene Cages[J]. Phys Rev Lett, 2009, 102(1): 013001.

[25] Xu B S, Yang X W, Wang X M, et al. A novel catalyst sup-port for DMFC: Onion-like fullerene[J]. J Power Sources, 2006, 162(1-8): 160.

[26] Xu B S, Han P D, Liang J, et al. Theoretical investigation of the reflectivity of fullerene-(C_{60}, C_{70})/AlN multilayers in UV region[J]. Solid State Commun, 2005, 133(6): 353.

第**8**章 材料的选择

在选择和使用材料时，首先要了解各类材料的性能，然后根据零部件的工作条件，提出对材料各种性能的指标要求，综合考虑材料的性能、价格、环境等因素，合理地选用材料。本章首先对四类工程材料的力学性能和物理性能进行对比分析，然后介绍材料的选择。

8.1 金属、陶瓷、高分子材料及复合材料的力学性能比较

8.1.1 应力-应变曲线

材料在使用过程中，或多或少会受到力的作用。材料的力学性能是指材料受外力作用时的变形行为及其抵抗破坏的能力，通常包括强度、塑性、韧性、疲劳等。拉伸应力-应变曲线是描述材料力学性能的重要方法。金属、陶瓷及高分子材料的力学性能是相当不同的，其主要拉伸应力-应变曲线类型如图 8-1 所示，大体上有四种类型。

许多金属材料具有图 8-1a 中①的拉伸应力-应变曲线类型，它的开始部分为直线，随后表现出屈服现象，或无明显屈服（如软钢）。随着应力的增加，应变增大，最后断裂。其应力-应变曲线下有较大的面积。

陶瓷材料（如玻璃）具有图 8-1b 中②的应力-应变曲线类型。在受力开始阶段曲线接近于直线，随后曲线稍微向上凸出，突然断裂。其应力-应变曲线下有较小的面积。

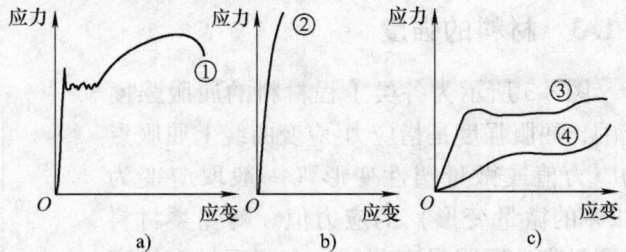

图 8-1　几类材料的应力-应变曲线示意图
a) 金属材料　b) 陶瓷材料　c) 高分子材料

高分子材料的应力-应变曲线比较复杂，如热塑性塑料具有图 8-1c 中③的曲线类型，在开始阶段曲线接近于直线或表现有向上凸起的趋势，随后应力出现极大值，一度屈服，然后应力再次增加至断裂；如橡胶材料具有图 8-1c 中④的曲线类型，在开始阶段应力同应变成正比增加，随后，随着应变的增加，曲线稍许趋于向下凹，应变继续增加时，应力再度急剧增加，其应力-应变曲线下有较小的面积。

8.1.2 弹性模量

弹性模量为应力-应变曲线上初始线性变形阶段的斜率。固体材料的弹性模量大小表示材料弹性变形的难易程度。不同类型的材料，如金属、陶瓷、高分子材料及复合材料等，其弹性模量值各不相同，各类工程材料的弹性模量如图 8-2 所示，大多数新型结构陶瓷材料的

弹性模量为 150 ~ 600GPa；金刚石的弹性模量最高，达到 1000GPa；传统陶瓷材料比新型结构陶瓷和金属的弹性模量低，在 20 ~ 150GPa 之间。在金属材料中，合金的弹性模量主要取决于基体金属的性质，如所有铁基材料，包括铁素体钢、奥氏体钢、软钢及铁基高温合金等，它们的弹性模量甚为接近，约为 150GPa。金属材料的弹性模量是一个比较稳定的材料性质，它取决于材料的基本组成，对添加合金元素及加工状态不敏感，对于常用的有色金属及其合金，弹性模量为 20 ~ 80GPa。聚合物的弹性模量可在很宽的范围内变化，且比陶瓷、金属低得多，即使最软的金属铅，其弹性模量也比所有聚合物高。此外，聚合物基复合材料的弹性模量比聚合物基体高很多，复合材料的弹性模量与基体和增强相材料的性质有关，陶瓷基、金属基的复合材料弹性模量比树脂基复合材料的弹性模量大。

8.1.3 材料的强度

图 8-3 所示为各类工程材料的屈服强度范围，屈服强度是指应力-应变曲线上屈服点的应力值或微量塑性变形（一般取应变为 0.2% 的微量变形）的应力值。陶瓷类材料具有最高的屈服强度范围，金刚石具有最高的屈服强度值（$\approx 10^5$ MPa）；常见工程陶瓷的屈服强度都很高，如 SiC、Si_3N_4、Al_2O_3 及各种碳化物的屈服强度为 2000 ~ 15000MPa。纯金属的屈服强度很低，超纯金属的屈服强度仅为 1 ~ 20MPa。金属的屈服强度随着材料纯度及合金成分的不同在很大范围内变化，加入合金元素可使金属的强度提高两个数量级。复合材料的屈服强度范围与合金相当，聚合物的屈服强度范围最低，如聚合物泡沫材料的屈服强度只有 0.1MPa。

图 8-4 所示为各类工程材料的抗拉强度范围，抗拉强度是指材料应力-应变曲线上最高点的应力值。各类材料的抗拉强度范围变

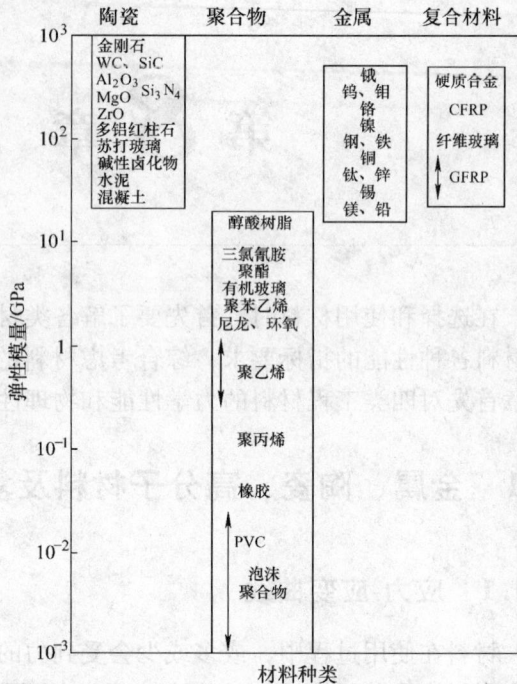

图 8-2 各类工程材料的弹性模量

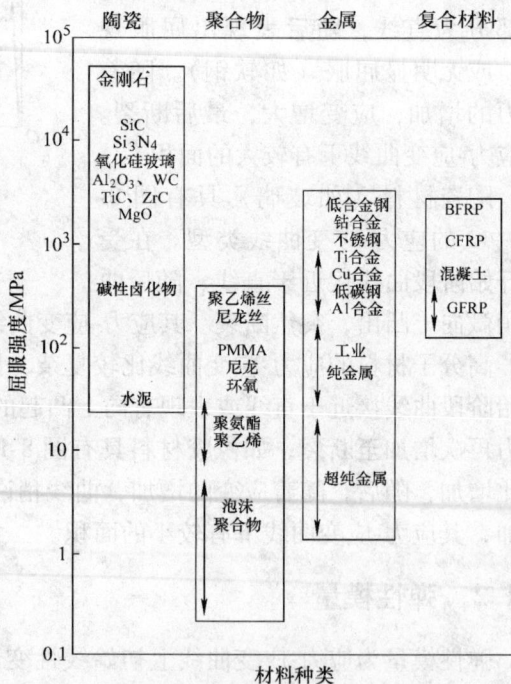

图 8-3 各类工程材料的屈服强度

化与屈服强度的范围变化不同，聚合物的抗拉强度范围最低。而陶瓷类材料并非具有最高抗拉强度范围，这是由于陶瓷的塑性极低，其断裂应变值几乎为零，因而其抗拉强度与屈服强度有相同的值。金属与合金具有较高的抗拉强度，这是由于金属能够有较大的塑性变形，从而产生加工硬化，所以金属材料的抗拉强度比屈服强度高，如铝合金的屈服强度大约为 200MPa，而其抗拉强度接近 500MPa。聚合物基复合材料的抗拉强度较低；长纤维金属基复合材料具有较高的抗拉强度，为 1500～1700MPa，而颗粒增强金属基复合材料的抗拉强度比纤维增强的复合材料低得多，大约为 500MPa，其原因是连续的长纤维增强效果更佳。

8.1.4　材料的塑性

材料在断裂前发生不可逆的永久变形的能力称为塑性。常用的塑性判据是试样拉伸至断裂时的伸长率，如图 8-5 所示。陶瓷材料的伸长率最低，几乎为零，这说明陶瓷是脆性材料。聚合物类材料具有最高的塑性范围值，其中橡胶的伸长率可达 1000%，热塑性塑料的伸长率达 60%～300%，热固性塑料如环氧树脂的伸长率达 7%。而金属与合金有较高的伸长率（10%～40%），自然时效的铝合金的伸长率可达 20%。聚合物基和金属基复合材料的伸长率为 2%～5%，这是由于增强材料一般为脆性的陶瓷材料，一般情况下，材料的强度越高，其伸长率越低，如果要求材料同时具有高的强度和伸长率，就要采取折中的办法。对金属材料而言，降低晶粒尺寸能够显著提高强度而使伸长率降低不大；在复合材料中，通过改变纤维的体积分数与排列方式，可以提高伸长率而使强度降低不大；在高分子材料中，强度与伸长率的折中方法更多；唯有陶瓷材料尚无办法兼顾强度与伸长率，因为至今还没有一种延展性的陶瓷。

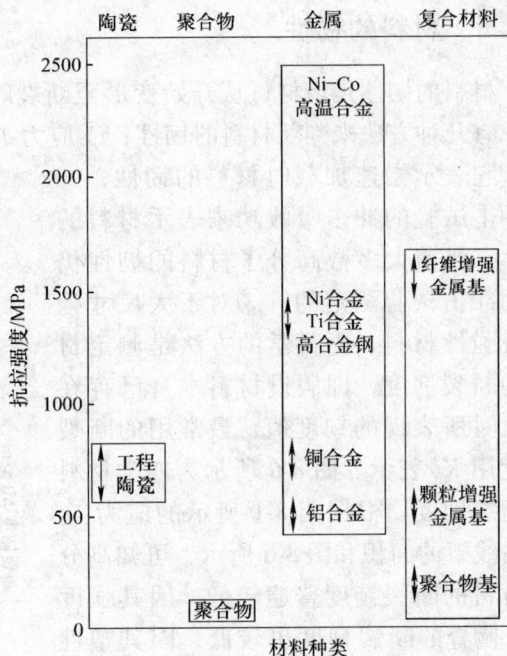

图 8-4　各类工程材料的抗拉强度

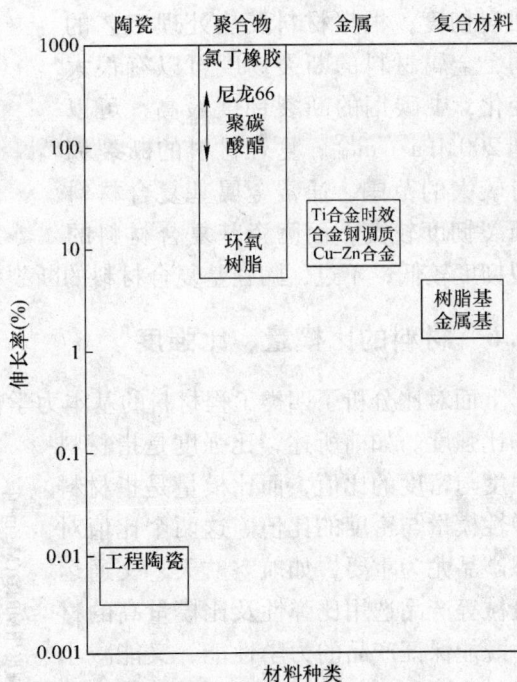

图 8-5　各类工程材料的伸长率

8.1.5 材料的韧性

材料的韧性是指材料从开始变形至断裂时所能吸收的能量，它与材料的强度和塑性有关。有几种方法来判断材料的韧性：①应力-应变曲线下的面积，较大的面积表示较高的韧性，它表示慢速加载时材料的韧性；②用冲击试验的冲击吸收功来表示材料的韧性，目前大多数高分子材料的韧性仍是用冲击试验测定的；③对于大尺寸构件或脆性材料，更科学的方法是测定材料的断裂韧度，即假设材料本身已存在裂纹时所表现的韧度值，最常用的断裂韧度用 K_{IC} 表示。图 8-6 所示为四类材料的断裂韧度。根据图 8-1 所示的应力-应变曲线下的面积和图 8-6 所示，可知高分子材料的断裂韧度普遍较低，因其强度低；陶瓷的断裂韧度也较低，因其塑性低。对增韧陶瓷，如半稳定 ZrO_2 的断裂韧度为 $10 \sim 20 MPa \cdot m^{1/2}$。金属具有最高的断裂韧度，根据材料及热处理工艺的不同，金属材料的断裂韧度可以有很大的变化，中碳钢的断裂韧度最高，可以达到 $200MPa \cdot m^{1/2}$。复合材料的断裂韧度有较大的范围，通常金属基复合材料的断裂韧度较高，而陶瓷基复合材料的断裂韧度较低，不过，陶瓷基复合材料的断裂韧度比陶瓷基体材料明显提高。

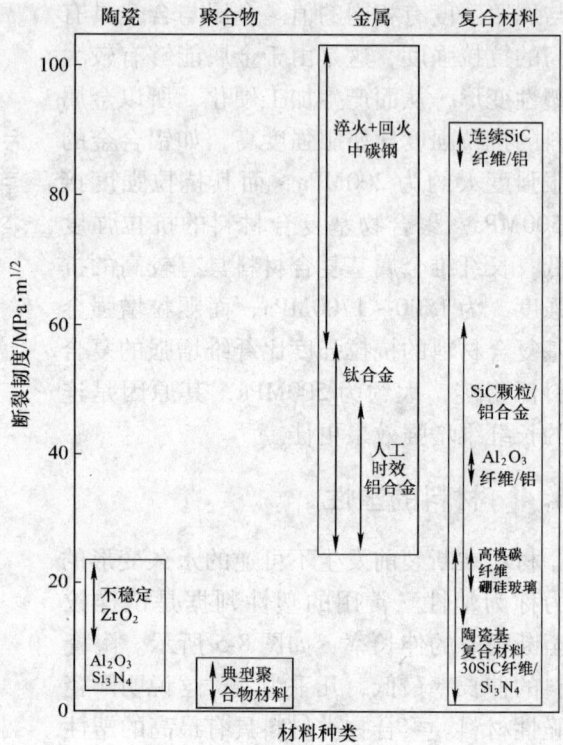

图 8-6 四类材料的断裂韧性

8.1.6 材料的比模量、比强度

上面对比分析了四类工程材料的基本力学性能。在实际选材时，经常要考虑材料的比模量和比强度。如前所述，比强度是指材料的强度与密度的比值，而比模量是指材料的弹性模量与密度的比值。这两个比值对动态产品尤为重要，如航空航天、交通运输机械等产品选用比弹性及比模量高的材料，既能保证产品的力学性能，又能减小产品的自重，从而大大节省能源。图 8-7 所示为四类材料的比强度和比模量。

虽然聚合物的密度小，但其模量也低（图 8-2），因此聚合物的比模量最低。虽然金属的强度和模量较高（图 8-2、图 8-

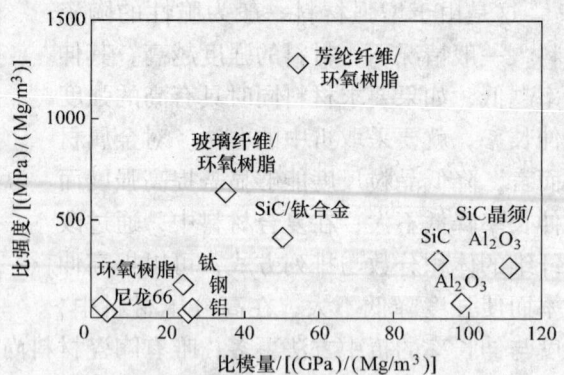

图 8-7 四类材料的比强度和比模量

3、图 8-4），但金属材料的密度也大，因此金属材料的比强度也很低。陶瓷材料的模量高，其密度通常要比金属小，所以陶瓷材料有较高的比模量。在复合材料的金属基体中加入适量的高强度、高模量、低密度的纤维、晶须、颗粒等陶瓷增强物，可明显提高复合材料的比强度和比模量，如 SiC 增强的 Ti 合金，其比强度和比模量可成倍提高（图 8-7）。玻璃纤维和芳纶纤维增强的环氧树脂复合材料的比强度和比模量比其基体材料环氧树脂提高了 1 ~ 2 个数量级，增强效果特别明显。SiC 晶须增强的氧化铝陶瓷，其比强度和比模量也比基体氧化铝陶瓷明显提高。

8.2　金属、陶瓷及高分子材料的物理性能比较

本节对常见的工程材料，如金属、陶瓷及高分子材料的基本物理性能（电学性能和磁性能）和材料的透光性进行分析比较。

8.2.1　电学性能比较

材料的电学性能是指材料在外加电场作用下的行为及所表现出来的各种物理现象，以下就材料的导电性和介电性加以比较和分析。

1. 材料的导电性能

根据材料电阻率 ρ 的大小，可将材料分成导体、半导体和绝缘体三大类。导体的 $\rho = 10^{-8} \sim 10^{-5}\Omega \cdot m$；半导体的 $\rho = 10^{-5} \sim 10^{7}\Omega \cdot m$；绝缘体的 $\rho = 10^{7} \sim 10^{20}\Omega \cdot m$。图 8-8 所示为部分材料在室温下的电阻率和电导率，电导率是电阻率的倒数。一般金属材料是导体，部分陶瓷材料是半导体，大部分陶瓷材料与高分子材料是绝缘体。

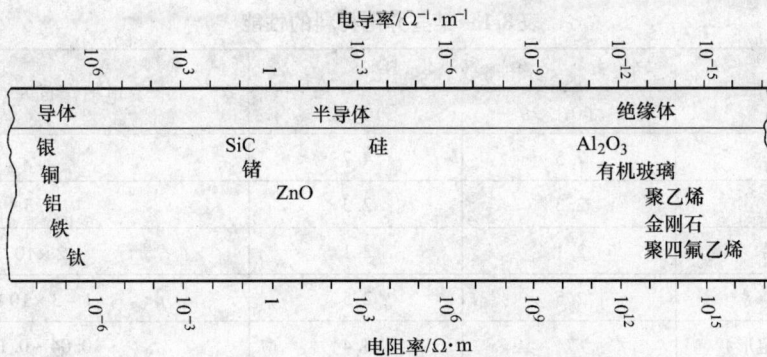

图 8-8　部分材料在室温下的电阻率和电导率

电阻率的大小取决于单位体积中的载流子数目、每个载流子的电荷量和每个载流子的迁移率。产生电流的载流子有两种类型：一类为电子、空穴；另一类为正离子、负离子。载流子为离子或空格点的电导称为离子电导，载流子为电子或空穴的电导称为电子电导。金属导体中的载流子是自由电子，高分子材料和无机非金属材料中的载流子可以是两类载流子同时存在。电子电导和离子电导具有不同的物理效应，电子电导的特征是具有霍尔效应，离子电导的特征是存在电解效应。

在金属中，温度越高，电阻率越高。这是因为金属中原子的振动随着温度的升高而加剧，这给电子的通过增加了困难，从而表现为电阻率随温度的升高而增大。杂质元素增加电

阻率是由于在纯金属中加入少量的合金元素（杂质）增加了对电子的散射作用，使金属的电阻率增大。在陶瓷半导体材料中，温度越高，电阻率反而越低，这一点与金属电阻率对温度的依赖性正好相反。之所以如此，是因为温度的升高使材料内载流体的数目增加所致。在陶瓷材料中溶入杂质原子后，常常会使其导电性能提高。因此，适当形式的晶体缺陷对改善陶瓷材料的导电性能具有重要意义。

工业上应用最广泛的导电材料是铜，尤其是去氧高纯铜是专为导电用途设计并生产的材料；铝也是常用的导电材料之一；银的导电性很好，但成本太高，因而应用受到限制。金属作为导电材料的另一种应用是各种工业炉及家用电器内的电加热元件材料，如镍铬合金、铁铬铝合金，这些材料具有较高的电阻率，能使电子在散射中损耗的能量转变为热能，这类材料不仅具有较高的电阻率，而且具有高熔点和耐氧化性。陶瓷半导体材料可用于各种半导体器件，如 ZnO、SnO_2 可做气体感应器。普通陶瓷材料与大部分高分子绝缘材料在电力工业上用做各种绝缘体。

2. 材料的介电性能

材料的介电性能主要包括介电常数、介质损耗和介电强度等。介电材料的价带和导带之间存在大的能隙，所以它们具有高的电阻率。介电材料是指在电场的作用下，能建立极化的物质。产生介电的原因是在外电场下电荷的偏移，或称为极化。介电损耗（$\tan\delta$）也是介电材料的重要性能指标，是指材料在每次电场交变时所损耗的能量的分数值，一般随温度的升高而变大。表 8-1 列出了一些介电材料的性能。部分陶瓷材料和部分高分子材料属于介电材料。离子键陶瓷往往比高分子材料具有更高的介电性能。为了制造在强电场中储存大量电荷而且尺寸小的电容器，必须选用具有高介电常数和高介电强度的材料。用介电材料做电容器已在电子工业中得到广泛的应用。

表 8-1 某些介电材料的性能

材料	介电常数 $F \cdot m^{-1}$		介电损耗 $\tan\delta$ （10^6 Hz）
	60 Hz	10^6 Hz	
聚甲醛	7.5	4.7	
聚乙烯	2.3	2.3	2.3
聚四氟乙烯	2.1	2.1	$< 2 \times 10^{-4}$
聚苯乙烯	2.5	2.5	$1 \sim 3 \times 10^{-4}$
聚氯乙烯（无定形）	7	3.4	$0.04 \sim 0.14$
橡胶	4	3.2	10^{-2}
环氧树脂		3.6	
熔融氧化硅	3.8	3.8	2×10^{-4}
钠钙玻璃	7	7	$5 \times 10^{-3} \sim 2 \times 10^{-2}$
氧化铝	9	6.5	$10^{-3} \sim 10^{-4}$
钛酸钡		3000	10^{-2}
TiO_2		$14 \sim 110$	$2 \times 10^{-4} \sim 5 \times 10^{-3}$
云母		7	

8.2.2　磁学性能比较

1. 金属材料的磁学性能

铁磁性金属材料包括铁、钴、镍及其合金，以及稀土元素钆。它们很容易被磁化，在不很强的磁场作用下，就可得到很大的磁极化强度。到目前为止，在元素周期表中的 107 种元素中，仅有 4 种金属元素在室温以上是铁磁性的，即铁、钴、镍和钆；在极低温度下铽、镝、钬和铒等元素是铁磁性的。

2. 无机非金属材料的磁学性能

金属和合金磁性材料的电阻率低、损耗大，尤其在高频范围不能满足应用的需要。磁性无机非金属材料具有高电阻、低损耗的优点，因此它们在无线电、自动控制、电子计算机、信息存储及激光调制等方面都有广泛的应用。磁性无机非金属材料一般是含铁及其他元素的复合氧化物，通常称为铁氧体，它的电阻率为 $10 \sim 10^6 \Omega \cdot m$，属于半导体。

铁氧体是含铁酸盐的陶瓷磁性材料。铁氧体磁性与铁磁性的相同之处是都有自发磁化强度的磁畴，因此被统称为铁磁性物质。铁氧体和铁磁物质的不同点是：铁氧体一般都是由多种金属的氧化物复合而成的，因此铁氧体磁性来自两种不同的磁矩。一种磁矩在一个方向排列整齐；另一种磁矩在相反的方向排列。这两种磁矩方向相反，大小不等，而两个磁矩之差产生自发磁化现象，因此，铁氧体磁性有时又称为亚铁磁性。

3. 高分子材料的磁学性能

高分子材料本身是非铁磁的。大多数体系为抗磁性材料，因为无论分子是否具有永久磁矩，在磁场中都要产生一个与磁场方向相反的诱导磁矩，从而表现为抗磁性，其对磁化率的贡献为绝对值很小的负值。有两类有机物表现为顺磁性：一类是含有过渡族金属的高分子；另一类是含有属于定域态或较少离域的未成对电子（不饱和键、自由基等）。材料的顺磁性主要来自电子自旋磁矩。有关二炔烃类衍生物的铁磁聚合物也已有报道，如聚 1，4-双（2，2，6，6-四甲基-4 羟基-1-氧自由基哌啶）丁二炔，简称聚 BIPO 等。

8.2.3　材料的透光性

透明材料是透射率较高而吸收率和反射率较低的材料；半透明材料是光线透过它时能发生漫散射的材料；不透明材料是透射率极低的材料。

1）金属对整个可见光谱都是不透明的，即所有的入射光不是被吸收，就是被反射。这是由于金属导带中已填充的能级的上方紧接着就有许多空的电子能态，当电磁波入射时均可以激发电子到能量较高的未填充态，从而被吸收。其结果是光线射进金属表面不深即被完全吸收，只有非常薄的金属膜才显得有些透明。电子一旦被激发后，又会衰减到较低的能级，从而在金属表面发生光线的再反射。因此，金属的强反射是由吸收和再反射综合造成的。

2）对于纯的高聚物（不加添加剂和填料）来说，非晶态均相高聚物是透明的，而结晶高聚物一般是半透明甚至不透明的，如聚乙烯、全同立构聚丙烯、聚四氟乙烯、尼龙、聚甲醛等。结晶高聚物由晶区和非晶区组成，晶区和非晶区的折射率不同，同时，结晶高聚物的结晶程度越高，散射越强。所以，大部分结晶高聚物均为半透明或不透明材料。如果结晶高聚物的厚度很薄，当薄膜中球晶的尺寸与可见光波为同一数量级或更小，则是透明的。另外，对于两相共聚物体系的高聚物，如果两相的折射率接近，则是透明的；如果两相的折射率不同，则为半透明或不透明的，如 ABS。

3）陶瓷材料如果是单晶体，就一定是透明的。不过，大多数陶瓷材料不仅是多晶体，而且是多相体系，由晶相、非晶相和气相（气孔）组成，所以是半透明或不透明的。

光学材料的一个重要应用是光学纤维，主要有玻璃纤维和聚合纤维两类。对纤维材料的要求包括在某个波段（如红外、可见、紫外等）范围内的透明性较好，以保证信号在传递过程中图像失真较小；另外还要考虑力学性能。光学纤维具有内部光线可弯曲传播、抗干扰性强、能量损耗小，信息容量大、保密性好等优点，已被广泛地应用于医学、工业及信息传递等方面。随着新的高性能纤维材料的发展，它的应用前景是十分广泛的。

8.3　材料的选择因素

设计一件新产品时首先要了解新产品是什么，新产品的功能有哪些，如何制备出新产品。根据这些问题提出对所选材料的要求，然后通过选材过程选择最佳的符合要求的材料。例如，设计用于传动装置中具有不同直径的同心轴，根据轴的工作条件对所需材料提出下列要求：硬度不小于 30HRC，疲劳强度不小于 207MPa，在室温及相对湿度为 50% 的环境下不生锈，冲击强度高；数量：3 根，交货期限：一周，价格：150 元/根，轴的工作寿命：5年。

如前面章节所述，工程材料包括金属材料、无机非金属材料、高分子材料及复合材料，有几十万种，这些材料又有不同的加工过程。对一个给定的部件，设计者应如何从众多材料中选取合适的材料呢？材料选择的标准是什么呢？概括起来，选材要考虑的主要因素包括四个方面，如图 8-9 所示。一般来讲，选择材料所考虑的因素按重要性顺序排列为：性能、价格、货源和社会因素。不能仅考虑某个因素对材料选择的影响，应当综合分析与确定。材料性能显然是最重要的，性能不符合使用要求的材料其他方面再好也不能选用。价格的重要性是制约使用高性能材料的主要因素，有时为了降低成本，只好选择一般性能而放弃高性能的材料。货源问题一方面影响材料价格，另一方面还会影响产品的生产效率。社会因素主要是环境问题和政策问题等，有些情况下也会成为材料选择的决定性因素。

8.3.1　材料的性能

前面章节介绍了不同工程材料及性能，也对比了四类工程材料的力学及物理性能。如图 8-9 所示，选材时需要考虑各种性能。首先看一下力学性能：如果一个部件工作在循环的交变载荷下，要考虑材料的疲劳强度；如果部件只起支撑作用，就要考虑抗压强度；受冲击的零件需要考虑冲击强度；一个轴要传递转矩，要考虑它的抗剪强度；弹簧要考虑它的刚度；在高温使用的零件，需要考虑它的蠕变性能；有些零件还需要考虑它的耐磨性及不同的磨损类型。图 8-9 中并没有列出材料的所有力学性能，应根据零件的实际工作状况，列出所需考虑的力学性能。同时也要考虑材料的物理性能、化学性能和与尺寸有关的性能。实际上，物理性能包括很多内容，有时表面导电性是重要的物理性能；有时零件需要用铁磁性材料，或者非磁性材料；有时一些塑料零件要求具有良好的阻燃性。在交变温度下使用由不同类型材料零件组装的产品，需要考虑各材料的热膨胀系数。

材料对环境的敏感性是重要的化学性能，如腐蚀、生锈等。如果在腐蚀条件下，就要考

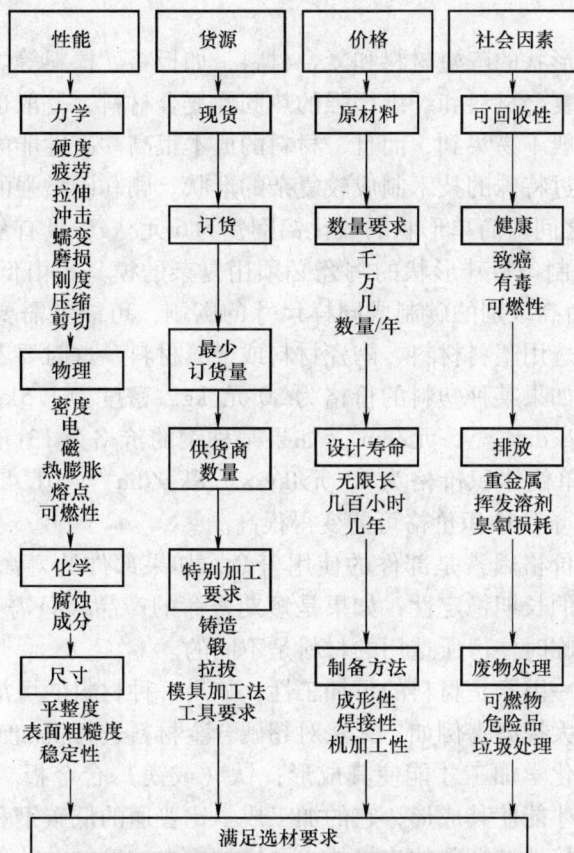

图 8-9　选材流程图

虑可承受的腐蚀速率。化学成分也是重要的选择因素，金属合金中若含有钴，就不能用在核反应堆中，因为核辐射能使钴形成具有明显半衰期的放射性同位素，这样在检修更换零件时，就会产生核废料的处理问题。有时，材料表面的化学状态也是选材需要考虑的因素。

最后一个需要考虑的性能因素是尺寸。设计者设计一个零件要给出公差和表面粗糙度的要求。如果要求紧配合，选材时就必须考虑加工不同的工程材料其尺寸的稳定性不同；如要选用塑料，就要考虑选用湿度对尺寸变化影响不敏感的种类。如果一个零件要求低的表面粗糙度，选材时就要考虑有些材料加工成低的表面粗糙度是非常困难的，如灰铸铁、孔洞陶瓷及一些粗晶粒的铸造合金。

8.3.2　材料的价格

选材时，还要考虑到材料价格是否在成本的限制要求之内。一般用途的零部件不会考虑用金和银，因为它们价格太高。考虑价格时，还要考虑材料的供货商，国产材料可能比较便宜，国外材料可能比较贵。最普通的金属和塑料价格在 2.5～10 元/kg 之间，有些新品种的进口塑料价格可高达 3000 元/kg，还有些高纯金属的价格可高达 10 万元/kg。有时也可能会选用比较贵的材料，例如，用于超声焊接换能器中压电陶瓷片间的电极材料，要求具有良好的导电性和高的刚度（工作时受到压应力），因此选用铍铜合金电极材料。特殊形状的铍合金价格为 9000 元/kg，但铍合金的刚度大大高于钢，又非常轻，这使得铍合金在这种特殊用途中还是合算的。

一般只能买到标准形状的陶瓷材料和复合材料，如板料、棒料等。常用的复合材料，如玻璃纤维增强的热塑性复合材料和纤维增强的热固性复合材料，一般也能买到。具有复杂形状的陶瓷和复合材料一般不易买到，而且，材料的成本很高。高性能的复合材料，如碳纤维增强的环氧树脂，要通过特殊的技术制成较复杂的形状。硼和碳增强的高强度复合材料的价格在 150 ~ 2000 元/kg 之间；简单形状的氧化铝陶瓷为 6 元/kg，具有复杂形状的氧化铝需要 20000 元/kg，其原因是制备特殊形状的陶瓷必须用复杂的模具；由低级别的碳制成小碳刷的价格为 1 元/个，而由高级别的碳制成同样尺寸的碳刷，可能就需要 20 元/个。如果设计的零件生产量很大，可选用塑料材料、陶瓷材料或金属材料，这时要考虑材料的单位体积价格，而不是质量价格。如果某种塑料的价格为 50 元/kg，密度为 $1.5kg/dm^3$，它的单位体积价格为 50 元/kg × $1.5kg/dm^3$ = 75 元/dm^3。如果某种钢的价格为 13 元/kg，但钢的密度高，为 $7.8kg/dm^3$，则钢的单位体积价格为 13 元/kg × $7.8kg/dm^3$ = 101.4 元/dm^3。虽然钢的每 kg 价格可能很低，但其单位体积价格可能变得很高。

另一个需要考虑的价格因素是部件的使用寿命，如果部件的寿命是永久性的或长时期的，就要考虑材料性能的长期稳定性；如果是短期寿命的产品，只需考虑材料的短期性能。如建造永久性的房屋和临时住房所选用的材料是不同的。

考虑材料价格的另一因素是材料的可加工性，如果一种材料的可加工性很差，加工成本会使其最终产品价格大大提高。例如，无法对超硬合金材料进行机加工，只能采用特殊的技术，如电火花加工、电化学加工才能使其成形；钛（或镁）合金板、带，必须用特殊的工具和特殊的热成形技术才能使其成形，它的加工成本比普通的低碳钢和铝合金要高得多。选材时也需考虑材料的焊接性，特殊的连接技术会增加成本。例如，钛不能在空气中焊接，惰性气体等保护装置会增加焊接成本；铝和钢之间的焊接要采用惰性气体保护焊接或爆炸焊接技术，需要较贵的设备和特殊的技术；低合金高强度钢与工具钢的焊接，需要特殊的工艺和热处理设备。

8.3.3　材料的货源

首先要考虑所需材料是否有现货，如果没有，就需订货。下一步要考虑订货周期和可以接受的供货期限。在可接受的供货期限内还要考虑订货量，因订货量的多少可能会影响到材料价格及是否提供免费送货等服务。另外还要考虑供货商的多少，尽量选择有多家供货商的材料。如果只有一家供货商可提供材料，可能会因某种原因而缺货，材料的价格也不容易降低。所选材料的规格应齐全，即要求供货商能够供应所选材料的各种规格，避免到多家供货商采购同品种不同规格的材料。例如订购尼龙，最好选择同时能够供应薄膜、片材、板材、管材等的供货商。此外还要考虑材料的通用性，如 H62 黄铜的产量大，市场上会有不同的形状和尺寸规格，但对于产量小的黄铜品种，可能就不易得到所需的尺寸或形状。

有时，所需原材料的加工技术可能也会限制材料的选择。例如，用特殊锻压成形的原材料可能 40 周才能到货，而铸造的原材料可能 4 周就能到货。选材时，这些因素都要考虑，如果在可以承受的时间限度内得不到首选的原材料，就要考虑另外一种替代材料。

在生产一个新产品时，有时时间非常重要。如果产品的生产周期过长，产品就有可能被别的公司仿造，这些因素在选择材料时都需要考虑。最后，除非万不得已，不要选用拥有专利权的材料，否则需要支付专利费，这无疑会增加材料的成本。

8.3.4　材料的社会因素

在选择材料时，社会因素也是非常重要的，如食品、制药工业对材料的要求就特别严格。材料的可回收性也是非常重要的，例如，热塑性塑料就比热固性塑料容易回收，不同类型的塑料零件装配的产品会给材料的回收带来困难。

选择材料时，还必须考虑材料及材料加工过程对人体健康的影响。有些材料在制备过程中会产生致癌物质；有些材料是有毒的，尽可能不选用具有挥发性的有机物材料；有些材料在处理时可能会影响健康。如果在具有明火或高温的环境下，要选用低燃性材料，以减少危险。各种材料对健康的影响，可以在手册中查到。

生产和加工过程中的气体排放，如二氧化碳，也是选材时要考虑的。如果一个零件可以压力成形或铸造成形，需要考虑压力成形后模具的清油处理，清油处理可能涉及处理含 Cl 的溶液，处理废的有机溶剂所用的费用也应计入材料成本。如果一个材料要使用盐浴淬火，就必须考虑室内的排气处理。有些地方不允许采用电弧焊，因电弧焊涉及金属气体排放问题。用机械连接的方法比焊接连接的气体排放小，有一些工厂要求无烟，选材时必须要考虑气体排放问题。

废物处理也是选材时需要考虑的，例如，所设计的零件需要防腐，可能会选择镀铬，这在有些地区是不可能实现的，因为镀铬的废溶液不允许排放到排污系统。所选用的材料涉及各种废料的处理费用，都要加入到材料的成本中。

产品的可靠性是重要的，一种产品的可靠性定义为它执行无故障预期寿命、预期功能的概率。材料的可靠性难以衡量，因为它不仅取决于材料的固有属性，也极大地受其生产和加工历史的影响。一般来说，经多年使用的较成熟的材料可靠性高，而新的、非标准材料的可靠性可能会低。失效分析技术通常用于预测不同产品可能的失效方式，可考虑作为一个系统的可靠性评估方法。失效的原因通常可以追溯到材料和加工缺陷、设计错误、意想不到的服役条件，或者该产品的滥用等方面。产品的可靠性低，可能还会引起事故，甚至引起事故纠纷。

通过综合考虑以上各种选材过程因素，可选择出最佳的符合要求的材料。

思考与练习

1. 比较分析金属与合金、陶瓷材料、高分子材料及复合材料的力学性能，包括弹性模量、强度、伸长率和韧性。
2. 金属、陶瓷及高分子材料的导电性能有何不同？为什么？
3. 金属、陶瓷及高分子材料的介电性能有何不同？为什么？
4. 对比铁与氧化铁的磁性性能。
5. 金属、陶瓷及高分子材料的透光性有何不同？解释其原因。
6. 选择材料考虑的因素有哪几类？每一类又包括哪些主要内容？

参 考 文 献

[1]　李俊寿，王建江．新材料概论［M］．北京：国防工业出版社，2004.
[2]　王高潮，蔡璐，翟红雁，等．材料科学与工程导论［M］．北京：机械工业出版社，2006.

［3］ 杨瑞成，蒋成禹，初福民. 材料科学与工程导论［M］. 哈尔滨：哈尔滨工业大学出版社，2002.

［4］ 周达飞. 材料概论［M］. 北京：化学工业出版社，2001.

［5］ 吴其晔，冯莺. 高分子材料概论［M］. 北京：机械工业出版社，2004.

［6］ Budinski K G, Businski M K. Engineering Materials Properties and Selection［M］. Pearson Education Inc，2005.

［7］ Liu P F, Zheng J Y. Recent developments on damage modeling and finite element analysis for composite laminates：A review［J］. Materials and Design, 2010, 31：3825-3834.

［8］ 杨卫海，吴瑶，张轶，等. 磁性分子印迹聚合物核壳微球的制备及应用［J］. 化学进展，2010, 22（9）：1819-1825.

［9］ Bárány T, Czigány T, Karger-Kocsis J. Application of the essential work of fracture（EWF）concept for polymers, related blends and composites：A review［J］. Progress in Polymer Science, 2010, 35：1257-1287.